高等学校测绘工程系列教材

控制测量学

上册

（第四版）

孔祥元　郭际明　主编

U0250215

WUHAN UNIVERSITY PRESS
武汉大学出版社

图书在版编目(CIP)数据

控制测量学.上册/孔祥元,郭际明主编.—4版.—武汉:武汉大学出版社,2015.11(2023.1重印)

高等学校测绘工程系列教材

ISBN 978-7-307-16522-9

Ⅰ.控…　Ⅱ.①孔…　②郭…　Ⅲ.控制测量—高等学校—教材
Ⅳ.P221

中国版本图书馆 CIP 数据核字(2015)第 196579 号

责任编辑:王金龙　　责任校对:汪欣怡　　版式设计:马　佳

出版发行:**武汉大学出版社**　(430072　武昌　珞珈山)

(电子邮箱:cbs22@ whu.edu.cn 网址:www.wdp.com.cn)

印刷:武汉中科兴业印务有限公司

开本:787×1092　1/16　印张:21.75　字数:534 千字

版次:1996 年 10 月第 1 版　　2002 年 2 月第 2 版

2006 年 10 月第 3 版　　2015 年 11 月第 4 版

2023 年 1 月第 4 版第 6 次印刷

ISBN 978-7-307-16522-9　　定价:40.00 元

内 容 简 介

"控制测量学"是高等学校测绘工程专业(本科)的一门主干课程,也是从事测绘工程工作者必须掌握的核心知识和技术。本书根据高等学校测绘工程专业本科生(含日校和成人教育)的培养目标和要求,同时兼顾相关专业方向的需求,详细介绍了控制测量学的基本理论、新技术和新方法。为便于教学,分上册、下册两本书出版,这是第四版。

《控制测量学》(上册)第四版,共6章。第1章绪论,主要介绍控制测量学的基本任务、体系和研究内容,地球重力场基本知识以及控制测量的现状和发展,特别介绍了全球导航卫星系统(GNSS)中GPS、GLONASS、BD(北斗卫星导航系统)的技术特点和发展与应用。第2章测量控制网的技术设计,主要介绍国家及工程水平测量控制网建立的基本原理,水平测理控制网的质量要求与标准,控制网的优化设计与注意事项以及技术设计书的编制。第3、4、5、6章是控制测量的另一重点内容——基本测量技术与方法。分别详细介绍了精密测角、精密测距、精密测高和精密GPS定位的常用新仪器(包括电子经纬仪、电磁波测距仪、电子水准仪及GPS接收机)的测量原理、结构特点和使用方法及注意事项,外业测量误差来源及减弱的措施,测量的基本操作原则和规范实施,外业测量成果的检查、验收与提供。

《控制测量学》(下册)第四版,共7章。其中第7、8、9(接上册章序)三章主要介绍地球椭球及其数学投影变换的原理、方法及应用。其中,第7章主要介绍地球椭球的数学性质、测量元素向地球椭球面上归算及在地球椭球面上的测量计算。第8章地球椭球的数学投影变换,重点是高斯投影的原理,坐标投影正、反算计算公式以及方向、距离的归算,同时还介绍了通用横轴墨卡托(UTM)、兰勃脱投影、工程测量投影面和投影带的选择等必要知识。第9章测量成果的检查与概算。第10章常用大地坐标系及坐标变换,重点介绍坐标系建立的原理和方法,参心坐标系(1954北京坐标系、1980西安坐标系等),地心坐标系(WGS84、ITRS及ITRF、CGCS2000——我国2000国家大地坐标系),坐标系间的坐标变换原理、方法与注意事项。本书最后一部分重点内容测量控制网的平差计算与数据管理包括3章:第11章测量控制网条件平差(根据需要可选讲),第12章测量控制网间接平差,第13章测量控制网的近代平差及数据管理,重点介绍工程控制网的相关分解平差,大地网综合数据在三维空间坐标系中平差及在二维平面坐标系平差,工程测量控制网数据库系统设计的概念等。本书有关章节附有详细算例和程序说明,供读者学以致用。

本书是高等学校测绘工程专业本科(含日校和成人教育)教材,也可作为其他相关专业师生、科研和生产技术人员的参考书。

第四版前言

　　《控制测量学》(上册)、(下册)第四版在保持第三版原书框架结构、知识体系及基本内容基本不变的基础上，结合现代控制测量科学技术最新发展和教学改革的需要，增加和补充了必要的新内容，增补的主要内容有：

　　(1)全球导航卫星系统(GNSS)核心供应商 GPS、GLONASS、GALILEO、BD(北斗卫星导航系统)的技术特点、发展与应用；

　　(2)新一代国家测绘基准：国家卫星定位连续运行基准站网、国家卫星大地控制网、国家高程控制网、重力基准点、国家测绘基准管理服务系统等建设工程的内容和特点；

　　(3)2000 国家大地坐标系(CGCS)定义、基本参数及实现与推广使用；

　　(4)不同坐标系控制点坐标转换模型：三维转换模式(包括不同空间直角坐标系间的转换(布尔沙模型)和不同大地坐标系间转换)、二维转换模式(包括二维四参数转换模型和二维七参数转换模型)、转换模型的选取、转换方法及注意事项。

　　此外，本版书还对第三版书中个别地方进行了调整，删除了过时的内容，并对全书的文字、图表、公式等进行了订正。

　　本书第四版体系更完整、内容更全面先进、重点更突出。在武汉大学测绘学院测绘工程专业本科教学中多次使用，深受广大师生的欢迎和好评。编者认为，《控制测量学》(上册)、(下册)第四版可以更好地满足当代测绘工程专业本科(含日校和成人教育)教学的需要。

　　《控制测量学》(上册)、(下册)第四版的增补和修编工作由孔祥元教授和郭际明教授负责完成。参加增补和修编工作的还有刘宗泉、邹进贵、丁士俊、孔令华。由于水平有限，书中难免有不足之处，欢迎读者批评指正。

编　者

2015 年 5 月

第三版前言

进入新世纪以来，由于空间技术、计算机技术、通信技术以及地理信息技术等相关科学技术和我国各项建设事业的快速发展，使测绘科学的理论基础、工程技术体系、研究领域以及科学目标和服务对象等都发生着深刻的变化。作为测绘科学的重要组成部分——"控制测量学"对这些变化显得尤为突出和鲜明：

空间测量技术特别是人造地球卫星定位与导航技术给控制测量提供了全新的现代测量手段，促进控制测量更加生机勃勃地发展。

工程控制网优化设计理论和应用得到长足发展，测量数据处理和分析理论取得许多新成果。

信息时代的控制测量仪器和测量系统已形成数字化、智能化和集成化的新的发展态势，空间测量和地面测量仪器和测量系统出现互补共荣的新的发展格局。

电子计算机促进控制测量工作及工程信息管理等工作向着自动化、网络化、标准化和规范化方向发展，适应不同工程控制测量信息管理的信息系统正在逐步走向成熟，等等。

毫无疑问，控制测量必将在国民经济建设和社会发展中，在防灾、减灾、救灾及环境监测、评价及保护中，在发展空间技术及国防建设中，以及在地球科学及相关科学的研究等广大领域中，有着重要的地位和作用，有着广阔的发展空间和服务领域。"控制测量学"的发展已进入了新时期。

与此同时，随着全国高等教育的改革和发展，我国在高等学校设置了测绘工程本科专业，这是由传统测绘中的几个分支学科专业综合而成的，体现了这种多学科之间的交叉、渗透和融合。鉴于测绘科学和测绘教育这种新的发展形势，在全国高等学校测绘学科教学指导委员会和武汉大学测绘学院的指导和大力支持下，我们本着宽口径、厚基础和培养复合型人才的发展战略和教改精神，重新调整、组织和安排了"控制测量学"的教学计划。经过几年的摸索和实践，我们对"控制测量学"课程教学积累了一定的教学经验，因此，在《控制测量学》（上册）第二版的基础上，特为测绘工程本科专业新编写了本书第三版。

《控制测量学》（上册）第三版，共6章。按照内容的相关性可把它划分为相对独立的三部分，即绪论、测量控制网设计和基本的测量技术与方法。第1章绪论，主要讲控制测量学的基本任务、体系和研究内容，控制测量的基准面和基准线以及控制测量的现状与发展概况，在这里特别增加了地球重力场的基本知识，这也许是测绘工程专业人员应该了解和掌握的。第2章测量控制网的技术设计，主要讲国家和工程水平控制网建立的基本原理，水平控制网的质量标准，工程测量控制网的优化设计及注意的问题，导线网的精度估算，测量控制网的技术设计书的编制。在这里删除了三角网的精度估算等现在不用的内容。作为本书另一重要内容的控制测量的基本测量技术与方法则是在第3、4、5、6章分别讲述。第3章是精密测角仪器和方法，主要讲电子经纬仪及其先进的测角技术，精密测角误差来源及精密测角一般原则，方向观测法，测量限差及成果整理。删去了全组合测角等相关内容。第 4 章是精密测距仪及其测距，主要讲电磁波在大气中的传播及其测距一般原理，精密测距仪及其精密测距新技术，精密测距的误差来源及精度分析，测距仪的检测，以实例说明测距成果的归算。删去了不必要的预备知识。第 5 章是高程控制测量，主要讲国家高程基准，国家和工程高程控制网建立的基本原理，精密数字水准仪及其测量原理，水准仪的检测，水准测量的误差来源及水准测量一般原则，水准测量的成果整理。第 6 章卫星定位技术基础，主要讲 GPS 定位原理，定位误差分析，测量技术(GPS 网的技术设计、布网形式、设计准则、外业观测及其注意事项)，GPS 定位数据处理技术要点。考虑到本章内容还有专门课程进行讲授，所以在本章中，以外业测量技术为主，而内业数据处理只作简要说明。

从上可见，新版书总的保持了第二版的框架结构，对具体章节的编排和内容则作了较大的变动：增加或删除了一些章节，对有些章节予以合并、分开、移前或挪后，个别章节则作了重新安排，绝大多数章节的内容作了必要的增补、删减或重写，从而使新版书体系更完整，内容更全面，重点更突出，理论更结合实际，充分反映了本课程的全貌和最新发展成果。《控制测量学》(上册)第一版、第二版曾在武汉大学测绘学院和许多兄弟院校测绘工程专业本科教学中使用，深受学生和老师们的欢迎，收到好的教学效果。编者认为，《控制测量学》(上册)第三版，可以更好地满足当代测绘工程专业本科教学的需要。

本书第三版由孔祥元和郭际明主编，参加编写的还有刘宗泉、邹进贵、丁士俊、孔令华、徐忠阳和范士杰。

由于编者水平有限，书中难免有不足之处，欢迎读者批评指正。

编　者

2006 年 6 月

第二版前言

自《控制测量学》(上册)第一版(1996年)出版以来,测绘学科特别是大地测量学、控制测量学领域的科学技术有了很大的发展和进步。同时,随着全国高等教育的改革与发展,高等测绘工程专业本科教育也出现了一些新变化,为适应测绘学科建设与测绘高等教育发展的这种新情况,特编写了本书第二版。

《控制测量学》(上册)第二版主要是对第一版书中内容进行了增补。各章内容都有相应增加,所增补的主要内容有:(1)控制测量学的定义、作用、体系和内容;(2)用现代大地测量学、控制测量手段建立的我国大地控制网;(3)精密电子全站仪及系统;(4)电磁波在大气中传播及测距成果化算;(5)正常高计算公式;(6)载波相位观测值线性组合的随机特性等。上述内容简明扼要,同时理论推导明晰,并以算例说明,学以致用。

本书第二版内容曾经在武汉大学测绘学院(包括原武汉测绘科技大学)测绘工程专业本科日校及函授教学中使用。编者认为,《控制测量学》(上册)第二版可以更好地满足现在测绘工程专业本科教学的需要。

本书第二版增补内容由孔祥元教授在征求原书有关编者意见的基础上编写而成,并负责全书的校订工作。

编　者

2002 年 1 月

前　言

  控制测量学是高等学校测绘工程专业的一门主干课程，在专业课程设置中具有重要地位和作用。十几年来，在学校大力支持下，我们在控制测量学教学及课程建设等方面做了一定的改革工作，在总结日校和成人教育多年教学经验和科研成果的基础上，根据现行教学大纲，特为测绘工程专业本科学生新编了这套《控制测量学》上册及下册教材。

  《控制测量学》（上册）内容主要讲述建立工程和国家水平及高程测量控制网的理论和方法。近年来，由于测量优化理论、自动化精密测量仪器以及空间大地测量技术的迅速发展，控制测量的内容也发生了很大变化。例如，建立在精度、可靠性及经济等全面质量标准基础上，以求得最佳设计方案的测量控制网设计理论日趋完善并开始运用；电子经纬仪、电子全站仪、精密电磁波测距仪以及精密自动安平及数字水准仪等新测量仪器和测量方法的出现和使用，特别是以 GPS 卫星定位技术为代表的空间大地测量技术的发展和运用，极大地促进着控制测量学的发展，并大大丰富了课程内容。显然，在本书中容纳如此繁多的内容，在教材组织及教学安排上都将有相当大的困难。为适应科技发展和教学改革需要，我们在编写本书时，紧紧围绕"测量控制网建立原理及方法"这一根本教学目的，精选教材内容，删繁就简，吐陈纳新，力求在加强基础理论和方法的基础上，理论联系实际，反映近代控制测量的新发展。

  本书由孔祥元和梅是义主编，参加编写工作的有：刘志德、周泽远、张琰等。

  本书承邢永昌教授、刘近伯副教授初审、朱鸿禧教授复审，并经测绘教材评审委员会审定通过，作为全国普通高等教育测绘类规划教材。在审定过程中提出了许多宝贵的意见和建议，在此谨致衷心的感谢。由于编者水平有限，对书中可能存在的不足和错误之处，敬请读者批评指正。

编　者

1996 年 5 月

目　　录

第1部分　水平测量控制网的技术设计

第2部分 控制测量的基本测量技术与方法

第 1 章 绪 论

1.1 控制测量学的基本任务和主要内容

1.1.1 控制测量学的基本任务和作用

控制测量学是研究精确测定和描绘地面控制点空间位置及其变化的学科。它是在大地测量学基本理论基础上以工程建设和社会发展与安全保证的测量工作作为主要服务对象而发展和形成的，为人类社会活动提供有用的空间信息。因此，从本质上说，它是地球工程信息学科，是地球科学和测绘学中的一个重要分支，是工程建设测量中的基础学科，也是应用学科。在测量工程专业人才培养中占有重要的地位。

控制测量的服务对象主要是各种工程建设、城镇建设和土地规划与管理等工作。这就决定了它的测量范围比大地测量要小，并且在观测手段和数据处理方法上还具有多样化的特点。

作为控制测量服务对象的工程建设工作，在进行过程中，大体上可分为设计、施工和运营 3 个阶段。每个阶段都对控制测量提出不同的要求，其基本任务分述如下：

1. 在设计阶段建立用于测绘大比例尺地形图的测图控制网

在这一阶段，设计人员要在大比例尺地形图上进行建筑物的设计或区域规划，以求得设计所依据的各项数据。因此，控制测量的任务是布设作为图根控制依据的测图控制网，以保证地形图的精度和各幅地形图之间的准确拼接。此外，对于随着改革开放而发展起来的我国房地产事业，这种测图控制网也是相应地籍测量的根据。

2. 在施工阶段建立施工控制网

在这一阶段，施工测量的主要任务是将图纸上设计的建筑物放样到实地上去。对于不同的工程来说，施工测量的具体任务也不同。例如，隧道施工测量的主要任务是保证对向开挖的隧道能按照规定的精度贯通，并使各建筑物按照设计的位置修建；放样过程中，仪器所安置的方向、距离都是依据控制网计算出来的。因而在施工放样之前，需建立具有必要精度的施工控制网。

3. 在工程竣工后的运营阶段，建立以监视建筑物变形为目的的变形观测专用控制网

由于在工程施工阶段改变了地面的原有状态，加之建筑物本身的重量将会引起地基及其周围地层的不均匀变化。此外，建筑物本身及其基础，也会由于地基的变化而产生变形，这种变形，如果超过了某一限度，就会影响建筑物的正常使用，严重的还会危及建筑物的安全。在一些大城市(如我国的上海、天津)，由于地下水的过量开采，也会引起市区大范围的地面沉降，从而造成危害。因此，在竣工后的运营阶段，需对这种有怀疑的建筑物或市区进行变形监测。为此需布设变形观测控制网。由于这种变形的数值一般都很

小，为了能足够精确地测出它们，要求变形观测控制网具有较高的精度。

以上 2、3 阶段布设的两种控制网统称为专用控制网。

控制测量学在许多方面发挥着重要作用。比如，在国民经济各项建设和社会发展中发挥着基础性的重要保证作用。国民经济蓬勃发展的各项事业，比如交通运输事业（铁路、公路、航海、航空等），资源开发事业（石油、天然气、钢铁、煤炭、矿藏等），水利水电工程事业（大坝、水库、电站、堤防等），工业企业建设事业（工厂、矿山等），农业生产规划和土地管理，城市建设发展及社会信息管理等，都需要地形图作为规划、设计和发展的依据。可以说，地形图是一切经济建设规划和发展必需的基础性资料。为测制地形图，首先要布设全国范围内及局域性的大地测量控制网，为取得大地点的精确坐标，必须要建立合理的大地测量坐标系以及确定地球的形状、大小及重力场参数。因此可以说，控制测量学在国民经济建设和社会发展中发挥着决定性的基础保证作用。

又比如，控制测量学在防灾、减灾、救灾及环境监测、评价与保护中发挥着特殊的作用。地震、洪水和强热带风暴等自然灾害给人类社会带来巨大灾难和损失。地震大多数发生在板块消减带及板内活动断裂带，地震具有周期性，是地球板块运动中能量积累和释放的有机过程。在我国以及日本、美国等国家都在地震带区域内建立了密集的大地测量形变监测系统，利用 GPS 和固定及流动的甚长基线干涉（VLBI）、激光测卫（SLR）站等现代大地测量手段进行自动连续监测。随着监测数据的积累和完善，地震预报理论及技术可望有新的突破，为人类预防地震造福。控制测量还可在山体滑坡、泥石流及雪崩等灾害监测中发挥作用。世界每年都发生各种灾难事件，如空难、海难、陆上交通事故、恶劣环境的围困等，国际组织已建立了救援系统，其关键是利用 GPS 快速准确定位及卫星通信技术，将难事的地点及情况通告救援组织以便及时采取救援行动。

此外，控制测量在发展空间技术和国防建设中，在丰富和发展当代地球科学的有关研究中，以及在发展测绘工程事业中，它的地位和作用显得越来越重要。

1.1.2 控制测量学的主要研究内容

综上所述，可把控制测量学的基本科学技术内容概括如下：

（1）研究建立和维持高科技水平的工程和国家水平控制网和精密水准网的原理和方法，以满足国民经济和国防建设以及地学科学研究的需要。

（2）研究获得高精度测量成果的精密仪器和科学的使用方法。

（3）研究地球表面测量成果向椭球及平面的数学投影变换及有关问题的测量计算。

（4）研究高精度和多类别的地面网、空间网及其联合网的数学处理的理论和方法、控制测量数据库的建立及应用等。

以上概述了一般意义下的控制测量学的基本任务和主要内容。本书依据这些基本体系和内容，系统地介绍了控制测量学的基本理论、技术和方法。为学生对后续课程的学习及从事测绘事业的专业技术人员打下坚实的基础。

1.2 地球重力场的基本知识

地球空间任意一质点，都受到地球引力和由于地球自转产生的离心力的作用。此外，还受到其他天体（主要是月亮和太阳）的吸引。不过，月亮的引力大约是地球引力的一千万分之一，太阳的引力将更小，只有在特别高精度的研究中才顾及它们。故在这里，我们主要研究由地球引力及离心力所形成的地球重力场的基本理论。

在控制测量中，地球外部重力场的重要意义可综述如下：

地球外部重力场是控制测量中绝大多数观测量的参考系，因此，为了将观测量归算到由几何定义的参考系中，就必须要知道这个重力场。

假如地面重力值的分布情况是已知，那么就可以结合大地测量中的其他观测量一起，来确定地球表面的形状。

对于高程测量而言，最重要的参考面——大地水准面，亦即最理想化的海洋面是重力场中的一个水准面。

通过对地球外部重力场的深入分析，人们可以获得关于地球内部结构及性质的信息，因此通过相应重力场参数的应用，大地控制测量学已成为地球物理学的辅助科学。

地球外部重力场是现代空间探测技术的理论基础，特别是对空间探测器的发射与控制，对月球大地测量以及太阳系其他行星的深空大地测量都具有重要意义和作用。

随着控制测量服务领域的扩展我们需要了解和掌握一些关于地球重力场的基本知识。

1.2.1 引力与离心力

1. 引力

用 F 及 P 分别表示地球引力及由于质点绕地球自转轴旋转而产生的离心力。这两个力的合力称地球重力，用 g 表示，如图 1-1 所示。重力 g 向量等于地球引力向量 F 及离心力向量 P 的和向量，即

$$g = F + P \tag{1-1}$$

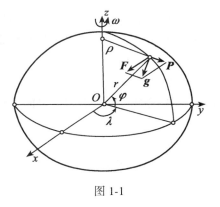

图 1-1

引力 F 是由地球形状及其内部质量分布决定的。假如我们作这样的近似，即认为地球是圆球，其物质以同一密度按同心层的方式分布，那么引力将指向地心，其大小根据万有引力定律：

$$F = f \cdot \frac{M \cdot m}{r^2} \tag{1-2}$$

对单位质点：

$$F = fM/r^2 \tag{1-3}$$

式中：M 为地球质量，m 为质点质量，f 为万有引力常数，r 为质点至地心的距离。

地球引力常数：$fM = 398\ 600 \text{km}^3/\text{s}^2$

实际上，地球引力无论在数值上还是在方向上，都与(1-2)式是不同的。

2. 离心力

离心力 P 指向质点所在平行圈半径的外方向，其计算公式为

$$P = m\omega^2 \rho \tag{1-4}$$

对单位质点：

$$P = \omega^2 \rho \tag{1-5}$$

式中：ω 为地球自转角速度，按天文精确测量，有 $\omega = 2\pi : 86\ 164.095 = 7.292\ 115 \times 10^{-5}$ rad $\cdot$ s^{-1}；ρ 为质点所在平行圈半径，随纬度不同而不同。

由(1-4)式可知,离心力 P 在赤道达最大值,其数值比地球引力 1/200 还要小一些。所以重力基本上是由地球引力确定的。

现在我们研究一下地球重力的边界分布。

当物质离开地心一个很远的距离时,因为引力在减小,离心力增大,重力数值在减小,且其方向逐渐改变。另外,在转动的大气圈内,引力也会减小,离心力也会增大。因此,当质点远在一定的距离上时,作为引力和离心力合力的重力就要改变符号,即它背向地球且数值迅速增大。下面我们计算一下重力开始变号,亦即引力等于离心力的距离 ρ。

为了近似计算,我们取地球的引力等于:

$$F_v = fm/\rho^2 \tag{1-6}$$

离心力等于:

$$F_\omega = \omega^2 \rho \tag{1-7}$$

令

$$F_v = F_\omega \tag{1-8}$$

解出 ρ,$\rho = 42\ 100\text{km}$。这就是说,在高出地面 35 730km(42 100~6 370)处,重力加速度将改变符号,即背向地球。

1.2.2 引力位和离心力位

1. 引力位

借助于位理论来研究地球重力场是非常方便的。我们知道,按牛顿万有引力定律,空间任意两质点 M 和 m 相互吸引的引力公式是

$$F = f \cdot \frac{M \cdot m}{r^2} \tag{1-9}$$

假如两质点间的距离沿力的方向有一个微分变量 dr,那么必须做功

$$dA = f \cdot \frac{M \cdot m}{r^2} \cdot dr$$

此功必等于位能的减少

$$-dV = f \cdot \frac{M \cdot m}{r^2} dr$$

对上式积分后,得出位能

$$V = f \cdot \frac{M \cdot m}{r} \tag{1-10}$$

为研究问题简便起见,将质点 m 的质量取单位质量,则(1-10)式变为

$$V = f \cdot \frac{M}{r} \tag{1-11}$$

在大地测量及有关地球形状的科学中,我们将(1-11)式表示的位能称物质 M 的引力位或位函数。

根据牛顿力学第二定律

$$F = m \cdot a \tag{1-12}$$

顾及(1-9)式,则得加速度

$$a = f \cdot \frac{M}{r^2} \tag{1-13}$$

对(1-11)式取微分,并顾及上式后,可得

$$a = -\frac{\mathrm{d}V}{\mathrm{d}r} \qquad (1\text{-}14)$$

负号的意义是加速度方向与向径向量方向相反。上式又可简写成梯度的形式:

$$a = -\operatorname{grad}V \qquad (1\text{-}15)$$

因此,引力位梯度的负值,在数值上等于单位质点受 r 处的质体 M 吸引而形成的加速度值。通过(1-9)式与(1-13)式比较,可进一步知道,引力在数值上就等于加速度值。在这种情况下,二者可不加区别。

由于位函数是个标量函数,所以地球总体的位函数应等于组成其质量的各基元分体(dmi)位函数 $\mathrm{d}V_i(i=1,2,\cdots,n)$ 之和,于是,对整个地球而言,显然有式

$$V = \int_{(M)}\mathrm{d}V = f \cdot \int_{(M)}\frac{\mathrm{d}m}{r} \qquad (1\text{-}16)$$

式中:r 为地球单元质量 $\mathrm{d}m$ 至被吸引的单位质量的距离,积分沿整个地球质量(M)积分。

据(1-14)式可推广到在空间直角坐标系中,引力位 V 确认这样一个加速度引力场,即引力位对被吸引点各坐标轴的偏导数等于相应坐标轴上的加速度(或引力)向量的负值。用公式表达为:

$$a_x = -\frac{\partial V}{\partial x}, \quad a_y = -\frac{\partial V}{\partial y}, \quad a_z = -\frac{\partial V}{\partial z} \qquad (1\text{-}17)$$

及

$$r^2 = (x - x_m)^2 + (y - y_m)^2 + (z - z_m)^2$$

式中:x,y,z 为被吸引的单位质点的坐标,(x_m,y_m,z_m) 为吸引点 M 的坐标。(1-17)式是容易证明的。

若设各坐标轴的分加速度的模

$$a = \sqrt{a_x^2 + a_y^2 + a_z^2} \qquad (1\text{-}18)$$

则各坐标轴上的分加速度也可以用加速度模乘以方向余弦得到,亦即有式

$$\begin{cases} a_x = a\cos(a,x) \\ a_y = a\cos(a,y) \\ a_z = a\cos(a,z) \end{cases} \qquad (1\text{-}19)$$

下面我们再从物理学方面来说明位的意义。

将单位质点 P 从起点 Q_0 在引力作用下移动到终点 Q,则在有限距离范围内引力所做的功等于此两点的位能差,即亦有公式

$$A = \left| -\int_{Q_0}^{Q}\mathrm{d}V \right| = V(Q) - V(Q_0) \qquad (1\text{-}20)$$

由此式可知,引力所做的功等于位函数在终点和起点的函数值之差,与质点所经过的路程无关。又假设终点在无穷远处,即 $r_Q \to \infty$,则 $V(Q)=0$,这时 $A = -V(Q_0)$,这就是说,在某一位置,(比如 Q_0)质体的引力位就是将单位质点从无穷远处移动到该点引力所做的功。

事实上,$V = \int_r^{\infty}F\mathrm{d}r = \int_r^{\infty}\frac{fM}{r^2}\mathrm{d}r = -\frac{fM}{r}$

2. 离心力位

由图 1-1 可知,质点坐标可用质点向径 r,地心纬度 φ 及经度 λ 表示为

$$x = r\cos\varphi \, \cos\lambda, \quad y = r\cos\varphi \, \sin\lambda, \quad z = r\sin\varphi \tag{1-21}$$

当注意到地球自转仅仅引起经度变化,而它对时间的一阶导数等于地球自转角速度 ω 时,可得

$$\begin{cases} \dot{x} = -r\cos\varphi \, \sin\lambda \cdot \omega \\ \dot{y} = r\cos\varphi \, \cos\lambda \cdot \omega \\ \dot{z} = 0 \end{cases} \tag{1-22}$$

继续求二阶导数,并顾及(1-21)式,可得

$$\begin{cases} \ddot{x} = -\omega^2 x \\ \ddot{y} = -\omega^2 y \\ \ddot{z} = 0 \end{cases} \tag{1-23}$$

坐标对时间的二阶偏导数,就是单位质点的离心加速度。与引力加速度相似,它也可以用离心力位的偏导数表示,实际上,假设有离心力位

$$Q = \frac{\omega^2}{2}(x^2 + y^2) \tag{1-24}$$

那么,它对位置坐标的偏导数

$$\begin{cases} \dfrac{\partial Q}{\partial x} = \omega^2 x = -\ddot{x} \\[2mm] \dfrac{\partial Q}{\partial y} = \omega^2 y = -\ddot{y} \\[2mm] \dfrac{\partial Q}{\partial z} = 0 \end{cases} \tag{1-25}$$

除了符号相反之外,此式与离心力加速度分量表达式(1-23)式是完全一样的,因此,我们可把(1-24)式称为离心力位函数。

离心力位的二阶偏导数

$$\begin{cases} \dfrac{\partial^2 Q}{\partial x^2} = \omega^2 \\[2mm] \dfrac{\partial^2 Q}{\partial y^2} = \omega^2 \\[2mm] \dfrac{\partial^2 Q}{\partial z^2} = 0 \end{cases} \tag{1-26}$$

算子

$$\Delta Q = \frac{\partial^2 Q}{\partial x^2} + \frac{\partial^2 Q}{\partial y^2} + \frac{\partial^2 Q}{\partial z^2} = 2\omega^2 \neq 0 \tag{1-27}$$

(1-27)式称为布阿桑算子,它表明在客体的全部空间里,布阿桑算子是一个常数。

1.2.3　重力位

由于重力是引力和离心力的合力,则重力位就是引力位 V 和离心力位 Q 之和:

$$W = V + Q \tag{1-28}$$

或根据(1-16)式和(1-24)式把重力位写成:

$$W = f \cdot \int_M \frac{\mathrm{d}m}{r} + \frac{\omega^2}{2}(x^2 + y^2) \tag{1-29}$$

假如质点的重力位 W 已知,同样可按对三坐标轴求偏导数求得重力的分力或重力加速度,并用下式表达:

$$\begin{cases} g_x = -\dfrac{\partial W}{\partial x} = -\left(\dfrac{\partial V}{\partial x} + \dfrac{\partial Q}{\partial x}\right) \\[2mm] g_y = -\dfrac{\partial W}{\partial y} = -\left(\dfrac{\partial V}{\partial y} + \dfrac{\partial Q}{\partial y}\right) \\[2mm] g_z = -\dfrac{\partial W}{\partial z} = -\left(\dfrac{\partial V}{\partial z} + \dfrac{\partial Q}{\partial z}\right) \end{cases} \qquad (1\text{-}30)$$

知道了各分力,就可以计算其模

$$g = \sqrt{g_x^2 + g_y^2 + g_z^2} \qquad (1\text{-}31)$$

及它的三个方向余弦

$$\cos(g,x) = \frac{g_x}{g}, \quad \cos(g,y) = \frac{g_y}{g}, \quad \cos(g,z) = \frac{g_z}{g} \qquad (1\text{-}32)$$

同重力方向重合的线称为铅垂线。

重力位对任意方向的偏导数也等于重力在该方向上的分力,即

$$\frac{\partial W}{\partial l} = g_l = g\cos(g,l)$$

很显然,当 g 与 l 相垂直时,那么 $\mathrm{d}W = 0$,有 $W=$ 常数。

当给出不同的常数值,就得到一簇曲面,称为重力等位面,也就是我们通常说的水准面。可见水准面有无穷多个。其中,我们把完全静止的海水面所形成的重力等位面,专称为大地水准面。

同样,如果令 g 与 l 夹角等于 π,则有

$$\mathrm{d}l = -\frac{\mathrm{d}W}{g} \qquad (1\text{-}33)$$

上式说明水准面之间既不平行,也不相交和相切。

对(1-28)式取二阶导数,相加后,则对外面空间点,显然有式

$$\Delta W = \Delta V + \Delta Q \qquad (1\text{-}34)$$

先求引力位的二阶导数算子 ΔV。由(1-16)式,知一阶导数:

$$\begin{cases} \dfrac{\partial V}{\partial x} = f \cdot \int \dfrac{\partial \frac{1}{r}}{\partial x}\mathrm{d}m \\[3mm] \dfrac{\partial V}{\partial y} = f \cdot \int \dfrac{\partial \frac{1}{r}}{\partial y}\mathrm{d}m \\[3mm] \dfrac{\partial V}{\partial z} = f \cdot \int \dfrac{\partial \frac{1}{r}}{\partial z}\mathrm{d}m \end{cases} \qquad (1\text{-}35)$$

若设单位质点坐标为 x,y,z,而吸引点的坐标为 x_m,y_m,z_m,则必然有

$$r^2 = (x - x_m)^2 + (y - y_m)^2 + (z - z_m)^2 \qquad (1\text{-}36)$$

于是:

$$\begin{cases} \dfrac{\partial}{\partial x}\left(\dfrac{1}{r}\right) = -\dfrac{(x - x_m)}{r^3} \\ \dfrac{\partial}{\partial y}\left(\dfrac{1}{r}\right) = -\dfrac{(y - y_m)}{r^3} \\ \dfrac{\partial}{\partial z}\left(\dfrac{1}{r}\right) = -\dfrac{(z - z_m)}{r^3} \end{cases} \tag{1-37}$$

则

$$\dfrac{\partial V}{\partial x} = -f \cdot \int \dfrac{(x - x_m)}{r^3} \mathrm{d}m \tag{1-38}$$

由此,求二阶导数

$$\dfrac{\partial^2 V}{\partial x^2} = \dfrac{\partial}{\partial x}\left(\dfrac{\partial V}{\partial x}\right) = \dfrac{\partial}{\partial x}\left(-f \cdot \int \dfrac{(x - x_m)}{r^3} \mathrm{d}m\right)$$

$$= -f \cdot \int \left(\dfrac{1}{r^3} - 3 \cdot \dfrac{x - x_m}{r^4} \cdot \dfrac{\partial r}{\partial x}\right) \mathrm{d}m$$

由于 $r^2 = (x - x_m)^2 + (y - y_m)^2 + (z - z_m)^2$,对 x 取全微分得

$$2r\mathrm{d}r = 2(x - x_m)\mathrm{d}x$$

故

$$\dfrac{\mathrm{d}r}{\mathrm{d}x} = \dfrac{x - x_m}{r}$$

故

$$\dfrac{\partial^2 V}{\partial x^2} = -f \cdot \int \left[\dfrac{1}{r^3} - 3\dfrac{(x - x_m)^2}{r^5}\right] \mathrm{d}m \tag{1-39}$$

同理

$$\dfrac{\partial^2 V}{\partial y^2} = -f \cdot \int \left[\dfrac{1}{r^3} - 3\dfrac{(y - y_m)^2}{r^5}\right] \mathrm{d}m \tag{1-40}$$

$$\dfrac{\partial^2 V}{\partial z^2} = -f \cdot \int \left[\dfrac{1}{r^3} - 3\dfrac{(z - z_m)^2}{r^5}\right] \mathrm{d}m \tag{1-41}$$

以上三式相加,得

$$\Delta V = \dfrac{\partial^2 V}{\partial x^2} + \dfrac{\partial^2 V}{\partial y^2} + \dfrac{\partial^2 V}{\partial z^2} = 0 \tag{1-42}$$

此式称拉普拉斯方程,ΔV 又称拉普拉斯算子。凡是满足(1-42)式的称为调和函数。显然引力位函数是调和函数。

离心力位的二阶导数算子 ΔQ,由(1-27)式可知 $\Delta Q = 2\omega^2$,所以离心力位函数不是调和函数。

由此可见,重力位二阶导数之和,对外部点:

$$\Delta W = \Delta V + \Delta Q = 2\omega^2 \tag{1-43}$$

对内部点,不加证明给出:

$$\Delta W = \Delta V + \Delta Q = -4\pi f\delta + 2\omega^2 \tag{1-44}$$

式中:δ 为体密度。

由于它们都不等于零,故重力位函数不是调和函数。

对于某一单位质点而言,作用其上的重力在数值上等于使它产生的重力加速度的数值,所以重力即采用重力加速度的量纲。本书采用伽(Gal),单位 $\mathrm{cm \cdot s^{-2}}$;它的千分之一称毫伽(mGal),单位是 $10^{-5}\mathrm{m \cdot s^{-2}}$;千分之一毫伽称微伽(μGal),单位是 $10^{-8}\mathrm{m \cdot s^{-2}}$。地面点重力近似值 980Gal,赤道重力值 978Gal,两极重力值 983Gal。由于地球的极曲率及周日运动

的原因,重力有从赤道向两极增大的趋势。

1.2.4　地球的正常重力位和正常重力

由(1-29)式地球重力位计算公式

$$W = f \cdot \int_M \frac{\mathrm{d}m}{r} + \frac{\omega^2}{2}(x^2 + y^2)$$

可知,要精确计算出地球重力位,必须知道地球表面的形状及内部物质密度,但前者正是我们要研究的,后者分布极其不规则,目前也无法知道,故根据上式不能精确地求得地球的重力位,为此引进一个与其近似的地球重力位——正常重力位。

正常重力位是一个函数简单、不涉及地球形状和密度便可直接计算得到的地球重力位的近似值的辅助重力位。当知道了地球正常重力位,想求出它同地球重力位的差异(又称扰动位),便可据此求出大地水准面与这已知形状的差异,最后解决确定地球重力位和地球形状的问题。

由于(1-29)式右端第二项是容易计算的,因此求解地球正常重力位的关键是先找出表达地球引力位的计算公式,再根据需要选取头几项而略去余项,再顾及右端第二项,就可得到地球正常重力位。

1. 地球引力位的数学表达式

首先介绍用地球惯性矩表达引力位的基本知识。

如图 1-2 所示,在空间直角坐标系 o-xyz 中,坐标原点置于地球质心,x 轴在赤道平面并指向格林尼治子午面与赤道面之交点,z 轴与地球自转轴一致,y 轴在赤道面上,构成右手坐标系,则空间一点 S 的坐标可用两种方式表示,一种是空间直角坐标(x, y, z),另一种是空间球面极坐标 φ, λ, r,地面质点 M 的坐标用(x_m, y_m, z_m)表示。

由图 1-2 可知,

$$\rho^2 = r^2 + R^2 - 2Rr\cos\psi$$
$$= r^2\left[1 + \left(\frac{R}{r}\right)^2 - 2\frac{R}{r}\cos\psi \right] \tag{1-45}$$

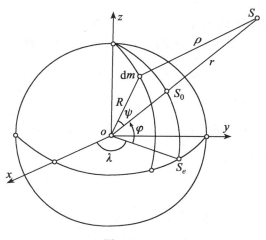

图 1-2

或
$$\frac{1}{\rho} = \frac{1}{r}(1 + l)^{-\frac{1}{2}}$$

式中：
$$l = \left(\frac{R}{r}\right)^2 - 2\frac{R}{r}\cos\psi \tag{1-46}$$

由于$\frac{R}{r} < 1$，故可把$\frac{1}{\rho}$展开级数，并代入

$$V = f\int_M \frac{\mathrm{d}m}{\rho} \tag{1-47}$$

中，则有

$$V = \frac{f}{r}\int\left(1 - \frac{1}{2}l + \frac{3}{8}l^2 - \frac{5}{16}l^3 + \cdots\right)\mathrm{d}m$$

将(1-46)式代入上式，并按$\left(\frac{R}{r}\right)$集项，最后得到

$$V = v_0 + v_1 + v_2 + \cdots = \sum_{i=0}^{n} v_i \tag{1-48}$$

式中：

$$v_0 = \frac{f}{r}\int_M \mathrm{d}m \tag{1-49}$$

$$v_1 = \frac{f}{r}\int_M \frac{R}{r}\cos\psi\,\mathrm{d}m \tag{1-50}$$

$$v_2 = \frac{f}{r}\int_M \left(\frac{R}{r}\right)^2\left(\frac{3}{2}\cos^2\psi - \frac{1}{2}\right)\mathrm{d}m \tag{1-51}$$

$$v_3 = \frac{f}{r}\int_M \left(\frac{R}{r}\right)^3\left(\frac{5}{2}\cos^3\psi - \frac{3}{2}\cos\psi\right)\mathrm{d}m \tag{1-52}$$

...

现在让我们研究一下前三项的具体表达式。

首先看零阶项v_0。由于

$$v_0 = \frac{f}{r}\int \mathrm{d}m = \frac{fM}{r} \tag{1-53}$$

可见，v_0就是把地球质量集中到地球质心处时的点的位。

再看一阶项v_1。对于向量R和r之间的夹角，可按下式计算：

$$\cos\psi = \frac{xx_m + yy_m + zz_m}{Rr} \tag{1-54}$$

把它代入到(1-50)式中，可得

$$v_1 = \frac{f}{r^3}\left(x\int_M x_m\mathrm{d}m + y\int_M y_m\mathrm{d}m + z\int_M z_m\mathrm{d}m\right) \tag{1-55}$$

由理论力学可知，物质质心坐标

$$x_0 = \frac{\displaystyle\int_M x_m\mathrm{d}m}{M}, \quad y_0 = \frac{\displaystyle\int_M y_m\mathrm{d}m}{M}, \quad z_0 = \frac{\displaystyle\int_M z_m\mathrm{d}m}{M}$$

在建立坐标系时已约定，将坐标原点置于地球质心，亦即有$x_0 = y_0 = z_0 = 0$，为此，必有$\displaystyle\int_M x_m\mathrm{d}m$

$= \int\limits_M y_m \mathrm{d}m = \int\limits_M z_m \mathrm{d}m = 0$，所以一阶项

$$v_1 = 0 \tag{1-56}$$

最后看二阶项 v_2。由于

$$R^2 = x_m^2 + y_m^2 + z_m^2$$

$$\cos^2 \psi = \left(\frac{xx_m + yy_m + zz_m}{Rr} \right)^2$$

将它们代入到（1-51）式中，得

$$v_2 = \frac{f}{2r^5} \Big[x^2 \int\limits_M (2x_m^2 - y_m^2 - z_m^2) \mathrm{d}m + y^2 \int\limits_M (2y_m^2 - x_m^2 - z_m^2) \mathrm{d}m + z^2 \int\limits_M (2z_m^2 - x_m^2 - y_m^2) \mathrm{d}m +$$

$$6xy \int\limits_M x_m y_m \mathrm{d}m + 6xz \int\limits_M x_m z_m \mathrm{d}m + 6yz \int\limits_M y_m z_m \mathrm{d}m \tag{1-57}$$

如果我们把质点 M 对 x, y, z 轴的转动惯量分别表示为

$$\left. \begin{aligned} A &= \int\limits_M (y_m^2 + z_m^2) \mathrm{d}m \\ B &= \int\limits_M (x_m^2 + z_m^2) \mathrm{d}m \\ C &= \int\limits_M (x_m^2 + y_m^2) \mathrm{d}m \end{aligned} \right\} \tag{1-58}$$

把惯性积（离心力矩）分别表示为

$$\left. \begin{aligned} D &= \int\limits_M y_m z_m \mathrm{d}m \\ E &= \int\limits_M x_m z_m \mathrm{d}m \\ F &= \int\limits_M x_m y_m \mathrm{d}m \end{aligned} \right\} \tag{1-59}$$

将（1-58）式及（1-59）式代入（1-57）式，得

$$v_2 = \frac{f}{2r^5} \big[(y^2 + z^2 - 2x^2)A + (x^2 + z^2 - 2y^2)B +$$

$$(x^2 + y^2 - 2z^2)C + 6yzD + 6xzE + 6xyF \big] \tag{1-60}$$

这就是用二阶转动惯性矩及被吸引点直角坐标表示的二阶项 v_2。但此式无论是应用还是进一步分析都是不便的。下面作如下变换：

$$\left. \begin{aligned} x &= r\cos\varphi \, \cos\lambda \\ y &= r\cos\varphi \, \sin\lambda \\ z &= r\sin\varphi \end{aligned} \right\} \tag{1-61}$$

将上式代入（1-60）式，并经过整理得到：

$$v_2 = \frac{f}{r^3} \left[\frac{2C - (A + B)}{2} \left(\frac{1}{2} - \frac{3}{2}\sin^2\varphi \right) + \right.$$

$$3(E\cos\lambda + D\sin\lambda)\cos\varphi \, \sin\varphi +$$

$$\left. \frac{3}{2} \left(\frac{B - A}{2}\cos2\lambda + F\sin2\lambda \right) \cos^2\varphi \right] \tag{1-62}$$

三阶项及更高阶项也可仿此推得。

将求得的 v_0, v_1, v_2 及高阶项代入到(1-48)式,便得到地球引力位的计算式。

其次介绍用球谐函数表达地球引力位的基本知识。

在(1-49)~(1-52)式中,若令

$$P_0(\cos\psi) = 1$$
$$P_1(\cos\psi) = \cos\psi$$
$$P_2(\cos\psi) = \frac{3}{2}\cos^2\psi - \frac{1}{2}$$
$$P_3(\cos\psi) = \frac{5}{2}\cos^3\psi - \frac{3}{2}\cos\psi$$ (1-63)

$P_n(\cos\psi)$ 的一般表达式为

$$P_n(\cos\psi) = \frac{1}{2^n n!}\frac{\mathrm{d}^n(\cos^2\psi - 1)^n}{\mathrm{d}(\cos\psi)^n}$$ (1-64)

当已知一阶项 P_1 和二阶项 P_2 时,用下面递推公式计算

$$P_{n+1}(x) = \frac{2n+1}{n+1}xP_n(x) - \frac{n}{n+1}P_{n-1}(x)$$ (1-65)

式中 $x = \cos\psi$。

(1-64)式称为勒让德多项式。用该式表示的第 n 阶地球引力位公式为

$$V_n = \frac{f}{r}\int\left(\frac{R}{r}\right)^n P_n(\cos\psi)\mathrm{d}m$$ (1-66)

由于 ψ 角之余弦是 M 点和 S 点的直角坐标的函数(见(1-54)式),也可用球面三角学公式表示为两点的球面坐标的函数,经过变换之后,即可得到 n 阶重力位的计算公式,在这里我们略去推导过程,直接写出用球谐函数表示的公式

$$V_n = \frac{1}{r^{n+1}}\left[A_n P_n(\cos\theta) + \sum_{K=1}^{n}(A_n^K\cos K\lambda + B_n^K\sin K\lambda)P_n^K(\cos\theta)\right]$$ (1-67)

式中:θ 为极距,$\varphi + \theta = 90°$,φ,λ 分别为纬度和经度。在这里,勒让德多项式 $P_n(\cos\theta)$ 称为 n 阶主球函数(或带球函数),$P_n^K(\cos\theta)$ 称为 n 阶 K 级的勒让德缔合(或伴随)函数,用下式计算:

$$P_n^K(\cos\theta) = \sin^K\theta\frac{\mathrm{d}^K P_n(\cos\theta)}{\mathrm{d}(\cos\theta)^K}$$ (1-68)

而 $\cos K\lambda P_n^K(\cos\theta)$ 及 $\sin K\lambda P_n^K(\cos\theta)$ 称为缔合球函数(其中,当 $K=n$ 时称为扇球函数,当 $n\neq K$ 时称为田球函数)。当 $K=0$ 时,$P_n^K(\cos\theta)$ 即为 $P_n(\cos\theta)$,A_n^K 即为 A_n。A_n,A_n^K 及 B_n^K 等球谐系数称为斯托克司常数,它们均是与 n 阶惯性矩有关的量,当 $n=2$ 时,它们是二阶矩 A、B、C、D、E、F 的函数。

将(1-67)式代入(1-48)式,则得

$$V = \sum_{n=0}^{\infty}V_n = \sum_{n=0}^{\infty}\frac{1}{r^{n+1}}\left[A_n P_n(\cos\theta) + \sum_{K=1}^{n}(A_n^K\cos K\lambda + B_n^K\sin K\lambda)P_n^K(\cos\theta)\right]$$ (1-69)

这就是用球谐函数表示的地球引力位的公式。

2. 地球正常重力位

在(1-29)式中,当注意到:

$$(x^2 + y^2) = r^2 \cdot \sin^2\theta$$

则该公式可写成：

$$W = \sum_{n=0}^{\infty} \frac{1}{r^{n+1}} \left[A_n P_n(\cos\theta) + \sum_{K=1}^{n} (A_n^K \cos K\lambda + B_n^K \sin K\lambda) \cdot \right.$$

$$\left. P_n^K(\cos\theta) \right] + \frac{\omega^2}{2} r^2 \sin^2\theta \tag{1-70}$$

为了表达地球正常重力位，根据观测资料的精度和对正常重力位所要求的精度，可选取上式中的前几项来作为正常重力位。当选取前 3 项时，将重力位 U 写成

$$U = \sum_{n=0}^{2} V_n + Q = \sum_{n=0}^{2} \frac{1}{r^{n+1}} \left[A_n P_n(\cos\theta) + \sum_{K=1}^{2} (A_n^K \cos K\lambda + B_n^K \sin K\lambda) \cdot \right.$$

$$\left. P_n^K(\cos\theta) \right] + \frac{\omega^2}{2} r^2 \sin^2\theta \tag{1-71}$$

当顾及到由于将坐标原点选在地球质心上，则 $A_1 = A_1^1 = B_1^1 = 0$；又规定坐标轴为主惯性轴，则 $A_2^1 = B_2^1 = B_2^2 = 0$，再将地球视为旋转体，则 $A = B$。于是上式中与经度 λ 有关的项全部消失。

这样，经过整理后，正常重力位 U 可用带球谐级数表示：

$$U = fM/r[1 - \sum J_{2n}(a_e/r)^{2n} P_{2n}(\cos\theta)] + \omega^2 r^2 \sin^2\theta/2 \tag{1-72}$$

式中：P_{2n} 为主球谐系数；J_{2n} 为 J_2 的闭合表达式；$J_2 = 1\,082.628\,3 \times 10^{-6}$。而 J_2 与地球扁率 α 有如下关系式：

$\alpha = 3J_2/2 + q/2 + 9J_2^2/8$，$a_e$ 为椭球长半轴。

因此，正常重力位完全可用 4 个专用的确定的常数完整地表达：

$$U = f(a, J_2, fM, \omega) \tag{1-73}$$

因此，我们可以把相应于实际地球的 4 个基本参数 fM, J_2, ω 及 a_e 作为地球正常（水准）椭球的基本参数，又称它们是地球大地基准常数，由此可以导出其他的几何和物理常数。例如，WGS-84 地球椭球的大地基准常数是：

$$fM = 3\,986\,005 \times 10^8 \mathrm{m}^3 \cdot \mathrm{s}^{-2}$$

$$J_2 = 1\,082.629\,989\,05 \times 10^{-6}$$

$$a_e = 6\,378\,137\mathrm{m}$$

$$\omega = 7\,292\,115 \times 10^{-11} \mathrm{rad} \cdot \mathrm{s}^{-1} \tag{1-74}$$

它们的导出量：

$$\alpha = 0.003\,352\,810\,664\,74$$

$$\alpha^{-1} = 298.257\,223\,563$$

$$\gamma_e = 9.780\,326\,771\,4\mathrm{m} \cdot \mathrm{s}^{-2}$$

$$\gamma_p = 9.832\,186\,368\,5\mathrm{m} \cdot \mathrm{s}^{-2}$$

$$\beta = 0.005\,302\,440\,128\,94$$

等等。

最后我们再对正常重力场做进一步理解。

众所周知，旋转椭球体为我们提供了一个非常简单而又精确的地球几何形状的数学模型，它已被用于普通测量及大地测量中二维及三维的数学模型的公式推导与计算中。但要想达到提供一个比较简单的地球数学模型使其达到作为测量归算和测量计算的参考面的目

的，还必须给这个椭球模型加上密合于实际地球的引力场，以使这样的椭球既可应用在几何模型中又可应用在物理模型中。为此，我们首先把旋转椭球赋予与实际地球相等的质量（M，此时地球引力常数 fM 也相等），同时假定它与地球一起旋转（即具有相同的角速度 ω），进而用数学约束条件把椭球面定义为其本身重力场中的一个等位面，并且这个重力场中的铅垂线方向与椭球面相垂直，由以上这些特性所决定的旋转椭球的重力场称为正常重力场。这样的椭球称为正常椭球，也称为水准椭球。这样，我们可有下面的公式：

$$U = V + \phi \qquad\qquad (1\text{-}75)$$

$$W = T + V + \phi \qquad\qquad (1\text{-}76)$$

式中：U 为正常重力位；V 为正常引力位；ϕ 为离心力位；T 为扰动位。扰动位 T 是地球的实际重力位 W 与正常重力位 U 的差值，它是一个比较小的数值。

1.3　控制测量的基准面和基准线

1.3.1　水准面

正如 1.2 节中指出的那样，由于重力位 W 是标量函数，只与点的空间位置有关，因此当 $W(r, \theta, \lambda)$ 等于某一常数时，将给出相应的曲面，给出不同常数将得到一簇曲面。在每一个曲面上重力位都相等。我们把重力位相等的面称为重力等位面，这也就是我们通常所说的水准面。很显然，在质体周围可以形成无数个水准面。

由于地球具有很复杂的形状，质量分布特别是外壳的质量分布不均匀性，使得地球的水准面具有复杂的形状。

由于重力位是由点坐标惟一确定的，故水准面相互既不能相交也不能相切。

每个水准面都对应着惟一的位能 $W = C =$ 常数，在这个面上移动单位质量不做功，亦即所做的功等于 0，即 $\mathrm{d}W = -g_s \mathrm{d}s = 0$，可见水准面是均衡面。

由于 $g_s = g\cos(g, s) = 0$，只能有 $\cos(g, s) = 0$，因此，在水准面上，所有点的重力均与水准面正交。于是水准面又可定义为所有点都与铅垂线正交的面。

由于两水准面之间的距离

$$\mathrm{d}h = -\frac{\mathrm{d}W}{g} \qquad\qquad (1\text{-}77)$$

可见，两个无穷接近的水准面之间的距离不是一个常数，这是因为重力在水准面不同点上的数值是不同的，故两个水准面彼此不平行。

处处与重力方向相切的曲线称为力线。因此，力线与所有水准面都正交，彼此不平行，是空间曲线。

在控制测量实际作业中观测水平角时，置平经纬仪就是使仪器的纵轴位于铅垂线方向，从而使水平度盘位于通过度盘中心的水准面的切平面上。因此，所测的水平角实际上就是视准线在水准面上的投影线之间的夹角。此外，用水准测量所求出的两点间的高差，就是过这两点的水准面间的垂直距离。对于边长的观测值，也存在化算到哪个高程水准面上的问题。

上述 3 类地面观测值，除水平角外，都同水准面的选取有关，特别是水准测量的结果，更是直接取决于水准面的选择。于是，为了使不同测量部门所得出的观测结果能够互相比较、互相统一、互相利用，有必要选择一个最有代表性的水准面作为外业成果的统一基准。

1.3.2 大地水准面

大地测量学所研究的是在整体上非常接近于地球自然表面的水准面。由于海洋占全球面积的 71%，故设想与平均海水面相重合，不受潮汐、风浪及大气压变化影响，并延伸到大陆下面处处与铅垂线相垂直的水准面称为大地水准面，它是一个没有褶皱、无棱角的连续封闭曲面。由它包围的形体称为大地体，可近似地把它看成是地球的形状。

大地水准面的形状（几何性质）及重力场（物理性质）都是不规则的，不能用一个简单的形状和数学公式表达。在我们目前尚不能惟一地确定它的时候，各个国家和地区往往选择一个平均海水面代替它。我国曾规定采用青岛验潮站求得的 1956 年黄海平均海水面作为我国统一高程基准面，1988 年改用"1985 国家高程基准"作为高程起算的统一基准。

大地水准面具有水准面的一切性质。大地水准面上的重力位用 W_0 表示。位 W 的水准面相对于位 W_0 的大地水准面的高度，可按下式积分后确定

$$W_0 - W = \int_0^h g\mathrm{d}h \tag{1-78}$$

由于大地水准面的形状和大地体的大小均接近地球自然表面的形状和大小，并且它的位置是比较稳定的，因此，我们选取大地水准面作为测量外业的基准面，而与其相垂直的铅垂线则是外业的基准线。

1.3.3 似大地水准面

由于地球质量特别是外层质量分布的不均性，使得大地水准面形状非常复杂。大地水准面的严密测定取决于地球构造方面的学科知识，目前尚不能精确确定它。为此，苏联学者莫洛金斯基建议研究与大地水准面很接近的似大地水准面。这个面不需要任何关于地壳结构方面的假设便可严密确定。似大地水准面与大地水准面在海洋上完全重合，而在大陆上也几乎重合，在山区只有 2~4m 的差异。似大地水准面尽管不是水准面，但它可以严密地解决关于研究与地球自然地理形状有关的问题。

1.3.4 正常椭球和水准椭球，总的地球椭球和参考椭球

同在几何大地测量中采用定位和定向的参考椭球作为研究地球形状的参考表面一样，在物理大地测量研究地球重力场时也需要引进所谓的正常椭球所产生的正常重力场作为实际地球重力场的近似值。正常椭球面是大地水准面的规则形状。因此引入正常椭球后，真的地球重力位被分成正常重力位和扰动位两部分，实际重力也被分成正常重力和重力异常两部分。

由斯托克司定理可知，如果已知一个水准面的形状 s 和它内部所包含物质的总质量 M，以及整个物体绕某一固定轴旋转的角速度 ω，则这个水准面上及其外部空间任意一点的重力位和重力都可以惟一地确定。这就告诉我们，选择正常椭球时，除了确定其 M 和 ω 值外，其规则形状可以任意选择。但考虑到实际使用的方便和有规律性以便精确算出正常重力场中的有关量，又顾及几何大地测量中采用旋转椭球的实际情况，目前都采用水准椭球作为正常椭球。因此，在一般情况下，这两个名词不加以区别，甚至在有些文献中还把它们统称为等位椭球。

对于正常椭球，除了确定其 4 个基本参数：a，J_2，fM 和 ω 外，也要定位和定向。正常椭球的定位是使其中心和地球质心重合，正常椭球的定向是使其短轴与地轴重合，起始子午面与起始天文子午面重合。

为研究全球性问题，就需要一个和整个大地体最为密合的总的地球椭球。如果从几何大地测量来研究全球问题，那么总的地球椭球可按几何大地测量来定义：总地球椭球中心和地球质心重合（$\Delta x_0 = \Delta y_0 = \Delta z_0 = 0$），总的地球椭球的短轴与地球地轴相重合，起始大地子午面和起始天文子午面重合（$\varepsilon_x = \varepsilon_y = \varepsilon_z = 0$），同时还要求总地球椭球和大地体最为密合，也就是说，在确定参数 a、α 时，要满足全球范围的大地水准面差距 N 的平方和最小，即

$$\iint_\sigma N^2 \mathrm{d}\sigma = \text{最小}$$

如果从几何和物理两个方面来研究全球性问题，我们可把总地球椭球定义为最密合于大地体的正常椭球。正常椭球参数是根据天文大地测量，重力测量及人卫观测资料一起处理确定的，并由国际组织发布。譬如，1979 年，在堪培拉举行的第 17 届国际大地测量与地球物理联合会，曾推荐了下面的椭球参数：$fM = 398\ 600.5 \mathrm{km^3/s^2}$；$a = 6\ 378\ 137\mathrm{m}$，$\omega = 0.729\ 211\ 5 \times 10^{-4} \mathrm{rad/s}$，$J_2 = 1.082\ 63 \times 10^{-3}$。

总的地球椭球对于研究地球形状是必要的。但对于天文大地测量及大地点坐标的推算，对于国家测图及区域绘图来说，往往采用其大小及定位定向最接近于本国或本地区的地球椭球。这种最接近，表现在两个面最接近及同点的法线和垂线最接近。所有地面测量都依法线投影在这个椭球面上，我们把这样的椭球叫参考椭球。很显然，参考椭球在大小及定位定向上都不与总地球重合。由于地球表面的不规则性，适合于不同地区的参考椭球的大小、定位和定向都不一样，每个参考椭球都有自己的参数和参考系。

因此，我们选择参考椭球面作为测量内业计算的基准面，而与其相垂直的法线则是内业计算的基准线。

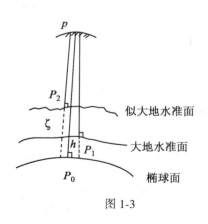

图 1-3

1.3.5　大地高 H、正高 H$_正$ 及正常高 H$_{正常}$

点的空间位置除平面位置外还有高程位置。高程位置用大地高 H 或正高 $H_正$ 或正常高 $H_{正常}$ 表示。

如图 1-3 所示，大地高 H 是地面点沿法线到椭球面的距离 PP_0；正高 $H_正$ 是地面点沿实际重力（垂）线到大地水准面的距离 PP_1；正常高 $H_{正常}$ 是地面点沿正常重力（垂）线到似大地水准面的距离 PP_2。由图可知，它们之间有如下关系：

$$\left.\begin{array}{l} H = H_正 + N \\ H = H_{正常} + \zeta \end{array}\right\} \tag{1-79}$$

式中：N 为大地水准面差距，ζ 为高程异常。

1.3.6　垂线偏差

地面一点上的重力向量 $\boldsymbol{g}$ 和相应椭球面上的法线向量 $\boldsymbol{n}$ 之间的夹角定义为该点的垂线偏差。很显然，根据所采用的椭球不同可分为绝对垂线偏差及相对垂线偏差，垂线同总地

球椭球(或参考椭球)法线构成的角度称为绝对(或相对)垂线偏差，它们统称为天文大地垂线偏差。另外，我们把实际重力场中的重力向量 **g** 同正常重力场中的正常重力向量 **γ** 之间的夹角称为重力垂线偏差。在精度要求不高时，可把天文大地垂线偏差看做是重力垂线偏差。换句话说，可把总的地球椭球认为是正常椭球。然而，在高精度测量中，应该注意到正常椭球的力线与总地球椭球法线是有区别的。区别大小与地球形状，与点的高程及位置有关。在这里，我们主要研究天文大地垂线偏差。

如图 1-4 所示，以测站 O 为中心作任意半径的辅助球。图中，u 是垂线偏差，ξ、η

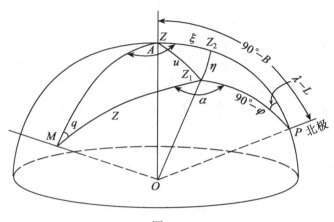

图 1-4

分别是 u 在子午圈和卯酉圈上的分量，在任意垂直面的投影分量：

$$u_A = \xi\cos A + \eta\sin A \tag{1-80}$$

式中：A 为投影面的大地方位角。在特殊情况下，当 $A = 0°$，$u_A = \xi$，$A = 90°$，$u_A = \eta$，根据定义

$$u^2 = \xi^2 + \eta^2 \tag{1-81}$$

其他点、线均已在图上注明。

由图 1-4 可知，
$$\xi = 90° - B - (90° - \varphi) = \varphi - B \tag{1-82}$$
又由球面直角三角形 Z_1Z_2P 得

$$\sin(\lambda - L) = \frac{\sin\eta}{\sin(90° - \varphi)} = \frac{\sin\eta}{\cos\varphi}$$

由于 $(\lambda-L)$、η 均是小角，故得

$$\eta = (\lambda - L)\cos\varphi \tag{1-83}$$

(1-82)、(1-83)式称为垂线偏差公式，若已知一点的天文和大地经、纬度，即可算出垂线偏差。

由以上两式可以写成

$$\left.\begin{array}{l} B = \varphi - \xi \\ L = \lambda - \eta\sec\varphi \end{array}\right\} \tag{1-84}$$

上式称为天文纬度、经度同大地纬度、经度的关系式。若已知一点的垂线偏差，依据上式，便可将天文纬度和经度换算为大地纬度和经度。通过垂线偏差把天文坐标同大地坐标联系起来，从而实现两种坐标的互相转换。

在这里，我们不加推导，直接给出天文方位角 α 归算为大地方位角 A 的公式：

$$A = \alpha - (\lambda - L)\sin\varphi - (\xi \sin A - \eta \cos A)\cot Z_\text{天} \qquad (1\text{-}85)$$

式中右端第二项$-(\lambda - L)\sin\varphi$只与点的位置有关,与照准点的方位及天顶距无关;第三项$-(\xi \sin A - \eta \cos A)\cot Z_\text{天}$与照准点方位及天顶距有关。在通常情况下,由于垂线偏差一般小于$10''$,当$Z_\text{天} = 90°$时,第三项改正数不过百分之几秒,故可把此项略去,得到简化公式

$$A = \alpha - (\lambda - L)\sin\varphi \qquad (1\text{-}86)$$

或

$$A = \alpha - \eta\tan\varphi \qquad (1\text{-}87)$$

以上三个公式是天文方位角归算公式,也叫拉普拉斯方程。

由天文天顶距Z_0归算大地天顶距Z的公式

$$Z = Z_0 + \xi\cos A + \eta\sin A \qquad (1\text{-}88)$$

地面不同点的垂线偏差不同是由许多因素引起的。它们的变化一般说来是平稳的,在大范围内具有系统性质,垂线偏差这种总体上的变化主要是由大地水准面的长波和所采用的椭球参数等原因所致。除此之外,垂线偏差在某些局部还具有突变的性质,且有很大幅度,这主要是由于地球内部质量密度分布的局部变化,高山、海沟及其他不同地貌等因素引起的。

测定垂线偏差一般有以下四种方法:天文大地测量方法、重力测量方法、天文重力测量方法以及 GPS 方法。

1.4 控制测量的现状与发展概况

1.4.1 空间测量技术给控制测量学注入了新的活力,促使控制测量学进入生机勃勃发展的新时期

2007 年联合国已将下列全球卫星导航系统(GNSS):美国全球定位系统(GPS)、俄罗斯全球导航卫星系统(GLONASS)、欧盟伽利略(Galileo)卫星导航系统和中国的北斗卫星导航系统并称为全球四大卫星导航系统,并将这 4 个系统一起确认为全球卫星导航系统"核心供应商"。下面介绍一下它们及其他有关空间定位技术的发展情况。

(1)GPS 现代化的简要情况:

GPS 星座的新变化:1994 年完成星座部署,投入全面运行服务。2000 年 5 月美国宣布取消 SA 政策,于是以此为标志,GPS 发展进入"GPS 现代化"阶段。2008 年 1 月 10 日,该系统在轨卫星数为 30 颗,其中 GPS-2A:13 颗,GPS-2R:12 颗,GPS-2RM:5 颗。GPS-3A 计划正在进行,美国空军已将此项合同签给洛克希德-马丁航天系统公司,将为GPS 系统提供强大的增强功能,其中包括增加经过与欧洲伽利略系统协调的 LIC 民用导航信号等。

从 GPS-2RM 开始,在 L2 上增加 L2C 民用导航码(C/A),在 L1 和 L2 增加了 M 码军用导航信号;在 GPS-2F 上又增加了 L5C 民用导航码(L5 的频率为 1176.45MHz)。

(2)GLONASS 现代化的简要情况:

GLONASS 星座情况:截至 2008 年 1 月 3 日共有 18 颗卫星。其中 2 颗即将退役,3 颗在调试。实际上,只有 13 颗卫星提供导航服务。2008 年 9 月 25 日又发射 3 颗卫星,到11 月中旬达到 17 颗,12 月 25 日再发射 3 颗,在轨卫星达到 20 颗。目前在轨 26 颗星,但只有 20 颗被应用。

第一代、第二代卫星产品分别为 GLONASS 和 GLONASS-M。GLONASS-K 是 2005 年实施的新一代先进卫星，是该系统中的第三代产品，采用经改进的快讯－1000 平台，重750kg，寿命 12 年，在 L 频段上播发 3 个民用导航信号，以增加导航市场的竞争能力。2011 年 2 月 26 日，首颗 GLONASS-K 卫星成功发射并进入预定轨道。这是俄罗斯完成其天基导航系统组网需要的最后一颗卫星。

（3）欧洲伽利略系统，由于融资和运营管理方面的问题，进程曾一度受阻，不过，这一问题已得到解决。目前，该系统已于 2005 年 12 月和 2008 年 4 月分别发射了两颗试验卫星——GIOVE-A／GIOVE-B，并正在研制第三颗试验卫星。目前还不能独立提供定位。

（4）我国北斗星导航定位系统发展情况：

中国分别于 2000 年 10 月 31 日、12 月 21 日及 2003 年 5 月 25 日发射了 3 颗"北斗导航试验卫星"，其中 01、02 号卫星分别定点于 140E/80E 赤道上空，形成区域导航定位系统，03 号是备用卫星，并于 2003 年建立了北斗导航试验系统。2007 年 2 月 3 日发射的 04 号试验卫星已于 2008 年 12 月 4 日正式交付使用，标志着我国第一代卫星导航系统建设全面完成。

目前正在建设的是第二代北斗卫星导航系统，首颗星（北斗一号）于 2007 年 4 月 14 日发射，2008 年 4 月 15 日，中国在西昌卫星发射中心，成功将第 2 颗北斗导航卫星（北斗二号）送入预定轨道。北斗二号卫星为地球同步静止轨道卫星，可为中国及周边地区提供定位、测速和授时等服务。

在轨运行的北斗二代导航卫星（2012）见表 1-1：

表 1-1　　　　　　　　　　　　在轨运行的北斗二代导航卫星（2012）

卫星发射序号	发射日期	轨道
第 1 颗北斗导航卫星	2007.4.14	ME0
第 2 颗北斗导航卫星	2008.4.15	GE0
第 3 颗北斗导航卫星	2010.1.17	GE0
第 4 颗北斗导航卫星	2010.6.02	GE0
第 5 颗北斗导航卫星	2010.8.01	IGS0
第 6 颗北斗导航卫星	2010.11.01	GE0
第 7 颗北斗导航卫星	2010.12.18	IGS0
第 8 颗北斗导航卫星	2011.04.10	IGS0
第 9 颗北斗导航卫星	2011.7.27	IGS0
第 10 颗北斗导航卫星	2011.12.02	IGS0
第 11 颗北斗导航卫星	2012.02.25	GE0
第 12/13 颗北斗导航卫星	2012.4.30	ME0
第 14/15 颗北斗导航卫星	2012.9.19	ME0
第 16 颗北斗导航卫星	2012.10.25	GE0

2011 年 4 月 10 日 4 时 47 分，我国在西昌卫星发射中心用"长征三号甲"运载火箭，成功将第 8 颗北斗导航卫星送入太空预定转移轨道。这是一颗倾斜地球同步轨道卫星。这

次发射是北斗导航系统组网卫星的第一次发射，也是我国"十二五"期间的首次航天发射。这颗卫星与 2010 年发射的 5 颗导航卫星共同组成"3+3"基本系统(即 3 颗 GEO 卫星加上 3 颗 IGSO 卫星)，经过一段时间在轨验证和系统联调后，将具备向我国大部分地区提供初始服务的条件。

我国整个"北斗二代"设计为全球卫星导航系统，空间卫星星座由 5 颗静止轨道卫星和 30 颗非静止轨道卫星组成，5 颗静止轨道卫星在赤道上空的分布为：58.75°E、80°E、110.5°E、140°E、160°E，30 颗非静止轨道卫星由 27 颗中轨(MEO)卫星和 3 颗倾斜同步(IGSO)卫星组成，27 颗 MEO 卫星分布在倾角为 55°的三个轨道平面上，每个轨道面上有 9 颗卫星，轨道高度为 21 500km，普通测距码和精密测距码调制于 4 个频率的载波上(B1：1 561.098MHz，B1-2：1 589.742MHz，B2：1 207.14MHz，B3：1 268 52MHz)。北斗卫星导航系统建成后将提供两种服务方式，即开放服务和授权服务。开放服务是在服务区免费提供定位、测速和授时服务，定位精度为 10m，授时精度为 50nm，测速精度为 0.2m/s。授权服务是向授权用户提供更安全的定位、测速、授时和通信服务以及系统完好性信息。

自 2011 年 12 月 27 日北斗卫星导航系统提供试运行服务以来，该系统工作稳定，有些技术指标还好于预期。按照北斗卫星导航系统"三步走"发展战略，2020 年左右，中国将建成由(5+30)颗卫星组成的北斗卫星导航系统，提供覆盖全球的高精度、高可靠性的定位、导航和授时服务。

(5)法国正在发展卫星多普勒定轨和无线电定位系统 DORIS(Doppler Orbitography and Radiopositioning Integrated by Satellite)，它是一种单向双频地基多功能系统。

(6)激光测卫 SLR(Satellite Laser Ranging)是目前精度最高的绝对定位技术。在定义全球地心参考框架，精确测定地球自转参数，确定全球重力场低阶模型，监测地球重力场长波时变，以及精密定轨，校正钟差等都有重要作用。最初把反射镜安置在卫星上(比如 GPS 的 SV35 和 SV36 号卫星)，在地面点上安置激光测距仪，对卫星测距，此称为地基(Ground-based)；如果反过来，把激光测距仪安置在卫星上，地面上安置反射镜，组成空基(Space-based)激光测地系统。显然空基系统比起地基系统更有优越性。更进一步，还可发展成为卫星对卫星的在轨卫星之间激光测距。此外，还将出现卫星激光测高系统，由卫星向地面发射激光，经过地面反射，测定卫星至地表之间的径向距离。这样与已有的海洋卫星雷达测高系统组合成全球陆地海洋卫星激光测高系统，为获得高分辨率的全球数字地面模型创造了基本条件。

(7)甚长基线干涉测量 VLBI(Very Long Baseline Interferometry)是在相距几千公里甚长基线的两端，用射电望远镜同时收测来自某一河外射电源的射电信号，根据干涉原理，直接测定基线长度和方向的一种空间测量技术。长基线的测定精度达 $10^{-8} \sim 10^{-9}$，极移测定精度达 0.001rad，日长变化的测定精度达 0.05 毫时秒。这种技术的缺点是为接收十分微弱的类星射电信号，需要几十米直径的天线，目前人们除正在从硬件、软件等方面改进装置外，还研究以人造卫星作为射电源结合少数 VLBI 固定站，测定地面相距几十公里的相对点位的 VLBI 系统。

(8)惯性测量系统 INS(Inertial Navigation System)是根据惯性力学原理制成的一种全自动精密测量装置。它从一个已知点向另一待定点运动，测出该运动装置的加速度，并沿三个正交坐标轴方向进行积分，从而求出三个坐标增量。自动提供地面点的三维坐标、重力异常和垂线偏差，它们的精度分别为$(1\sim2)\times10^{-5}$，±0.5mGal 及 $0.5''$。国外已将此系统推广应用到工程测量、地籍测量和石油地质勘探中。若在硬件上进一步改进，特别是同 GPS 结合在一起，将会成为一种非常有用的快速测量技术。

1.4.2 信息时代的控制测量仪器和测量系统已形成数字化、智能化和集成化的新的发展态势，空间测量和地面测量仪器和测量系统出现互补共荣的新的发展格局

随着计算机技术、微电子技术、激光技术及空间技术等新技术的发展，传统的测绘仪器体系正在发生根本性的变化。20 世纪 80 年代以来出现了许多先进的光电子大地测量仪器，如红外测距仪、电子经纬仪、全站仪、电子水准仪、激光扫平仪、GPS 接收机等，现在则是单功能传统产品发展为多功能高效率光、机、电、算一体化产品及数字化测绘技术体系，为测量工作向自动化、智能化等现代化方向发展创造了良好的条件。

1. 信息时代的测绘学对测绘仪器的要求

国际测绘联合会(IUSM)1990 年把当今信息时代的测绘学定义为：测绘是采记、量测、处理、分析、解释、描述、分发、利用和评价与地理和空间分布有关的数据的一门科学、工艺、技术和经济实体。国际标准化组织(ISO)的简明定义为：地理空间信息学(Geomatics)是一个现代的科学术语，表示测量、分析、管理和显示空间数据的研究方法。

上述定义清楚地表明，信息时代的测绘学已经不是单纯那种测定测站点位位置的几何科学，而是一门研究空间数据的信息科学。这里所说的空间数据或与地理和空间分布有关的数据是指一种信息，它除了具有空间位置特征外，还具有属性特征。比如地籍测量涉及的信息除了土地的几何位置之外，还加上了有关土地利用、建筑设施以及自然资源等属性数据。这就意味着传统测绘和大地测量已从单纯的几何测量发展到信息科学，将会实现从模拟到数字，从静态到动态，从后处理到实时处理，从离线到在线，从分散到集成，从局域到全球。

从这个意义上说，现在测绘学不仅要解决空间位置的测定问题，而且还要解决地理位置上的属性数据的采集和管理等问题。测绘仪器主要解决空间定位问题，空间位置上的属性数据的测量应该说不是测绘仪器的任务。但是信息时代的仪器应该适应和有利于属性数据的采集、储存、管理、分发和利用。也就是说，现在测绘仪器产生的地理空间定位数据应能方便地纳入 GIS 的范畴，可以与属性数据集成并由计算机进行处理。因此信息时代的测绘仪器至少应具有如下新的功能：

(1)数字化。数字化并不单纯指数字显示，而是要求仪器应能输出可以由计算机进一步处理、传送、通信的数字表示的地理数据，仪器应具备通信接口，这是测绘仪器实现内外一体化的基础。

(2)实时化。现代测绘仪器具有实时处理的功能，一方面实时计算并判断测绘质量，另一方面可以在现场按设计图图样实施施工放样和有关计算、显示及修改等功能。这就是说，仪器能在线处理测量数据，提高测绘质量和效率，并能通过现代通信工具及时更新 GIS 数据库。

(3)集成化。随着测绘高技术的发展，传统的测绘分工被打破，各种测量互相渗透，要求测绘仪器在硬件上集成多种功能，软件上则要更具有开放性，使各种仪器采集的数据可以通信和共享。

除了上述这些传统测绘仪器无法比拟的功能外，现代测绘仪器还突显并具有如下

特点：

（1）多学科成果的结晶。与当今仪器发展趋势一样，现代测绘仪器几乎无一不是高科技的综合，我们通常说光、机、电、算一体化，其实还应该包括通信、空间技术、自动控制等方面的最新成就。

（2）更新周期越来越短。光学经纬仪、水准仪、平板仪等传统测绘仪器曾经有 30 年不衰的历史，但是近年来发展的电子经纬仪、全站仪、GPS 接收机技术更新速度大大加快，几乎是 2~3 年出现一个型号，特别是软件产品的升级更快。

（3）仪器操作更容易，使用更方便。仪器内置的专业软件使得非专业人员也能操作仪器，他只要有基本的计算机操作技能就能使用仪器，或者说仪器越来越智能化了。

2. 控制测量仪器和测量系统出现互补共荣的新的发展格局

经过观察和研究，我们认为测绘仪器正在形成一种由多种传感器互相集成和相互补充的新格局。问题不是谁代替谁、谁淘汰谁，而是各自调整性能找到最佳位置以及合理集成的问题。事实上，数字地面一体化测量系统与空间定位技术手段形成了极好的互补关系，从而形成了测绘仪器的新格局。具体表述如下：

（1）GPS 技术的发展和普及给大地控制测量仪器领域注入了新的活力，开创了新局面。GPS 接收机单点定位技术、相对定位技术以及差分 RTK 技术已发展到相当成熟的阶段，各种类型的 GPS 接收机在市场上争奇斗艳，此外还出现了既能接收 GPS 信号又能接收 GLONASS 信号的所谓多系统接收机。随着其他卫星定位系统的出现，今后必将出现相应的新型卫星定位接收机。这就是说，GPS 技术必将成为大地测量、控制测量以及 GIS 数据获取的重要手段。

（2）全站仪仍是数字化地面测量的主要仪器。它将完全取代光学经纬仪和红外测距仪，成为地面控制测量的常规仪器。在高等级大范围的控制测量中它也许要让位于 GPS，而在工程测量、建筑施工测量、城市测量中仍将发挥主要作用。

第一台全站仪是 Opton 公司于 1968 年生产的 Elta-14，它的体积虽然较大且比较笨重，但却具备了现代全站仪的雏形。该仪器包括 5 个基本组成部分：电子经纬仪，电磁波测距仪，数据记录仪，反射镜和电源。从仪器结构上来看，全站仪可分为两类。一类是整体式结构，即上述 5 个部分，除反射镜外，均装在同一个机壳内，如 Opton 公司的 Elta2。其测程小于 5km，测距精度为 $\pm(5mm+2\times10^{-6}D)$，测角精度约 $\pm0.85''$。另一类是组合式结构，即电子经纬仪和电磁波测距仪从外部组合在一起，后者可以取下，或用同一公司生产的其他类型的测距仪替换使用。数据记录器也可单独用于电子经纬仪或测距仪。这种类型的仪器具有很大的灵活性，例如 Wild 公司的 T 2000 S 加测距仪即属此类。该仪器的测角精度约为 $\pm0.7''$，可配套使用的测距仪有该公司生产的 DI 1000，DI 4，DI 5 等多种。

全站仪自身还在不断地发展，当代电脑型全站仪——测量机器人不但具有完善的智能化的测绘软件，而且还有足够大的数据储存区、图形和文本的显示修改以及自动跟踪目标等功能。此外，全站仪还必须具备很强的环境适应能力，比如防水、防尘和耐高温、低温等。

（3）电子数字水准仪和自动置平水准仪仍是高程测量中不可替代并大量需要的水准测量仪器。

20 世纪以来，水准仪的发展可分为 4 个阶段。第一阶段是以 1908 年威特（H. Wild）在德国 Zeiss 公司改进的一系列水准仪为标志，其特点是采用了平板玻璃测微器。例如 Wild

N3 和 Zeiss Ni 004 都属于这种类型的仪器。第二阶段是以 Opton 公司于 1950 年开始发展的自动安平水准仪为代表的仪器。我国引进的 Zeiss 公司的 Ni 007 以及 Opton 公司的 Ni 1 都是精密自动安平水准仪。第三个阶段为"摩托化"水准测量,即用汽车运载仪器、标尺和作业人员以提高作业效率,减轻劳动强度。用于"摩托化"水准测量的水准仪有 Zeiss 公司研制的 Ni 002 自动安平水准仪。它采用悬挂式摆镜,可以旋转 180° 并在两个位置上读数,视线绝对水平。仪器的目镜可旋转,观测者在固定坐位上可进行前后视读数。此外,脚架和标尺都作了改变,以适应摩托化的要求。汽车上备有数据记录装置,用以记录观测数据,一段水准路线完成后,立即获得高差。"摩托化"方法是德国德累斯顿工业大学研究成功的。

1990 年 Wild 公司研制出新型水准仪 NA 2000,这标志着水准仪的研究进入了一个新的阶段——数字化阶段。近十余年来在仪器市场上出现新型的电子数字水准仪,实现了水准测量的数字化和操作上的自动化,可以实现同其他测绘仪器数据的通信、连接和共享,在国家高程基准建立及国家水准测量、工程测量及变形监测等方面得到广泛的应用。自动置平水准仪仍是水准测量中不可替代的实用的水准测量仪器,在一个相当长的时期里将发挥着重要作用。

(4)随着国家和地方基础建设事业的发展,专用的工程测量仪器应运而生。这类仪器往往带有激光,所以很多厂商把叫做激光仪器,包括激光扫平仪、激光垂准仪、激光经纬仪、三维激光扫描仪等,主要应用于建筑和结构上的准直、水平、铅垂以及建立三维立体模型等测量工作,使用很方便。

(5)测量用软件已成为一种与仪器一起销售的产品。仪器内置的软件当然是属于仪器的一部分,但像 GPS 后处理软件、GIS 软件以及各样的图像处理软件等则是单独销售的软件。

数据的处理主要有后处理和实时处理两种方式。当采用后处理方式时,一般使用记录器、记录卡和记录模块等记录设备来记录数据,然后用读卡器和计算机进行数据读取及处理。现今流行的记录设备是 PCMCIA 卡,它不仅体积小、储存量大、储存速度快,更重要的是它已成为一种标准设备,可以直接被计算机读取,并方便的进行数据交换。当采用实时处理方式时,一般有两种途径:一由外接的计算机处理观测数据,仪器通过接口,与计算机串口相连,将观测数据实时传送到计算机中进行处理,如目前广泛使用的电子平板测图。二由仪器中的内置程序进行处理。这些或由厂家开发,或由用户自行开发适用于不同目的和用途的程序,既保证了外业操作的规范化,同时也保证了现场成果的正确性。目前,内置程序正随着软件版本的升级而不断增多,并逐渐成为衡量全站仪性能的指标之一。

数据共享是厂家和用户十分重视的又一个重要问题。数据共享是指同类仪器之间或不同类仪器之间的数据交换和共享,其目的是最大限度地提高测量工作的效率。由于测绘仪器或系统的发展目标之一是内外一体化,因此应提倡进行的共享基础数据记录设备和数据记录格式要标准化和统一。但在国际上,软件五花八门,自成系统,使得用户在选择集成仪器系统时左右为难。因此,目前的数据交换还只是通过计算机进行数据格式转化和间接进行。同时,市场呼唤统一的现场工作标准和统一的数据格式、载体和接口。

(6)仪器的集成是新世纪测绘仪器发展的又一热门话题,目前已有许多集成式的测绘仪器投入市场并在生产实践中得到使用。在集成式的测绘仪器中,仪器是作为传感器存在的。从硬件来说，仪器可以包括二三个传感器，可以是整体式的也可以是堆砌式的集成。从软件来说，集成式软件应具有同一数据载体、接口和统一的数据格式，不仅要实现系统内的仪器可以互相交换信息，而且还能与别的仪器系统连接并进行数据通信。集成式的测绘仪器目前主要体现在地面测绘技术和空间定位技术的结合。比如 Leica 公司最近推出了全站仪和 GPS 接收机的完美结合的新产品——超站仪(SmartStation)，这是软件和硬件最好集成的典型；加拿大某导航仪器公司已实现了将惯性测量系统同 GPS 接收机的有机集成。此外，还有测深仪和 GPS 接收机的集成，地质雷达和 GPS 接收机的集成，陀螺仪和 GPS 接收机的集成，施工机械和 GPS 接收机的集成等，不过这类集成大多数还是靠软件来实现的。集成式测绘仪器应该集成多少功能以及采取何种集成方式这完全取绝于应用的目的、条件和价位。

展望未来，今后测绘仪器可能在以下几方面取得新的发展和突破：

(1)仪器采集数据的能力将加强。在一些危险和有害的环境中，操作者可利用计算机遥控仪器，以便仪器自动地采集和处理数据。

(2)仪器的自我诊断和改正能力将进一步完善，观测数据的精度检查将进一步提高。

(3)仪器实时处理数据的能力将提高。内置应用程序将增多。实时处理数据量和速度将可以满足多台仪器的联机作业，以对观测目标进行全面而整体地观测和分析。

(4)系统集成将受到开发者和使用者的关注。针对某些特殊作业要求所开发出的自动化处理系统，将得到很快的发展。

(5)仪器间的数据直接交换和共享将成为现实，内业工作将更多地在外业观测的同时予以完成。

1.4.3 工程控制网优化设计理论和应用得到长足发展，测量数据处理和分析理论取得许多新成果

1. 工程控制网优化设计的理论和方法取得长足的发展

建立在最优化理论和方法基础上的，同近代测量平差理论有密切联系的精密工程测量控制网的优化设计取得了长足的进步和丰硕的成果。尽管人们在很早之前就注意研究观测权的最佳分配，交会图形的最佳选择等问题，但由于当时科学技术和计算工具等条件的限制，优化设计并没得到进一步的发展。20 世纪 70~80 年代，由于电子计算机在测量中的广泛应用和最优化理论进入测量领域的研究，测量控制网优化设计才得到迅速的发展。主要的研究范围包括：测量控制网的基准设计、图形设计、权的设计和旧网改造设计；控制网优化设计的全面质量标准，其中包括精度标准，可靠性标准，可测定性标准，监测网的灵敏度标准以及经济费用标准等；控制网优化设计的各种解法，其中包括解析法和人机对话的模拟法以及建立在概率抽样原理基础上的蒙特-卡洛法等；除一维(水准)网的优化设计外，还研究了二维网、三维网，其中包括地面网及空间网的优化设计等。从而使测量控制网设计在观测前就建立在足够科学依据的基础上。此外，控制网优化设计往往同观测数据的数学处理结合在一起进行。其方法是在统一的多功能的软件包上，既可进行控制网的优化设计，也可实现观测数据的相应处理。

2. 测量数据处理和分析的理论和方法取得许多新成果

首先，人们要关注观测数据性质的研究。把平差模型分为函数模型和随机模型，对于函数模型的研究扩展到粗差的探测和系统误差的补偿。对于粗差或者在函数模型中采用数

据探测法予以识别和剔除，为此引入了可靠性理论和度量平差系统可靠性指标；或者把粗差纳入随机模型，采用比最小二乘法抗干扰性更强的稳健估计法。对于系统误差，消除影响的比较好的办法就是在平差的函数模型中引入系统参数予以补偿，但要注意系统参数的优选并加以统计检验，以防止和克服可能出现的过渡参数化问题。对于随机模型的研究，人们不但注意观测量随机信息验前特性的分析和确定，而且研究了其验后特性的估计法，其中包括方差分量估计法，这对不同类观测权整体权的选取和确定尤为重要。其次，从概率论数理统计以及向量空间投影几何原理等多种渠道研究和完善线性模型参数估计方法。除常规的最小二乘法外，还研究了观测值服从正态分布的最大似然估计法，最佳无偏估计法以及基于向量空间投影原理基础上的最小二乘法等，从而大大深化了参数估计原理和方法的研究。从对随机变量的处理，发展到一并处理随机变量和具有各态历经性的平稳随机函数的问题，建立了最小二乘滤波、推估和配置的这类内插外推的数学模型，从而较全面系统地解决了满秩平差的各类问题。另外，人们还深入地研究了不同情况下的非满秩（秩亏）平差问题，其中包括加权秩亏自由网平差，普遍自由网平差以及拟稳平差；具有奇异权、零权以及无限大权的线性模型的参数估计等。最后，工程建筑物变形观测数据处理的理论和方法(比如回归分析方法、时间序列分析模型、灰色系统分析模型、卡尔曼滤波模型、人工神经网络模型及频谱分析方法等)也有很大发展，在变形的几何解释和物理解释以及分析预报等方面也取得了不少进展。

1.4.4　电子计算机促进控制测量工作旧貌换新颜，其服务领域将更加扩大

首先，只有当计算机应用在测量中时，才能使各类工程测量控制网优化设计成为现实和可能，这已在前面作了介绍。其次，正在改变人们手算时代的某些观念，比如在电算时代，人们主要考虑的是使全部运算过程适宜电算程序的编写，数据的规律输入和输出以及解的稳定性的保证，而较少研究计算方法的难易、公式的繁简等。最后，也是最重要的一点，即利用计算机可建立专用测量数据库系统，实现数据管理及使用的自动化。大型工程建设历经勘测、设计、施工、设备安装、竣工验收以及变形监测等许多阶段，测量时间长久，有几年，十几年甚至几十年，观测值类别和数据资料繁多，因此，在电子计算机系统上建立专用测量数据库系统是实现测量现代化管理的必由之路。由电子计算机、打印机、数字仪、绘图仪以及软盘等设备建立的测量数据库系统，以测量信息库为核心，兼有对库内数据调用、运算、处理和加工等多种功能，有着成本低、功能全、效益高等优点。

控制测量学将继续在国民经济建设和社会发展中发挥着基础先行的重要保证之外，在防灾、减灾、救灾及环境监测、评价及保护中，在发展空间技术及国防建设中，以及在地球科学研究及地球空间信息学等广大领域的应用与发展中，都将有广阔的发展空间，发挥本学科优势，从而作出自己的贡献。

第 1 部分　水平测量控制网的技术设计

第 2 章　水平控制网的技术设计

2.1　国家水平控制网建立的基本原理

第 1 章已指出，控制测量学的基本任务之一，是建立高精度的大地测量控制网，以精密确定地面点的位置。

确定地面点的位置，实质上是确定点位在某特定坐标系中的三维坐标，通常称其为三维控制测量。例如，全球卫星定位系统（GPS）就是直接求定地面点在地心坐标系中的三维坐标。传统测量是把建立平面控制网和高程控制网分开进行的，分别以地球椭球面和大地水准面为参考面确定地面点的坐标和高程。因此，下面将分别进行介绍。

2.1.1　建立国家水平大地控制网的方法

1. 常规大地测量法

1）三角测量法

（1）网形

在地面上选定一系列点位 1，2，…，使互相观测的两点通视，把它们按三角形的形式连接起来即构成三角网。如果测区较小，可以把测区所在的一部分椭球面近似看做平面，则该三角网即为平面上的三角网（图 2-1）。三角网中的观测量是网中的全部（或大部分）方向值（有关方向值的观测方法见第 3 章），图 2-1中每条实线表示对向观测的两个方向。根据方向值即可算出任意两个方向之间的夹角。

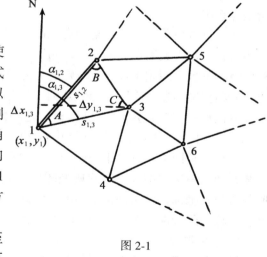

图 2-1

若已知点 1 的平面坐标 (x_1, y_1)，点 1 至点 2 的平面边长 $s_{1,2}$，坐标方位角 $\alpha_{1,2}$，便可用正弦定理依次推算出所有三角网的边长、各边的坐标方位角和各点的平面坐标。这就是三角测量的基本原理和方法。

以图 2-1 为例，待定点 3 的坐标可按下式计算

$$s_{1,3} = s_{1,2} \frac{\sin B}{\sin C} \tag{2-1}$$

$$\alpha_{1,3} = \alpha_{1,2} + A \tag{2-2}$$

$$\left.\begin{array}{l} \Delta x_{1,3} = s_{1,3}\cos\alpha_{1,3} \\ \Delta y_{1,3} = s_{1,3}\sin\alpha_{1,3} \end{array}\right\} \tag{2-3}$$

$$\left.\begin{array}{l} x_3 = x_1 + \Delta x_{1,3} \\ y_3 = y_1 + \Delta y_{1,3} \end{array}\right\} \tag{2-4}$$

即由已知的 $s_{1,2}$，$\alpha_{1,2}$，x_1，y_1 和各角观测值的平差值 A，B，C 可推算求得 x_3，y_3。同理可依次求得三角网中其他各点的坐标。

（2）起算数据和推算元素

为了得到所有三角点的坐标，必须已知三角网中某一点的起算坐标 (x_1,y_1)，某一起算边长 $s_{1,2}$ 和某一边的坐标方位角 $\alpha_{1,2}$，我们把它们统称为三角测量的起算数据（或元素）。在三角点上观测的水平角（或方向）是三角测量的观测元素。由起算元素和观测元素的平差值推算出的三角形边长、坐标方位角和三角点的坐标统称为三角测量的推算元素。

（3）工程测量中三角网起算数据的获得

在工程测量中，三角网起算数据可由下列方法求得：

①起算边长　当测区内有国家三角网（或其他单位施测的三角网）时，若其精度满足工程测量的要求，则可利用国家三角网边长作为起算边长。若已有网边长精度不能满足工程测量的要求（或无已知边长可利用）时，则可采用电磁波测距仪直接测量三角网某一边或某些边的边长作为起算边长。

②起算坐标　当测区内有国家三角网（或其他单位施测的三角网）时，则由已有的三角网传递坐标。若测区附近无三角网成果可利用，则可在一个三角点上用天文测量方法测定其经纬度，再换算成高斯平面直角坐标，作为起算坐标。保密工程或小测区也可采用假设坐标系统。

③起算方位角　当测区附近有控制网时，则可由已有网传递方位角。若无已有成果可利用时，可用天文测量方法测定三角网某一边的天文方位角再把它换算为起算方位角。在特殊情况下也可用陀螺经纬仪测定起算方位角。

④独立网与非独立网　当三角网中只有必要的一套起算数据（例如一条起算边，一个起算方位角和一个起算点的坐标）时，这种网称为独立网。图 2-2 中各网都是独立网，其中(a)称为中点多边形，是三角网中常用的一种典型图形。

如果三角网中具有多于必要的一套起算数据时，则这种网称为非独立网。例如图 2-3 为相邻两三角形中插入两点的典型图形。A、B、C 和 D 都是高级三角点，其坐标、两点间的边长和坐标方位角都是已知的。因此，这种三角网的起算数据多于一套，属于非独立网，又称为附合网。图中的 P、Q 为待定点。

2）导线测量方法

导线网是目前工测控制网较常用的一种布设形式，它包括单一导线和具有一个或多个结点的导线网。网中的观测值是角度（或方向）和边长。独立导线网的起算数据是：一个起算点的 x、y 坐标和一个方向的方位角。

导线网与三角网相比，主要优点在于：

（1）网中各点上的方向数较少，除节点外只有两个方向，因而受通视要求的限制较小，易于选点和降低觇标高度，甚至无须造标。

（2）导线网的图形非常灵活，选点时可根据具体情况随时改变。

（3）网中的边长都是直接测定的，因此边长的精度较均匀。

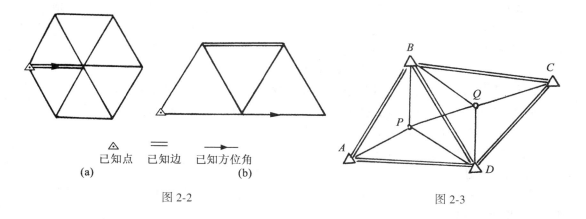

已知点   已知边   已知方位角

(a)   (b)

图 2-2   图 2-3

导线网的缺点主要是：导线网中的多余观测数较同样规模的三角网要少，有时不易发现观测值中的粗差，因而可靠性不高。

由上述可见，导线网特别适合于障碍物较多的平坦地区或隐蔽地区。

3）边角网和三边网

边角网是指测角又测边的以三角形为基本图形的网。如果只测边而不测角即为三边网。实际上导线网也可以看做是边角网的特殊情况。

上述 3 种布设形式中，三角网早在 17 世纪即被采用。随后经过前人不断研究、改进，无论从理论上还是实践上逐步形成为一套较完善的控制测量方法，这就是"三角测量"。由于这种方法主要使用经纬仪完成大量的野外观测工作，所以在电磁波测距仪问世以前的年代，三角网是布设各级控制网的主要形式。三角网的主要优点是：图形简单，网的精度较高，有较多的检核条件，易于发现观测中的粗差，便于计算。缺点是：在平原地区或隐蔽地区易受障碍物的影响，布网困难大，有时不得不建造较高的觇标。

随着电磁波测距仪的不断完善和普及，导线网和边角网逐渐得到广泛的应用。尤其是前者，目前在平原或隐蔽地区已基本上代替了三角网作为等级控制网。由于完成一个测站上的边长观测通常要比方向观测容易，因而在仪器设备和测区通视条件都允许的情况下，也可布设完全的测边网。在精度要求较高的情况下（例如精密的变形监视测量），可布设部分测边、部分测角的控制网或边、角全测的控制网。

当然，导线测量也有其缺点：导线结构简单，没有三角网那样多的检核条件，有时不易发现观测中的粗差，可靠性不高；其基本结构是单线推进，故控制面积不如三角网大。

由此可见，在地形困难，交通不便的地区，用导线测量代替三角测量不失为一种好的办法。

由于完成一个测站的边长测量比完成方向观测容易和快捷得多，故有时在仪器设备和通视条件都允许的情况下，也可布设测边网。

边角全测网的精度最高，相应工作量也较大。故在建立高精度的专用控制网（如精密的形变监测网）或不能选择良好布设图形的地区可采用此法而获得较高的精度。

2. 天文测量法

天文测量法是在地面点上架设仪器，通过观测天体（主要是恒星）并记录观测瞬间的时刻，来确定地面点的地理位置，即天文经度、天文纬度和该点至另一点的天文方位角。这种方法各点彼此独立观测，也无需点间通视，组织工作简单，测量误差不会积累。但因其定位精度不高，所以，它不是建立国家平面大地控制网的基本方法。然而，在大地控制网中，天文测量却是不可缺少的，因为为了控制水平角观测误差积累对推算方位角的影响，需要在每隔一定距离的三角点上进行天文观测，以推求大地方位角，即

$$A=\alpha+(L-\lambda)\sin\varphi \tag{2-5}$$

式中：A：大地方位角；L：大地经度；φ：天文纬度；λ：天文经度；α：天文方位角。

该式也称为拉普拉斯方程式，由此计算出来的大地方位角又称为拉普拉斯方位角，这也是通常称国家大地控制网为天文大地网的由来。

3. 现代定位新技术简介

1）GPS 测量

全球定位系统 GPS(Global Positioning System)可为各位用户提供精密的三维坐标、三维速度和时间信息。该系统的出现，对大地测量的发展产生了深远的影响，因为利用 GPS 技术可以在较短的时间里以极高的精度进行大地测量的定位，所以，它使常规大地测量的布网方法、作业手段和内业计算等工作都发生了根本性的变革。

GPS 系统的应用领域相当广泛，可以进行海、空和陆地的导航，导弹的制导，大地测量和工程测量的精密定位，时间的传递和速度的测量等。仅就测绘领域而言，GPS 定位技术已经用于建立高精度的全国性的大地测量控制网，测定全球性的地球动态参数，也可用于改造和加强原有的国家大地控制网；可用于建立陆地海洋大地测量的基准，进行海洋测绘和高精度的海岛陆地联测；用于监测地球板块运动和地壳形变；在建立城市测量和工程测量的平面控制网时 GPS 已成为主要方法；GPS 还可用于测定航空航天摄影的瞬间位置，实现仅有少量的地面控制或无地面控制的航测快速成图。可以预言，随着 GPS 技术的不断发展和研究的不断深入，GPS 技术的应用领域将更加广泛，并进入我们的日常生活。

进入 20 世纪 90 年代，随着 GPS 定位技术在我国的引进，许多大、中城市勘测院及工程测量单位开始用 GPS 布设控制网。目前 GPS 相对定位精度，在几十公里的范围内可达1/1 000 000～2/100 000，可以满足《城市测量规范》对城市二、三、四等网的精度要求（二等最弱边相对精度 1/300 000）。然而在高程方面，GPS 测得的高程是相对于椭球面的大地高，而水准测量求出的则是相对于大地水准面的高程，由 1.3 节可知两者之差就是大地水准面差距 N。目前在大多数情况下，其 N 值难以精确决定，因此 GPS 暂时只能用于平面等级控制网的布设。

当采用 GPS 进行相对定位时，网形的设计在很大程度上取决于接收机的数量和作业方式。如果只用两台接收机同步观测，一次只能测定一条基线向量。如果能有三四台接收机同步观测，GPS 网则可布设如图 2-4 所示的由三角形和四边形组成的网形。其中图(a)、(b)为点连接，表示在两个基本图形之间有一个点是公共点，在该点上有重复观测；图(c)、(d)为边连接，表示每个基本图形中，有一条边是与相邻图形重复的。

在 GPS 网中，也可在网的周围设立两个以上的基准点。在观测过程中，这些基准点上始终设有接收机进行观测。最后取逐日观测结果的平均值，可显著提高这些基线的精度，并以此作为固定边来处理全网的成果，将有利于提高全网的精度。

2）甚长基线干涉测量系统(VLBI)

甚长基线干涉测量系统(Very Long Baseline Interferometry)是在甚长基线的两端(相距几千公里)，用射电望远镜，接收银河系或银河系以外的类星体发出的无线电辐射信号，通过信号对比，根据干涉原理，直接测定基线长度和方向的一种空间技术。长度的相对精

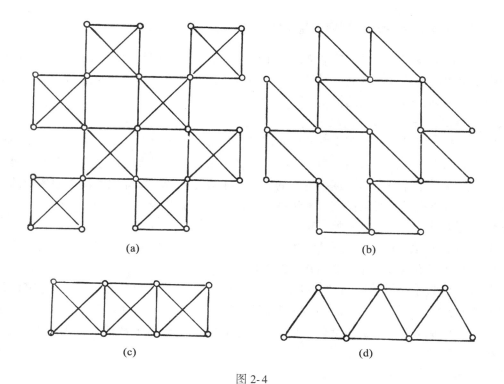

(a) (b)

(c) (d)

图 2-4

度可优于 10^{-6}，对测定射电源的空间位置，可达 0.001″，由于其定位的精度高，可在研究地球的极移、地球自转速率的短周期变化、地球固体潮、大地板块运动的相对速率和方向中得到广泛的应用。

3）惯性测量系统（INS）

惯性测量系统（Inertiae Navigation System）是利用惯导技术，同时快速地获得大地测量数据（如经度、纬度、高程、方位角、重力异常和垂线偏差）的一种新技术。

惯性测量是利用惯性力学基本原理，在相距较远的两点之间，对装有惯性测量系统的运动载体（汽车或直升飞机）从一个已知点到另一个待定点的加速度，分别沿三个正交的坐标轴方向进行两次积分，从而求定其运动载体在三个坐标轴方向的坐标增量，进而求出待定点的位置和其他大地测量数据。惯性测量系统的优点主要是：完全自主式，在测量过程中不需要任何外界信号，点间也不要求通视；全天候，只取决于汽车能否开动、飞机能否飞行；全能快速，机动灵活。它的缺点主要是价格昂贵，不便于检修。由于它属于相对定位，其相对精度为 $(1\sim2)\cdot10^{-5}$，测定的平面位置中误差为 ±25cm 左右，精度还不能满足布设国家大地控制网的要求，但随着惯性原件的改进和有关数学模型的优化，可望降低价格和提高精度，使该系统在大地测量领域中得到应用，为测量的自动化提供重要手段。

以上的现代大地测量技术和方法，其特点都是在一个全球的参考系中直接测定地面点的三维坐标，从而可建立一个三维大地控制网，解决全球的大地测量问题，统一全球大地测量成果，为国际间合作交流和资源共享提供有利条件。

现代定位新技术的内容将有专门课程讲授，这里不再赘述。

2.1.2 建立国家水平大地控制网的基本原则

国家平面大地控制网是一项浩大的基本测绘建设工程。在我国大部分领域上布设国家大地网，事先需进行全面规划，统筹安排，兼顾数量、质量、经费和时间的关系，拟定出具体的实施细则，作为布网的依据。这些原则主要有：

1. 大地控制网应分级布设、逐级控制

这是根据我国具体国情所决定的。我国领土辽阔，地形复杂，不可能一次性用较高的精度和较大的密度布设全国网。为了适时地保障国家经济建设和国防建设用图的需要，根据主次缓急而采用分级布网、逐级控制的原则是十分必要的，即先以精度高而稀疏的一等三角锁，尽可能沿经纬线纵横交叉地迅速地布满全国，形成统一的骨干控制网，然后在一等锁环内逐级布设二、三、四等三角网。

每一等级三角测量的边长逐渐缩短，三角点逐级加密。先完成的高等级三角测量成果作为低一等级三角测量的起算数据并起控制作用。

在用 GPS 技术布设控制网时，也是采用从高到低，分级布设的方法。《全球定位系统（GPS）测量规范》规定，GPS 测量控制网按其精度划分为 A、B、C、D、E 五级，其中 A级网建立我国最高精度的坐标框架，B、C、D、E 级分别相当于常规大地测量的一、二、三、四等。

2. 大地控制网应有足够的精度

国家三角网的精度，应能满足大比例尺测图的要求。在测图中，要求首级图根点相对于起算三角点的点位误差，在图上应不超过±0.1mm，相对于地面点的点位误差则不超过±0.1Nmm（N 为测图比例尺分母）。而图根点对于国家三角点的相对误差，又受图根点误差和国家三角点误差的共同影响，为使国家三角点的误差影响可以忽略不计，应使相邻国家三角点的点位误差小于 $\frac{1}{3}×0.1N$mm。据此可得出不同比例尺测图对相邻三角点点位的精度要求，见表 2-1。

表 2-1

测图比例尺	1:5 万	1:2.5 万	1:1 万	1:5 千	1:2 千
图根点对于三角点的点位误差/m	±5	±2.5	±1.0	±0.5	±0.2
相邻三角点的点位误差/m	±1.7	±0.83	±0.33	±0.17	±0.07

为满足现代科学技术的需要，国家一、二等网的精度除满足测图的要求外，精度要求还应更高一些，以保留一定的精度储备。

GPS 测量中，各级 GPS 网相邻点间弦长精度用下式表示，并按表 2-2 的规定执行。

$$\sigma = \sqrt{a^2 + (bd)^2} \qquad (2\text{-}6)$$

式中：σ——标准差，mm；

a——固定误差，mm；

b——比例误差的系数，ppm；

d——相邻点间距离，km。

表 2-2

级　别	固定误差 a/mm	比例误差系数 b/ppm
A	≤5	≤0.1
B	≤8	≤1
C	≤10	≤5
D	≤10	≤10
E	≤10	≤20

3. 大地控制网应有一定的密度

国家三角网是测图的基本控制，故其密度应满足测图的要求。三角点的密度，是指每幅图中包含有多少个控制点，而测图的比例尺不同，每幅图的面积也不同。所以，三角点的密度也用平均若干平方公里有一个三角点来表示。

根据长期测图实践，不同比例尺地图对大地点的数量要求见表 2-3。

表 2-3

测图比例尺	平均每幅图面积/km²	平均每幅图要求的三角点数	每点控制的面积/km²	三角网的平均边长/km	相应的三角网等级
1：5 万	350~500	3	150	13	二等
1：2.5 万	100~125	2~3	50	8	三等
1：1 万	15~20	1	20	2~6	四等

大地点的密度不仅取决于测图比例尺，还与采用的测图的方法有关。以上的密度要求，是 20 世纪 50 年代按照当时的航测成图方法确定的，若采用新的航测成图方法，大地点的密度还可适当稀疏一些。

GPS 测量中两相邻点间的距离可视需要而定，一般按表 2-4 的要求。

表 2-4　　　　　　　　　　　　　　　　　　　　　　　　　　　　　单位：km

级别＼项目	A	B	C	D	E
相邻点最小距离	100	15	5	2	1
相邻点最大距离	2 000	250	40	15	10
相邻点平均距离	300	70	10~15	5~10	2~5

按以上的精度和密度要求所布设的国家控制网，在地形图测量时再加密图根控制点即可。

4. 大地控制网应有统一的技术规格和要求

由于我国领土广大，建立国家三角网是一个浩大的工程，需要相当长的时期，花费大量的人力、物力和财力才能完成。这就需要很多单位共同完成。为此，为了避免重复和浪费，且便于成果资料的相互利用和管理，必须有统一的布设方案和作业规范，作为建立全国大地控制网的依据。

1958 年和 1959 年国家测绘总局先后颁布了《大地测量法式（草案）》和《一、二、三、四等三角测量细则》，1974 年又颁布了《国家三角测量和精密导线测量规范》。为规范 GPS 测量工作，1992 年国家测绘局发布了《全球定位系统（GPS）测量规范》。

《大地测量法式》是国家为开展大地测量工作而制定的基本测量法规。根据《大地测量法式》，国家又制定出相应的测量规范，它是国家为测绘作业制定的统一规定。主要有具体的布网方案、作业方法、使用仪器、各种精度指标等内容。全国各测绘部门，在进行测量作业时都必须以此为技术依据而遵照执行。

2.1.3　国家水平大地控制网的布设方案

1. 常规大地测量方法布设国家三角网

根据国家平面控制网当时施测时的测绘技术水平和条件，确定采用常规的三角网作为平面控制网的基本形式，在困难地区兼用精密导线测量方法。现将国家三角网的布设方案和精度要求简述如下：

1）一等三角锁系布设方案

一等三角锁系是国家平面控制网的骨干，其作用是在全国范围内迅速建立一个统一坐标系的框架，为控制二等及以下各级三角网的建立并为研究地球的形状和大小提供资料。

一等三角锁一般沿经纬线方向构成纵横交叉的网状，如图 2-5 所示，两相邻交叉点之间的三角锁称为锁段，锁段长度一般为 200km，纵横锁段构成锁环。一等三角锁段根据地形条件，一般采用单三角锁，也可组成大地四边形和中点多边形。三角形平均边长：山区一般为 25km 左右，平原地区一般为 20km 左右，按三角形闭合差计算的测角中误差应小于 ±0.7″，三角形的任一内角不得小于 40°，大地四边形或中点多边形的传距角应大于 30°。

为控制锁段中边长推算误差的积累，在一等锁的交叉处测定起始边长，要求起始边测定的相对中误差优于 1∶35 万，当时多数起始边是采用基线丈量法测定的，即先丈量一条短边，再由基线网扩大推算求得。随着电磁波测距技术的发展，少量边采用了电磁波测距的方法。

一等锁在起始边的两端点上还精密测定了天文经纬度和天文方位角，在锁段中央处测定了天文经纬度。测定天文方位角之目的是为了控制锁段中方位角的传递误差，测定天文经纬度之目的是为计算垂线偏差提供资料。

2）二等三角锁、网布设方案

二等三角网既是地形测图的基本控制，又是加密三、四等三角网（点）的基础，它和一等三角锁网同属国家高级控制点。

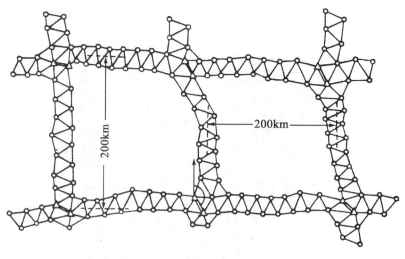

图 2-5

我国二等三角网的布设有两种形式：

1958 年以前，采用两级布设二等三角网的方法。见图 2-6，即在一等锁环内首先布设纵横交叉的二等基本锁，将一等锁分为四个部分，然后再在每个部分中布设二等补充网。在二等锁系交叉处加测起始边长和起始方位角，二等基本锁的平均边长为 15～20km，按三角形闭合差计算的测角中误差应小于±1.2″，二等补充网的平均边长为 13km，测角中误差应小于±2.5″。

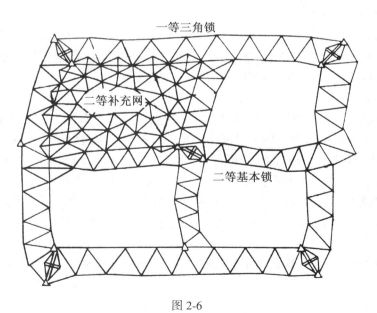

图 2-6

1958 年以后改用二等全面网，即在一等锁环内直接布满二等网，见图 2-7。

为保证二等全面网的精度，控制边长和方位角传递的误差积累，在全面网的中间部分，测定了起始边，在起始边的两端测定了天文经纬度和天文方位角，其测定精度要求同

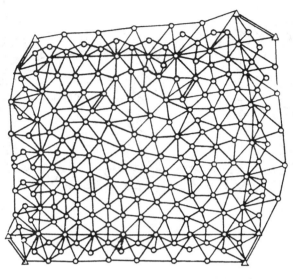

图 2-7

一等点。当一等锁环过大时，应在全面网的适当位置，加测起始边长和起始方位角。二等网的平均边长为 13km 左右，测角中误差应小于±1.0″。

习惯上把 1958 年以前分两级布设的二等网叫旧二网，把 1958 年以后布设的叫新二网。

3）三、四等三角网

为了控制大比例尺测图和工程建设需要，在一、二等锁网的基础上，还需布设三、四等三角网，使其大地点的密度与测图比例尺相适应，以便作为图根测量的基础。三、四等三角点的布设尽可能采用插网的方法，也可采用插点法布设。

（1）插网法

所谓插网法就是在高等级三角网内，以高级点为基础，布设次一等级的连续三角网，连续三角网的边长根据测图比例尺对密度的要求而定，可按两种形式布设，一种是在高级网中（双线表示）插入三、四等点，相邻三、四等点与高级点间连接起来构成连续的三角网，如图 2-8（a）所示。这适用于测图比例尺小，要求控制点密度不大的情况；另一种是在高等级点间插入很多低等点，用短边三角网附合在高等级点上，不要求高等级点与低等级点构成三角形，如图 2-8（b）所示。此种方法适用于大比例尺测图，要求控制点密度较大的情况。

三等网的平均边长为 8km，四等网边长在 2~6km 范围内变通，测角中误差三等为±1.8″，四等为±2.5″。

（2）插点法

插点法是在高等级三角网的一个或两个三角形内插入一个或两个低等级的新点。插点法的图形种类较多，如图 2-9（a）所示，插入 A 点的图形是三角形内插一点的典型图形。而插入 B、C 两点的图形是三角形内外各插一点的典型图形。

在用插点法加密三角点时，要求每一插点须由三个方向测定，且各方向均双向观测，

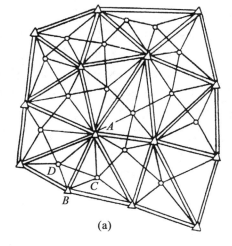

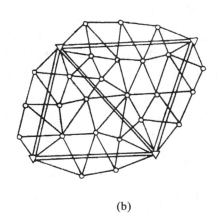

图 2-8

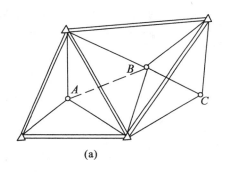

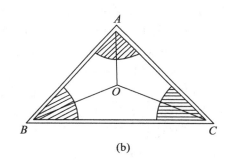

图 2-9

并应注意新点的点位，当新点位于三角形内切圆中心附近时，插点精度高；新点离内切圆中心越远则精度越低。规范规定，新点不得位于以三角形各顶点为圆心，角顶至内切圆心距离一半为半径所作的圆弧范围之内（图 2-9(b) 的斜线部分，也称为危险区域）。

采用插网法（或插点法）布设三、四等网时，因故未联测的相邻点间的距离（例如图 2-9(b) 的 A、B 两点间的边）有限制，三等应大于 5km，四等应大于 2km，否则必须联测。因为不联测的边，边长较短时则边长的相对中误差较大，不能满足进一步加密的需要。

以上我们简要介绍了常规大地测量方法布设国家三角锁、网的基本情况，其详尽的技术规格及要求参见有关规范。

4）我国天文大地网基本情况简介

我国疆域辽阔，地形复杂。除按上述方法布设大地网外，在特殊困难地区采用了相应的方法，如在青藏高原困难地区，采用相应精度的一等精密导线代替一等三角锁，一般布设成 1 000~2 000km 的环状，沿线每隔 100~150km 的一条边的两端点测定天文经、纬度和方位角，以控制方位的误差传播；连接辽东半岛和山东半岛的一等三角锁，布设了横跨渤海湾的大地四边形，其最长边长达 113km；用卫星大地测量方法联测了南海诸岛，使这些岛屿也纳入到统一的国家大地坐标系中。

我国统一的国家大地控制网的布设工作开始于20世纪50年代初,60年代末基本完成,历时二十余年。先后共布设一等三角锁401条,一等三角点6 182个,构成121个一等锁环,锁系长达7.3万km。一等导线点312个,构成10个导线环,总长约1万km。1982年完成了全国天文大地网的整体平差工作。网中包括一等三角锁系,二等三角网,部分三等网,总共约有5万个大地控制点,500条起始边和近1 000个正反起始方位角的约30万个观测量的天文大地网。平差结果表明:网中离大地点最远点的点位中误差为±0.9m,一等观测方向中误差为±0.46″。为检验和研究大规模大地网计算的精度,采用了两种方案独立进行,第一种方案为条件联系数法,第二种为附有条件的间接观测平差法。两种方案平差后所得结果基本一致,坐标最大差值为4.8cm。这充分说明,我国天文大地网的精度较高,结果可靠。

我国天文大地网布测示意图见图2-10。

2. 利用现代测量技术建立国家大地测量控制网

GPS技术具有精度高、速度快、费用省、全天候、操作简便等优点,因此,它广泛应用于大地测量领域。用GPS技术建立起来的控制网叫GPS网。一般可把GPS网分为两大类:一类是全球或全国性的高精度的GPS网,另一类是区域性的GPS网。后者是指国家C、D、E级GPS网或专为工程项目而建立的工程GPS网,这种网的特点是控制面积不大,边长较短,观测时间不长,现在全国用GPS技术布设的区域性控制网很多,下面只把我国利用GPS技术建立的几个全国性的GPS网简述如下。

1)EPOCH 92中国GPS大会战

EPOCH 92中国GPS大会战(92A级网)是在中国资源卫星应用中心,中国测绘规划设计中心组织协调下,由国家测绘局、国家地震局、中国石油天然气总公司、原地质矿产部、原煤炭工业部等部门所属单位,利用国际全球定位系统地球动力学服务IGS92会战的机会,实施完成的一次全国性精密GPS定位会战。目的是在全国范围内确定精确的地心坐标,建立起我国新一代的地心参考框架及其与国家坐标系的转换参数,以优于 10^{-7} 量级的相对精度确定站间基线向量、布设成国家A级网,作为国家高精度卫星大地网的骨架并奠定地壳运动及地球动力学研究的基础。全网由27个点组成,其中五个测站上布置了GPS观测副站,平均边长800km,使用4台MINI-MAC2816、13台Trimble 4000 SST和17台 Ashtech MDX Ⅱ C/A双频接收机观测,平差后在ITRF 91地心参考框架中的定位精度优于0.1m,边长相对精度一般优于 $1×10^{-8}$ 。

2)96GPS A级网

为了达到进一步完善我国新一代的地心坐标框架的目的,在我国西部地区增加了新的点位,对92 GPS A级网的改造,尽量增埋了新点。96 GPS A级网共包括33个主站,23个副站,与92 GPS A级网点重合21个。96 GPS A级网观测时共使用了53台双频GPS接收机,其中14台 Ashtech MD 12,17台 Trimble 4000 SSE,8台 Leica 200,6台 Rogue 8000,8台 Ashtech Z12。经数据精处理后基线分量重复性水平方向优于4mm+3ppm,垂直方向优于8mm+4ppm,地心坐标分量重复性优于2cm。全网整体平差后,在ITRF93参考框架中的地心坐标精度优于10cm,基线边长的相对精度优于 $1×10^{-8}$ 。

3)国家高精度GPS B级网

为了精化我国的大地水准面,提供检校和加强全国天文大地网的依据,初步建立覆盖全国的三维地心坐标框架,精确测定我国大地坐标与地心坐标系之间的转换参数,监测我

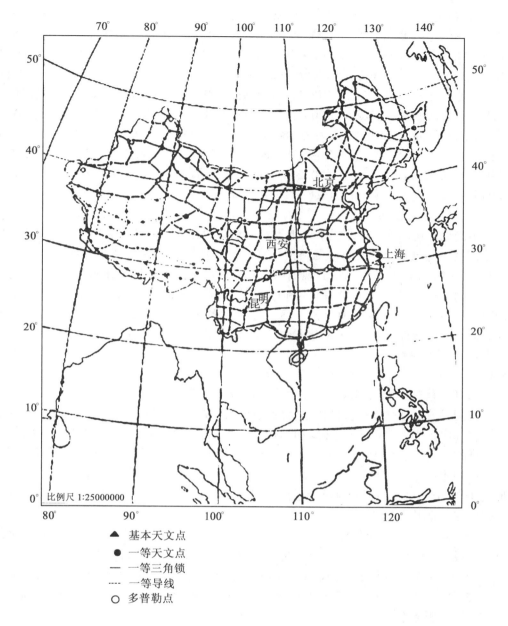

图 2-10

国地壳形变和板块运动，建立海洋大地测量与陆地大地测量统一的大地基准，在国家 GPS A 级网的控制下，建立国家高精度 GPS B 级网。全网由 818 个点组成，分布全国各地(除台湾省外)。东部点位较密，平均站间距 50~70km，中部地区平均站间距 100km，西部地区平均站间距 150km。外业自 1991 年至 1995 年结束，主要使用 Ashtech MD 12 和 Trimble 4000 SSE 仪器观测。经数据精处理后，点位中误差相对于已知点在水平方向优于 0.07m，高程方向优于 0.16m，平均点位中误差水平方向为 0.02m，垂直方向为 0.04m，基线相对精度达到 10^{-7}。

4）全国 GPS 一、二级网

全国 GPS 一、二级网是军测部门建立的，一级网由 40 余点组成。大部分点与国家三角点（或导线点）重合，水准高程进行了联测。一级网相邻点间距离最大 1 667km，最小 86km，平均为 683km。外业观测自 1991 年 5 月至 1992 年 4 月进行，使用 10 台 MINI-MAC 2816 接收机作业。网平差后基线分量相对误差平均在 0.01ppm 左右，最大 0.024ppm，点位中误差，绝大多数点在 2cm 以内。二级网由 500 多个点组成，二级网是一级网的加密。二级网与地面网联系密切，有 200 多个二级点与国家三角点（或导线点）重合，所有点都进行了水准联测，全网平均距离为 164.7km。外业观测分 1992 年至 1994 年用 MINI-MAC 2816 接收机和 1995 年至 1997 年用 Ashtech Z12 两个阶段完成。网平差后基线分量相对误差平均在 0.02 ppm 左右，最大 0.245ppm，网平差后大地纬度、大地经度和大地高的中误差的平均值分别为 0.18cm、0.21cm 和 0.81cm。

5）中国地壳运动观测网络

中国地壳运动观测网络是中国地震局、总参测绘局、中国科学院和国家测绘局联合建立的，主要是服务于中长期地震预报，兼顾大地测量的目的。该网络是以 GPS 为主，辅以 SLR 和 VLBI 以及重力测量的观测网络，它由三个层次的网络组成，即 25 站连续运行的基准网、56 站定期复测的基本网和 1 000 站复测频率低的区域网。基准网与基本网的试验联测于 1998 年 8 月至 9 月完成，每天连续观测 23.5 小时以上。基准站从 1999 年 1 月开始运行。区域网（与基准站和区域站一起）的首次观测于 1999 年 3 月至 10 月进行，每站观测 4~5 天。网络工程运行以来已取得一批有意义的成果，其中包括一个高精度的地心坐标系和一个有一定精度的速度场，初步结果已显示其监测地壳运动的能力。

6）新一代国家测绘基准建设工程主要内容和特点简介

我国已着手建设新一代的国家测绘基准，该建设工程的主要内容是：

（1）国家卫星定位连续运行基准站网建设。新建 150 个、改造 60 个卫星定位连续运行基准站，直接利用 150 个站，形成 360 个站组成的国家卫星定位连续运行基准网。

（2）国家卫星大地控制网建设。新建 2500 个卫星大地控制点，直接利用 2000 个点，形成 4500 个点组成的国家卫星大地控制网，与国家卫星定位连续运行基准网共同组成新一代国家大地基准框架。

（3）国家高程控制网建设。新建、改建 27400 个高程控制点，新埋设 110 个水准基岩点，布设 12.2 万千米的国家一等水准网，形成国家现代高程基准框架。

（4）重力基准点建设。布设 50 个国家重力基准点，完善国家重力基准基础设施。

（5）国家测绘基准管理服务系统建设。建设国家测绘基准数据中心，形成国家现代测绘基准管理服务系统。

该工程将建设我国全新的测绘基准，其主要特点是：

（1）设计理念科学。该工程改变了以往平面、高程、重力基准独立设计的理念，在 3 个方面实现了一体化的 3 网融合布网；

①设计了一体化的新型测量标石，既是卫星大地控制点、也是水准点，同时又可作为重力控制点，实现了基础设施综合测绘基准属性的融合；

②综合考虑卫星大地控制网与国家一等水准网布设的点位位置和相互关系，尽量将基岩卫星大地控制点作为水准节点布设，同时尽可能将卫星大地控制点纳入到一等水准路线中，在全国范围形成大量的同期建设的全球导航卫星系统（GNSS）和水准点，为我国厘米级（似）大地水准面建立提供基础保障；

③在连续运行基准站上并置重力基准站，实测绝对重力，建立平面基准与重力基准的联系。

（2）精确度高。测绘基准工程建设的是我国最高等级的国家平面、高程和重力控制网，施工的技术要求和精度指标在所有的大地测量技术标准、规范中是最高的。

其中，连续运行基准站的绝对地心坐标精度达到厘米级；卫星大地控制点相邻点间相对精度每百千米达到几毫米；国家一等水准观测精度每千米优于 1 毫米，重力基准点观测精度优于 5 微伽。国家测绘基准服务管理系统将具备每天处理 600 个连续运行基准站观测数据的能力，处理精度和技术性能达到国际先进水平。

（3）建设规模大。工程是迄今为止全国最大规模的测绘基准基础设施建设工程，全国范围内（除港澳台外）新完成 12.2 万千米一等水准路线布设，这在全世界各国高等级水准路线中是最长的；2500 个点的卫星大地控制网和 210 个站的卫星导航定位连续运行基准网建设，也是有史以来我国最多的。如此大规模的基准建设，在世界范围内包括发达国家都是少有的。

（4）技术要求高。4 年内完成如此大规模的卫星定位连续运行基准站新建与改造工作、一等水准布设与观测任务以及卫星大地控制网建设，每项工作有非常高的要求。例如，20世纪 90 年代国家二期一等水准复测 9.4 万千米，从 1991 年到 1999 年，历时近 10 年。而本工程要在 4 年内完成，这就要求水准观测精度、数据质量以及工作效率都必须达到一个非常高的标准，包括西部无人区每一条水准路线的观测、每一个水准点重力改正，都必须达到国家规范要求，才能够保证整个水准网拼环的精度。本工程新建的 150 个连续运行基准站，要求有独立的观测室和工作室，观测墩需建在基岩上，若建在土层上则深度要求达到 8 米，这在我国基准站建设中也是要求最高的。

该工程建设周期为 4 年，2015 年基本完成工程建设，2016 年工程验收。

2.2 工程测量水平控制网建立的基本原理

2.2.1 工程测量水平控制网的分类

我们知道，在各种工程建设中，从工程的进行而言，大体上可分为设计、施工和运营3 个阶段。因此，作为为工程建设服务的工程测量控制网来说，根据工程建设的不同阶段对控制网提出的不同要求，工程测量控制网一般可分为以下三类：

1. 测图控制网

这是在工程设计阶段建立的用于测绘大比例尺地形图的测量控制网。在这一阶段，技术设计人员将要在大比例尺图上进行建筑物的设计或区域规划，以求得设计所依据的各项数据。因此，作为图根控制依据的测图控制网，必须保证地形图的精度和各幅地形图之间的准确拼接。另外，这种测图控制网也是地籍测量的基本控制。

2. 施工控制网

这是在工程施工阶段建立的用于工程施工放样的测量控制网。在这一阶段，施工测量的主要任务是将图纸上设计的建筑物放样到实地上。对于不同的工程来说，施工测量的具体任务也不同。例如，隧道施工测量的主要任务是保证对向开挖的隧道能按照规定的精度贯通，并使各建筑物按照设计修建；放样过程中，标尺所安置的方向、距离都是依据控制网计算出来的。因此，在施工放样以前，应建立具有必要精度的施工控制网。

3. 变形观测专用控制网

这是在工程竣工后的运营阶段，建立的以监测建筑物变形为目的的变形观测专用控制网。由于在工程施工阶段改变了地面的原有状态，加之建筑物的重量将会引起地基及其周围地层的不均匀变化。此外建筑物本身及其基础也会由于地基的变化而产生变形，这种变形，如果超过了一定的限度，就会影响建筑物的正常使用，严重的还会危及建筑物的安全。在一些大中城市，由于地下水的过量开采，也会引起市区大范围的地面沉降，从而造成危害。所以，在工程竣工后的运营阶段，需要对有的建筑物或市区进行变形监测，这就需要布设变形监测专用控制网。而这种变形的量级一般都很小，为了能精确地测出其变化，要求变形监测网具有较高的精度。

有时又把以上2、3阶段(施工和运营阶段)布设的控制网称为专用控制网。

2.2.2 工程测量水平控制网的布设原则

工测控制网可分为两种：一种是在各项工程建设的规划设计阶段，为测绘大比例尺地形图和房地产管理测量而建立的控制网，叫做测图控制网；另一种是为工程建筑物的施工放样或变形观测等专门用途而建立的控制网，我们称其为专用控制网。建立这两种控制网时亦应遵守下列布网原则。

1. 分级布网、逐级控制

对于工测控制网，通常先布设精度要求最高的首级控制网，随后根据测图需要，测区面积的大小再加密若干级较低精度的控制网。用于工程建筑物放样的专用控制网，往往分二级布设。第一级作总体控制，第二级直接为建筑物放样而布设；用于变形观测或其他专门用途的控制网，通常无需分级。

2. 要有足够的精度

以工测控制网为例，一般要求最低一级控制网(四等网)的点位中误差能满足大比例尺1：500的测图要求。按图上0.1mm的绘制精度计算，这相当于地面上的点位精度为0.1×500＝5(cm)。对于国家控制网而言，尽管观测精度很高，但由于边长比工测控制网长得多，待定点与起始点相距较远，因而点位中误差远远大于工测控制网。

3. 要有足够的密度

不论是工测控制网或专用控制网，都要求在测区内有足够多的控制点。如前所述，控制点的密度通常是用边长来表示的。《城市测量规范》中对于城市三角网平均边长的规定列于表2-5中。

表 2-5 三角网的主要技术要求

等 级	平均边长/km	测角中误差/″	起算边相对中误差	最弱边相对中误差
二等	9	±1.0	1/300 000	1/120 000
三等	5	±1.8	1/200 000(首级) 1/120 000(加密)	1/80 000
四等	2	±2.5	1/120 000(首级) 1/80 000(加密)	1/45 000
一级小三角	1	±5	1/40 000	1/20 000
二级小三角	0.5	±10	1/20 000	1/10 000

4. 要有统一的规格

为了使不同的工测部门施测的控制网能够互相利用、互相协调，也应制定统一的规范，如现行的《城市测量规范》和《工程测量规范》。

2.2.3　工程测量水平控制网的布设方案

现以《城市测量规范》为例，将其中三角网的主要技术要求列于表2-5，电磁波测距导线的主要技术要求列于表2-6。从这些表中可以看出，工测三角网具有如下的特点：①各等级三角网平均边长较相应等级的国家网边长显著地缩短；②三角网的等级较多；③各等级控制网均可作为测区的首级控制。这是因为工程测量服务对象非常广泛，测区面积大的可达几千平方公里（例如大城市的控制网），小的只有几公顷（例如工厂的建厂测量），根据测区面积的大小，各个等级控制网均可作为测区的首级控制；④三、四等三角网起算边相对中误差，按首级网和加密网分别对待。对独立的首级三角网而言，起算边由电磁波测距求得，因此起算边的精度以电磁波测距所能达到的精度来考虑。对加密网而言，则要求上一级网最弱边的精度应能作为下一级网的起算边，这样有利于分级布网、逐级控制，而且也有利于采用测区内已有的国家网或其他单位已建成的控制网作为起算数据。以上这些特点主要是考虑到工测控制网应满足最大比例尺1：500测图的要求而提出的。

此外，在我国目前测距仪使用较普遍的情况下，电磁波测距导线已上升为比较重要的地位。表2-6中电磁波测距导线共分5个等级，其中的三、四等导线与三、四等三角网属于同一个等级。这5个等级的导线均可作为某个测区的首级控制。

表2-6　　　　　　　　　　　　　　电磁波测距导线的主要技术要求

等级	附合导线长度/km	平均边长/m	每边测距中误差/mm	测角中误差/″	导线全长相对闭合差
三等	15	3 000	±18	±1.5	1/60 000
四等	10	1 600	±18	±2.5	1/40 000
一级	3.6	300	±15	±5	1/14 000
二级	2.4	200	±15	±8	1/10 000
三级	1.5	120	±15	±12	1/6 000

2.2.4　专用控制网的布设特点

专用控制网是为工程建筑物的施工放样或变形观测等专门用途而建立的。由于专用控制网的用途非常明确，因此建网时应根据特定的要求进行控制网的技术设计。例如：桥梁三角网对于桥轴线方向的精度要求应高于其他方向的精度，以利于提高桥墩放样的精度；隧道三角网则对垂直于直线隧道轴线方向的横向精度的要求高于其他方向的精度，以利于提高隧道贯通的精度；用于建设环形粒子加速器的专用控制网，其径向精度应高于其他方向的精度，以利于精确安装位于环形轨道上的磁块。以上这些问题将在工程测量中进一步介绍。

2.3 导线网的精度估算

控制测量工作的第一阶段就是控制网的设计阶段。论述控制网的精度是否能满足需要是技术设计报告的主要内容之一。虽然对于评定控制网的优劣、费用的高低也是一项重要的指标，但是，通常首先考虑的是精度，只有在精度指标满足要求的情况下，才考虑选择费用较低廉的布设方案。本节着重介绍估算三角锁边长精度的方法。

近 20 年来，随着电子计算机的广泛应用，以近代平差理论为基础的控制网优化设计理论获得了迅速的发展。例如，仅在表达控制网质量的指标方面，无论在广度和深度上，均非过去所能比。有关控制网优化设计的问题将在 2.5 节中介绍。

2.3.1 精度估算的目的和方法

精度估算的目的是推求控制网中边长、方位角或点位坐标等的中误差，它们都是观测量平差值的函数，统称为推算元素。估算的方法有两种：

1. 公式估算法

此法是针对某一类网形导出计算某种推算元素（例如最弱边长中误差）的普遍公式。由于这种推算过程通常相当复杂，需经过许多简化才能得出有价值的实用公式，所以得出的结果都是近似的。而对另外一些推算元素，则难以得出有实用意义的公式。公式估算法的好处是，不仅能用于定量地估算精度值，而且能定性地表达出各主要因素对最后精度的影响，从而为网的设计提供有用的参考。推导估算公式的方法以最小二乘法中条件分组平差的精度计算公式为依据，现列出公式如下。

设控制网满足下列两组条件方程式

$$\left.\begin{array}{l} a_1 v_1 + a_2 v_2 + \cdots + a_n v_n + w_a = 0 \\ b_1 v_1 + b_2 v_2 + \cdots + b_n v_n + w_b = 0 \\ \cdots \\ r_1 v_1 + r_2 v_2 + \cdots + r_n v_n + w_r = 0 \end{array}\right\} \tag{2-7a}$$

$$\left.\begin{array}{l} \alpha_1 v_1 + \alpha_2 v_2 + \cdots + \alpha_n v_n + w_\alpha = 0 \\ \beta_1 v_1 + \beta_2 v_2 + \cdots + \beta_n v_n + w_\beta = 0 \end{array}\right\} \tag{2-7b}$$

推算元素 F 是观测元素平差值的函数，其一般形式为

$$F = \varphi(l_1 + v_1, \quad l_2 + v_2, \quad \cdots, \quad l_n + v_n)$$

式中，l_i 为观测值，P_i 为其权，v_i 为其相应的改正数。实际上 v_i 的数值很小，可将上式按泰勒级数展开，并舍去二次以上各项，得到其线性式

$$F = F_0 + f_1 v_1 + f_2 v_2 + \cdots + f_n v_n$$

式中

$$F_0 = \varphi(l_1, l_2, \cdots, l_n)$$

$$f_1 = \frac{\partial \varphi}{\partial l_1}, \quad f_2 = \frac{\partial \varphi}{\partial l_2}, \quad \cdots, \quad f_n = \frac{\partial \varphi}{\partial l_n} \tag{2-8}$$

根据两组平差的步骤，首先按第一组条件式进行平差，求得第一次改正后的观测值，然后改化第二组条件方程式。设改化后的第二组条件方程式为

$$A_1 v_1 + A_2 v_2 + \cdots + A_n v_n + w_A = 0$$

$$B_1v_1 + B_2v_2 + \cdots + B_nv_n + w_B = 0$$

则 F 的权倒数为

$$\frac{1}{P_F} = \left[\frac{ff}{P}\right] - \frac{\left[\frac{af}{P}\right]^2}{\left[\frac{aa}{P}\right]} - \frac{\left[\frac{bf}{P} \cdot 1\right]^2}{\left[\frac{bb}{P} \cdot 1\right]} - \cdots - \frac{\left[\frac{Af}{P}\right]^2}{\left[\frac{AA}{P}\right]} - \frac{\left[\frac{Bf}{P} \cdot 1\right]^2}{\left[\frac{BB}{P} \cdot 1\right]} \qquad (2\text{-}9)$$

如果平差不是按克吕格分组平差法进行的，即全部条件都是第一组，没有第二组条件，则在计算权倒数时应将上式的后两项去掉。

F 的中误差为

$$m_F = \pm\mu\sqrt{\frac{1}{P_F}} \qquad (2\text{-}10)$$

式中，μ 为观测值单位权中误差。

2. 程序估算法

此法根据控制网略图，利用已有程序在计算机上进行计算。在计算过程中，使程序仅针对所需的推算元素计算精度并输出供使用。

通常这些程序所用的平差方法都是间接平差法。设待求推算元素的中误差、权（或权系数）分别为 M_i、$P_i(Q_i)$，后者与网形和边角观测值权的比例有关（对边角网而言），不具有随机性。至于单位权中误差 μ，对验后网平差来说，是由观测值改正数求出的单位权标准差的估值，具有随机性。但对于设计的控制网来说，用于网的精度估算，可取有关规范规定的观测中误差或经验值。这时需要计算的主要是 $\sqrt{\dfrac{1}{P_i}}$ 或 $\sqrt{Q_i}$，所用程序最好具有精度估算功能。否则，应加适当修改，以使其自动跳过用观测值改正数计算 μ 的程序段，而直接由用户将指定值赋给 μ。如此计算出的 M_i 即为所需结果。在这种情况下，运行程序开始时应输入由网图量取的方向和边长作为观测值，各观测值的精度也应按设计值给出。输入方式按程序规定进行。

2.3.2 等边直伸导线的精度分析

在城市及工测导线网中，单一导线是一种较常见的网形，其中又以等边直伸导线为最简单的典型情况。各种测量规范中有关导线测量的技术要求都是以对这种典型情况的精度分析为基础而制定的。为此下面将重点介绍附合导线的最弱点点位中误差和平差后方位角的中误差。本节中采用下列符号：

u 表示点位的横向中误差；

t 表示点位的纵向中误差；

M 表示总点位中误差；

D 表示导线端点的下标；

Z 表示导线中点的下标；

Q 表示起始数据误差影响的下标；

C 表示测量误差影响的下标。

例如 $t_{C,D}$ 表示由测量误差而引起的导线端点的纵向中误差；$u_{Q,Z}$ 表示由起始数据误差而引起的导线中点的横向中误差。

1. 附合导线经角度闭合差分配后的端点中误差

图 2-11 所示的等边直伸附合导线，经过角度闭合差分配后的端点中误差包括两部分：观测误差影响部分和起始数据误差影响部分。有关的计算公式已在测量学中导出，现列出

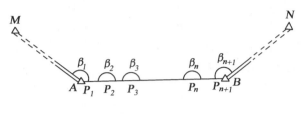

图 2-11

如下：

$$t_{C.D} = \sqrt{n \cdot m_s^2 + \lambda^2 L^2} \qquad (2\text{-}11)$$

$$u_{C.D} = \frac{m_\beta}{\rho} L \sqrt{\frac{(n+1)(n+2)}{12n}} \approx \frac{s\, m_\beta}{\rho} \sqrt{\frac{n+3}{12}} \qquad (2\text{-}12)$$

$$t_{Q.D} = m_{AB} \qquad (2\text{-}13)$$

$$u_{Q.D} = \frac{m_\alpha}{\rho} \cdot \frac{L}{\sqrt{2}} \qquad (2\text{-}14)$$

式中，n 为导线边数；m_s 为边长测量的中误差；λ 为测距系统误差系数；L 为导线全长；m_β 为测角中误差(以秒为单位)；m_{AB} 为 AB 边长的中误差；m_α 为起始方位角的中误差；s 为导线的平均边长。

导线的端点中误差为

$$M_D = \sqrt{t_{C.D}^2 + u_{C.D}^2 + t_{Q.D}^2 + u_{Q.D}^2} \qquad (2\text{-}15)$$

由上述公式可以看出，对于等边直伸附合导线而言，因测量误差而产生的端点纵向误差 $t_{C.D}$ 完全是由量边的误差而引起的；端点的横向误差 $u_{C.D}$ 完全是由测角的误差引起的。这个结论从图形来看是显然的，然而，如果导线不是直伸的，则情况就不同了。测角的误差也将对端点的纵向(指连接导线起点和终点的方向)误差产生影响，同样量边的误差也将对导线的横向误差产生影响。也就是说，无论是纵向误差还是横向误差，都包含有两种观测量误差的影响。对于这种一般情况下的端点点位误差的公式，这里就不予推导了。

2. 附合导线平差后的各边方位角中误差

下面采用两组平差评定观测值函数精度的方法导出平差后方位角中误差的公式。

由测量学可知，在一般情况下任意一条附合导线(指非等边直伸导线)的观测值应满足三个条件：坐标方位角条件和纵、横坐标条件。采用两组平差时把方位角条件作为第一组，其余两个条件作为第二组。首先将方位角闭合差分配至各转折角上，即完成第一组平差。然后改化第二组条件式。测量学中已导出了方位角条件式和改化后的纵坐标条件式，它们是

$$[v] + f_\beta = 0, \qquad f_\beta = \alpha_{MA} + [\beta] - (n-1)180° - \alpha_{BN} \qquad (2\text{-}16)$$

$$[\cos\alpha v_s] + \frac{1}{\rho}[\eta v'] + f_x = 0, \qquad f_x = [\Delta x] + x_A - x_B \qquad (2\text{-}17)$$

同样可以导出

$$[\sin\alpha v_s] - \frac{1}{\rho}[\xi v'] + f_y = 0, \quad f_y = [\Delta y] + y_A - y_B \tag{2-18}$$

(2-17)式和(2-18)式即为改化后的第二组条件式。式中 v 表示角度的第一次改正数；v' 表示第二次改正数；β 为角度观测值；v_s 为边长改正数；α_{MA} 和 α_{BN} 为附合导线两端的已知方位角；ξ_i，η_i 为第 i 点的重心坐标（[　]表示对 i 求和，其中的下标 i 被略去）。以上第二组条件式中的系数和常数项均用经闭合差分配后的角度值推算。

以下仅就等边直伸导线的情况进行推导。为使计算简化，将纵坐标轴旋转成与导线平行（图 2-12），且令导线起点 A 为坐标原点，形成 $X'AY'$ 坐标系。这时第 i 边方位角 $\alpha_i = 0$，相应导线点的坐标 $y'_i = 0$，各点的重心坐标为

$$\xi_i = (i-1)s - \frac{n}{2}s = \frac{L}{n}\left(i - \frac{n}{2} - 1\right), \quad L = ns \tag{2-19}$$

$$\eta_i = y'_i = 0, \quad i = 1, 2, \cdots, n+1$$

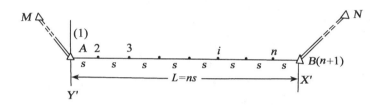

图 2-12

由此可以算出

$$\left.\begin{array}{l} [\xi]_1^i = \displaystyle\sum_1^i \xi_j = \frac{i}{2}(i - n - 1)\frac{L}{n} \\[3mm] [\xi^2]_1^{n+1} = \dfrac{(n+1)(n+2)}{12n}L^2 \end{array}\right\} \tag{2-20}$$

于是(2-17)式和(2-18)式可简化为

$$\left.\begin{array}{l} [v_s] + f_x = 0 \\[3mm] -\dfrac{1}{\rho}[\xi v] + f_y = 0 \end{array}\right\} \tag{2-21}$$

由图 2-12 可写出式(2-21)中各改正数系数，列于表 2-7。表中 m_s、m_β 代表测边和测角中误差，单位权中误差取 1。α 代表方位角条件式系数，A、B 代表(2-21)式中两个条件式的系数。

导线边 s_i 的方位角 α_i 按下式计算

$$\alpha_i = \alpha_{AM} + \sum_1^i \beta_j - i \cdot 180 \tag{2-22}$$

采用(2-9)式计算 α_i 的权倒数并顾及本题中第一组只有一个条件，第二组只有两个条件，而且它们是互不相关的。这些条件式的系数已列于表 2-7 中，设 $P_{\beta i}$、P_{si} 是角度、边长观测值的权，令单位权中误差为 $\mu = 1$，则

表 2-7直伸导线条件方程式系数

改 正 值	方向角条件系数 α	坐 标 条 件 系 数		权倒数 $\dfrac{1}{P}$
		纵坐标条件 A	横坐标条件 B	
v_{s1}		1		m_s^2
v_{s2}		1		m_s^2
$\vdots$		$\vdots$		$\vdots$
v_{sn}		1		m_s^2
v_1	1		$-\dfrac{1}{\rho}\xi_1$	m_β^2
v_2	1		$-\dfrac{1}{\rho}\xi_2$	m_β^2
$\vdots$	$\vdots$		$\vdots$	$\vdots$
v_{n+1}	1		$-\dfrac{1}{\rho}\xi_{n+1}$	m_β^2

$$\frac{1}{P_{\beta i}} = m_\beta^2 \tag{2-23}$$

$$\frac{1}{P_{si}} = m_{si}^2 \tag{2-24}$$

由(2-22)式可知

$$f_{\beta 1} = f_{\beta 2} = \cdots = f_{\beta i} = 1$$

于是参照表 2-7 将各有关数据代入(2-9)式可得

$$\left[\frac{ff}{P} \cdot 1\right] = im_\beta^2 - \frac{i^2 m_\beta^4}{(n+1)m_\beta^2} = m_\beta^2\left(i - \frac{i^2}{n+1}\right)$$

$$\left[\frac{Af}{P}\right]^2 = 0, \qquad \left[\frac{Bf}{P}\right]^2 = \frac{m_\beta^2}{\rho^2}([\xi]\,_1^i)^2$$

$$\left[\frac{BB}{P}\right] = \frac{m_\beta^2}{\rho^2}[\xi^2]\,_1^{n+1}$$

再顾及(2-20)式，则得 α_i 的权倒数为

$$\frac{1}{P_{\alpha_i}} = m_\beta^2\left[i - \frac{i^2}{n+1} - \frac{3i^2(n-i+1)^2}{n(n+1)(n+2)}\right]$$

于是 α_i 的中误差

$$m_{\alpha_i} = \sqrt{\frac{1}{P_{\alpha_i}}} = m_\beta\sqrt{i - \frac{i^2}{n+1} - \frac{3i^2(n-i+1)^2}{n(n+1)(n+2)}} \tag{2-25}$$

由上式可知 m_{α_i} 是导线边数 n、方位角序号 i 和测角中误差 m_β 的函数。现就 $m_\beta = 1$ 的情况算出不同的 n 和 i 对应的 m_{α_i} 值列于表 2-8。从中可以看出：

①一般地说，平差后各边方位角的精度最大仅相差约 0.3″（当 $n = 16$ 时）；

②对于 $n = 12 \sim 16$ 的导线，各边的 m_α 的平均值近似等于测角中误差 m_β；

③方位角精度的最强当 $n < 10$ 时在导线中间，当 $n > 10$ 时在导线两端；

④方位角精度的最弱边在距两端点 1/5 ~ 1/4 导线全长的边上，如图 2-13 所示。

表 2-8   **直伸等边导线平差后各边方位角误差系数 Q_{α_1}**

导线边号 i	导 线 边 数 n						
	4	6	8	10	12	14	16
1	0.63	0.73	0.79	0.82	0.85	0.87	0.89
2	0.55	0.73	0.86	0.95	1.01	1.06	1.10
3	0.55	0.66	0.81	0.93	1.03	1.11	1.18
4	0.63	0.66	0.75	0.87	0.99	1.10	1.18
5		0.73	0.75	0.82	0.94	1.05	1.15
6		0.73	0.81	0.82	0.90	1.00	1.10
7			0.86	0.87	0.90	0.98	1.06
8			0.79	0.93	0.94	0.98	1.03
9				0.95	0.99	1.00	1.03
10				1.82	1.03	1.05	1.06
11					1.01	1.10	1.10
12					0.85	1.11	1.15
13						1.06	1.18
14						0.87	1.18
15							1.10
16							0.89
平均	0.59	0.71	0.80	0.88	0.95	1.02	1.09

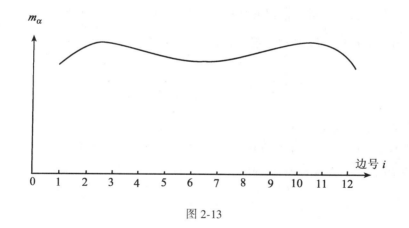

图 2-13

3. 附合导线平差后中点的纵向中误差

由于图 2-12 中 X' 坐标轴与导线方向平行，因此导线点 x' 坐标的中误差也就是点位的纵向中误差。由图可知导线第 $i+1$ 点的纵坐标是：

$$x'_{i+1} = x'_A + s_1 + s_2 + \cdots + s_i$$

则权函数式的系数为

$$f_{s_1} = f_{s_2} = f_{s_i} = 1$$

对于等边导线，边长观测值的权也相等，单位权中误差 $\mu = 1$，则有

$$\frac{1}{P_{s_1}} = \frac{1}{P_{s_2}} = \cdots = \frac{1}{P_{s_i}} = m_s^2$$

参照表 2-7 及上述有关数据，可求得 (2-9) 式中各项的值为

$$\left[\frac{ff}{P}\right] = im_s^2; \qquad \left[\frac{af}{P}\right] = 0; \qquad \left[\frac{Af}{P}\right]^2 = i^2 m_s^2$$

$$\left[\frac{AA}{P}\right] = nm^2; \qquad \left[\frac{Bf}{f}\right] = 0$$

于是第 $i+1$ 点纵坐标的权倒数为

$$\frac{1}{P_{x'_{i+1}}} = m_s^2\left(i - \frac{i^2}{n}\right)$$

$i+1$ 点纵坐标的中误差为

$$t_{i+1} = m_s\sqrt{i - \frac{i^2}{n}}$$

对于导线的中点，距端点有 $\frac{n}{2}$ 条边，所以 $i=\frac{n}{2}$，将它代入上式得

$$t_{i+1} = m_s\sqrt{\frac{n}{2} - \frac{\left(\frac{n}{2}\right)^2}{n}} = \frac{1}{2}m_s\sqrt{n} \tag{2-26}$$

以上导出的是测距的偶然误差产生的纵向中误差。此外，中点的纵向误差还受测距系统误差的影响。对于严格直伸的附合导线来说，平差后可以完全消除这种系统性的影响。

然而，实际上不可能布设完全直伸的导线，现假定由此而产生的纵向误差为 $\frac{1}{2}\lambda L$，于是考虑测距的偶然误差和系统误差之后，可以写出导线中点因测量误差而产生的纵向中误差为

$$t_{C,z} = \sqrt{\frac{1}{4}nm_s^2 + \frac{1}{4}\lambda^2 L^2} = \frac{1}{2}\sqrt{nm_s^2 + \lambda^2 L^2} \tag{2-27}$$

4. 附合导线平差后中点的横向中误差

对于图 2-12 的导线，只有方位角误差对横坐标有影响。对第 $i+1$ 点（距起点有 i 条边），可以写出 $y'_{i+1} = y'_A + s_1\sin\alpha_1 + s_2\sin\alpha_2 + \cdots + s_i\sin\alpha_i$，对方位角 α_i 取微分得

$$dy'_{i+1} = s_1\cos\alpha_1\frac{d\alpha_1}{\rho} + s_2\cos\alpha_2\frac{d\alpha_2}{\rho} + \cdots + s_i\cos\alpha_i\frac{d\alpha_i}{\rho}$$

因 $\alpha_i = 0$，$s_i = s$，所以

$$dy'_{i+1} = \frac{s}{\rho}(d\alpha_1 + d\alpha_2 + \cdots + d\alpha_i) \tag{2-28}$$

将 (2-22) 式对 β 取微分有

$$d\alpha_i = \sum_1^i d\beta_j$$

于是

$$d\alpha_1 = d\beta_1$$

$$d\alpha_2 = d\beta_1 + d\beta_2$$

$$\cdots$$

$$d\alpha_i = d\beta_1 + d\beta_2 + \cdots + d\beta_i$$

所以

$$d\alpha_1 + d\alpha_2 + \cdots + d\alpha_i = id\beta_1 + (i-1)d\beta_2 + \cdots + d\beta_i \tag{2-29}$$

将(2-29)式代入(2-28)式得出

$$dy'_{i+1} = \frac{s}{\rho}[id\beta_1 + (i-1)d\beta_2 + \cdots + d\beta_i]$$

这就是第 $i+1$ 点横坐标误差的权函数式，由此可以看出

$$f_{\beta_1} = \frac{s}{\rho}i, \quad f_{\beta_2} = \frac{s}{\rho}(i-1), \quad \cdots, \quad f_{\beta_i} = \frac{s}{\rho}$$

再参照表 2-7 可得(2-9)式的各项数值为

$$\left[\frac{ff}{P}\right] = \frac{s^2 m_\beta^2}{\rho^2} \frac{i(i+1)(2i+1)}{6}$$

$$\left[\frac{af}{P}\right]^2 = \frac{s^2 m_\beta^4}{\rho^2} \frac{i^2(i+1)^2}{4}$$

$$\left[\frac{aa}{P}\right] = (n+1)m_\beta^2, \quad \left[\frac{Af}{P}\right] = 0, \quad \left[\frac{AA}{P}\right] = nm_s^2$$

$$\left[\frac{Bf}{P}\right]^2 = \frac{s^4 m_\beta^4}{144\rho^4}i^2(i+1)^2(3n-2i+2)^2$$

$$\left[\frac{BB}{P}\right] = \frac{s^2 m_\beta^2}{\rho^2} \frac{n(n+1)(n+2)}{12}$$

因而 $i+1$ 点的横坐标的权倒数为

$$\frac{1}{P_{y'_{i+1}}} = \frac{s^2 m_\beta^2}{\rho^2}\left[\frac{i(i+1)(2i+1)}{6} - \frac{i^2(i+1)^2}{4(n+1)} - \frac{i^2(i+1)^2(3n-2i+2)^2}{12n(n+1)(n+2)}\right] \tag{2-30}$$

则点位横向中误差为

$$u_{i+1} = \frac{sm_\beta}{\rho}\sqrt{\frac{i(i+1)(2i+1)}{6} - \frac{i^2(i+1)^2}{4(n+1)} - \frac{i^2(i+1)^2(3n-2i+2)^2}{12n(n+1)(n+2)}} \tag{2-31}$$

对于导线中点，将 $i = \frac{n}{2}$ 代入上式得出

$$u_{C.z} = \frac{sm_\beta}{\rho}\sqrt{\frac{n(n+2)(n^2+2n+4)}{192(n+1)}} \tag{2-32}$$

因导线全长为 $ns=L$，所以上式还可写成

$$u_{C.z} = \frac{m_\beta}{\rho}L\sqrt{\frac{(n+2)(n^2+2n+4)}{192(n+1)n}} \tag{2-33}$$

以上有关导线边方位角和点位精度的公式都是就等边直伸的条件下导出的，然而实际上一条导线并不完全满足这两个条件。所以，在这种情况下应用这些公式都是近似的，它们只能作为精度分析时的参考。

5. 起始数据误差对附合导线平差后中点点位的影响

起始数据误差对平差后的附合导线中点的纵、横误差也有影响，由(2-13)式知，AB 边长的误差对端点纵向中误差的影响为 m_{AB}，则它对导线中点纵向误差产生的影响为

$$t_{Q.z} = \frac{1}{2}m_{AB} \tag{2-34}$$

至于起始方位角误差对中点产生的横向误差可以这样来理解：当从导线一端推算中点

坐标时，产生的横向误差为 $\dfrac{L}{2} \cdot \dfrac{m_\alpha}{\rho}$；而中点点位的平差值可以看做是从两端分别推算再取平均的结果。因而起始方位角误差对导线中点引起的横向误差为

$$u_{Q.z} = \frac{m_\alpha}{\rho} \cdot \frac{L}{2\sqrt{2}} \tag{2-35}$$

附合导线平差后中点的点位中误差应为

$$M_z = \sqrt{t_{C.z}^2 + u_{C.z}^2 + t_{Q.z}^2 + u_{Q.z}^2} \tag{2-36}$$

6. 附合导线端点纵横向中误差与中点纵横向中误差的比例关系

根据以上有关附合导线点位中误差的公式即可导出平差前端点点位中误差与平差后中点点位中误差的比例关系。根据这种关系，即可通过控制端点点位中误差（即导线闭合差的中误差）来控制导线中点（最弱点）的点位中误差，使其能满足规定的精度要求。各种测量规范中有关导线测量的主要技术要求，都是以这一关系作为重要依据的。下面来解决这个问题。

首先将 $u_{C.D}$ 与 $u_{C.z}$ 进行比较。由(2-12)式和(2-33)式可知

$$\frac{u_{C.D}}{u_{C.z}} = \sqrt{4^2 \frac{n^2 + 2n + 1}{n^2 + 2n + 4}} \approx 4 \tag{2-37}$$

同样，将(2-11)、(2-13)、(2-14)式与(2-27)、(2-34)、(2-35)式进行比较也可得出相应量之间的比例关系。现根据这些关系以及(2-37)式可写出下列各式：

$$\left. \begin{array}{l} t_{C.D} = 2t_{C.z} \\ u_{C.D} = 4u_{C.z} \\ t_{Q.D} = 2t_{Q.z} \\ u_{Q.D} = 4u_{Q.z} \end{array} \right\} \tag{2-38}$$

2.3.3 直伸导线的特点

由测量学中的有关知识和以上的分析可知，直伸导线的主要优点是：

(1)导线的纵向误差完全是由测距误差产生的；而横向误差完全是由测角误差产生的。因此在直伸导线平差时纵向闭合差只分配在导线的边长改正数中，而横向闭合差则只分配在角度改正数中；即使测角和测距的权定得不太正确，也不会影响导线闭合差的合理分配。但对于曲折导线，情况就不是这样，它要求测角和测边的权定得比较正确才行，然而实际上这是难以做到的。

(2)直伸导线形状简单，便于理论研究。本节中导出的有关点位精度关系的一些公式，都是针对等边直伸导线而言的，如果不是直伸导线，上述公式都只能是近似的。

直伸导线也有不足之处。模拟计算表明：直伸导线的点位精度并不是最高的，有人提出，精度较高的导线是一种转折角为90°和270°交替出现的状如锯齿形的导线。有关规范上之所以要求布设直伸导线，主要是考虑它所具有的上述优点，然而实用上很难布成完全直伸的导线。于是有关规范只能规定一个限度，在此容许范围内的导线可以认为是直伸的。

2.3.4 单一附合导线的点位误差椭圆

对于平面控制网的点位误差，现在多以误差椭圆来表示。因为用这种方法不仅可以准

确、方便地求得点位误差在各方向上的分量，而且具有形象化的优点，可以从直观上迅速判断不同点的点位误差以及同一点上不同方向上误差的大小。因而近十多年来，随着微型电子计算机的广泛应用，它已成为控制网的精度分析和优化设计中普遍采用的一种方法。有关误差椭圆的概念和计算椭圆元素的公式，已在测量平差基础中学过，此处不再赘述。现用误差椭圆来表示几种单一附合导线的点位误差。图 2-14 是 5 种典型的城市二级附合导线及其点位的误差椭圆。技术规格为：导线全长 $\sum s = 2400\mathrm{m}$，平均边长 $s = 200\mathrm{m}$，边数 $n = 12$，测距精度为 $m_s = 12\mathrm{mm} + 5 \times 10^{-6}D$，测角精度为 $m_\beta = \pm 6''$。由图可知：

（1）各种形状的导线，相应点的误差椭圆大小相差不多。5 种图形中，以（b）种图形点位精度较高，（e）种图形点位精度较低（按各点点位误差 M_i 的平均值比较）。直伸导线的点位精度大体上可以代表这 5 种图形的点位精度。因此，可以初步地认为图形的变化对图 2-14 中的各种附合导线的点位精度影响不大，而起主要影响的是导线的边数或全长。

（2）误差椭圆近似于圆，说明测角和测边的精度比例基本适当。

（3）最弱点在导线中间。

2.3.5 导线网的精度估算

以等级导线作为测区的基本控制时，经常需要布设成具有多个结点和多个闭合环的导线网，尤其在城市和工程建设地区更是如此，在设计这种导线网时，需要估算网中两结点和最弱点位精度，以便对设计的方案进行修改。至于估算的方法，在过去采用的"等权代替法"是一种近似的方法，而且有一定的局限性。但是由此法导出的一些结论仍可作为导线网设计的参考。如今在实际上采用的主要是电算的方法，如 2.3.1 小节所述。

下面介绍等权代替法。

测量学中已经导出计算支导线终点点位误差的公式

$$M = \pm \sqrt{nm_s^2 + \lambda^2 L^2 + \frac{m_\beta^2}{\rho^2}L^2 \frac{n+1.5}{3}} \qquad (2\text{-}39)$$

上式略去了起始数据误差的影响，其中 $n = \dfrac{L}{s}$。由此式可见若不考虑起始数据误差，则在一定测量精度和边长的情况下，支导线终点点位误差与导线全长有关。这种关系如用图解表示可以看得更清楚。以城市四等电磁波测距导线为例。设导线测量的精度为 $m = 12\mathrm{mm} + 5 \times 10^{-6}D, \lambda = 2 \times 10^{-6}$，$m_\beta = \pm 2.5''$，导线边长 s 分别为 500m、1 000m、1 500m 和 2 000m，导线总长为 1~10km，代入（2-39）式计算支导线终点点位误差 M。将所得结果以 L 为横坐标，以 M 为纵坐标作图，如图 2-15 所示。由图可知，这些曲线都近似于直线，因此，在一定的测量精度与平均边长的情况下，导线终点点位误差 M 大致与导线长度 L 成正比。设以长度为 L_0 的导线终点点位误差 M_0 作为单位权中误差，则长度为 L_i 的导线终点点位的权 P_i 及其中误差 M_i 可按下列近似公式计算

$$M_i = M_0 \frac{L_i}{L_0} = M_0 L'_i = M_0 \sqrt{\frac{1}{P_i}} \qquad (2\text{-}40)$$

式中，$L'_i = \dfrac{L_i}{L_0}$。所以

$$L'_i = \sqrt{\frac{1}{P_i}} \quad \text{或} \quad P_i = \frac{1}{L_i'^2}$$

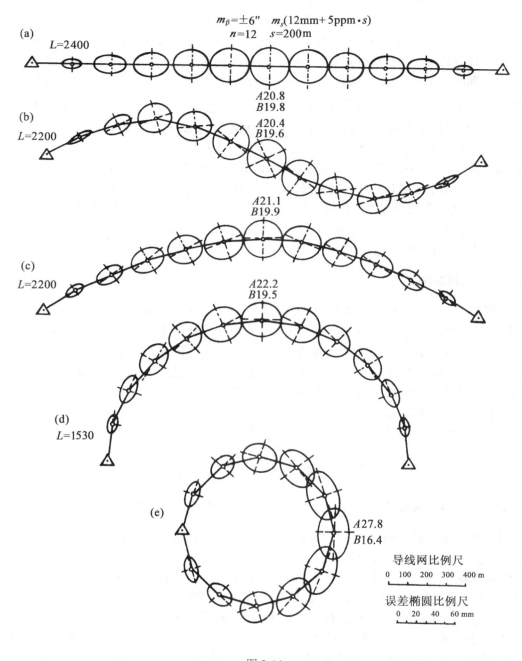

图 2-14

式中，L'_i 是导线长 L_i 以 L_0 为单位时的长度。

由上式可知，如果已知线路的权 P_i，则可求出相应的单一线路长度 L'_i；反之如果已知线路长度 L'_i 则可求出相应的权 P_i。现以图 2-16 所示的一级导线网为例，说明如何运用以上公式估算网中结点和最弱点的点位精度。图中 A、B、C 为已知点，N 为结点。各线路长度如图所示。试估计结点 N 和最弱点的点位中误差(不顾及起始数据误差影响)。

为了估计导线网中任意点的点位中误差，需设法将网化成单一导线，然后按加权平均

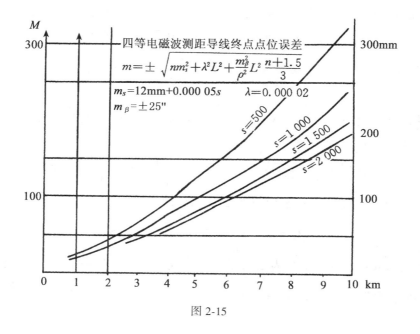

图 2-15

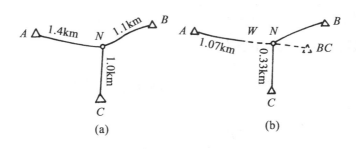

图 2-16

的原理计算待估点的权，再设法求出单位权中误差，最后即可求出待估点的中误差。

设以 1km 长的一级导线的端点点位中误差为单位权中误差，则图 2-16 中各段线路的等权线路 L' 即为已知的线路长，所以

$$L'_{AN} = 1.4, \qquad L'_{BN} = 1.1, \qquad L'_{CN} = 1.0$$

相应的权为

$$P_{AN} = \frac{1}{L'^2_{AN}} = 0.51, \qquad P_{BN} = \frac{1}{L'^2_{BN}} = 0.83, \qquad P_{CN} = \frac{1}{L'^2_{CN}} = 1.00$$

从线路 BN 和 CN 都可求得 N 点的坐标，如取其加权平均作为 N 点的坐标，则此坐标的权为

$$P_{BCN} = P_{BN} + P_{CN} = 0.83 + 1.00 = 1.83$$

这个权值相应的虚拟等权线路长为

$$L'_{BCN} = \sqrt{\frac{1}{P_{BCN}}} = \sqrt{\frac{1}{1.83}} = 0.74(\text{km})$$

这就相当于把 BN，CN 两条线路合并成一条等权的线路，其长度为 $L'_{BCN} = 0.74\text{km}$，如图

2-16（b）中虚线所示。现在原导线网已成为一条单一导线 $A—BC$，其等权线路长为
$$L'_{A-BC} = L'_{AN} + L'_{BCN} = 1.4 + 0.74 = 2.14（km）$$

对于 $A—BC$ 这条单一导线而言，其最弱点 W 应在导线中点，即距两端为 $\dfrac{L'_{A-BC}}{2} =$ 1.07km 处。

现在来求 N 点和 W 点的权。N 点的坐标可看做是从 AN 和 BCN 两条线路推算结果的加权平均，则 N 点的权为
$$P_N = P_{AN} + P_{BCN} = \frac{1}{L'^2_{AN}} + \frac{1}{L'^2_{BCN}} = \frac{1}{1.4^2} + \frac{1}{0.74^2} = 2.34$$

W 是导线的中点，其权应为线路 AW 的权的 2 倍，即
$$P_W = 2 \cdot \frac{1}{L'^2_{AW}} = 2 \times \frac{1}{1.07^2} = 1.75$$

再来计算单位权中误差即长为 1km 的一级导线端点的点位中误差。设导线的平均边长为 $s = 200\text{m}$，测距精度为 $m_s = \pm12\text{mm}$，$\lambda = 2/1\,000\,000$，$m_\beta = \pm5''$，$n = \dfrac{1\,000}{200} = 5$；代入（2-39）式得
$$M_{1km} = \sqrt{5 \times 12^2 + 2^2 + \left(\frac{5}{\rho} \times 10^6\right)^2 \times \frac{5 + 1.5}{3}} = \pm40（mm）$$

于是结点 N 和最弱点 W 的点位中误差为
$$M_N = M_{1km}\sqrt{\frac{1}{P_N}} = 40 \times \sqrt{\frac{1}{2.34}} = \pm26（mm）$$

$$M_W = M_{1km}\sqrt{\frac{1}{P_W}} = 40 \times \sqrt{\frac{1}{1.75}} = \pm30（mm）$$

用同样的方法可以估算多结点的导线网的精度。但是这种方法不能解决全部导线网的精度估算问题，例如带有闭合环的导线网等图形。对于其中几类特殊的网形，有人提出过其他的一些估算方法，然而要估算任意导线网的精度，如今只能用电子计算机进行。

2.4　工程测量控制网的优化设计

2.4.1　工程控制网优化设计的一般概念

所谓优化设计就是在复杂的科研和工程问题中，从所存在的许多可能决策内选择最好决策的一门科学。在现代特种精密工程测量中，凡负有重大责任的测量工作，都需要首先进行控制网的优化设计。另外，由于最优化科学本身理论不断发展和完善，特别是大型电子计算机在测量工作中的使用，也为工程测量控制网优化设计提供了可能。因此，虽然1882 年史赖伯在哥廷根基线网观测时，就曾提出过基线网最适宜权——观测方案一类的优化设计，历经近百年，但直到 20 世纪 70 年代，测绘领域中的优化设计同其他领域中的优化设计一样，才取得了长足的发展。

进行优化设计，通常有以下三个步骤。第一，建立一个能考察决策问题的数学模型，

这个数学模型主要包括有确定变量的有待于实现最优化的目标函数和约束条件。第二，对数学模型进行分析并选择一个合适的求最优解的数值解法。第三，求最优解，并对结果作出评价。如果用数学规划语言来描述上述的最优化过程将十分简明。通常我们这样定义一个目标函数 $Z(x)$ 的极小化问题：

$$最 小 化 \quad \min \ Z(x) \tag{2-41}$$

$$受限制于 \quad s.t. \quad \left. \begin{array}{l} g_i(x) \geqslant 0 \quad i=1,2,\cdots,m \\ h_j(x)=0 \quad j=1,2,\cdots,p \end{array} \right\} \tag{2-42}$$

式中 x 是实变量 $x_i(i=1,2,\cdots,n)$ 的列向量，$Z(x)$，$g_i(x)$ 及 $h_j(x)$ 依问题的性质，假如它们全都是线性的，则称线性规划，如果有一个是非线性的，则称非线性规划。这个优化问题的含义就是求一个满足（2-41）式及（2-42）式的变量 x^*，使目标函数 $Z(x^*)$ 取极小值。

　　常规的测量控制网的规划设计，只是从密度（边长）及局部精度（边长相对中误差等）为目标来考虑的，通过对典型图形的模拟计算和推理，判定出使起算元素、图形及观测纲要等都满足规范的要求，并付诸实用。这种方法简单易行，但也有不足，比如目标不够全面，理论不够严密，因而设计方案可能不是最优，特别是对特种精密工程测量更显得不合适。

　　在特种精密工程测量控制网优化设计中，设计变量（x），目标函数 $Z(x)$ 及约束条件 $g(x)$、$h(x)$ 依控制网优化的目的（即质量标准要求）而定，一般要体现控制网的下列质量标准：

　　（1）满足控制网的必要精度标准；

　　（2）满足控制网有多的多余观测，以控制观测值中粗差影响的可靠性标准；

　　（3）满足控制网有充分控制观测值中系统误差影响的可测定性标准；

　　（4）变形监测网应满足监测出微小位移的灵敏度标准；

　　（5）造标及观测等应满足一定的费用标准。

　　总之，控制网的优化设计必须有以定量形式表达的关于精度、可靠性、可测定性，灵敏度以及费用等各类数学模型。

　　如果用 A 表示设计矩阵，权阵 P 为观测值向量协因数阵 Q_l 的逆阵，由此可导出未知数 x 的协因数阵 Q_x：

$$(A^{\mathrm{T}}PA)^- = Q_x \tag{2-43}$$

符号（ ）$^-$ 即表示秩亏网（ ）$^+$ 又表示满秩网（ ）$^{-1}$，于是可用固定参数和自由参数把控制网优化设计分为以下四类：

　　基准设计（又称零类设计），固定参数是 A，P，待定参数是 x，Q_x。意指在给定图形（A）和观测精度（P）的情况下，为待定参数 x 选定最优的参考基准使 Q_x 最小。我国已建成国家大地参考基准，这是各类测绘工作应共同享用的。对精密工程，有时建立自己的参考基准，这可用测量方法测出拟意参考系中的起始数据，从而构成完整的参考基准。为判断网的未知量内精度 Q_x，可以采用秩亏自由网平差，然后在不同基准之间进行相似变换，以选择一个最优的参考基准。

　　图形设计（又称一类设计），固定参数是 P，Q_x，待定参数是 A。意指给定观测精度和平差后的点位精度标准，以确定最佳的图形结构。由于工程测量中场地条件限制，比如地形、交通、水系和建筑物等外界条件限制，控制点位置的选择余地往往很小。所以，实际上一类优化设计主要体现在选择最佳的观测类型。

观测权设计（又称二类设计），固定参数是 A，Q_x，待定参数是 P。意即在满足给定图形 A 和平差后点位精度 Q_x 要求下，通过全网观测量的合理分配，使平差达到预期的效果，并使观测量最小或不超过一定范围。由于观测类型的增多，所以二类设计还存在确定各类观测量在网中的最佳位置和密度等的最佳组合。在特种精密工程测量中，权的优化设计是最常见的。

原网改进设计（又称三类设计），取固定参数是 Q_x，待定参数是部分的 A 或 P。它是在旧网的基础上，通过设计新点位，增加新观测以及观测值权的改变，以达到全网点位精度 Q_x 的要求。

控制网优化设计的数学解法可分两类，解析法和模拟法。解析法是根据设计问题中已知参数，用数学解析方法求解待定参数。比如对于二类设计，依（2-43）式按线性代数和优化方法中的广义逆矩阵解出权向量 P。另外，对（2-41，42）形式的规划问题，如果是线性的，可采用单纯形法或改良单纯形法；如果是非线性的，可采用二次规划法，梯度法，梯度——共轭梯度法以及动态规划法等。解析法的优点是能找到严格的最优解。但是对有些问题，建立数学模型比较困难，此时可采用模拟法。模拟法又称机助设计法，包括蒙特-卡洛（Monte-carlo）法和人机对话法。蒙特-卡洛法是利用计算机产生伪随机数的程序产生伪随机数，模拟出一组组外业观测值，之后依不同优化问题作模拟计算和试验分析，最后确定一组优化解。在前苏联建设谢尔普霍夫高能加速器地下环形网的网形及观测方案的设计时就采用了这种方法，获得了较好的成果。人机对话式的模拟法是利用计算机具有计算、显示、打印、绘图等功能特点，设计者可以获得直观信息，有利于实时分析，判断和修改，使模拟法在优化设计中具有很实用的价值。由于优化设计和测量平差紧密相关，所以在某种意义上说二者已统一起来，例如通过"网的机助设计和平差系统"的软件包，既可实行网的优化设计又可进行平差计算。因此，现在人们大多采用机助设计法进行控制网的一、二、三类优化设计。这种方法的不足之处是依赖于设计者的经验，计算时间长，有时会遗漏最优方案。

2.4.2　精密工程测量控制网的质量标准

1. 精度标准

根据需要和可能，在工程控制网优化设计时，可选用以下一些精度指标：

1）整体精度标准

选用某种指标从整体上描述网的综合精度，这时可利用未知数的方差-协方差阵。

$$D(x) = \sigma_0^2 Q = \sigma_0^2 \begin{bmatrix} Q_{11} & Q_{12} & \cdots & Q_{1t} \\ Q_{21} & Q_{22} & \cdots & Q_{2t} \\ \vdots & \vdots & & \vdots \\ Q_{t1} & Q_{t2} & \cdots & Q_{tt} \end{bmatrix} \tag{2-44}$$

利用直交矩阵 G（它的性质 $GG^T = G^T G = E$），可把全对称矩阵 Q 化为对角阵 $Q = G\Lambda G^T$，因而

$$\Lambda = G^T Q G = \begin{bmatrix} \lambda_1 & & & \\ & \lambda_2 & & 0 \\ & & \ddots & \\ & 0 & & \lambda_t \end{bmatrix} \tag{2-45}$$

式中：λ_t——矩阵 $\boldsymbol{Q}$ 的特征值。当 $\boldsymbol{Q}$ 为满秩阵时，λ_1，λ_2，$\cdots$，λ_t 为 t 维误差椭球半径（当 $\sigma_0 = 1$ 时）。因此常用的整体精度标准有：

A 标准：
$$Z(x) = \mathrm{tr}D(x) = \sigma_0^2(\lambda_1 + \lambda_2 + \cdots + \lambda_t) = \min \tag{2-46}$$

意指全网所有点的点位误差之和为最小，体现网的平均点位精度。当 $t = 1$，2，3 及 4 以上时，(2-46)式分别表示置信区间，点位误差椭圆，点位置信椭球以及超椭球。当单位权中误差 σ_0 已知时，A 优化的实质就是待定参数权倒数阵迹最小的优化设计。

D 标准：
$$Z(x) = \det D(x) = \sigma_0^2(\lambda_1, \lambda_2, \cdots, \lambda_t) = \min \tag{2-47}$$

意指全网所有点的点位误差的行列式最小，也可理解 t 维超椭球的体积为最小。

可见，A 标准与 D 标准虽有相似的地方，但本质上是不同的。此外，有时还采用 E 标准：$\max(\lambda_i) = \min$，意指未知数权倒数阵中最大特征根最小化。S 标准：$|\lambda_{\max} - \lambda_{\min}| = \min$，意指 $\boldsymbol{Q}$ 阵中的谱带宽度为最小。

在控制网二类设计时，需预先给出全网点位精度 $\boldsymbol{D}_x$ 或 $\boldsymbol{Q}_x$。如果要求各点位误差椭圆成为误差圆，这是极方便的，但这太严格而且也没多大必要。因此提出具有均匀和各向同性的点位误差标准——泰勒卡尔曼（TK）结构。这是从流体力学中导出并用到控制测量中。基本思想是把控制网看做误差场，相邻坐标是相关的，相关程度与两点间距离有关，然后根据点位误差均匀性（指平移不变），各向同性（指旋转不变）的要求，导出点位误差横向相关函数 $\varphi_x(s)$ 及纵向相关函数 $\varphi_y(s)$，进而得到 $\boldsymbol{Q}_x$ 中各元素 g_{ij}。但精密工程测量中，用这种方法建立 $\boldsymbol{Q}_x$ 阵还未得到应用。

2）局部精度标准

常采用点位误差椭圆，相对点位误差椭圆以及未知数某些函数的精度。设 $F = fx$，则 $\boldsymbol{Q}_{FF} = f\boldsymbol{Q}_{xx}f^{\mathrm{T}} = \min$。或者等于或小于某一给定值 $\overline{\boldsymbol{Q}}_{FF}$，即 $\boldsymbol{Q}_{FF} \leqslant \overline{\boldsymbol{Q}}_{FF}$。

在精密工程控制网优化设计中，主要采用的是局部精度标准，比如高能加速器施工安装控制网要求相邻两点径向相对精度不超过某一限制，隧道施工控制网要求隧道两端点相对精度达到某一标准等。

2. 可靠性标准

我们知道，当对称测角交会，交会角 r 为 90° 时，交会点精度最高，并且点位误差椭圆为圆，应说这是很理想的。但是由于这种交会图形没有多余观测，不能发现和校核粗差，故这种精度是没有实际意义的，工程实践上是不准采用的。因此为评定观测成果质量和观测方案的质量，还必须增加表达检测粗差能力的可靠性指标。

可靠性被定义为能够成功地发现粗差的一种概率，或者说用以判断某一观测不含粗差的概率。对于很大的粗差一般是很容易控制的，但对不大的粗差的探测和确定是非常困难的，通常只能用统计检验方法去研究探测粗差的概率，其中可能发现粗差的最小值，称内可靠性，残存粗差对未知数函数的影响大小，称外可靠性。

1）控制网的内可靠性

内可靠性是指以一定的显著水平（弃真概率）α_0 和检验功效 β_0 判断，可能发现观测值粗差的最小值 ∇_{0i}，它指明控制观测值粗差的一种能力，故可称观测的可估性。这就是说粗差 ∇_{0i} 的大小与 α_0、β_0 的选定有关，只有在 α_0、β_0 已知的情况下，才能确定非中心参数 ω_i，从而再去推求 ∇_{0i}。α、β、ω_i 三者之间呈非线性关系，只有知道其中两个就可知第三个。表 2-9 给出几种常用的 α、β、ω_i 的关系值。

粗差对改正数的影响

$$V_{\Delta_i} = -r_i \Delta_i \tag{2-48}$$

表 2-9

ω \ α \ β	0.000 1	0.001	0.01	0.05
70	4.41	3.82	3.10	2.48
80	4.73	4.13	3.42	2.80
90	5.17	9.57	3.86	3.24
95	5.54	4.94	4.22	3.61

对统计量 ω_i 的影响

$$\omega_i = -\frac{V_{\Delta_i}}{\sqrt{r_i}\,\sigma_i} = \frac{\Delta_i}{\sigma_i}\sqrt{r_i} \tag{2-49}$$

要在 α_0、β_0 下，发现的最小粗差记为 ∇_{0i}，非中心参数 ω_i 记为 δ_0，则由上式可得

$$\delta_0 = \frac{\nabla_{0i}}{\sigma_i}\sqrt{r_i} \tag{2-50}$$

或

$$\nabla_{0i} = \frac{\delta_0}{\sqrt{r_i}}\sigma_i \tag{2-51}$$

上式即为计算可能发现的最小粗差公式。此公式表明 ∇_{0i} 与中误差 σ_i 成正比，与 r_i 成反比，精度越高，即 σ_i 越小，则可能发现粗差也越小，r_i 越大则可能发现粗差就越小。我们总是希望探测粗差的能力越高越好，为此必须从提高观测精度和增强图形强度入手，由此可见可靠性和精度的概念是不完全相同的，衡量控制网的质量，除精度指标外，还必须有可靠性指标。

取 (2-51) 式的比值

$$K_i = \frac{\nabla_{0i}}{\sigma_i} = \frac{\delta_0}{\sqrt{r_i}} \tag{2-52}$$

为第 i 个观测内可靠性的可控制性量度。它表示观测值 l_i 上粗差至少为其中误差的多少倍 (k) 才能在一定概率意义 (α_0, β_0) 下被发现。因此在优化设计时，可控性量应小于某一给定值 $\bar{k}_i$

$$k_i = \frac{\delta_0}{\sqrt{r_i}} \leqslant \bar{k}_i \tag{2-53}$$

此外，还可采用整体可靠性指标，即多余观测数 r 与总观测元素 n 之比值

$$\bar{r} = \frac{r}{n} \tag{2-54}$$

由上可见，为提高内可靠性应增加多余观测，以增强图形结构。提高观测值权也有一定作用。

2) 控制网的外可靠性

外可靠性是指在一定概率$(\alpha_0，\beta_0)$下，未发现的最大粗差对平差参数及其函数的影响大小。

由粗差理论可知，l_i中未发现粗差∇_{0i}，对未知数影响

$$\nabla_{0x_i} = \boldsymbol{Q}_{xx}\boldsymbol{A}_i^{\mathrm{T}}\boldsymbol{P}_i\ \nabla_{0i} \tag{2-55}$$

对未知数函数

$$F = fx$$

有
$$\nabla_{\Delta F} = \boldsymbol{f}^{\mathrm{T}}\boldsymbol{Q}_{xx}\boldsymbol{A}_i^{\mathrm{T}}\boldsymbol{P}_i\ \nabla_{0i} \tag{2-56}$$

为脱离坐标系，我们选取∇_{0x_i}的带权范数作为影响值，则

$$\delta_{0i}^2 = \{(\boldsymbol{Q}_{xx}\boldsymbol{A}_i^{\mathrm{T}}\boldsymbol{P}_i\ \nabla_{0i})^{\mathrm{T}}\boldsymbol{D}_{xx}^{-1}(\boldsymbol{Q}_{xx}\boldsymbol{A}_i^{\mathrm{T}}\boldsymbol{P}_i\ \nabla_{0i})\} \tag{2-57}$$

式中
$$\boldsymbol{Q}_{xx}^{-1} = \mu^{-2}\cdot\boldsymbol{Q}_{xx}^{-1} \tag{2-58}$$

顾及
$$\left.\begin{array}{l} \nabla_{0i} = \dfrac{\delta_0}{\sqrt{r_i}}\sigma_i，\quad \partial_i^2 = \mu^2\boldsymbol{P}_i^{-1}， \\[3mm] \boldsymbol{A}_i\boldsymbol{Q}_{xx}\boldsymbol{A}_i^{\mathrm{T}} = \boldsymbol{Q}_{ii} - \boldsymbol{Q}_{v_iv_i} \end{array}\right\} \tag{2-59}$$

$r_i = \boldsymbol{Q}_{v_iv_i}\boldsymbol{P}_i$，则上式可化简，从而得外可靠性量度：

$$\delta_{0i} = \delta_0\sqrt{\dfrac{1-r_i}{r_i}} \tag{2-60}$$

它表明未发现粗差∇_{0i}对未知数或未知数函数的影响是相应中误差的几倍。上式又可写为：

$$\delta_{0i} = K_i\sqrt{1-r_i} = K_i\sqrt{u_i} \tag{2-61}$$

式中$u_i = 1-r_i$，为必要观测数。

3. 灵敏度标准

在变形监测网优化设计时，往往需要对以下两个问题作出正确的回答：

(1)当已知观测精度和图形结构时，经统计检验该监测网可以发现的最小变形量是多少？

(2)当已知网形并给出必要监测的变形量时，应以怎样的精度进行网的观测？

这两个问题的解决都与变形监测网的灵敏度有关。因此在监测网优化设计时必须引入灵敏度标准。变形监测网的灵敏度意指在一定概率(弃真概率α_0和检验功效β_0)下，通过统计检验可能发现某一方向变形向量的下界值。这个问题的解决方法与上述的可测定性相似。

假设对变形监测网进行两期观测，在网形结构，观测方案及平差方法都相同时，得到第Ⅰ、Ⅱ期的平差坐标向量X_{I}及X_{II}，且有

$$d = X_{\mathrm{II}} - X_{\mathrm{I}} = BX \tag{2-62}$$

式中

$$\boldsymbol{B}_{q\times k} = \begin{bmatrix} -1 & 1 & & & & \\ & & -1 & 1 & & \\ & & & & \vdots & \vdots \\ & & & & & -1 & 1 \end{bmatrix}，\quad \boldsymbol{X} = (X_{\mathrm{II}}^1，X_{\mathrm{I}}^1，X_{\mathrm{II}}^2，X_{\mathrm{I}}^2，\cdots，X_{\mathrm{II}}^k，X_{\mathrm{I}}^k)^{\mathrm{T}}$$

$$\tag{2-63}$$

作统计量

$$T = \dfrac{(B\hat{X} - d)^{\mathrm{T}}\boldsymbol{Q}_d^{-1}(B\hat{X} - d)}{q\,\hat{\sigma}_0^2} \tag{2-64}$$

式中单位权方差估值：

$$\hat{\sigma}_0^2 = \frac{(\boldsymbol{V}^{\mathrm{T}}\boldsymbol{PV})_{\mathrm{I}} + (\boldsymbol{V}^{\mathrm{T}}\boldsymbol{PV})_{\mathrm{II}}}{f} \qquad (2\text{-}65)$$

且

$$\left.\begin{array}{l} \boldsymbol{Q}_d = Q_{X_1} + Q_{X_2} \\ f = f_1 + f_2, \ f_i = n - k \end{array}\right\} \qquad (2\text{-}66)$$

现作原假设 $\qquad\qquad\qquad H_{0;}\, d = \boldsymbol{E}(\boldsymbol{B}\,\hat{\boldsymbol{X}}) = 0 \qquad (2\text{-}67)$

备选假设 $\qquad\qquad\qquad H_{a\,:}\, d = \boldsymbol{E}(\boldsymbol{B}\,\hat{\boldsymbol{X}}) \neq 0 \qquad (2\text{-}68)$

在 H_0 下，(2-64)式变为

$$\boldsymbol{T} = \frac{\hat{\boldsymbol{d}}^{\mathrm{T}}\boldsymbol{Q}_d^{-1}\,\hat{\boldsymbol{d}}}{q\,\hat{\sigma}_0^2} \sim \boldsymbol{F}(q, f, 1-a) \qquad (2\text{-}69)$$

当已知置信水平 a，满足 $\boldsymbol{T} < \boldsymbol{F}(q, f, 1-a)$，则采用原假设，否则采用备选假设。在备选假设下，统计量(2-69)服从非中心 $\boldsymbol{F}$ 分布，非中心参数

$$\omega^2 = \frac{\boldsymbol{d}^{\mathrm{T}}\boldsymbol{Q}_d^{-1}\boldsymbol{d}}{\hat{\sigma}_0^2} \qquad (2\text{-}70)$$

设在已知 α_0，β_0 下，非中心参数 ω 的临界值为 ω_0，若

$$\frac{\boldsymbol{d}^{\mathrm{T}}\boldsymbol{Q}_d^{-1}\boldsymbol{d}}{\hat{\sigma}_0^2} \geqslant \omega_0^2 \qquad (2\text{-}71)$$

我们有足够置信度认为该网有变形，因此灵敏度可理解为在一定显著水平下，与零假设相区分的备选假设的概率，即检验功效 β 越大，监测系统越灵敏，相反则认为有变形。(2-71)式可进一步写为

$$\boldsymbol{d}^{\mathrm{T}}\boldsymbol{Q}_d^{-1}\boldsymbol{d} \geqslant \hat{\sigma}_0^2\omega_0^2 \qquad (2\text{-}72)$$

利用此式即可在一定条件下，解决开头提出的两个问题。即如果已知 $\hat{\sigma}_0^2$，$\boldsymbol{Q}_d$，在 α_0，β_0 下即可解决第一个问题；当已知 d，$\boldsymbol{Q}_d$，那么即可在 α_0，β_0 下解决第二个问题。

但对于设计阶段，有实际意义的是某特定方向的变形，这对平面网尤为重要。因此，要设 $\mathrm{d}x_i$，$\mathrm{d}y_i$ 是第 i 点 d 的两个分量，且

$$\left.\begin{array}{l} \mathrm{d}x_i = \mathrm{d}\alpha_i \cdot \cos\alpha_i \\ \mathrm{d}y_i = \mathrm{d}\alpha_i \cdot \sin\alpha_i \end{array}\right\} \qquad (2\text{-}73)$$

则有 $\qquad\qquad\qquad\qquad \boldsymbol{d} = \boldsymbol{D}_\alpha \cdot \boldsymbol{b} \qquad (2\text{-}74)$

式中

$$D_\alpha = \begin{bmatrix} \mathrm{d}\alpha_1 & & & \\ & \mathrm{d}\alpha_1 & & 0 \\ & & \ddots & \\ & 0 & & \mathrm{d}\alpha_k \\ & & & \mathrm{d}\alpha_k \end{bmatrix} \qquad (2\text{-}75)$$

$$\boldsymbol{b} = (\cos\alpha_1, \ \sin\alpha_1, \ \cdots, \ \cos\alpha_k, \ \sin\alpha_k) \qquad (2\text{-}76)$$

若 $\boldsymbol{D}_\alpha$ 所有对角线元素都一样，则

$$d = \mathrm{d}\alpha \cdot b \qquad (2\text{-}77)$$

顾及(2-72)式则有

$$d^2\alpha \boldsymbol{b}^{\mathrm{T}} \boldsymbol{Q}_d^{-1} \boldsymbol{b} = \hat{\sigma}_0^2 \omega_0^2 \tag{2-78}$$

利用此式，在一定条件下，即可解决开头提出的两个问题。当 $\hat{\sigma}_0^2$ 以 σ_0^2 代入时，有

$$d\alpha = \pm \omega_0 \cdot \sigma_0 / \sqrt{\boldsymbol{b}^{\mathrm{T}} \boldsymbol{Q}_d^{-1} \boldsymbol{b}} \tag{2-79}$$

或者

$$\hat{\sigma}_0 = \frac{|d\alpha|}{\omega_0} \sqrt{\boldsymbol{b}^{\mathrm{T}} \boldsymbol{Q}_d^{-1} \boldsymbol{b}} \tag{2-80}$$

由 (2-78) 式可知，不同方向上 $d\alpha$ 的大小是不同的，其中必有方向对应于 $|d\alpha|$ 达到最大 $|d\alpha|_{\max}$ 和达到最小 $|d\alpha|_{\min}$。对于单点而言，(2-78) 式是椭圆方程，我们称之为灵敏度椭圆。此时有椭圆元素：

$$\left.\begin{array}{l} \lambda_1 = \dfrac{1}{2}(P_{dxdx} + P_{dydy} + k) \\[2mm] \lambda_2 = \dfrac{1}{2}(P_{dxdx} + P_{dydy} - k) \\[2mm] K = \sqrt{(P_{dxdx} - P_{dydy})^2 + 4P_{dxdy}^2} \\[2mm] \tan\varphi_1 = \dfrac{\lambda_1 - P_{dxdz}}{P_{dydy}} \end{array}\right\} \tag{2-81}$$

而由 (2-79) 式可得

$$|d\alpha|_{\max} = \hat{\sigma}_0 \omega_0 / \sqrt{\lambda_2} \tag{2-82}$$

$$|d\alpha|_{\min} = \hat{\sigma}_0 \omega_0 / \sqrt{\lambda_1} \tag{2-83}$$

式中 λ_1，λ_2 为 $Q_d^{-1} = P_d$ 的最大、最小特征值。

若考虑网的整体可监测性，这时设 $d\alpha$ 为网中所有点变形向量，在 α_0，β_0 下，当 $\boldsymbol{b}^{\mathrm{T}} \boldsymbol{P}_d \boldsymbol{b}$ 取最大值时，可得 $|d\alpha|$ 的最小值 $|d\alpha|_{\min}$，此时令 $\boldsymbol{b}$ 为 $\boldsymbol{b}_1$，则必有

$$|d\alpha|_{\min} = \sigma_0 \omega_0 / \sqrt{\boldsymbol{b}_1^{\mathrm{T}} \boldsymbol{P}_d \boldsymbol{b}_1} \tag{2-84}$$

仿 (2-83) 式，上式又可写成

$$|d\alpha|_{\min} = \hat{\sigma}_0 \omega_0 / \sqrt{\lambda_{\max}} \tag{2-85}$$

$\lambda_{\max}$ 称 $\boldsymbol{P}_d$ 的最大特征值。在 $\hat{\sigma}_0$，ω_0 一定下，灵敏度取决于 $\lambda_{\max}$，而它又是由 $\boldsymbol{P}_d = \boldsymbol{Q}_d^{-1}$ 计算得到的，因此监测网的灵敏度 $|d\alpha|_{\min}$ 与控制网的图形结构有关。此时，所监测到的最小变形为

$$d_{\min} = |d\alpha|_{\min} \cdot b_1 \tag{2-86}$$

4. 费用标准

现在测量手段多种多样，应选择那些既能保证控制网满足上述质量标准又能使所耗费用最低的观测。因此，控制网优化设计应引入费用标准，这基本有两种标准形式的优化。

(1) 在观测费用总额不变条件，使网的精度（或其他质量标准）最高。

(2) 在满足网的精度（或其他质量标准）下，使费用最小。

网的费用数学表达式在我国是难以具体表达的。一般来说，整个费用

$$Z(s) = \sum_{i=1}^{n} C_i S_i \tag{2-87}$$

式中 C_i 为 i 类测量总次数，S_i 为一次测量费用。也可用观测权之和代替经济指标，这时

可表达为：

$$\sum_{i=1}^{n} P_i = C \tag{2-88}$$

C 为某一常数。

在上述质量标准中，精度、可靠性和可测定性是分别针对测量工作中出现的偶然误差、粗差和系统误差的；而灵敏度是针对变形监测网的特殊性提出的；费用是从经济效益考虑的。对某一类的优化设计，应根据具体情况来选择目标函数和约束条件。比如对二类设计，可考虑以精度为目标函数的无约束优化或以经济为约束条件或以可靠性为约束条件；也可选经济为目标函数，精度、可靠性为约束条件；对监测网，或以灵敏度为目标函数，以精度、可靠性为约束条件，或以经济为目标函数，以精度、可靠性和灵敏度为约束条件等。控制网优化设计一般流程见图 2-17。

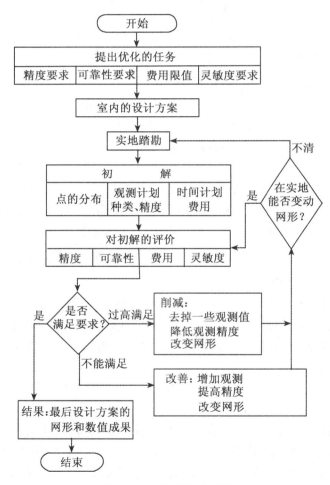

图 2-17　控制网优化流程

控制网优化设计虽已取得很大成就，但还有不少待解决的问题，仍需继续进行理论研究和实用中发展它。

2.4.3 关于机助模拟设计法的一般说明

在这里主要介绍人机对话式的模拟设计法。这种方法适于一、二、三类设计，是目前大家都喜欢应用的一种比较简单易行的方法。它的基本思想是，在初步拟定的设计方案下，通过增减观测值，改变观测权以及变化或增删点位等手段，利用矩阵反演公式(或诺伊曼 neumann 级数)，经过多次模拟计算，将所得的计算目标同原设计的期望目标相比较，直至满意时为止。下面只就在控制网优化设计中几种情况下求解未知数权倒数 $\boldsymbol{Q}_x$ 的递推公式加以介绍，以便实用时参数。

1. 增加观测值

假设初始方案有误差方程式。

$$V_0 = A_0 X_0 + L_0 \tag{2-89}$$

未知数协因数阵

$$\boldsymbol{Q}_{X_0} = (\boldsymbol{A}_0^{\mathrm{T}} \boldsymbol{P} \boldsymbol{A}_0)^{-1} = (\boldsymbol{N}_0)^{-1} \tag{2-90}$$

在未知数不变情况下，网中增加 m 个新观测，由新观测组成的误差方程式

$$V_1 = A_1 X + L_1 \tag{2-91}$$

可知，未知数协因数阵

$$\boldsymbol{Q}_{X_1} = \boldsymbol{N}_1^{-1} = (\boldsymbol{N}_0 + \Delta\boldsymbol{N})^{-1} = (\boldsymbol{N}_0 + \boldsymbol{A}_1^{\mathrm{T}} \boldsymbol{P} \boldsymbol{A}_1)^{-1} \tag{2-92}$$

则根据矩阵反演公式，有

$$\boldsymbol{Q}_{X_1} = \boldsymbol{Q}_{X_0} - \boldsymbol{Q}_{X_0} \boldsymbol{A}_1^{\mathrm{T}} (\boldsymbol{P}_1^{-1} + \boldsymbol{A}_1 \boldsymbol{Q}_{X_0} \boldsymbol{A}_1^{\mathrm{T}}) \boldsymbol{A}_1 \boldsymbol{Q}_{X_0} \tag{2-93}$$

或者应用诺伊曼级数：

$$\boldsymbol{N}^{-1} = (\boldsymbol{N}_0 + \Delta\boldsymbol{N})^{-1} = \boldsymbol{N}_0^{-1} - \boldsymbol{N}_0^{-1} \Delta\boldsymbol{N} \boldsymbol{N}_0^{-1} - \boldsymbol{N}_0^{-1} \Delta\boldsymbol{N} \boldsymbol{N}_0^{-1} \Delta\boldsymbol{N} \boldsymbol{N}_0^{-1} - \cdots \tag{2-94}$$

只取前两项，或者说省掉(2-93)式右端第二项逆阵中的第二项，得到

$$\boldsymbol{Q}_{X_1} = \boldsymbol{Q}_{X_0} - \boldsymbol{Q}_{X_0} \boldsymbol{A}_1^{\mathrm{T}} \boldsymbol{P}_1 \boldsymbol{A}_1 \boldsymbol{Q}_{X_0} \tag{2-95}$$

由此可见，$\boldsymbol{Q}_{X_1}$ 求解可在 $\boldsymbol{Q}_{X_0}$ 基础上进行，这时只要计算阶数 $m \times m$ 的小型矩阵的逆，再进行一些矩阵乘法运算即可。新增加观测越少越有利于运算。将 Q_{X_1} 同期望的设计值 Q_X 相比较，如不满足，再增加观测，用 Q_{X_1} 代替(2-93)式的 Q_{X_0} 继续递推运算。这样连续进行增减观测值计算 Q_X 的逆推公式为

$$\boldsymbol{Q}_{X_i} = \boldsymbol{Q}_{X_{i-1}} - \boldsymbol{Q}_{X_{i-1}} \boldsymbol{A}_i^{\mathrm{T}} (\boldsymbol{P}_i^{-1} + \boldsymbol{A}_i \boldsymbol{Q}_{X_{i-1}} \boldsymbol{A}_i^{\mathrm{T}})^{-1} \boldsymbol{A}_i \boldsymbol{Q}_{X_{i-1}} \tag{2-96}$$

式中 $\boldsymbol{Q}_{X_{i-1}}$ 为 $i-1$ 次未知数协因数阵，$\boldsymbol{A}_i$，$\boldsymbol{P}_i$，$\boldsymbol{Q}_{X_i}$ 分别为第 i 项修改后的设计矩阵、观测值权阵以及未知数协因数阵。

若只增加一个观测量，则有下面的简单公式：

$$\boldsymbol{Q}_{X_i} = \boldsymbol{Q}_{X_{i-1}} - r_1 \boldsymbol{Q}_{X_{i-1}} \boldsymbol{A}_i^{\mathrm{T}} \boldsymbol{A}_i \boldsymbol{Q}_{X_{i-1}}$$

式中

$$r_1 = \frac{1}{\left(\dfrac{1}{p_1} + \boldsymbol{A}_i \boldsymbol{Q}_{X_{i-1}} \boldsymbol{A}_i^{\mathrm{T}} \right)}$$

2. 改变观测值权

设在原观测中有 m 个观测值权改变 Δp，这就相当于新增加权为 Δp 的 m 个观测误差方程，因此可知

$$\boldsymbol{Q}_{X_1} = (\boldsymbol{N}_0 + \boldsymbol{A}^{\mathrm{T}} \Delta p \boldsymbol{A})^{-1}$$
$$= \boldsymbol{Q}_{X_0} - \boldsymbol{Q}_{X_0} \boldsymbol{A}^{\mathrm{T}} (\Delta p^{-1} + \boldsymbol{A} \boldsymbol{Q}_{X_0} \boldsymbol{A}^{\mathrm{T}})^{-1} \boldsymbol{A} \boldsymbol{Q}_{X_0} \tag{2-97}$$

或者简化为： $$Q_{X_1} = Q_{X_0} - Q_{X_0} A^{\mathrm{T}} R A Q_{X_0} \tag{2-98}$$

3. 删除观测值

如果在原观测值中减去 m 个观测，这时只需将上式中 $\Delta p = -p$ 代入即可。

因此 (2-96) 式，代表了连续地增减观测值和改变权阵的递推公式。

4. 增加附加点位

若为加强图形强度而增加新的未知点位，这时，要设原网未知数 x_1，有误差方程

$$V_1 = A_1 X_1 - l_1 \tag{2-99}$$

新未知数 x_2，新增加观测值为 l_2，则

$$V_2 = B_2 x_1 + A_2 x_2 - l_2 \tag{2-100}$$

此时有未知数协因数阵

$$Q_X = \begin{bmatrix} Q_{X_1} & Q_{X_1 X_2} \\ Q_{X_2 X_1} & Q_{X_2 X_2} \end{bmatrix}$$

$$= \begin{bmatrix} A_1^{\mathrm{T}} P A_1 + B_2^{\mathrm{T}} R_2 B_2 & B_2^{\mathrm{T}} P_2 A_2 \\ A_2^{\mathrm{T}} P_2 B_2 & A_2^{\mathrm{T}} P_2 A_2 \end{bmatrix}^{-1} \tag{2-101}$$

若设原网 X_1 的协因数阵

$$Q_{X_0} = (A_1^{\mathrm{T}} P_1 A_1)^{-1} \tag{2-102}$$

则

$$Q_{X_1} = (A_1^{\mathrm{T}} P_1 A_1 + B_2^{\mathrm{T}} P_2 B_2 - B_2^{\mathrm{T}} P_2 A_2 (A_2^{\mathrm{T}} P_2 A_2)^{-1} A_2^{\mathrm{T}} B_2)^{-1}$$

$$= Q + Q B_2^{\mathrm{T}} P_2 A_2 (A_2^{\mathrm{T}} P_2 A_2 - A_2^{\mathrm{T}} P_2 B_2 Q B_2^{\mathrm{T}} P_2 A_2)^{-1} \cdot A_2^{\mathrm{T}} P_2 B_2 Q \tag{2-103}$$

式中

$$Q = (A_1^{\mathrm{T}} P_1 A_1 + B_2^{\mathrm{T}} P_2 B_2)^{-1}$$

$$= Q_{X_0} - Q_{X_0} B_2^{\mathrm{T}} (P_2^{-1} + B_2 Q_{X_0} B_2^{\mathrm{T}})^{-1} B_2 Q_{X_0} \tag{2-104}$$

如果要删除某些点，只需将与这些点相联系的观测值删去，将它们赋予负权即可实现。

最后将 Q_{X_1} 和 Q_{X_0} 比较，看其收益，并同期望值比较，直至满意为止。

综上所述，计算机模拟法进行测量控制网的优化设计，与测量平差的理论紧密相关。因此，现在人们往往编写一个完整的"计算机程序软件包"即可同时实现测量控制网的优化设计和测量平差以及其他的数据处理，便于在生产中使用。

2.5 工程测量水平控制网技术设计书的编制

像任何工程设计一样，控制测量的技术设计是关系全局的重要环节，技术设计书是使控制网的布设既满足质量要求又做到经济合理的重要保障，是指导生产的重要技术文件。

技术设计的任务是根据控制网的布设宗旨结合测区的具体情况拟订网的布设方案，必要时应拟订几种可行方案。经过分析，对比确定一种从整体来说为最佳的方案，作为布网的基本依据。

1. 搜集和分析资料

(1) 测区内各种比例尺的地形图。

(2) 已有的控制测量成果(包括全部有关技术文件、图表、手簿等)。特别应注意是否有几个单位施测的成果，如果有，则应了解各套成果间的坐标系、高程系统是否统一以及如何换算等问题。

(3)有关测区的气象、地质等情况，以供建标、埋石、安排作业时间等方面的参考。

(4)现场踏勘了解已有控制标志的保存完好情况。

(5)调查测区的行政区划、交通便利情况和物资供应情况。若在少数民族地区，则应了解民族风俗、习惯。

对搜集到的上述资料进行分析，以确定网的布设形式，起始数据如何获得，网的未来扩展等。

其次还应考虑网的坐标系投影带和投影面的选择。

此外还应考虑网的图形结构，旧有标志可否利用等问题。

2. 网的图上设计

根据对上述资料进行分析的结果，按照有关规范的技术规定，在中等比例尺图上确定控制点的位置和网的基本形式。

图上设计对点位的基本要求是：

(1)从技术指标方面考虑

图形结构良好，边长适中，对于三角网求距角不小于30°；便于扩展和加密低级网，点位要选在视野辽阔，展望良好的地方；为减弱旁折光的影响，要求视线超越(或旁离)障碍物一定的距离；点位要长期保存，宜选在土质坚硬，易于排水的高地上。

(2)从经济指标方面考虑

充分利用制高点和高建筑物等有利地形、地物，以便在不影响观测精度的前提下，尽量降低觇标高度；充分利用旧点，以便节省造标埋石费用，同时可避免在同一地方不同单位建造数座觇标，出现既浪费国家资财，又容易造成混乱的现象。

(3)从安全生产方面考虑

点位离公路、铁路和其他建筑物以及高压电线等应有一定的距离。

(4)图上设计的方法及主要步骤

图上设计宜在中比例尺地形图(根据测区大小，选用 1∶25 000~1∶100 000 地形图)上进行，其方法和步骤如下：

①展绘已知点。

②按上述对点位的基本要求，从已知点开始扩展。

③判断和检查点间的通视。

若地貌不复杂，设计者又有一定读图经验时，则可较容易地对各相邻点间的通视情况作出判断。若有些地方不易直接确定，就得借助一定的方法加以检查。下面介绍一种简单可靠的方法——图解法。

如图 2-18 所示。设 A、B 为预选的点，C 为 AB 方向上的障碍物，A、B、C 三点的高程如图中所注。

取一张透明纸，将其一边与 A、B 两点相切，在 A、B、C 三点处分别作纸边的垂线，垂线的长度依三点的高程按同一比例尺绘在纸上，得 AA'、BB'、CC'。连接 $A'B'$，若 C' 在 $A'B'$ 之上(如本例所示)，则不通视；如 C' 在 $A'B'$ 之下，则通视。但必须注意：当 C' 很接近 $A'B'$ 时，还得考虑球气差的影响。例如，当 C' 距任一端点为 1.2km 时，C' 虽比 $A'B'$ 低0.1m，但实际上并不通视。

④估算控制网中各推算元素的精度。

⑤拟定水准联测路线。水准联测的目的在于获得三角点高程的起算数据，并控制三角

高程测量推算高程的误差累积。

　　⑥据测区的情况调查和图上设计结果，写出文字说明，并拟定作业计划。

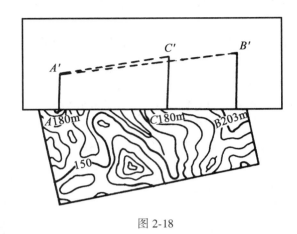

图 2-18

3. 编写技术设计书

　　技术设计书应包括以下几方面的内容：

　　(1) 作业的目的及任务范围；

　　(2) 测区的自然、地理条件；

　　(3) 测区已有测量成果情况，标志保存情况，对已有成果的精度分析；

　　(4) 布网依据的规范，最佳方案的论证；

　　(5) 现场踏勘报告；

　　(6) 各种设计图表(包括人员组织、作业安排等)；

　　(7) 主管部门的审批意见。

2.6　选点、建标和埋石

2.6.1　选点

　　如何把控制网的图上设计放到地面上去，只能通过实际选点来实现。图上设计是否正确以及选点工作是否顺利，在很大程度上取决于所用的地形图是否准确。如果差异较大，则应根据实际情况确定点位，对原来的图上设计作出修改。

　　选点时使用的工具主要有：望远镜、小平板、测图器具、花杆、通信工具和清除障碍的工具等。此外，还应携带设计好的网图和有用的地形图。点位确定后，打下木桩并绘点之记，如图2-19，便于日后寻找。

　　选点任务完成后，应提供下列资料：

　　(1) 选点图；

　　(2) 点之记；

　　(3) 三角点一览表，表中应填写点名、等级、至邻点的概略方向和边长、建议建造的觇标类型及高度、对造埋和观测工作的意见等。

点名	万家海	等级	三 等 (按工测规范)	标志类型	水泥现浇瓷质标志
点号	2			觇标类型	预应力钢筋混凝土寻常标
所在地	南坪市万庄公社幸福二队			交通路线	由本市开往清河口的长途汽车路经幸福二队站

与本点有关的方向及距离	点 位 略 图

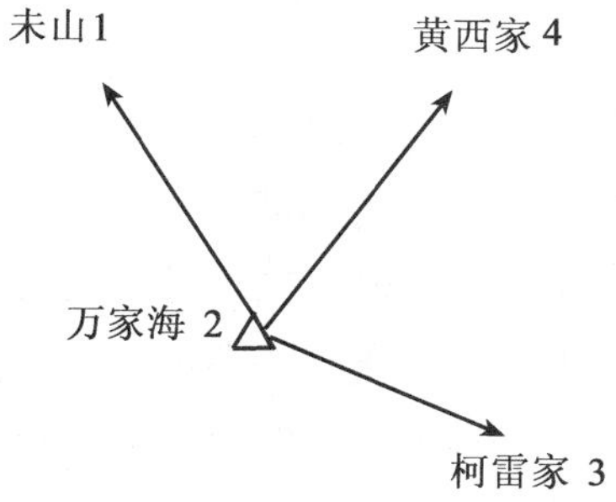

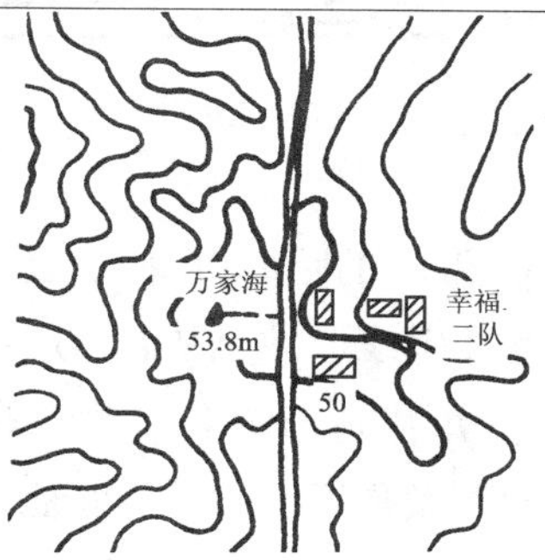

1 : 25 000

有关问题 说 明	本点属 1960 年旧网点位，但旧网标 志、觇标均已被破坏，现重埋、重选

图 2-19

2.6.2 觇标高度的确定

1. 影响通视的因素

图上设计和实地选点都要考虑觇标的高度，这对保证观测值的质量和节约造标费用均有重要意义。如何确定比较有利的觇标高度呢？首先要分析影响通视的因素。很明显，如果两控制点间有挡住视线的障碍物，就会造成互不通视。除此以外，地球表面弯曲以及大气折光也是影响通视的因素（由此产生的误差称为球气差）。对于后两项因素的综合影响，测量学中已作了推证，下面只列出计算公式

$$V = p - r = 0.42 \frac{s^2}{R} \tag{2-104}$$

式中，p、r 分别代表地球曲率和大气折光影响，s 为测站与目标间的距离，R 为地球半径。实用上可用计算器计算（注意公式中各量的单位）或从有关资料中查取相应的数表（以 s 为引数）。

在以下确定觇标高度的 3 种方法中，都必须克服上述因素的影响。

2. 确定觇标高度的方法

在图 2-20 中，A、B 为选定的三角点点位。由于在 A、B 视线方向上存在障碍物 C，再加上球气差的影响，则 A、B 间互不通视。现在用解析法来确定在 A 点和 B 点上建造觇标的高度。

先画出两点间的纵断面图，作图时应考虑上述球气差的影响。在毫米方格纸上，以 C 为原点（见图 2-20），过 C 点作一水平线作为横轴，从原点 C 分别向左右两方按一定比例

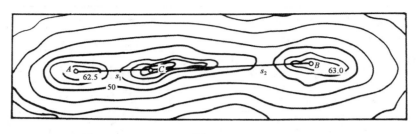

图 2-20

尺截取 s_1 和 s_2 的距离(即图 2-20 中障碍物到 A、B 的距离),得到截点 A_1、B_1。过两截点作垂线并在垂线上按 $\Delta H_1 (= H_C - H_A)$、$\Delta H_2 (= H_C - H_B)$ 依一定比例尺截出 A_2、B_2 两点,H_A、H_C、H_B 由地形图上求得。ΔH 为正时,截点在水平线之下,为负时在上,这样就得到把地面看做是平面时的纵断面。顾及球气差的影响,应将 A_2、B_2 两者各下降一段距离 V_1、V_2,从而得到 A、B 两点,这样就得到了作为确定觇标高度基础的纵断面图。由于视线需高出障碍物一定的距离 a,故由 C 向上按比例截取一段距离 a 而得到 C_1 点。过 C_1 点作水平线与 A、B 两点上的垂线相交于 A_0、B_0,于是便得到一组觇标高度 h_A、h_B。

如果 B 点上的觇标高度已定为 h'_B,则由 B 点向上按比例截取 $BB_3 = h'_B$。连接 B_3、C_1 并延长,此直线与过 A 点的垂线相交于 A_3,则 AA_3 即为在 A 点上应建造的觇标高度 h'_A。

如果 B 点上的觇标高度尚未确定,则可用不同的 h'_B 的数据。过 C_1 可作许多条直线,在纵断面图上图解出与之相应的 h'_A,由此可得出 A、B 两点上的多组觇标高度,再从中选择出用料最省的一组作为取用的觇标高度。

顺便指出,由图 2-21 可以看到,离障碍物较近的点 A 的觇标高度微量上升,可以使得离障碍物较远点 B 的觇标高度下降很多,所以在进行觇标高度调整时,在保证通视的条件下,应先确定离障碍物较远点的最低觇标高度。

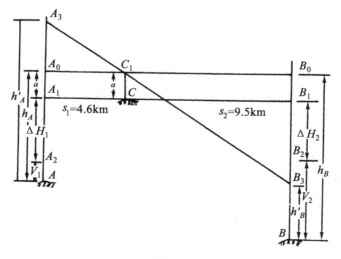

图 2-21

72

用解析法计算觇标高度的计算公式，可以从图 2-21 导出，在相似 $\triangle A_3 A_0 C_1$ 和 $\triangle B_3 B_0 C$ 中存在下列关系式

$$\frac{A_3 A_0}{B_3 B_0} = \frac{s_1}{s_2}$$

即

$$\frac{h'_A - (V_1 + \Delta H_1 + a)}{(V_2 + \Delta H_2 + a) - h'_B} = \frac{s_1}{s_2}$$

而

$$V_1 + \Delta H_1 + a = h_A$$

$$V_2 + \Delta H_2 + a = h_B$$

故

$$\frac{h'_A - h_A}{h_B - h'_B} = \frac{s_1}{s_2}$$

则

$$h'_A = h_A + \frac{s_1}{s_2}(h_B - h'_B) \qquad (2\text{-}105)$$

$$h'_B = h_B + \frac{s_2}{s_1}(h_A - h'_A) \qquad (2\text{-}106)$$

例：由选点图上得到下列数据：

$s_1 = 4.6\text{km}$， $s_2 = 9.5\text{km}$， $H_A = 62.5\text{m}$， $H_C = 67.5\text{m}$， $H_B = 63.0\text{m}$，要求 $a \geqslant 2\text{m}$，B 点上觇标高度拟定 4m，求 A 点上的觇标高度。

解：按上述公式，全部计算在表 2-10 中进行。

表 2-10

点　名	s/km	ΔH/m	V/m	a/m	h/m	h'/m
A	4.6	+5.0	+1.5	+2	8.5	12.8
C（障碍物）						
B	9.5	+4.5	+6.3	+2	12.8	4.0

2.6.3　觇标的建造

经过选点确定了的三角点的点位，要埋设带有中心标志的标石，将它们固定下来，以便长期保存。当相邻点不能在地面上直接通视时，应建造觇标作为相邻各点观测的目标及本点观测的仪器台。应该说明的是，由于现时很多平面控制网已采用导线网的形式，此外，GPS 已用于控制网的布设，所以如今已很少有造标的需要，特别是双锥标，更少使用。故以下对造标和埋石工作仅作概略介绍。

1. 测量觇标的类型

测量觇标有多种类型，比较常见的有以下几种：

（1）寻常标。常用木料、废钻杆、角钢、钢筋混凝土等材料做成（见图 2-22），凡是地面上能直接通视的三角点上均可采用这种觇标。观测时，仪器安置在脚架上，脚架直接架在地面上。

（2）双锥标。当三角网边长较长、地形隐蔽、必须升高仪器才能与邻点通视时则采用

如图2-23(a)和2-23(b)所示的双锥标，可用木材或钢材制成。

这种觇标分内、外架。内架升高仪器，外架用以支承照准目标和升高观测站台，内、外架完全分离，以免观测人员在观测站台上走动时影响仪器的稳定。

（3）屋顶观测台。在利用高建筑物设置三角点时，宜在稳定的建筑物顶面上建造1.2m高的固定观测台。如图2-24(a)和图2-24(b)所示。

观测台可用3号角钢预制。观测仪器放在观测台上，观测完毕，插入带照准圆筒的标杆，即可供邻点照准。此外，还有墩标（用于特别困难的山尖上），国家规范中有附图，此处从略。

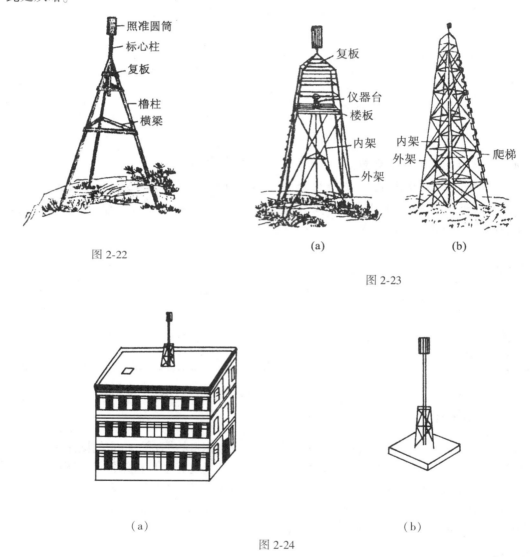

图 2-22

(a)　　(b)

图 2-23

（a）　　（b）

图 2-24

2. 微相位差照准圆筒

无论上述何种觇标，其顶部都要装上照准圆筒，作为观测时的照准目标。目前广泛采用的是微相位差照准圆筒（见图2-25）。它由上、下两块圆板（木板或薄钢板）及一些辐射形木片组成，圆筒全部涂上无光黑漆。

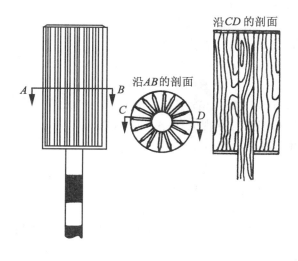

图 2-25

采用这种微相位差照准圆筒作照准标志时，无论阳光从哪个方向射来，整个圆筒均呈黑色。若用实体目标，在阳光照射下会出现阴阳面，使远处经纬仪瞄准它时产生偏差。当背景明亮时，十字丝会偏向目标的阴暗部分；背景暗淡，十字丝会偏向目标的光亮部分。这种目标的阴阳面引起的测角误差叫相位差。用图 2-25 所示的照准圆筒可以基本上消除相位差，所以称为微相位差照准圆筒。

照准圆筒通过标心柱固定在觇标上。标心柱漆成红白相间的颜色，像花杆一样，以便于从远处寻找，也可供观测低等控制网时（边很短）作为照准目标使用。

准照圆筒的大小，要与三角网的边长相适应。经验表明，目标成像约占望远镜十字丝双丝宽度的 1/2~2/3 较利于照准。由于一般光学经纬仪十字丝的双丝宽度约为 30″~40″，所以目标宽度宜为 20″~30″。

设三角网的平均边长为 s，若目标成像占十字丝宽度的 1/2，双丝宽度为 40″，则照准圆筒的直径 d 应为

$$d = \frac{20''}{\rho''} s$$

当 $s = 4\text{km}$ 时，$d = 0.4\text{m}$。

圆筒的高度宜为其直径的 2~3 倍。

3. 觇标的建造

测量觇标的作用是供观测照准和升高仪器之用，它的建造质量直接影响观测精度。另外每座觇标都要求保存一定的年限，以便布设低级网时使用，因而要求造得牢固、稳定端正。建造觇标是一项细致而繁重的工作，其实用技术应在实际作业中学习和掌握。下面就造标过程中应注意的问题，作一概略的介绍。

1）实地标定橹柱

通常采用透明纸标定坑位法，此法简单可靠，且不受通视条件的限制。

具体作法：取一张透明纸，在其中间部分任取一点 O（见图 2-26），以 O 作为中心，每隔 120°画方向线 OA、OB、OC，这就代表三脚标的三个橹柱方向（如为四脚标则每隔

90°画一条方向线)。考虑到橹柱的直径并保证视线距橹柱方向有一定的距离(国家规范中有规定),在三条方向线左右各划出10°的范围作为不通视区(图中的阴影部分)。

首先在设计图上确定坑位方向。即将透明纸的中心 O 与选点图上欲建标的三角点重合,转动透明纸,使待测的三角点方向都落入通视区内,并选出最佳位置用量角器量出一个橹柱(如 A,见图2-27)与某个能直接通视的邻点方向(如龙山)间的角度,此角度为 $56°30'$。

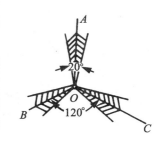

图 2-26

实地标定坑位时,以该三角点(龙山)定向。用经纬仪测出已知角($56°30'$)即得橹柱 A 的方向,再转 120°、240°便得到橹柱 B、C 的方向。在标定的橹柱方向线上,量出三角点中心到橹柱坑中心的距离,就得到了橹柱基坑的位置。

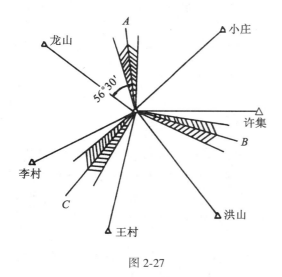

图 2-27

2)挖基坑及浇灌坑底水平层

基坑深度约 1m,底层应用混凝土浇灌抹平,并用水准仪操平,以保证基坑底面在同一水平面上。木质寻常标,可以不浇水平层,但要在基底填充石头砂子并夯实。

3)检查照准圆筒是否竖直及各方向是否通视

觇标竖起后应检查照准圆筒是否竖直,可用经纬仪在相隔90°的两个方向上进行。如不竖直,则要加以调整(为了调整的方便,标心柱先不要固定)。如标架不端正,则要调整基坑底的高度,圆筒位置校正完毕后,再用仪器检查各方向的通视情况,确认无问题后,再填土夯实,使橹柱固定。

4)觇标的整饰和编号

上述工作全部完成后,最后整饰一下觇标的外观,并在橹柱的适当位置整齐的写上三角点点名、等级、编号及建造年月等。

2.6.4 中心标石的埋设

三角测量的标石中心是三角点的实际点位,通常所说的三角点坐标,就是指标石中心标志的坐标,所有三角测量的成果(坐标、距离、方位角)都是以标石中心为准的。因此,对于中心标石的任何损坏或位移,都将使三角测量成果失去作用或在很大程度上降低其精度。所以,中心标石埋设的质量,是衡量控制网质量的一项指标。

为了长期保存三角测量的成果,就必须埋设稳定、坚固和耐久的中心标石,同时要广泛宣传保护测量标志的重要意义。

国家规范按三角网的等级及其地质条件将中心标石分成 8 种规格。

三、四等三角点的标石由两块组成(见图2-28)。下面一块叫盘石,上面一块叫柱石,盘石和柱石一般用钢筋混凝土预制,然后运到实地埋设。预制时,应在柱石顶面印字注明埋设单位及时间。标石也可用石料加工或用混凝土在现场浇制。

盘石和柱石中央埋有中心标志（见图 2-29）。埋石时必须使盘石和柱石上的标志位于同一铅垂线上。

埋设标石一般在造标工作完成后随即进行。

埋石工作全部完成后，要到三角点所在地的乡人民政府办理三角点的托管手续。

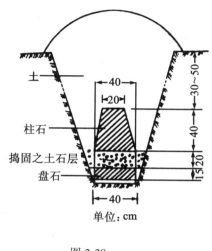

图 2-28

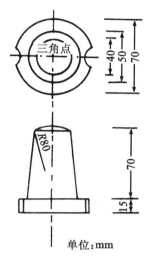

图 2-29

第 2 部分　控制测量的基本测量技术与方法

第3章 精密测角仪器和水平角观测

3.1 精密测角仪器——经纬仪

3.1.1 精密电子经纬仪及其特点

装有电子扫描度盘，在微处理机控制下实现自动化数字测角的经纬仪称为电子经纬仪。

1968年，前联邦德国首次推出了电子速测仪 Reg Elta14，从此为工程测量仪器向着自动化方向发展翻开了新的一页。如今，世界各主要测量仪器生产厂家都已生产了门类齐全、式样各异的电子速测仪。电子经纬仪在电子速测系统中占有十分重要的地位，它是集光学、机械、电子、计算技术及半导体集成技术等方面新成就于一体，在光学经纬仪的基础上发展起来的新一代经纬仪。

电子经纬仪和电子测距仪是全站仪的核心组成部分，依国家计量检定规程的规定，它们的等级划分体现在全站仪的等级划分中，也就是说，全站仪的等级与电子经纬仪和电子测距仪的等级是一致的。具体情况见表3-1：

表 3-1

准确度等级	测角标准偏差/″	测距标准偏差/mm
Ⅰ	$\|m_\beta\| \leqslant 1$	$\|m_D\| \leqslant 5$
Ⅱ	$1 < \|m_\beta\| \leqslant 2$	$\|m_D\| \leqslant 5$
Ⅲ	$2 < \|m_\beta\| \leqslant 6$	$5 < \|m_D\| \leqslant 10$
Ⅳ	$6 < \|m_\beta\| \leqslant 10$	$\|m_D\| \leqslant 10$

注：测角标准偏差实为一测回水平方向标准偏差；m_D 为每千米测距标准偏差。

比起光学经纬仪，电子经纬仪具有如下特点：

（1）角度标准设备——度盘及其读数系统与光学经纬仪有本质区别。为了进行自动化数字电子测角，必须采用角（模）-码（数）光电转换系统。这个转换系统应含有电子扫描度盘及相应的电子测微读数系统。这就是说，首先由电子度盘给出相应于其最小格值整数倍的粗读数，再利用电子细分技术对度盘格值进行测微，取得分辨率达几秒到零点几秒的精读数。这两个读数之和即为最后读数并以数字方式输出，或者显示在显示器上，或者记录在电子手簿上，或者直接输入计算机内。在现代电子经纬仪中主要采用以下两种电子测角方式：

① 采用编码度盘及编码测微器的绝对式（如 Opton 厂的电子速测仪 Elta2），或采用计时测角度盘并实现光电动态扫描的绝对式（如 Wild 厂的电子经纬仪 T 2000）。

② 采用光栅度盘并利用莫尔干涉条纹测量技术的增量式（如 Kern 厂的电子经纬仪 E2 和 Geotronics 公司的电子速测仪 Geodimeter 440）。

无论哪种电子测角经纬仪，都应解决辨码、识向和角度细分等三方面的技术关键。

（2）微处理机是电子速测仪的中心部件。它的主要功能是：

① 控制和检核各种测量程序。

② 实现电子测角，将粗读数和精读数合并为角度最终读数，并计算竖轴倾斜引起的水平角及竖直角的改正。

③ 实现电子测距和计算，对所测距离进行地球曲率和气象改正，并进行相应的数据处理如水平距离、高差及坐标增量的计算等。

④ 将观测值及计算结果显示在显示器上或自动记录在电子手簿上或存储器内。

为实现上述功能，作为中央处理单元 CPU（Central Processing Unit）的微处理机主要由控制器（指令代码器和程序计数器等）、计算器（算术-逻辑运算和管理单元）、数据寄存器及中间存储器等组成。此外还配有操作存储器（随机存储器）RAM（Random Access Memory）和程序存储器（只读存储器）ROM（Read Only Memory），并通过输入和输出单元与外围设备相连。一般来说，控制器和运算器都做在大小为 $25mm^2$ 的集成硅片上。控制器监控着单指令的运行和执行，并产生数据总线上的数据交换的控制信号，其程序计数器给出执行的指令。在运算器中进行逻辑运算和管理。经常变化的数据存储在操作存储器里，此数据可以修改和读出。固定数据（包括微处理机管理监控程序、汇编程序及不需变动的数据等）固定在只读存储器中，它只能读出而不能重写。通过输入和输出组件，微处理机可从外围设备得到或向外围设备输出数据。微处理机的所有组件都通过数据总线连在一起，这个数据总线是地址、指令及数据互相交换的通道。现代的微处理机平均以 $1\mu s$（100 万字/秒）的脉冲时序进行数据和指令的接收和加工。由以上各组件就可构成一台微型数字计算机。

以微处理机和微型数字计算机为核心将电子测角系统（包括水平角和垂直角）、电子测距系统（包括测量和计算）以及竖直轴倾斜测量系统（水平角和垂直角改正）等外围设备，通过输入/输出（I/O）寄存器和数据总线连在一起，从而组成电子全站仪的主体。以上各组件关系的方框图见图 3-1。

（3）竖轴倾斜自动测量和改正系统是供仪器自动整平及整平剩余误差对水平盘读数和竖盘读数的自动改正，以便使仪器或者只需用一个 2′精度的圆水准器概略置平或者只需一个度盘位置观测，从而提高了工作效率。这样的竖轴倾斜自动补偿系统有许多种。

（4）有些电子全站仪的望远镜既是目标水平方向及垂直角观测的瞄准装置，也是测距信号的发射和接收装置。为得到正像，现代电子全站仪大都采用阿贝屋脊棱镜或别汉全反射和全透射棱镜。为使可见光同测距信号分开，常采用分光棱镜，如图 3-2 所示。这是由两块 90°棱镜结合在一起的正立方体。在两块棱镜胶合之前，棱镜的一个斜面上涂一层对测距波长能全反射而对可见光部分可透射的涂层。

（5）现代电子经纬仪向自动照准、自动调焦并兼有摄像功能的高自动化和多功能化的方向发展。

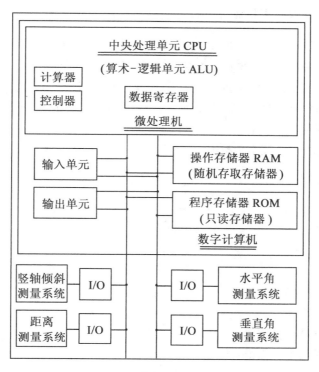

图 3-1

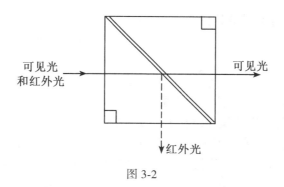

图 3-2

　　在电子经纬仪内装有伺服马达轴系驱动装置和数控器，可控制望远镜在水平方向和垂直方向的移动，以实现自动照准目标；装有绝对线性扫描伺服马达和数调器，可实现自动调焦；装有电荷耦合器件 CCD(Charge-Coupled Device)并利用软件控制宽角视场和常规观测视场的转换的 CCD 摄像机，成为摄像经纬仪。从而由单一的电子经纬仪派生出具有不同功能的测量仪器，如 TM 3000 是电子经纬仪 T 3000 加上马达轴系驱动器(Motorized Axial Drivers)而成；马达驱动电子经纬仪 TM 3000 加上 CCD 摄像机，则为 TM 3000V——摄像经纬仪；如再加上激光扫描器，则为 TM 3000L——激光经纬仪，如将 TM3 000 与 DI 系列测距仪相配合，则为 TM 3000D——自动全站仪。它们适合于不同的自动化测量目的的需要。

3.1.2 精密光学经纬仪及其特点

我国大地测量经纬仪系列标准有 DJ_{07}、DJ_1、DJ_2、DJ_6、DJ_{15} 等五个等级。其中"D"和"J"分别为"大地测量"和"经纬仪"的汉语拼音第一个字母,"07"、"1"、"2"、"6"、"15"为该仪器一测回水平方向中误差。在精密光学经纬仪中,属 DJ_{07} 级系列的有北京光学仪器厂 DJ_{07} 及南京 1002 厂的 DJ_{07} 等;属 DJ_1 级系列的有 Wild 厂的 T3,Kern 厂的 DKM_3 等。现以 T3 为例说明其主要特点。

T3 光学经纬仪的主要技术指标有:

望远镜

  放大倍数: 24,30,40
  物镜有效孔径: 60mm
  望远镜长度: 260mm
  最短视距: 4.6m

度盘

  水平度盘直径: 140mm
  垂直度盘直径: 95mm
  水平度盘最小分格值: 4′
  垂直度盘最小分格值: 8′

水准器

  照准部水准器格值: 7″/2mm
  垂直度盘指标水准器格值: 12″/2mm
  圆水准器格值: (8′~10′)/2mm

重量

  仪器重量: 11.0kg
  仪器盒重量: 3.8kg

一般来说,精密光学经纬仪在结构上的主要特点是:

① 角度标准设备——度盘及其读数系统都由光学玻璃组成,水平度盘和垂直度盘(竖盘)共用同一个附着在望远镜筒旁边的读数显微镜和光学测微器,并实现双面(对径)读数。

② 目标照准设备——望远镜均为消色差的或经过消色差校正过的,尺寸较短的内调焦望远镜。一般给出目标的倒像,但现代望远镜大多数给出目标的正像;一般制动及微动螺旋分离设置,现代的则向共轴发展;都具有精密的测微读数系统。

③ 设有强制归心机构,精密光学对点器和对中杆以及快速安平机构等,有的经纬仪设有垂直度盘指标自动归零补偿器,从而提高了仪器精度和测量效率。

④ 经纬仪由优质可靠的有机材料和合金制造。

在精密控制网的建立、设备安装以及变形观测中广泛地应用精密光学经纬仪观测水平角和垂直角,收到了良好的效果。比如,在原武汉测绘科技大学崇阳多功能大地测量标准试验网建立过程中,于 1988 年 5~6 月间,用 T3 精密光学经纬仪进行了 I 等三角测量。采用全组合测角法,方向权 $P = m \times n = 42$。由于边长短,采用了特制的照准标志和强制归心的对中装置(对中精度不大于 0.1mm)。观测成果的各项精度指标均满足 I 等三角测量要求。下面给出三角形闭合差分布及极条件自由项检核的数值(表 3-2 及表 3-3)。

表 3-2

闭合差分布区间	+		−	
	个 数	和 数	个 数	和 数
$0.0'' \sim 0.5''$	2	$0.47''$	7	$1.70''$
$0.5 \sim 1.0$	7	4.86	4	3.37
$1.0 \sim 1.5$	4	4.48	4	5.00
$1.5 \sim 2.0$	5	8.54	2	3.16
2.0 以上	1	2.21	1	2.04
和	19	20.56	18	15.27

差数 = 1, 限差 12, 差值 +5.29

由表 3-2 可知，三角形闭合差呈正态分布。按菲列罗公式计算的方向中误差 $m_菲 = \pm 0.46''$；按测站平差计算的方向中误差 $m_站 = \pm 0.44''$。$m_菲$ 和 $m_站$ 非常接近，这充分说明采取以上有力的技术措施后，系统误差(如旁折光影响、归心误差影响等)已减少到最低限度。

表 3-3 中，$W_{g限} = \pm 2m\sqrt{[\delta\delta]}$，式中：$m$ 为 I 等三角测量的测角中误差限值，δ 为角度正弦对数秒差。由该表可知，极条件自由项都满足了规范中 I 等三角测量的限差要求。

表 3-3

中心多边形			大地四边形		
极 点	w_g	$w_{g限}$	极 边	w_g	$w_{g限}$
1	0.81	9.73	4-3	−8.29	10.98
6	0.91	20.40	5-2	−8.07	9.88
8	−4.81	10.63	7-1	3.73	9.01
10	−9.60	11.52	8-5	3.56	10.78
11	−2.12	8.59	9-1	6.77	10.44
			11-8	−3.16	14.84
			11-9	−2.27	13.30
			13-6	−4.83	16.26
			14-10	−6.29	54.73

综上所述，光学经纬仪具有体积小，重量轻，作业方便和精度高等特点。但工作量大，效率低，不能实现作业的自动化，严重地限制了它的应用和发展。于是新一代电子经纬仪就应运而生了。

3.1.3 精密电子全站仪及其特点

全站仪(Total Station)又称全站型电子速测仪(Electronic Tachometer Total Station)，装有电子扫描度盘，在微处理机控制下实现自动化数字测角的经纬仪称为电子经纬仪。将电子经纬仪、电子测距仪及电子记录手簿组合在一起，在同一微处理机控制和检核下，同时兼有观测数据(水平方向、垂直角、斜距等)的自动获取和改正(对角度加竖轴倾斜改正、对距离加大气折射及地球曲率改正等)、计算(水平距离、高差及坐标等)和记录(电子手簿或记录模块等)多种功能的测距经纬仪称为电子速测仪。因为它能在测站上同时自动测得斜距、水平角和垂直角,并能计算出地面点三维空间坐标,因此人们又称它为地面三维电子全站仪。将电子速测仪、电子计算机及绘图仪连成统一系统,全站仪完成野外数据采集、记录和预处理,通过接口在计算机内利用机助制图软件或其他用户软件,绘成地形图及其他数据处理,从而构成地面电子测绘系统或地面电子监测系统或工业测量三维定位系统。它同惯性测量系统及全球定位系统一起,形成现代的三种空间定位系统。

在当前测绘仪器市场上,有许多仪器厂家生产和提供各种门类的全站仪。比如瑞士的徕卡公司、日本拓普康、索佳公司以及我国北京光学测绘仪器公司、南方测绘公司、广州中海达卫星导航技术股份有限公司等。

1995 年徕卡公司首先推出 TPS1000 系列产品。所谓 TPS 是全站仪(Total Station)定位系统(Positioning System)的缩写,也可以把"T"解释为"Terrestrial"的第一个字母,意为"地面上的"或"大地的"。它的基本特点是通过使用统一标准的数据记录介质、接口和数据格式,把该公司的不同类型的全站仪的测量和数据处理系统有机的结合起来,实现仪器的相互兼容和数据共享,实现真正意义的地面三维空间定位系统。

进入 21 世纪,徕卡公司又推出系统 1200-超站仪(System 1200 – SmartStation)。该全站仪的主要特点是它是世界上第一次将全站仪同 GPS 整合在一起,从而开辟了一些新的测量观念和测量方法,使测量更容易、更快速和更简单。

因此,徕卡全站仪采用以计算机技术、微电子技术和精湛工艺为核心的高新技术,使该公司全站仪在集成化、自动化和信息化等方面具有许多卓越的特性。

在这里我们选择徕卡测量系统公司(Leica Geosystems)全站仪定位系统 TPS 系列全站仪的技术特点作详细介绍。

1. 徕卡全站仪分类

全站仪按结构可分为整体型(Integrated)和积木型(Modular)两类。前者的特点是将测距、测角与电子计算单元和仪器的光学机械系统设计成一个整体,不可分开使用,这是当前全站仪市场的主流产品。后者是测距仪、电子经纬仪各为一个独立整体,既可单独使用也可搭接在一起组合使用,这是全站仪的早期产品,现正逐渐地退出市场。下面仅介绍整体型全站的分类。

徕卡整体型全站仪的命名:

TC 系列标准型全站仪;

TCM 系列马达驱动型全站仪;

TCR 系列无反射棱镜型全站仪;

TCRM 系列无反射棱镜、马达驱动型全站仪;

TCRA 无反射棱镜、自动跟踪型全站仪;

TCA 系列马达驱动自动跟踪型全站仪;

TDM 系列马达驱动、工业测量型全站仪;

TDA 马达驱动、自动跟踪、工业测量型全站仪。

徕卡全站仪按测角精度(方向标准偏差)可分为以下七类(表3-4):

表 3-4

类型/精度	0.5″	1.0″	1.5″	2.0″	3.0″	5.0″	7.0″
TCA	TCA2003 TDA5005	TCA1800	TCRA1101	TCRA1102	TCRA1103	TCRA1105	
TCRM			TCRM1101	TCRM1102	TCRM1103	TCRM1105	
TCM	TDA5005	TCM1800	TCM1100	TCM1102	TCM1103 TCM1100	TCM1105	
TCR			TCR1101	TCR1102 TCR302(汉) TCR702(汉)	TCR1103 TCR303 TCR703	TCR1105 TCR305/J/S TCR705	TCR307/J/S
TC	TC2003 TC2002	TC1800/L	TC1101 TC1700	TC1102 TC1500 TC905/L TC302(汉) TC702(汉)	TC1103 TC1100 TC303 TC805/L TC703	TC1105 TC305/J/S TC605/L TC705	TC307/J/S
TM	TM5005 TM5100 TM5100A	TM1800			TM1100		
T	T3000 T2000 T2002	T1800			T1000	T105/J/S	T107/J/S

注：上述所有型号全站仪，其标称测距精度除 TC2003（1mm+1ppm×D）、TDM/TDA5005（1mm+2ppm×D）、新型 TC1800（1mm+2ppm×D）外，均为（2mm+2ppm×D）。

按徕卡 TPS 系列，全站仪归类如下（表 3-5）：

表 3-5

系　　　列	类　　　型	编号（对应精度）
TPS1000	TC/TCM/TCA	1100/1500/1700/1800/2003
TPS100	TC	605/805/905
TPS300（基本型）	TC/TCR	307/305/303/302
TPS700（实用型）	TC/TCR	705/703/702
TPS1100（专业型）	TC/TCM/TCR/TCEM/TCA	1105/1103/1102/1101
TPS5000（工业测量型）	TDM/TDA	5005

从表中可见，徕卡将字母"TPS"紧跟序列编号作为其全站仪产品系列的标志。每一种系列都有不同类型的仪器，每一种类型又具有多种精度等级的产品。一般来说，每一系列中仪器的精度从其编号上就可以看出来，如 TPS1000 系列，1100/1500/1700…，数字越大，精度越高；而 TPS300/700/1100 系列则是以编号末位来表征其测角精度等级的，末位数越大，精度越低，如 307 就比 302 精度低。

每一种 TPS 系列里的产品，尽管精度、类型可能会有所不同，但其外观、用户界面、键盘布局等几乎一模一样。内部结构除了度盘阵列数有区别外，基本上也一样。这极大地方便了生产、使用、升级、培训和维修。此外，对专业型 TPS 系列产品（1000/1100 系列）而言，各种等级的产品均可升级成为马达驱动或自动目标识别等自动化程度更高的产品。

2. 徕卡全站仪测角新技术

（1）编码度盘及其测角原理

　　电子测角仪器的度盘及其读数系统与光学经纬仪有本质区别。为进行自动化数字电子测角，必须用角-码光电转换系统来代替光学经纬仪的光学读数系统。这套光电转换系统包括电子扫描度盘及相应的电子测微读数系统。光电转换系统可以采用编码绝对式电子测角。

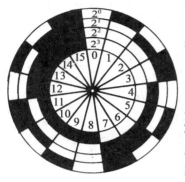

图 3-3

　　编码度盘是在光学圆盘上刻制多道同心圆环，每一同心圆环称为码道，图 3-3 表示一个有 4 个码道的纯二进制编码度盘，分别以 2^0，2^1，2^2，2^3 表示。度盘按码道数 n 等分 $2n$ 个码区，在图 3-3 中，$n=4$，则度盘分成 16 个码区，该度盘的角度分辨率为 $2\pi/2^n=22.5°$。为了确定每个码区在度盘上的绝对位置，一般将码道由里向外按码区赋予二进制代码，16 个码区显示从 $0000 \sim 1111$ 四个二进制的全组合，表 3-6 所示为 $n=4$ 的纯二进制代码和方向值。

表 3-6

方向序号	码 道 图 形				纯二进制代码	方向值
	2^3	2^2	2^1	2^0		
0					0000	00°00
1				■	0001	22 30
2			■		0010	45 00
3			■	■	0011	67 30
4		■			0100	90 00
5		■		■	0101	112 30
6		■	■		0110	135 00
7		■	■	■	0111	157 30
8	■				1000	180 00
9	■			■	1001	202 30
10	■		■		1010	225 00
11	■		■	■	1011	247 30
12	■	■			1100	270 00
13	■	■		■	1101	292 30
14	■	■	■		1110	315 00
15	■	■	■	■	1111	337 30

电子测角是用光传感器来识别和获取度盘位置信息的，因此度盘各码道的码区有透光和不透光部分，如图3-3中涂黑与不涂黑部分。在图3-5中，在编码度盘的一侧安置电源，如发光二极管或红外半导体二极管，度盘的另一侧直接对着光源安置光传感器，如光电晶体管或硅光二极管，当光线通过度盘的透光区而光传感器接收时表示为逻辑0，光线被度盘不透光挡住而不能被光传感器接收时表示为逻辑1，因此，当照准某一方向时，度盘位置数据信息可以通过各码道的光传感器再经光电转换后以电信号输出，从而获得一组二进制的方向代码，图3-4中的方向代码为0101，当照准两个方向时，则可获得两个度盘位置的方向代码，由此得到两方向间的夹角。

显然，为了提高编码度盘的角度分辨率，必须增加码道的数目，但靠增加码道数来提高度盘的分辨率实际上是有困难的，因受到光电器件尺寸的限制。

在图3-5中，R 为度盘的半径，ΔR 为码道的宽度，设码道数为 n，则码区内最小的弧长为

$$\Delta S = (R - n\Delta R)\frac{\pi}{2^n}$$

设 $R=80\text{mm}$，$\Delta R=1\text{mm}$，则 ΔS 随码道数 n 变化，由表3-7可以看出要提高度盘的分辨率，就要增加码道数。同时 ΔS 变小，在 ΔS 很小的范围内要安置光电元器件是有困难的，因此，为了进一步提高度盘的分辨率，提高测角精度，必须采用电子测微技术。

由德国 Opton 厂生产的电子速测仪 Elta2，是由电子测角单元、光电测距单元和微处理机等组成的一个整体式的仪器。其电子测角的编码度盘直径为98mm，有800个码区，分辨率为 $27'$，因此，只能给出编码度盘的粗读数。为了获得度盘的精读数，在编码度盘上还刻有内外两圈间隔为 $27'$ 的刻画线，借助于类似光学测微器接合法的测微方法获取度盘的精读数。

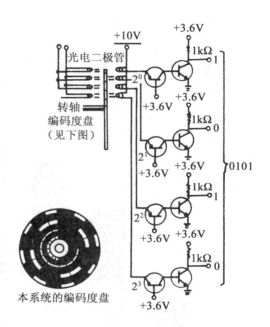

图 3-4

上述纯二进制度盘编码有一显著的缺点，就是某些相邻方向的代码需要在几个码道上同时进行透光区与不透光区的过渡转换。如图3-3中第7扇形区至第8扇形区需3个码道由不透光区转换到透光区，当码道数较多，同时光传感元器件光电晶体管排列又不严格地通过度盘中心的直线上时，就容易产生较大的差错。实用上的度盘编码是采用经过改进后的二进制编码，例如1953年由葛莱（Cray）等人首创的葛莱编码，亦称循环码。图3-6所示为葛莱码编码度盘，表3-8表示4位二进制的葛莱码图形、葛莱代码及方向值。

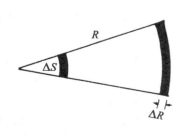

图 3-5

表 3-7

码道数 n	码区 2^n	分辨率 $2\pi/2^n$	ΔS/mm
4	16	22.5°	29
8	256	1.4°	1.8
⋮	⋮	⋮	⋮
10	1 024	0.35°	0.47
11	2 106	10′	0.20
16	65 536	20′	6^{-3}

表 3-8

方向序号	码道图形				葛莱代码	方向值
	2^3	2^2	2^1	2^0		
0					0000	00°00
1				■	0001	22 30
2			■	■	0011	45 00
3			■		0010	67 30
4		■			0110	90 00
5		■		■	0111	112 30
6		■			0101	135 00
7		■			0100	157 30
8	■	■			1100	180 00
9	■			■	1101	202 30
10	■		■		1111	225 00
11	■	■	■		1110	247 30
12	■				1010	270 00
13	■			■	1011	292 30
14	■			■	1001	315 00
15	■				1000	337 30

在葛莱码中，任何相邻读数仅有一位代码发生变化，因此，如果由于某些原因使接收电平应该变而没有变，那也只影响到度盘的一个小分格的错误，而不至于像一般二进制码那样发生大错。

（2）光栅度盘及其测角原理

在光学玻璃度盘的径向上均匀地刻制明暗相间的等宽度格线，即光栅。在度盘的一侧安置恒定光源，另一侧相对于恒定光源有一固定的光感器，固定光栅的格线间距及宽度与度盘上的光栅完全相同，并要求固定光栅平面与度盘光栅平面严格平行，而两者的光栅则相错一个固定的小角，如图 3-7 所示。

90

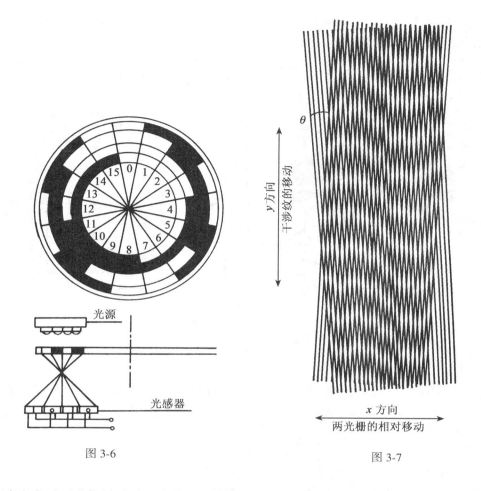

图 3-6

图 3-7

当度盘随照准部转动时，光线透过度盘光栅和固定光栅显示出径向移动的明暗相间的干涉条纹，称为莫尔干涉条纹。

在图 3-7 中，设 x 是光栅度盘相对于固定光栅的移动量，y 是莫尔干涉条纹在径向的移动量，设两光栅间的夹角为 θ，则有关系

$$y = x\cot\theta \tag{3-1}$$

由于 θ 是小角，故可写成

$$y = \frac{x}{\theta}\rho \tag{3-2}$$

由上式可见，对于任意选定的 x，θ 角越小，干涉条纹的径向移动量就越大。

如果两光栅的相对移动是沿 x 方向从一条格线移到相邻的另一条格线，则干涉条纹将在 y 方向上移动一整周，即光强由暗到明，再由明到暗变化一个周期，于是干涉条纹移动的总周数将等于所通过的格线数。如果数出和记录光感器所接收的光强曲线总周数，便可测得移动量，再经光电信号转换，最后得到角度值。

（3）徕卡的动态角度扫描系统及其测角原理

电子速测仪 Tc 2000 是由电子经纬仪 T 2000——测角单元和光电测距仪 DI5s——测距单元组合而成。电子经纬仪 T 2000 的测角原理是建立在光电扫描计时动态绝对测角基础上的。整个测角系统由绝对式光栅度盘及其驱动系统，与仪器基座固连在一起的固定光栅

探测器及与照准部固连在一起的活动光栅探测器等部件组成。图 3-8 中 L_S 为固定光栅探测器，L_R 为活动光栅探测器。

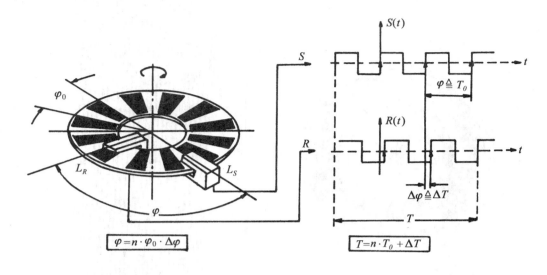

图 3-8

在电子经纬仪 T 2000 的光学玻璃度盘上，沿圆周均匀刻制明暗相间的等宽度光栅条纹1 024条，因此，每明→明（或暗→暗）条纹角距——即光栅度盘的单位角值 φ_0 可知为

$$\varphi_0 = \frac{2\pi}{1\ 024} = 21'05.625''$$

另外，在该度盘上每隔 90°还刻制 4 组粗细不等排列不同的参考标志，如图 3-9，以用来准确地测出单位角值 φ_0 的整倍数 n。在光栅度盘的外缘对径处各设置一个与基座固连在一起的固定光栅探测器 L_S，而在内缘对径处各设置一个与照准部固连在一起的活动光栅探测器 L_R（图 3-8 中只列出它们中的一个），随照准部一起转动。因此，L_S 相当于度盘分划的零位，L_R 相当于望远镜的瞄准线，它们之间的夹角即为要测量的角度值 φ。显然，φ 角随照准部的位置不同而变化。

由图 3-8 可知，角度 $\varphi = n\varphi_0 + \Delta\varphi$，式中 n 为单位角值 φ_0 的整倍数，$\Delta\varphi$ 为不足一个单位角值的余数。这个公式与相位式测距公式 $D = n \cdot \frac{\lambda}{2} + \Delta\lambda$ 是类似的，因而两者的测量原理也是类似的，即电子经纬仪 T 2000 测角的实质是将角度测量转换为相位测量。由上式可知，要测量角度 φ，要先测定 n 和 $\Delta\varphi$。

光栅探测器 L_S（或 L_R）的基本构造如图 3-10 所示。发光二极管 1 的光照射到度盘 2 上，当遇到暗栅时，则光线被全部反射回来，当遇到明栅时，则光线将透过度盘，射向光敏二极管 3。在测量时，度盘在马达驱动下以一定速度旋转，L_S 和 L_R 中的发光二极管连续地发光，而接收二极管则断续地接收到光信号。当接收到光信号时，输出高电平波形，当未接收到光信号时，输出低电平波形，这样通过光栅探测器对度盘光栅的扫描，使光敏二极管的输出光信号受到光栅的调制，其图形如图3-11所示。

为测定 $n\varphi_0$ 需要进行粗测，这时要用到上述的 4 个参考标志，如图 3-9 所示。即当一

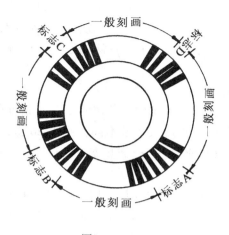

图 3-9

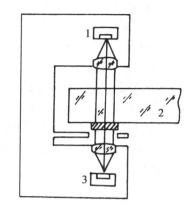

图 3-10

个参考标志通过 L_s 时，微处理机内的计数器立即开始计数，通过 L_s 的扫描，计算出暗→暗条纹（或明→明条纹）的个数。当同一参考标志经过 L_R 时，立即停止计数。一次测量需转动度盘一整周，共进行两次这样的对径参考标志的测量，因此可得到准确的整数 n。又因 φ_0 是已知的，故粗测值 $n\varphi_0$ 可以准确测定。

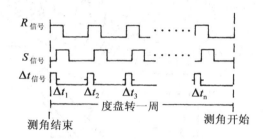

图 3-11

下面讨论不足一个单位角值的余数 $\Delta\varphi$ 的测量，即精测值的测定。

为了测定精测值 $\Delta\varphi$，需要将 $\Delta\varphi$ 的角度测量转换为以填充脉冲计时的时间测量。

设 φ_0 对应的周期为 T_0，$\Delta\varphi$ 对应的时间为 ΔT，显然

$$\Delta\varphi = \frac{\varphi_0}{T_0} \cdot \Delta T \tag{3-3}$$

由图 3-11 可知，在每个刻画相对应的 L_s 和 L_R 的信号前沿（或后沿）均存在一个 ΔT_i，因此对应于每个刻画均有

$$\Delta\varphi_i = \frac{\varphi_0}{T_0} \cdot \Delta T_i \tag{3-4}$$

ΔT_i 可用约 1.72MHz 的脉冲频率填充整个 φ_0 的方法来测定。对于度盘一整周而言，由微处理机给出它们的平均值

$$\Delta\varphi = \frac{[\Delta\varphi_i]}{N} = \frac{\varphi_0}{T_0} \cdot \frac{[\Delta T_i]}{N} \quad (i = 1,\ 2,\ \cdots,\ N) \tag{3-5}$$

式中 N 为度盘全刻画数，对于电子经纬仪 T 2000，$N=1\,024$。从而通过度盘旋转，实现了运用全刻画测定不足度盘最小格值 φ_0 余数的精测。

在实际测量时，粗测和精测是同时进行的，最后由微处理机给出最后的角度观测值，并以数字方式显示或存储。

由上面的讨论可知，在电子经纬仪 T 2000 中，由于采用对整个度盘的每一分划进行扫描和精测，因而消除了度盘光栅刻画误差的影响；又采用了对径光栅探测器同时扫描，因而消除了度盘偏心误差的影响。该仪器角值可显示到 0.1″，一测回水平角的标准差为 ±0.5″。

(4) 徕卡的静态绝对度盘扫描系统及其测角原理

徕卡的动态角度扫描系统工艺精湛，测角精度高达 0.5″。最初使用在高精度的仪器上，比如 TCA 等全站仪。由于该系统的工艺复杂，难度大，成本高，到了 20 世纪 90 年代这种技术已不再使用。现在生产的徕卡全站仪则使用另外一种度盘的编码系统——静态绝对度盘扫描系统及其测角方法。

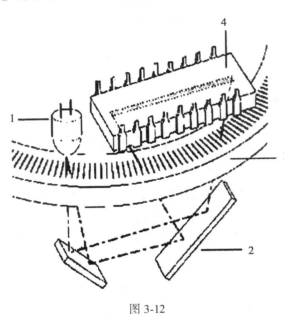

图 3-12

静态绝对度盘扫描系统如图 3-12 所示。玻璃度盘上的条码刻画由光电转换方法读出。在全站仪市场上，大多数绝对编码角度测量系统都使用多条平行的码道，而徕卡 TPS1100 系列产品的全站仪则使用一条码道，在这条码道全圆周上连续地刻出具有伪随机特性的一条条的条码，并采用条码编码技术，这种编码技术与 DNA03 型数字水准仪的条码技术相当。在工作时，由发光二极管 1 的光照明到度盘 3 的条形码上，通过透明度盘经过折射棱镜 2 后，投到 CCD 阵列传感器 4 上。由于条码本身具有自己的位置信息，并且相邻条码的位置信息是连续变化的，因此根据相关原理，由 CCD 传感器和一个 8 位 A/D 转换器便可读出条码的大概位置，精度达 0.3gon。

为了精密测定传感器上条码中心的精确位置，必须捕获至少 10 条条码，并逐一确定它们的中心位置，再用适当的算法求出平均值，把它作为精确位置。在一般实际作业时，一单次测量可包括 60 条码线，用以改进插值的精度，提高可靠性和避免返工。

上述徕卡的静态绝对度盘扫描系统及其测角原理应用于目前所有徕卡电子经纬仪和全站仪上。在同系列仪器中，不同等级的仪器使用的度盘及其编码技术都是一样的，所不同的只是使用的 CCD 传感器的阵列多少不一样，阵列密度大的精度高，阵列密度小的精度低。

(5) 精密的液体双轴补偿系统

众所周知，在仪器结构方面，经纬仪存在着三轴误差。它们是：

①视准轴误差，即视准轴不垂直于水平轴所产生的误差。

②水平轴倾斜误差，即水平轴不垂直于垂直轴所产生的误差。

③垂直轴倾斜误差，即水准管轴不垂直于垂直轴所产生的误差。

此外，还存在垂直度盘指标差。

在通常情况下，①、②项误差及指标差可通过仪器测前的检验和校正予以减小，并在测回中采用盘左、盘右取平均数的办法予以消除。而③项残差仍然影响到观测值的质量。在全站仪器上则可实现对上述误差的自动补偿改正。其中①、②项误差及指标差是按仪器设定的自检程序，通过盘左、盘右进行检测，并把检定结果自动记录和归算。把检定的误差存储在仪器内，在测角时自动改正它们。如果是高差变化大的角度，仍需按盘左、盘右取平均数。

对于第③项垂直轴倾斜误差，在光学经纬仪上是不好消除的，但在电子经纬仪中则可采用液体双轴补偿系统予以补偿。其基本原理是，当仪器倾斜时，倾斜传感器的液体形成光楔，从而导致光程不同和光束的位移，位移的大小感应在 CCD 阵列的 X 方向和 Y 方向上，微处理器根据位移的大小计算仪器的倾斜量以及对水平方向及天顶距观测值的改正数，并把它们加到观测值上，输出经过仪器倾斜改正后的水平方向及天顶距观测值。其公式是：

$$Z = Z_L + L \tag{3-6}$$
$$H = H_L + T/\tan Z = H_L + T \cdot \cot Z$$

式中 Z 和 H 分别是改正后的天顶距和水平方向值，Z_L 和 H_L 分别是天顶距和水平方向观测值，L 和 T 分别是检测出的垂直轴在纵向（沿视线方向）和横向（沿横轴方向）的倾斜分量。

莱卡的 T2000 使用的是单轴补偿器，因为它只能对垂直轴倾斜误差引起的垂直角（或天顶距）进行改正和补偿，它的液体补偿器安置在垂直度盘上方。T2002 及 T3000 等电子经纬仪使用的是双轴补偿器。TPS 系列全站仪使用的也是液体双轴补偿器，但补偿器的安装位置有所不同，如 TPS1000 系列的补偿器安置在仪器侧面的垂直度盘下方，TPS1100 系列的补偿器则安置在仪器正中的水平度盘的上方，即使照准部快速旋转，补偿器液体镜面也可瞬间平静如常。另外光路上的器件也有变化。图 3-13 介绍了 TPS1100 系列倾斜传感器的工作原理。

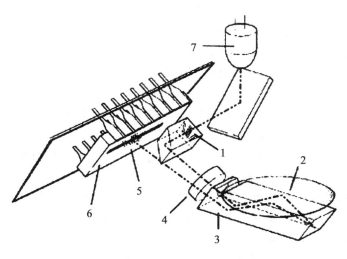

图 3-13

棱镜上的刻画线（1）被 LED（7）照明，在液体表面（2）上经过两次反射后，经成像透镜（4）在线性 CCD 阵列（6）上形成影像（5）。在这里，刻画线的影像是三角线形状，以便

95

只用一个一维接收器便可测出两个倾斜分量。这就是说，通过三角线状影像线间距的变化信息求得纵向倾斜量，横向倾斜量则由分划板影像中心沿线性 CCD 阵列方向中的位移变化而求得。因此用一个一维线性接收器就能获取纵、横两个倾斜量。

1989 年推出的 T3000 电子经纬仪及其后来的徕卡全站仪(低精度的除外)，不仅能补偿由垂直轴倾斜引起的水平度盘及垂直度盘的读数的误差，而且还能补偿由于水平轴倾斜误差及视准轴误差引起的水平度盘读数的影响，即实现所谓"三轴补偿"。这样，具有三轴补偿能力的电子经纬仪或全站仪用下式来显示角度值：

$$H = H_L + c/\cos\alpha + (T+i)\tan\alpha \tag{3-7}$$

上式右端第二项是视准轴误差 c 引起的水平读数改正数；第三项是水平轴倾斜误差 i 及由于垂直轴倾斜误差引起的水平轴倾斜误差 T 共同引起的水平读数的改正数，式中 α 是垂直角。

具有三轴补偿功能的徕卡仪器通过专门的软件开关启动和选择其改正功能。

TPS100 系列全站仪补偿范围±5′，TPS300/1100 系列补偿范围±4′。

仪器设计补偿器对仪器三轴误差进行补偿改正的目的，主要是针对某些精度要求不高的测量，例如用单面测量即可满足精度要求；此外，对不够熟悉仪器操作却要求获得高精度的测量结果也有一定的意义。

(6)智能自主式目标自动识别技术(ATR)

早在 20 世纪 80 年代，徕卡公司的前身威特公司便推出了马达驱动式全站仪，在仪器内装有两个马达，分别控制望远镜转动和照准部旋转。仪器盘左、盘右的转动全通过程序操作控制马达驱动来实现。后来，又在望远镜照准系统里安置 CCD 传感器(实质上是 CCD 相机)，实现自动照准。从而实现了智能式目标自动识别照准测量系统。在此系统基础上，在镜站再使用目标遥测设备，进而实现由镜站进行遥测的自动化测量系统。以上技术的综合，即信息技术、微电子技术、空间技术及现代通信技术的综合，构成了现代全站仪的核心技术。下面以 TCA 系列全站仪来说明智能式目标自动识别的一般原理。

如图 3-14 所示，徕卡 TCA 全站仪的自动目标识别(Automatic Target Recognition)是先由 ART 照准红外发光管自主发射一红外光束，按类似自准直的原理经目标棱镜反射后由 CCD 相机所接收，然后通过图像处理功能实现目标的精确照准。固定焦距的 CCD(Charge Couple Device)相机，它可以将光能转换成电能。典型的 CCD 的纵横行数均大于 500。即 25 000 个单元(像素)可储存数据。ATR 自动目标识别、照准和测量可分为三个过程：目标搜索过程、目标照准过程和测量过程。

用 TCA2003 进行测量，只需转动照准部将其瞄向棱镜，不需要制动。用光学粗瞄器瞄准，不需要聚焦。当用户按下 ALL 键后 2~3s，角度和距离就会被记录。当按下 SHIFT+F4，仪器自动地倒转换成盘右位置。再按下 ALL 键，角度和距离又被记录。

整个过程由一个系统处理器进行控制，它能直辖三个微处理器的工作，这三个微处理器分别控制角度、距离和自动目标识别 ATR 子系统。根据测量的需要，激活 ATR 来搜索棱镜的中心。即 ATR 首先检查棱镜是否在视场内，扫描的速度可根据需要进行选择和控制，但要防止被扫描区域影像之间出现间隙以防遗漏目标，一旦搜索到目标，望远镜立刻停止运动。目标照准时，没有必要精确照准棱镜中心，只需使之处于预先设置的限差之内即可。因为 ATR 系统是利用 CCD 相机的中心为参考点进行测量的。为此，为了得到正确的角值必须事先测定出对于望远镜十字丝的水平方向改正值 ΔHz 和垂直角改正值 ΔV。因

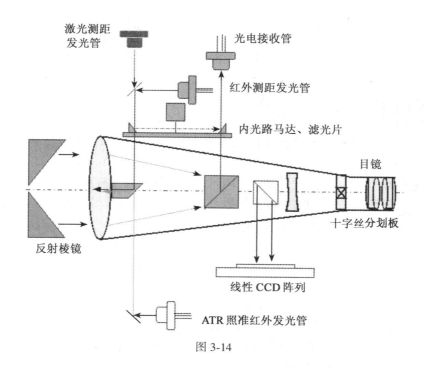

图 3-14

此，一旦 ATR 找到了棱镜，距离和角度测量开始。角度读数是瞬时的，加上 ATR 角度改正值，得到由水平和垂直编码器确定的十字丝水平和垂直位置。距离被计算，显示和存储所有值。根据精度需要，整个时间大约 2s 完成。这就是说启动 ATR 测量时，全站仪中的 CCD 相机视场内如果没有棱镜，则先进行目标搜索；一旦在视场内出现棱镜，即刻进入目标照准过程；达到照准允许精度后，启动距离和角度的测量。

此外，在配合具有自动目标识别的全站仪进行测量时，还往往使用遥控测量系统 RCS1100。它是一个由控制器、电池、无线电调制解调器及天线组成的装置，它可很方便地安置在棱镜杆上。它的显示屏和键盘与全站仪完全一样。因此，它可以很方便地同测站联系和数据通信，甚至实现对全站仪的遥控。导向光装置 EGL 是一个闪烁的光源，安在望远镜的外壳里，可以引导镜员处于仪器的视线上。以上这些设备和措施，尤其对施工放样是十分有用和方便的。

3.2 经纬仪的视准轴误差、水平轴倾斜误差及垂直轴倾斜误差

3.2.1 经纬仪的视准轴误差

仪器的视准轴不与水平轴正交所产生的误差称为视准轴误差。产生视准轴误差的主要原因有：望远镜的十字丝分划板安置不正确、望远镜调焦镜运行时晃动、气温变化引起仪器部件的胀缩，特别是仪器受热不均匀使视准轴位置变化。

在图 3-15 中，视准轴偏离了与水平轴 HH' 正交的方向而产生视准轴误差 c，规定视准轴偏向垂直度盘一侧时，c 为正值，反之 c 为负值。测量学中已经证得，视准轴误差 c 对水平方向观测值的影响 Δc 为

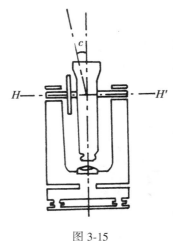

图 3-15

$$\Delta c = \frac{c}{\cos\alpha} \tag{3-8}$$

式中 α 为观测时照准目标的垂直角。由（3-8）式可知，Δc 的大小除与 c 值有关外，还随照准目标的垂直角 α 的增大而增大，当 $\alpha = 0$，则 $\Delta c = 0$。

不难想象，盘左时视准轴偏向垂直度盘一侧，正确的水平度盘读数 L_0 较有视准轴误差影响 Δc 时的实际读数 L 为小，故

$$L_0 = L - \Delta c \tag{3-9}$$

以盘右观测时，视准轴则偏向盘左时的另一侧，这时正确的水平度盘读数 R_0 显然大于有视准轴误差影响 Δc 的实际读数 R，故

$$R_0 = R + \Delta c \tag{3-10}$$

取盘左、盘右读数的中数，得

$$A = \frac{1}{2}(L + R) \tag{3-11}$$

这就是说，视准轴误差 c 对盘左、盘右水平方向观测值的影响大小相等，正负号相反，因此，取盘左、盘右实际读数的中数，就可以消除视准轴误差的影响。但必须指出，这个结论只有当 c 值在盘左、盘右观测时间段内不变的条件下才是正确的。可知，由于望远镜的调焦镜运行不正确，也就是运行中有晃动可以引起视准轴位置的变化，所以规定在一测回内不得重新调焦。

当用方向法进行水平方向观测时，除计算盘左、盘右读数的中数以取得一测回的方向观测值外，还必须计算盘左、盘右读数的差数。如不顾及盘左、盘右读数的常数差 180°，则由（3-9）和（3-10）式可得

$$L - R = 2\Delta c \tag{3-12}$$

由（3-8）式可知，当观测目标的垂直角 α 较小时，$\cos\alpha \approx 1$，故 $\Delta c \approx c$，则（3-12）式可写成

$$L - R = 2c \tag{3-13}$$

假如测站上各观测方向的垂直角相等或相差很小，外界因素的影响又较稳定，则由各方向所得的 $2c$ 值应相等或互差很小，实际在一测回中由各方向所得的 $2c$ 值并不相等。影响一测回中各方向 $2c$ 值不等的主要原因有：受到照准和读数等偶然误差的影响，此外，在温度变化等因素的影响下仪器的视准轴位置的变化也会使各方向的 $2c$ 值不等而产生互差。因此，在一测回中各方向 $2c$ 互差的大小，在一定程度上反映了观测成果的质量，所以国家规范规定，一测回中各方向 $2c$ 互差对于 J1 型仪器不得超过 9″；对于 J2 型仪器不得超过 13″。

视准轴误差对水平方向观测值的影响虽然可以在盘左、盘右的读数平均值中得到抵消，但 $2c$ 值如果太大，则不便于计算。所以国家规范规定，$2c$ 绝对值对于 J1 型仪器应小于 20″；对于 J2 型仪器应小于 30″，否则应校正十字丝分划板以调整视准轴的位置。

3.2.2 经纬仪的水平轴倾斜误差

仪器的水平轴不与垂直轴正交，所产生的误差称为水平轴倾斜误差。仪器左、右两端的支架不等高、水平轴两端轴径不相等都会产生水平轴倾斜误差。

垂直轴垂直，水平轴不与其正交而倾斜了一个 i 角，这个 i 角就是水平轴倾斜误差，规定水平轴在垂直度盘一端下倾，i 角为正值，反之 i 角为负值。在图 3-16 中，倾斜了 i 角的水平轴 H_1H_1' 不垂直于垂直轴。水平轴倾斜了 i 角，测量学中已证得，对水平方向观测值的影响 Δi 为

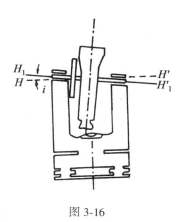

$$\Delta i = i\tan\alpha \qquad (3\text{-}14)$$

式中 α 为观测时照准目标的垂直角，由 (3-14) 式可知，Δi 与 i 角值有关，随 α 角增大而增大，当 $\alpha=0$ 时，则 $\Delta i=0$。

图 3-16

不难想象，在盘左时，由于水平轴倾斜，正确的水平度盘读数 L_0 较有误差影响 Δi 时的实测读数 L 为小，故

$$L_0 = L - \Delta i \qquad (3\text{-}15)$$

盘右观测时，正确的水平度盘读数 R_0 显然大于有误差影响 Δi 的实测读数 R，故

$$R_0 = R + \Delta i \qquad (3\text{-}16)$$

取盘左、盘右读数的平均值，得

$$A = \frac{1}{2}(L + R) \qquad (3\text{-}17)$$

这就是说，水平轴倾斜误差对水平方向观测值的影响，在盘左、盘右读数的平均值中可以得到抵消。

实际上在观测时，仪器的视准轴误差和水平轴倾斜误差是同时存在的，它们的影响将同时反映在盘左和盘右的读数差中，因此，可以写成

$$L - R = 2\Delta c + 2\Delta i \qquad (3\text{-}18)$$

顾及 (3-8) 式和 (3-14) 式，则上式为

$$L - R = 2\frac{c}{\cos\alpha} + 2i\tan\alpha \qquad (3\text{-}19)$$

由上式可知：当 $\alpha=0$ 时，$L-R=2c$。一般情况下，随着 α 角的增大，(3-19) 式等号右端第一项变化较慢，而第二项则变化较为显著。现设 $c=15''$，$i=15''$，由表 3-9 可以看出，当 α 角增大时，(3-19) 式等号右端第二项对于第一项来说，有较为显著的变化。

可见，在比较各方向的 $2c$ 互差时不可忽略 $2i\tan\alpha$ 的影响，如果个别方向的垂直角 α 较大，则受水平轴倾斜误差的影响也较大，若将垂直角较大的方向的 $2c$ 值与其他垂直角较小的方向的 $2c$ 值相比较，就显得不合理了。所以国家规范规定，当照准目标的垂直角超过 $\pm 3°$ 时，该方向的 $2c$ 值不与其他方向的 $2c$ 值作比较，而与该方向在相邻测回的 $2c$ 值进行比较，从同一时间段内同一方向相邻测回间 $2c$ 值的稳定程度来判断观测质量的好坏。

下面讨论水平轴倾斜误差的检验。

水平轴倾斜误差，也就是水平轴不垂直于垂直轴之差。现行国家规范规定用高低点法测定水平轴倾斜误差。测定时，在水平方向线上、下的对称位置各设置一照准目标，水平方向线之上的目标称为高点，之下的目标称为低点。用盘左、盘右观测高点和低点，按 (3-19) 式有

表 3-9

α	$2c\dfrac{1}{\cos\alpha}$	$2i\tan\alpha$
°	″	″
0	30.00	0.00
3	30.04	1.56
6	30.15	3.00
11	30.60	5.80

$$\left.\begin{array}{l} (L-R)_{高} = \dfrac{2c}{\cos\alpha_{高}} + 2i\tan\alpha_{高} \\[3mm] (L-R)_{低} = \dfrac{2c}{\cos\alpha_{低}} + 2i\tan\alpha_{低} \end{array}\right\} \tag{3-20}$$

在设置高、低点目标时，注意到 $|\alpha_{高}| = |\alpha_{低}| = \alpha$，则 $\cos\alpha_{高} = \cos\alpha_{低}$，$\tan\alpha_{高} = \tan\alpha_{低}$。将(3-20)式中两式相加和相减，得

$$\left.\begin{array}{l} c = \dfrac{1}{4}\{(L-R)_{高} + (L-R)_{低}\}\cos\alpha \\[3mm] i = \dfrac{1}{4}\{(L-R)_{高} - (L-R)_{低}\}\cot\alpha \end{array}\right\} \tag{3-21}$$

若观测高、低点 n 个测回，则有

$$\left.\begin{array}{l} c = \dfrac{1}{4n}\Big[\sum_1^n (L-R)_{高} + \sum_1^n (L-R)\Big]\cos\alpha \\[3mm] i = \dfrac{1}{4n}\Big[\sum_1^n (L-R)_{高} - \sum_1^n (L-R)\Big]\cot\alpha \end{array}\right\} \tag{3-22}$$

国家规范规定，对于 J1 型仪器，c、i 的绝对值都应小于 $10''$，对于 J2 型仪器应小于 $15''$。

3.2.3 经纬仪的垂直轴倾斜误差对水平方向观测值的影响

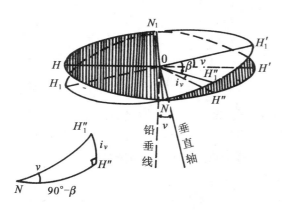

设视准轴与水平轴正交，水平轴垂直于垂直轴，仅由于仪器未严格整平，而使垂直轴偏离测站铅垂线一微小角度，这就是垂直轴倾斜误差。如果垂直轴位于与铅垂线一致的位置，则旋转仪器的照准部，水平轴所形成的平面呈水平状态，如图 3-17 中的 $HN_1H'N$，即画有斜线的平面。如果垂直轴倾斜了一个小角 v，则旋转仪器的照准部，水平轴所形成的平面相对于水平面也倾斜了一个小角 v，如图 3-17 中的 $H_1N_1H'_1N$。这两个旋转平面相交，图中 N_1N 就是它们的交线。

垂直轴倾斜将引起水平度盘倾斜，但当 v 角很小时（一般 $v < 1'$），因水平度盘倾斜对

图 3-17

水平度盘的读数影响很小，可不予顾及，所以主要讨论由于垂直轴倾斜而引起水平轴倾斜对水平方向观测值的影响。

由图 3-17 可知，当水平轴随照准部转动时，水平轴的倾斜 i_v 在不断变化。当水平轴旋转到垂直轴倾斜面内时，如图 3-17 中 $H_1OH'_1$ 位置，水平轴有最大的倾斜角 $i_v = v$；当照准部再旋转 $90°$ 时，则水平轴在图 3-17 中 N_1ON 位置，重合在两个面的交线，此时水平轴呈水平状态，即 $i_v = 0$。

下面将讨论当照准部旋转至某一任意位置时，水平轴倾斜角 i_v 的大小及其对水平方向观测值的影响。

在直角球面三角形 $NH_1'H''$ 中，$\widehat{NH''} = 90° - \beta$；$\widehat{H''_1H''} = i_v$；$\angle H'_1OH' = \angle H'_1NH' = v$；$\angle NH''H''_1 = 90°$，按直角球面三角形公式可得

$$\sin i_v = \sin(90° - \beta) \sin v$$

由于 v 及 i_v 都是很小的角，所以上式可写成

$$i_v = v\cos\beta \tag{3-23}$$

若已知水平轴倾斜角 i_v，则可按(3-14)式写出由于垂直轴倾斜 v 角而引起水平轴倾斜 i_v 对水平方向观测值的影响 Δv 的公式

$$\Delta v = i_v \tan\alpha \tag{3-24}$$

顾及(3-23)式，得

$$\Delta v = v\cos\beta\tan\alpha \tag{3-25}$$

由上式可知，垂直轴倾斜误差对水平方向观测值的影响，不仅与垂直轴倾斜角 v 有关，还随着照准目标的垂直角和照准目标的方位不同而不同。

由于垂直轴的倾斜角 v 的大小和倾斜方向一般不会因照准部的转动而有所改变，因此由于垂直轴倾斜而引起水平轴倾斜的方向在望远镜倒转前后也是相同的，因而对任一观测方向在盘左、盘右观测结果的平均值中不能消除这种误差的影响。因此在观测时一般采取以下措施来削减这种误差对水平方向观测值的影响，从而提高测角的精度。

(1)尽量减小垂直轴的倾斜角 v 值。为此，首先应仔细检验和校正照准部水准器。观测前应精密置平仪器；观测过程中应随时注意水准器气泡的居中情况，当气泡偏离中央超过允许范围时，应立即停止观测，重新整平仪器，这对照准垂直角较大的目标尤为重要，否则在垂直角较大的方向观测值中会带来较大的误差影响。

(2)测回间重新整平仪器，可以使垂直轴在各测回观测时有不同的倾斜方位和不同大小的倾斜角，这样一来各测回中由于垂直轴倾斜带来的影响就具有偶然性，因而可以期望在各测回的平均数中削减由于垂直轴倾斜误差的影响。

(3)对水平方向观测值施加垂直轴倾斜改正数。由(3-24)式可知，在精密测角时，当测站上各观测方向的垂直角之差较大，则垂直轴倾斜对各水平方向读数的影响相差也较大，因此，在由水平方向观测值计算所得的水平角中受到这项误差的影响必然较为显著。故国家规范规定，一等三角测量时，当照准方向的垂直角超过±2°，二等三角测量时，垂直角超过±3°时，应加垂直轴倾斜改正。在三、四等三角测量时，当照准方向的垂直角超过±3°时，一般可在测回间重新整平仪器，使其影响具有偶然性。

3.2.4 经纬仪垂直轴倾斜改正数的计算

按(3-24)式计算垂直轴倾斜改正数 Δv 时，可以根据水准器气泡偏离中央的格数 n 来计算水平轴的倾斜角度 i_v。

设水准器的格值为 τ''，气泡偏离中央 n 格时，水准轴的倾斜角为 $n\tau''$，也就是水平轴倾斜角 $i_v = n\tau''$，代入(3-24)式得

$$\Delta v = n\tau''\tan\alpha \tag{3-26}$$

式中水准器格值 τ'' 的测定在下一节讨论。式中 n 为水准器的气泡偏离中央的格数，它的测定随水准器管面的刻画注记形式的不同而不同。T3 精密光学经纬仪照准部水准器的管面刻画注记是从一端向另一端增加，零刻画线靠近垂直度盘一端，另一端注记到 40，管面

的中间部分没有刻画注记，显然水准器管面刻画的中央位置的注记应为20。由于 T3 精密光学经纬仪的水准器的管面并没刻画数字注记，因此在测定水准气泡偏离中央的格数 n 时，可以在水准器管面粘贴数字注记的纸条，便于测定时在管面读数，如图 3-18 所示。

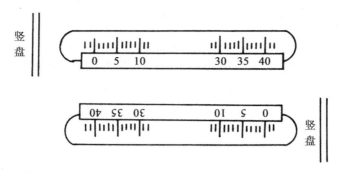

图 3-18

设气泡左端读数为"左"，右端读数为"右"，水准器管面刻画的中央位置读数为 m（对于 T3 光学经纬仪 $m=20$），则盘左时气泡偏离中央的格数 n_L 为

$$n_L = m - \frac{1}{2}(左 + 右)_L$$

盘右时气泡偏离中央的格数 n_R 为

$$n_R = \frac{1}{2}(左 + 右)_R - m$$

取盘左、盘右气泡偏离中央格数 n_L 和 n_R 的平均数 n

$$n = \frac{1}{2}(n_L + n_R) = \frac{1}{4}[(左 + 右)_R - (左 + 右)_L] \tag{3-27}$$

将上式代入（3-26）式得垂直轴倾斜改正数的计算公式

$$\Delta v = \frac{1}{4}[(左 + 右)_R - (左 + 右)_L]\tau''\tan\alpha \tag{3-28}$$

由于水平方向观测值总是取盘左、盘右读数的平均数，因此垂直轴倾斜改正数可以加在平均数上。

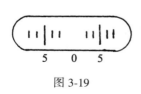

图 3-19

水准器管面的刻画注记形式不同，计算垂直轴倾斜改正数的公式也不同。图 3-19 所示为 T2 光学经纬仪水准器管面刻画注记的形式，管面刻画的中央位置注记为0，注记向两端增加。可得

$$n_L = \frac{1}{2}(左 - 右)_L$$

$$n_R = \frac{1}{2}(左 - 右)_R$$

取平均数得

$$n = \frac{1}{4}[(左 - 右)_L + (左 - 右)_R] \tag{3-29}$$

垂直轴倾斜改正数的计算公式为

$$\Delta v = \frac{1}{4}\left[(左 - 右)_L + (左 - 右)_R\right]\tau''\tan\alpha \tag{3-30}$$

例：用威特 T3 精密光学经纬仪观测某一方向时，气泡两端的读数为

盘左时读数：左 = 4.0　　　右 = 34.0

盘右时读数：左 = 36.0　　　右 = 6.0

已知 $\tau'' = 7.04''$，$\alpha = 5°$，则按（3-28）式计算得该方向的垂直轴倾斜改正数 $\Delta v = +0.62''$。将改正数 Δv 加在水平方向观测值盘左、盘右读数平均数中。

用这种方法对水平方向观测值进行改正，能够有效地削减垂直轴倾斜的误差影响，但为此必须在观测时读取气泡两端的读数，不但增加了观测和计算的工作量，而且还使一测回的观测时间延长，不利于提高观测精度。故一般三、四等水平角观测，当垂直角超过 ±3°时，可以在测回间重新整平仪器进行观测，以削减垂直轴倾斜的误差影响，可不必进行此项改正。如采用上述措施不能有效地削减垂直轴倾斜的误差影响，为了保证观测精度，则应考虑加入此项改正。

3.3　精密测角的误差影响

3.3.1　外界条件的影响

1. 大气层密度的变化和大气透明度对目标成像质量的影响

　　1）大气层密度的变化对目标成像稳定性的影响

目标成像是否稳定主要取决于视线通过近地大气层（简称大气层）密度的变化情况，如果大气密度是均匀的、不变的，则大气层就保持平衡，目标成像就很稳定；如果大气密度剧烈变化，则目标成像就会产生上下左右跳动。实际上大气密度始终存在着不同程度的变化，它的变化程度主要取决于太阳造成地面热辐射的强烈程度以及地形、地物和地类等的分布特征。下面以晴天的平原地区为例，对成像情况作一具体分析。

早晨太阳升起时，阳光斜射通过大气层使气体分子缓慢而均匀地升温，使夜间的平衡状态开始变化，但各部分大气密度仅有微小的差异，因此没有明显的对流，目标成像也仅有轻微的波动。

日出以后，有一段时间，1~3h，地面处于吸热过程，此时大气层密度较均匀，大气层基本上保持平衡，成像较稳定。但随着地面吸热达到饱和后，不断将热量再散发出去，使靠近地面的大气升温膨胀，形成上升气流，并到达一定高度后消失。然而，由于地类的不同，其吸热和散热的性能也不尽相同，如岩石、砂砾、干土等吸热较快，很快达到饱和，并开始向外散热；而另一些地类，如湿土、水域、植被等则吸热慢，开始向外散热也要晚一点，这样不同地类的地面上方的大气层之间，就存在着温度的差别，而形成大气的水平对流。也就是说，在整条视线上不仅存在着上下不同密度的大气对流，而且还存在着左右的大气对流，因此目标成像也必然出现上下和左右的动荡现象。随着太阳的不断升高，地面上的热量也不断增加，上述现象就愈加强烈。这是上午大气层密度结构变化情况，也就是目标成像由轻微波动到稳定，再逐渐向激烈动荡的过程。

一般在下午当大气温度达到最高点以后，太阳逐渐下降，地面辐射热量减少，大气逐

渐降温并趋向平衡，目标成像愈来愈稳定。因此，在日落前又有一段成像稳定而有利于观测的时间。

夜间大气层一般是平衡的，但仍有一部分地类，如水域、稻田等，入夜以后仍徐缓放热，靠近这些地类上方的视线也有一段时间的微小波动。

2）大气透明度对目标成像清晰的影响

目标成像是否清晰主要取决于大气的透明程度，也就是取决于大气中对光线散射作用的物质（如尘埃、水蒸气等）的多少。尘埃上升到一定高度后，除部分浮悬在大气中，经雨后才消失外，一般均逐渐返回地面。水蒸气升到高空后可能形成云层，也可能逐渐稀释在大气中，因此尘埃和水蒸气对近地大气的透明度起着决定性作用。

地面的尘埃之所以上升，主要是由于风的作用，即强烈的空气水平气流和上升对流的结果，大量水蒸气也是水域和植被地段强烈升温产生的，所以大气透明度从本质上说也主要决定于太阳辐射的强烈程度。因此一般来说，上午接近中午时大气透明度较差，午后随着辐射减弱，水蒸气愈来愈少，尘埃也不断陆续返回地面，所以一般在下午 3h 以后又有一段大气透明度良好的有利观测时间。

从上面的讨论可以看出：为了获得清晰稳定的目标成像，应当在有利于观测的时间段进行观测，一般晴天在日出 1h 后的 1～2h 内和下午 3～4h 到日落前 1h 这段时间最为适宜。夏季的观测时间要适当缩短，冬季可稍加延长，阴天由于太阳的热辐射较小，所以大气的温度和密度变化也较小，几乎全天都能获得清晰稳定的目标成像，所以全天的任何时间都有利于观测。

2. 水平折光的影响

光线通过密度不均匀的空气介质时，经过连续折射后形成一条曲线，并向密度大的一方弯曲，如图 3-20 所示。当来自目标 B 的光线进入望远镜时，望远镜所照准的方向为这条曲线在望远镜 A 处的切线方向，如图中的 AC 方向，这个方向显然不与这条曲线的弦线 AB 相一致（AB 一般称为理想的照准方向），而有一微小的交角 δ，称为微分折光。微分折光可以分解为纵向和水平两个分量，由于大气温度的梯度主要发生在垂直面内，所以微分折光的纵向分量是比较大的，是微分折光的主要部分。微分折光的水平分量影响着视线的水平方向，对精密测角的观测成果产生系统性质的误差影响。

水平折光的影响还随着大气温度的变化而不同。如白天在太阳照射下的沙石地面气温上升快，密度小，水面上方气温上升慢，密度大，如图 3-21 所示。但是在夜间沙石地面散热快，而水面的空气散热慢，因此，白天和晚间的水平折光影响正好相反。如图 3-22 所示，A 点观测 B 点，由于 AB 方向的右侧有河流，在白天观测时，视线凹向河流，在晚间观测时，视线凸向河流，所以取白天和晚间观测成果的平均值，可以有效地减弱水平折光的影响。

视线在水平方向靠近某些实体会产生局部性水平折光影响，如视线靠近岩石或在建筑物附近通过，因岩石等实体比空气吸热快、传热也快，使岩石等实体附近的气温高、密度小，所以也将使视线弯曲。在观测时，引起大气密度分布不均匀的地形地物愈靠近测站，水平折光就愈大，在图 3-23 中，由于山体靠近 A，所以 AB 方向的水平折光影响要比 BA 方向大，即 $\delta_1 > \delta_2$。

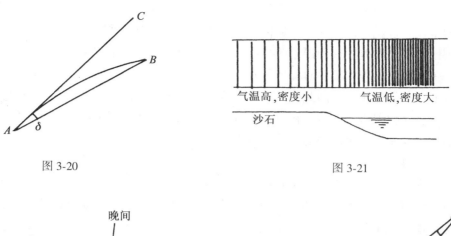

图 3-20   图 3-21

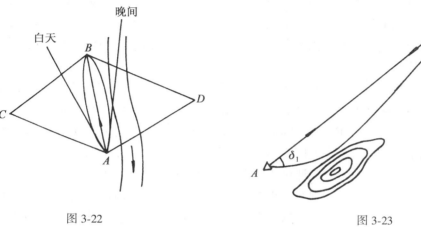

图 3-22   图 3-23

水平折光的影响是极为复杂的，为了在一定程度上削减其对精密测角的影响，一般应采取必要的措施。在选点时，应避免使视线靠近山坡、大河或与湖泊的岸线平行，并应尽量避免视线通过高大建筑物、烟囱和电杆等实体的侧方。在造标时应使橹柱旁离视线至少10cm，一般在有微风的时候或在阴天进行观测，可以减弱部分水平折光的影响。

在精密工程测量中水平角观测还受到工程场地的一些局部因素的影响。工业能源设施向大气排放大量热气、烟尘、沥青，或水泥路面、混凝土及金属构筑物等热量传导性能的改变，水蒸气的蒸发与冷却的瞬变等，使测区处于瞬变的微气候条件下。为了削减微气候条件构成的水平折光影响，应根据测区微气候条件的实际情况，选择最有利于观测的时间，将整个观测工作分配在几个不同的时间段内进行。

3. 照准目标的相位差

照准目标如果是圆柱形实体，如木杆、标心柱，则在阳光照射下会有阴影，圆柱上分为明亮和阴暗的两部分，如图 3-24 所示。视线较长时往往不易确切地看清圆柱的轮廓线，当

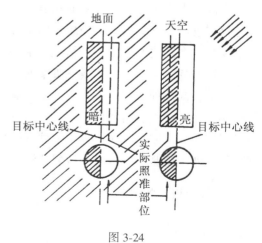

图 3-24

背景较阴暗时，往往十字丝照准明亮部分的中线；当背景比较明亮时，十字丝却照准了阴暗部分的中线，也就是说照准实体目标时，往往不能正确地照准目标的真正中心轴线，从而给观测结果带来误差，这种误差叫相位差。可知，相位差的影响随太阳的方位变化而不同，在上午和下午，当太阳在对称位置时，实体目标的明亮与阴暗部分恰恰相反，所以相位差影响的正负号也相反，因此，最好半数测回在上午观测，半数测回在下午观测。

为了减弱这种误差的影响，在三角测量中一般采用微相位照准圆筒。微相位照准圆筒的结构形式可参阅国家规范中的有关章节。

4. 温度变化对视准轴的影响

如果在观测时仪器受太阳光的直接照射，则由于仪器的各部分受热不均匀，膨胀也不相同，致使仪器产生变形，各轴线间的正确关系不能保证，从而影响观测的精度，所以在观测时必须撑伞或用测樆覆挡住太阳光对仪器的直接照射。但是，尽管仪器不直接受太阳光的照射，周围空气温度的变化也会影响仪器各部分发生微小的相对变形，使仪器视准轴位置发生微小的变动。

视准轴位置的变动可以由同一测回中照准同一目标的盘左、盘右读数的差数中看出，这个差数就是两倍视准轴误差，以 $2c$ 表示。如果没有由于仪器变形而引起的误差，则由每个观测方向所求得的 $2c$ 值与其真值之间只能有偶然性质的差异。但是经验证明，倘若在连续观测几个测回的过程中温度不断变化，则由每个测回所得的 $2c$ 值有着系统性的差异，而且这个系统性的差异与观测过程中温度的变化有着密切的关系。

假定在一个测回的短时间观测过程中，空气温度的变化与时间成比例，那么可以采用按时间对称排列的观测程序来削弱这种误差对观测结果的影响。所谓按时间对称排列的观测程序，是假定在一测回的较短时间内，气温对仪器的影响是均匀变化的，上半测回依顺时针次序观测各目标，下半测回依逆时针次序观测各目标，并尽量做到观测每一目标的时间间隔相近，这样做，上、下半测回观测每一目标时刻的平均数相近，可以认为各目标是在同一平均时刻观测的，这样可以认为同一方向上、下半测回观测值的平均值中将受到同样的误差影响，从而由方向求角度时可以大大削弱仪器受气温变化影响而引起的误差。

5. 外界条件对觇标内架稳定性的影响

在高标上观测时，仪器安放在觇标内架的观测台(仪器台)上，在地面上观测时，通常把仪器安放在三脚架上，当觇标内架或三脚架发生扭转时，仪器基座和固定在基座上的水平度盘就会随之发生变动，给观测结果带来影响。

温度的变化会使木标架或三脚架的木构件产生不均匀的胀缩而引起扭转，钢标在阳光的照射下，向阳处温度高，背阴处温度低，由于温度的差异，使标架的不同部分产生不均匀的膨胀，从而引起扭转。

假定在一测回的观测过程中，觇标内架或三脚架的扭转是匀速发生的，因此采用按时间对称排列的观测程序也可以减弱这种误差对水平角的影响。

3.3.2 仪器误差的影响

1. 水平度盘位移的影响

当转动照准部时，由于轴面的摩擦力使仪器的基座部分产生弹性的扭曲，因此，与基座固连的水平度盘也随之发生微小的方位变动，这种扭曲主要发生在照准部旋转的开始瞬间，因为这时必须克服垂直轴与轴套表面之间互相密接的惯力。当照准部开始转动之后，在转动照准部的过程中只需克服较小的轴面摩擦力，而在转动停止之后，没有任何力再作用于仪器的基座部分，它在弹性作用下就逐渐反向扭曲，企图恢复原来的平衡状态。因此，在观测时当照准部顺时针方向转动时，度盘也随着基座顺转一个微小的角度，使在度盘上的读数偏小；反之，逆转照准部时，使度盘读数偏大，这将给测得的方向值带来系统误差。

根据这种误差的性质，如果在半测回中照准目标时保持照准部向一个方向转动，则可以认为各方向所带误差的正负号相同，由方向组成角度时就可以削减这种误差影响，即使各方向所受误差的大小不同，在组成角度中也只含有残余误差的影响，且其符号可能为正，也可能为负，而没有系统的性质。

如果在一测回中，上半测回顺转照准部，依次照准各方向，下半测回逆转照准部，依相反的次序照准各方向，则在同一角度的上、下半测回的平均值中就可以很好地消除这种误差影响。

2. 照准部旋转不正确的影响

在讨论仪器的垂直轴轴系时可知，当照准部垂直轴与轴套之间的间隙过小，则照准部转动时会过紧，如果间隙过大，则照准部转动时垂直轴在轴套中会发生歪斜或平移，这种现象叫照准部旋转不正确。照准部旋转不正确会引起照准部的偏心和测微器行差的变化，为了消除这些误差的影响，采用重合法读数，可在读数中消除照准部偏心影响。在测定测微器行差时应转动照准部位置而不应转动水平度盘位置，这样测定的行差数值中将受到照准部旋转不正确的影响，根据这个行差值来改正测微器读数较为合理。

3. 照准部水平微动螺旋作用不正确的影响

旋进照准部水平微动螺旋时，靠螺杆的压力推动照准部；当旋出照准部微动螺旋时，靠反作用弹簧的弹力推动照准部。若因油污阻碍或弹簧老化等原因使弹力减弱，则微动螺旋旋出后，照准部不能及时转动，微动螺杆顶端就出现微小的空隙，在读数过程中，弹簧才逐渐伸张而消除空隙，这时读数，视准轴已偏离了照准方向，从而引起观测误差。为了避免这种误差的影响，规定观测时应旋进微动螺旋(与弹力作用相反的方向)去进行每个观测方向的最后照准，同时要使用水平微动螺旋的中间部分。

4. 垂直微动螺旋作用不正确的影响

在仪器整平的情况下转动垂直微动螺旋，望远镜应在垂直面内俯仰。但是，由于水平轴与其轴套之间有空隙，垂直微动螺旋的运动方向与其反作用弹簧弹力的作用方向不在一直线上，从而产生附加的力矩引起水平轴一端位移，致使视准轴变动，给水平方向的方向观测值带来误差，这就是垂直微动螺旋作用不正确的影响。

若垂直微动螺旋作用不正确，则在水平角观测时，不得使用垂直微动螺旋，直接用手转动望远镜到所需的位置。

3.3.3 照准和读数误差的影响

照准误差受外界因素的影响较大。例如目标影像的跳动会使照准误差增大好几倍，又如目标的背景不好，有时也会增大照准误差甚至照准错误。因此除了选择有利的观测时间外，作业员认真负责地进行观测，是提高精度的有效措施。

光学经纬仪按接合法读数时，读数误差主要表现为接合误差，读数精度主要取决于光学测微器的质量，它受外界条件的影响较小。水平度盘对径分划接合一次中误差 $m_接$ 可以由实验的办法测定，对于 J1 型经纬仪 $m_接 \leqslant \pm 0.3''$；对于 J2 型经纬仪 $m_接 \leqslant 1''$。经验证明，采光的位置不适当，会影响读数显微镜正倒像的照明，使接合误差增大，若测微器的目镜调节不佳也会增大接合误差。

此外，对于具有偶然性质的读数误差和照准误差，还可以用多余观测的办法来削弱其影响，如接合读数两次和多于一个测回的观测，都是提高观测质量的措施。为了提高照准精度，有时对同一目标可以连续照准两次，取两次照准的读数平均数，不仅可以削弱照准误差的影响，同时还可以削弱接合误差的影响。

必须指出，影响水平角观测精度的因素是错综复杂的，为了讨论问题的方便，我们把误差来源分为外界因素的影响、仪器误差的影响和读数与照准误差的影响。实际上有些误差是交织在一起的，并不能截然分开，如观测时的照准误差，它既受望远镜的放大倍率和物镜有效孔径等仪器光学性能的影响，又受目标成像质量和旁折光等外界因素的影响。

3.3.4 精密测角的一般原则

根据前面所讨论的各种因素对测角精度的影响规律，为了最大限度地减弱或消除各种误差的影响，在精密测角时应遵循下列原则：

（1）观测应在目标成像清晰、稳定的有利于观测的时间进行，以提高照准精度和减小旁折光的影响。

（2）观测前应认真调好焦距，消除视差。在一测回的观测过程中不得重新调焦，以免引起视准轴的变动。

（3）各测回的起始方向应均匀地分配在水平度盘和测微分划尺的不同位置上，以消除或减弱度盘分划线和测微分划尺的分划误差的影响。

（4）在上、下半测回之间倒转望远镜，以消除和减弱视准轴误差、水平轴倾斜误差等影响，同时可以由盘左、盘右读数之差求得两倍视准误差 $2c$，借以检核观测质量。

（5）上、下半测回照准目标的次序应相反，并使观测每一目标的操作时间大致相同，即在一测回的观测过程中，应按与时间对称排列的观测程序，其目的在于消除或减弱与时间成比例均匀变化的误差影响，如觇标内架或三脚架的扭转等。

（6）为了克服或减弱在操作仪器的过程中带动水平度盘位移的误差，要求每半测回开始观测前，照准部按规定的转动方向先预转 1~2 周。

（7）使用照准部微动螺旋和测微螺旋时，其最后旋转方向均应为旋进。

（8）为了减弱垂直轴倾斜误差的影响，观测过程中应保持照准部水准器气泡居中。当使用 J1 型和 J2 型经纬仪时，若气泡偏离水准器中央一格时，应在测回间重新整平仪器，这样做可以使观测过程中垂直轴的倾斜方向和倾斜角的大小具有偶然性，可望在各测回观测结果的平均值中减弱其影响。

3.4 方向观测法

3.4.1 观测方法

方向观测法的特征是在一个测回中将测站上所有要观测的方向逐一照准进行观测，在水平度盘上读数，得出各方向的方向观测值。由两个方向观测值可以得到相应的水平角度值。如图 3-25 所示，设在测站上有 1，2，…，n 个方向要观测，首先应选定边长适中、通视良好、成像清晰稳定的方向(如选定方向 1)作为观测的起始方向(又称零方向)。上半测回用盘左位置先照准零方向，然后按顺时针方向转动照准部依次照准方向 2，3，…，n 再闭合到方向 1，并分别在水平度盘上读数。下半测回用盘右位置，仍然先照准零方向 1，然后按逆时针方向转动照准部依相反的次序照准方向 n，…，3，2，1，并分别在水平度盘上读数。

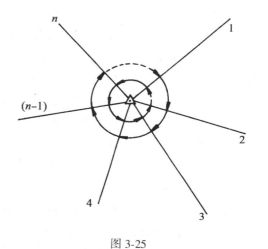

图 3-25

除了观测方向数较少(国家规范规定不大于 3)的测站以外，一般都要求每半测回观测闭合到起始方向以检查观测过程中水平度盘有无方位的变动，此时上、下半测回观测均构成一个闭合圆，所以这种观测方法又称为全圆方向观测法。

为了削减偶然误差对水平角观测的影响，从而提高测角精度，观测时应有足够的测回数。方向观测法的观测测回数，是根据测角网的等级和所用仪器的类型确定的，见表 3-10 所示。

表 3-10

仪器	二等	三等	四等
	测回数		
J1	15	9	6
J2		12	9

按全圆方向观测法用 T3 光学经纬仪观测，当照准每一目标时，如测微器两次接合读数之差符合限差规定，则取其和数作为一个盘位的方向观测值。对于 J2 型仪器则取两次接合读数的平均数。

在每半测回观测结束时，应立即计算归零差，即对零方向闭合照准和起始照准时的测微器读数差，以检查其是否超过限差规定。

当下半测回观测结束时，除应计算下半测回的归零差外，还应计算各方向盘左、盘右的读数差，即计算各方向的 $2c$ 值，以检核一测回中各方向的 $2c$ 互差是否超过限差规定。如各方向的 $2c$ 值互差符合限差规定，则取各方向盘左、盘右读数的平均值，作为这一测回中的方向观测值。

对于零方向有闭合照准和起始照准两个方向值，一般取其平均值作为零方向在这一测回中的最后方向观测值。将其他方向的方向观测值减去零方向的方向观测值，就得到归零后各方向的方向观测值，此时零方向归零后的方向观测值为 $0°00'00.0''$。

将不同度盘位置的各测回方向观测值都进行归零，然后比较同一方向在不同测回中的方向观测值，它们的互差应小于规定的限差，一般称这种限差为"测回差"。

在某些工程控制网中，同一测站上各水平方向的边长悬殊很大，若严格执行一测回中不得重新调焦的规定，会产生过大的视差而影响照准精度，此时若使用的仪器经调焦透镜运行正确的检验，证实调焦透镜运行正确时，则一测回中可以允许重新调焦，若调焦透镜运行不正确，这时可以考虑改变观测程序：对一个目标调焦后接连进行正倒镜观测，然后对准下一个目标，重新调焦后立即进行正倒镜观测，如此继续观测测站上的所有方向而完成全测回的观测工作。为了减弱随时间均匀变化的误差影响，相邻测回照准目标的次序应相反，如第一测回的观测程序按顺时针依次照准方向 1，2，3，…，n，1，第二测回的观测程序应按逆时针依次照准方向 1，n，…，3，2，1，全部测回观测完毕后，应检查各方向在各测回的方向观测值互差是否超过限差的规定。

最后必须强调指出：野外观测手簿记载着测量的原始数据，是长期保存的重要测量资料，因此，必须做到记录认真，字迹清楚，书写端正，各项注记明确，整饰清洁美观，格式统一，手簿中记录的数据不得有任何涂改现象。

为了保证观测成果的质量，观测中应认真检核各项限差是否符合规定，如果观测成果超过限差规定，则必须重新观测。决定哪个测回或哪个方向应该重测是一个关系到最后平均值是否接近客观真值的重要问题，因此要慎重对待。对重测对象的判断，有些较明显，有些则要求观测员从当时当地的实际情况出发，结合误差传播的规律和实践经验进行具体分析，才能正确判断。

重测和取舍观测成果应遵循的原则是：

(1)重测一般应在基本测回(即规定的全部测回)完成以后，对全部成果进行综合分析，作出正确的取舍，并尽可能分析出影响质量的原因，切忌不加分析，片面、盲目地追求观测成果的表面合格，以至最后得不到良好的结果。

(2)因对错度盘、测错方向、读错记错、碰动仪器、气泡偏离过大、上半测回归零差超限以及其他原因未测完的测回都可以立即重测，并不计重测数。

(3)一测回中 $2c$ 互差超限或化归同一起始方向后，同一方向值各测回互差超限时，应重测超限方向并联测零方向(起始方向的度盘位置与原测回相同)。因测回互差超限重测时，除明显值外，原则上应重测观测结果中最大值和最小值的测回。

(4)一测回中超限的方向数大于测站上方向总数的 1/3 时(包括观测 3 个方向时，有一个方向重测)，应重测整个测回。

(5)若零方向的 $2c$ 互差超限或下半测回的归零差超限，应重测整个测回。

(6)在一个测站上重测的方向测回数超过测站上方向测回总数的 1/3 时，需要重测全部测回。

测站上方向测回总数 $=(n-1)m$，式中 m 为基本测回数，n 为测站上的观测方向总数。

重测方向测回数的计算方法是：在基本测回观测结果中，重测一方向，算作一个重测方向测回；一个测回中有 2 个方向重测，算作 2 个重测方向测回；因零方向超限而全测回重测，算作 $(n-1)$ 个重测方向测回。

设测站上的方向数 $n=6$，基本测回数 $m=9$，则测站上的方向测回总数 $=(n-1)m=$ 45，该测站重测方向测回数应小于 15。

在表 3-11 中各测回的重测方向数均小于 $\frac{1}{3}n$。按上述规定计算得测站重测方向测回数为 12，故不需重测全部测回，只需重测第Ⅲ和第Ⅳ测回和联测零方向重测有关测回的超限方向。

表 3-11

n \ m	Ⅰ	Ⅱ	Ⅲ	Ⅳ	Ⅴ	Ⅵ	Ⅶ	Ⅷ	Ⅸ
0			×						
1									
2						×			
3	×	×				×		×	
4									
5		×				×			
重测方向测回数	1	2	5	0	0	3	0	1	0

观测的基本测回结果和重测结果，一律抄入水平方向观测记簿，记簿格式如表 3-12 所示。重测结果与基本测回结果不取中数，每一测回只采用一个符合限差的结果。

水平方向观测记簿必须由两人独立编算两份，以确保无误。应该指出重测只是获得合格成果的辅助手段，不能过分依赖重测，若重测成果与原测成果接近，说明在该观测条件下原测成果并无大错，这时应该考虑误差可能在其他方向或其他测回中，而不宜多次重测原超限方向，因为这样测得的成果虽然有时可以通过测站上的限差检查，但往往偏离客观真值，会在以后的计算中产生不良影响。

3.4.2 测站限差

测站上的观测成果理论上应满足一些条件，例如半测回归零差应为零；一测回中各方向的 $2c$ 值应相同；各测回同一方向归零后的方向值应该相同。但实际上由于存在某些系统误差的残余和各种偶然误差的影响，使这些条件并不能满足而存在一定程度的差异。为了保证观测结果的精度，根据误差理论和大量实验的验证，对其差异规定一个界限，称为限差，在作业中用这些限差来检核观测质量，决定观测成果的取舍和重测，在限差以内的观测成果认为合格，超限成果则不合格，应舍去并重新进行观测。

表 3-12　　　　　　　水平方向观测记簿

呼　包区三等三角网（点）

包头西(11431)点水平方向观测记簿
所在图幅（1∶10 万）：11-49-114

手簿编号：No.017　　　　　　　　　　觇　标　类　型：8m 钢标
仪　　器：T3，No.42102　　　　　　　仪器至柱石面高：8.13m
　　　　观测者：屠志向　　　记簿者：李　伟

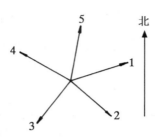

方向号数	方向名称	测站平差后方向值	(C+γ)归零	加归心改正后方向值	备　注
		° ′ ″			一测回方向值中误差：$\mu=\pm0.83''$
1	小　山	0 00 00.0			
2	黄土岭	59 15 13.2			m 个测回方向值中数的中误差：
3	河　山	141 44 44.9			$M=\pm0.28''$
4	白云山	228 37 24.9			
5	岭西村	297 07 05.7			

观测日期	测回号	1. 小山 T 0 00	v	2. 黄土岭 T 59 15	v	3. 河山 T 141 44	v	4. 白云山 T 228 37	v	5. 岭西村 T 297 07	v	6. ° ′	v	7. ° ′	v
		″		″	″	″	″	″	″	″	″	″	″	″	″
7.3	Ⅰ	00.0		14.0	-0.8	(48.5)		25.1	-0.2	06.9	-1.2				
	Ⅱ	00.0		12.5	+0.7	46.0	-1.1	25.0	-0.1	05.9	-0.2				
	Ⅲ	00.0		11.6	+1.6	45.0	-0.1	23.4	+1.5	04.7	+1.0				
	Ⅳ	00.0		11.4	+1.8	46.3	-1.4	26.0	-1.1	05.3	+0.4				
	Ⅴ	(00.0)		09.2		41.8		23.0		(00.8)					
	Ⅵ	00.0		15.0	-1.8	43.1	+1.8	24.1	+0.8	04.7	+1.0				
	Ⅶ	00.0		(17.1)		44.0	+0.9	26.2	-1.3	06.6	-0.9				
	Ⅷ	00.0		13.0	+0.2	44.5	+0.4	—		06.7	-1.0				
	Ⅸ	00.0		14.8	-1.6	45.2	-0.3	24.8	+0.1	05.5	+0.2				
	重Ⅴ	00.0		13.2	0.0	44.7	+0.2	24.1	+0.5	04.9	+0.8				
	重Ⅰ	00.0				45.6	-0.7								
	重Ⅶ	00.0		12.9	+0.3										
	重Ⅷ	00.0						25.3	-0.4						
中　数		00.0		13.2		44.9		24.9		05.7					
Σ|v|ᵢ				8.8		6.9		6.0		6.7					

一测回方向值的中误差 $\mu=K\sum|v|/n=\pm0.83''$，$\sum|v|=28.4$，　m = 9，　K = 0.147

m 个测回方向值中数中误差 $M=\dfrac{\mu}{\sqrt{m}}=\pm0.28''$，　$K=1.25/\sqrt{m(m-1)}$

注：括弧中的成果实为画去不采用。　　　　　n 为方向数，m 为测回数

测站限差是根据不同的仪器类型规定的。国家规范中对全圆方向观测法中的各项限差的规定如表 3-13 所示。

表 3-13

限 差 项 目	J1 型	J2 型	
两次重合读数差	1″	3″	注：当照准点的垂直角超过 3°时，该方向的 2c 互差应与同一观测时间段内的相邻测回进行比较。如按此方法比较应在手簿中注明。
半测回归零差	6	8	
一测回 2c 互差	9	13	
测回互差	6	9	

测站限差是检核和保证测角成果精度的重要指标，限差规定是否正确合理，将直接影响观测成果的质量和作业的进度，因此限差的制定是一个重要而严肃的科学问题。

以下对制定限差的基本思想作概要的阐述。

观测误差可分为偶然误差和系统误差两部分，根据不同的函数关系，偶然误差的累积可以用误差传播定律计算，系统误差则必须具体分析它的影响规律，然后再分别考虑它们对制定限差的影响。

设一个方向观测值 L（或 R）的偶然中误差为 $\mu_方$，则按误差传播定律可以导出各项限差的影响，如表 3-14 所示。

表 3-14

项 目 （函数式）	中 误 差	限差 $\Delta = 2m$
归零差 $= L_始 - L_末$	$m_{归零} = \sqrt{2}\ \mu_方$	$2\sqrt{2}\ \mu_方$
$2c = L - R$	$m_{2c} = \sqrt{2}\ \mu_方$	
$2c_{互差} = 2c_i - 2c_j$	$m_{2c互差} = \sqrt{2}\ m_{2c} = 2\ \mu_方$	$4\ \mu_方$
一测回方向值 $M_i = \dfrac{1}{2}(L+R)$	$m_{方向} = \dfrac{1}{2}\sqrt{2}\ \mu_方$	
归零方向 $= M_i - M_0$（方向 i 与零方向之夹角）	$m_角 = m_{方向}\sqrt{2} = \mu_方$	
测回互差 $=$（归零方向）$p -$（归零方向）q	$m_{测回差} = m_角\sqrt{2} = \sqrt{2}\ \mu_方$	$2\sqrt{2}\ \mu_方$

由表 3-14 可知，偶然误差对各项限差的影响可以用 $\mu_方$ 的函数式表示，而 $\mu_方$ 一般是通过大量实测资料经统计分析求得的。

有关部门经过对部分三角网的观测资料进行分析，得出一个方向观测值的中误差为：

对于 J1 型仪器　　$\mu_方 = \pm 1.2″$（一般为 $0.8″ \sim 1.6″$）

对于 J2 型仪器　　$\mu_方 = \pm 2.2″$（一般为 $1.9″ \sim 2.6″$）

将上述 $\mu_方$ 值代入表 3-14 各式中，就不难求得限差的偶然误差部分。

至于系统误差对观测的影响与外界因素关系极大，不可能根据各种不同条件确定不同的数值来制定限差，而只能根据在不同条件下的大量实验数据统计出一个较有代表性的数值，作为制定限差的系统误差部分，然后取偶然误差部分和系统误差部分的平方和平方根作近似运算，即

$$M = \sqrt{m_偶^2 + m_系^2}$$

再以两倍中误差作为限差。

1. 半测回归零差的限差

由表 3-14 可知，归零差的偶然误差部分为 $m_{归零}=\sqrt{2}\,\mu_{方}$，所以：

对于 J1 型仪器　　　$m_{归零}=\pm1.2''\sqrt{2}=\pm1.7''$

对于 J2 型仪器　　　$m_{归零}=\pm2.2''\sqrt{2}=\pm3.1''$

除偶然误差外，在归零差中还包含有仪器基座扭转等系统误差的影响。而仪器基座扭转等系统误差的影响和外界因素关系极大，很难用实验的办法给出一个代表性的数值。另一方面又不能根据各种不同的外界因素条件确定不同的数值来制定限差，因此只能对大量实测数据的分析，认为这部分误差影响为±2″。

因此，半测回归零差的限差为：

对于 J1 型仪器　　　$\Delta_{归零}=2\sqrt{1.7^2+2.0^2}=\pm5.2''$（规定限差为±6″）

对于 J2 型仪器　　　$\Delta_{归零}=2\sqrt{3.1^2+2.0^2}=\pm7.4''$（规定限差为±8″）

根据多年实践经验，归零差的限差规定为±6″（J1 型仪器）和±8″（J2 型仪器）大体上是适宜的。

从上面的分析过程得知，在归零差的限差中是同时顾及了偶然误差和系统误差的影响。假如我们在操作中采取了措施，使仪器基座在半测回中不产生方位的移动，那么归零差一般是不会超限的。若归零差超限，则说明有较大的系统误差，或者照准和读数时有粗差存在。

2. 一测回内 $2c$ 互差的限差

从表 3-14 可知，$2c$ 互差的偶然误差部分为 $m_{2c互差}=2\mu_{方}$，所以：

对于 J1 型仪器　　　$m_{2c互差}=2\times1.2''=\pm2.4''$

对于 J2 型仪器　　　$m_{2c互差}=2\times2.2''=\pm4.4''$

$2c$ 互差中的系统误差部分是由仪器误差和外界因素引起的。仪器误差中以视准轴误差和水平轴倾斜误差对 $2c$ 的影响较大，这两项轴系误差不影响盘左盘右读数的平均值，但以两倍的数值反映在盘左盘右的读数差（$2c$）中，它们影响的大小与观测方向的垂直角有关，所以当观测方向的垂直角不等时将对 $2c$ 互差有影响。

校正仪器时要求做到：对于 J1 型仪器 $2c\leqslant20''$，$i\leqslant10''$，对于 J2 型仪器 $2c\leqslant30''$；$i\leqslant15''$，此外国家规范还规定当垂直角 $|\alpha|>3°$，一测回内 $2c$ 互差可以不比较，所以分析时可认为垂直角最大为 3°。

视准轴误差对 $2c$ 互差的影响为

$$\Delta_1=\frac{2c}{\cos\alpha_2}-\frac{2c}{\cos\alpha_1}=\frac{30''}{\cos3°}-\frac{30''}{\cos3°}=0.04''$$

显然，这个数值很小可以不顾及。

水平轴倾斜误差对 $2c$ 互差的影响为

$$\Delta_2=2i\tan\alpha_2-2i\tan\alpha_1=2i(\tan\alpha_2-\tan\alpha_1)$$

当 α_1 和 α_2 有不同正负号时影响最大。设 $\alpha_2=+3°$，$\alpha_1=-3°$，则得：

对于 J1 型仪器　　　$\Delta_2=2.1''$

对于 J2 型仪器　　　$\Delta_2=3.1''$

仪器基座的方位位移对 $2c$ 互差也有影响。此外，由于温度的影响或碰动调焦镜引起

视准轴的变化对 $2c$ 互差也有较大的影响。但这些系统误差的影响都不易测定，因此只得假定这部分误差影响约为 $2.0''$。

几种系统误差同时起作用时，其综合影响的大小与误差的正负号有关，现以最不利的情况来考虑，即认为各误差有相同的正负号，即将误差的绝对值相加，则系统误差的综合影响为：

对于 J1 型仪器 　　　$\Delta_2 = 2.1'' + 2.0'' = 4.1''$

对于 J2 型仪器 　　　$\Delta_2 = 3.1'' + 2.0'' = 5.1''$

同时顾及偶然误差和系统误差时，求得 $2c$ 互差的限差为：

对于 J1 型仪器 　　　$\Delta_{2c互差} = 2\sqrt{2.4^2 + 4.1^2} = \pm9.5''$（规定限差为 $\pm9''$）

对于 J2 型仪器 　　　$\Delta_{2c互差} = 2\sqrt{4.4^2 + 5.1^2} = \pm13.5''$（规定限差为 $\pm13''$）

在水平轴倾斜误差不大或观测方向的垂直角不大的情况下，一般互差是不会超限的。这时 $2c$ 互差的意义就在于限制观测过程中的粗差和外界条件变化带来的不良影响。

3. 同一方向各测回互差的限差

从表 3-14 可知，同一方向各测回互差的偶然误差部分为 $m_{测回差} = \sqrt{2}\mu_方$，所以：

对于 J1 型仪器 　　　$m_{测回差} = \sqrt{2} \times 1.2'' = \pm1.7''$

对于 J2 型仪器 　　　$m_{测回差} = \sqrt{2} \times 2.2'' = \pm3.1''$

对测回差有影响的系统误差主要有度盘分划误差、测微器分划误差的影响以及外界条件变化引起旁折光变化的影响。其他系统误差对盘左盘右平均数的影响较小。度盘分划误差为 $1'' \sim 2''$。至于旁折光变化的影响，可以指望在各测回平均数中得到部分的抵消。

国家规范中规定测回差的限差为：

对于 J1 型仪器 　　　$\Delta_{测回差} \leqslant \pm6''$

对于 J2 型仪器 　　　$\Delta_{测回差} \leqslant \pm9''$

3.4.3　测站平差

测站平差的目的是根据测站上各测回的观测成果求取各方向的测站平差值，同时还要计算一测回方向观测值的中误差和测站平差值的中误差，以评定测站上的观测质量。

1. 观测方向测站平差值的计算

设测站 K 上有 A，B，C，…，N 诸方向，如图 3-26 所示，按方向观测法共观测了 m 个测回，各测回的方向值 a_i，b_i，c_i，…，$n_i(i = 1, 2, \dots, m)$ 列于表 3-15。

在 n 个方向中有 $(n-1)$ 个独立未知数（角度），在图 3-26 中以 x，y，…，t 表示。

此外，从各测回中求未知数时，各测回应有一个共同的起始位置，这个共同的起始位置与各测回起始方向的夹角称为定向角，它也是未知数，以 ε_i 表示。

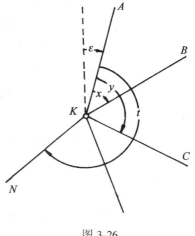

图 3-26

表 3-15

方 向 观 测 值

测 回	目	标				每测回方向值之和
	A	B	C	$\cdots$	N	
1	a_1	b_1	c_1	$\cdots$	n_1	$\sum_1$
2	a_2	b_2	c_2	$\cdots$	n_2	$\sum_2$
3	a_3	b_3	c_3	$\cdots$	n_3	$\sum_3$
$\vdots$	$\vdots$	$\vdots$	$\vdots$		$\vdots$	$\vdots$
m	a_m	b_m	c_m	$\cdots$	n_m	$\sum_m$
总和	$[a]$	$[b]$	$[c]$	$\cdots$	$[n]$	$[\sum]$

现以 δ_{a_i}，δ_{b_i}，δ_{c_i}，$\cdots$，δ_{n_i} 表示第 i 测回中各方向观测值的改正数，则第 i 测回的误差方程式为

$$\left.\begin{array}{l}\delta_{a_i} = \varepsilon_i \qquad\qquad - a_i \\ \delta_{b_i} = \varepsilon_i + x \qquad - b_i \\ \delta_{c_i} = \varepsilon_i + y \qquad - c_i \\ \cdots \\ \delta_{n_i} = \varepsilon_i \qquad\quad + t - n_i\end{array}\right\} \qquad (3\text{-}31)$$

由(3-31)式第一式可知，当我们将各测回中零方向的观测值 a_i 都化归零时，则定向角 ε_i 实际上就是第 i 测回中零方向的观测误差，在这组误差方程式中，ε_1，ε_2，$\cdots$，ε_m（共 m 个）和 x，y，$\cdots$，t（共 $n-1$ 个）为未知数，现由它们组成法方程式有如下形式

$$\left.\begin{array}{l}n\varepsilon_1 + \cdots + x + y + \cdots + t - \sum_1 = 0 \\ n\varepsilon_2 + \cdots + x + y + \cdots + t - \sum_2 = 0 \\ \cdots \\ n\varepsilon_m + \cdots + x + y + \cdots + t - \sum_m = 0\end{array}\right\}\text{共 } m \text{ 个} \qquad (3\text{-}32)$$

$$\left.\begin{array}{l}\varepsilon_1 + \varepsilon_2 + \cdots + \varepsilon_m + mx + \cdots - [b] = 0 \\ \varepsilon_1 + \varepsilon_2 + \cdots + \varepsilon_m + my + \cdots - [c] = 0 \\ \cdots \\ \varepsilon_1 + \varepsilon_2 + \cdots + \varepsilon_m + mt + \cdots - [n] = 0\end{array}\right\}\text{共 }(n-1)\text{ 个} \qquad (3\text{-}33)$$

式中

$$\sum_1 = a_1 + b_1 + \cdots + n_1 \qquad\qquad [b] = b_1 + b_2 + \cdots + b_m$$

$$\sum_2 = a_2 + b_2 + \cdots + n_2 \qquad\qquad [c] = c_1 + c_2 + \cdots + c_m$$

$$\cdots \qquad\qquad\qquad\qquad\qquad\qquad \cdots$$

$$\sum_m = a_m + b_m + \cdots + n_m \qquad\qquad [n] = n_1 + n_2 + \cdots + n_m$$

为了解算法方程式，可先由(3-32)式解得

$$\left.\begin{array}{l} \varepsilon_1 = \dfrac{1}{n}\Big[\sum{}_1 - (x + y + \cdots + t)\Big] \\[2mm] \varepsilon_2 = \dfrac{1}{n}\Big[\sum{}_2 - (x + y + \cdots + t)\Big] \\[2mm] \cdots \\[2mm] \varepsilon_m = \dfrac{1}{n}\Big[\sum{}_m - (x + y + \cdots + t)\Big] \end{array}\right\} \tag{3-34}$$

由上列各式求和，得

$$\varepsilon_1 + \varepsilon_2 + \cdots + \varepsilon_m = \frac{1}{n}\Big[\sum{} \Big] - \frac{m}{n}(x + y + \cdots + t) \tag{3-35}$$

式中

$$\Big[\sum{} \Big] = \sum{}_1 + \sum{}_2 + \cdots + \sum{}_m = [a] + [b] + \cdots + [n]$$

将(3-35)式代入(3-33)式各式中，可将(3-33)式化为

$$\left.\begin{array}{l} \left(m - \dfrac{m}{n}\right)x - \dfrac{m}{n}y - \cdots - \dfrac{m}{n}t + \left(\dfrac{1}{n}\Big[\sum{} \Big] - [b]\right) = 0 \\[3mm] -\dfrac{m}{n}x + \left(m - \dfrac{m}{n}\right)y - \cdots - \dfrac{m}{n}t + \left(\dfrac{1}{n}\Big[\sum{} \Big] - [c]\right) = 0 \\[3mm] \cdots \\[3mm] -\dfrac{m}{n}x - \dfrac{m}{n}y - \cdots + \left(m - \dfrac{m}{n}\right)t + \left(\dfrac{1}{n}\Big[\sum{} \Big] - [n]\right) = 0 \end{array}\right\} \tag{3-36}$$

将(3-36)式中(n-1)个式子相加得

$$\frac{m}{n}x + \frac{m}{n}y + \cdots + \frac{m}{n}t + \left([a] - \frac{1}{n}\Big[\sum{} \Big]\right) = 0 \tag{3-37}$$

将(3-37)式分别与(3-36)式中各式相加得

$$mx - [b] + [a] = 0$$
$$my - [c] + [a] = 0$$
$$\cdots$$
$$mt - [n] + [a] = 0$$

即

$$\left.\begin{array}{l} x = \dfrac{[b]}{m} - \dfrac{[a]}{m} \\[3mm] y = \dfrac{[c]}{m} - \dfrac{[a]}{m} \\[3mm] \cdots \\[3mm] t = \dfrac{[n]}{m} - \dfrac{[a]}{m} \end{array}\right\} \tag{3-38}$$

(3-38)式就是未知数 x，y，$\cdots$，t 的表达式，如果引用 A，B，C，$\cdots$，N 表示各方向的平差值，则

$$\left.\begin{aligned} A &= \frac{[a]}{m} \\ B &= \frac{[b]}{m} \\ C &= \frac{[c]}{m} \\ &\cdots \\ N &= \frac{[n]}{m} \end{aligned}\right\} \tag{3-39}$$

由此得出结论：未知数 x，y，$\cdots$，t 是各方向各测回观测结果的平均值分别减去起始方向各测回观测结果的平均值，在实际作业中总是将各测回的起始方向值归零，所以平差值 $A=0$，这样取各测回归零方向值的平均值，即得到各观测方向的测站平差值。

2. 测站观测精度的评定

实际上只从一个测站上的观测值来衡量整个三角网的观测精度是没有什么意义的，因此，通常用下列近似而简便的公式来评定测站精度。

一测回方向观测中误差

$$\mu = \pm K \frac{\sum |v|}{n} \tag{3-40}$$

式中，$K = \dfrac{1.253}{\sqrt{m(m-1)}}$；$m$ 为测回数；n 为观测方向数。

m 测回方向值中数的中误差 M，也就是测站平差值的中误差

$$M = \pm \frac{\mu}{\sqrt{m}} \tag{3-41}$$

测站平差和测站精度评定一般在水平方向观测记簿中进行，算例见表 3-12。

3.5 分组方向观测法

3.5.1 观测方法

方向观测法的特征是将测站上所有方向一起观测。但在实际作业中，有时测站上要观测的方向较多，各个方向的目标不一定能同时成像稳定和清晰，如果要一起观测，往往要花费较长时间来等待各方向成像同时稳定清晰；如不如此，勉强将所有方向一起观测，则又将有损于观测精度。此外，由于方向多，一起观测使一测回的观测时间过长，受外界因素的影响也将显著增大。因此国家规范规定，当测站上观测方向数多于 6 个时，应考虑分为两组观测。

分组时，一般是将成像情况大致相同的方向分在一组，每组内所包含的方向数大致相等。为了将两组方向观测值化归成以同一零方向为准的一组方向值和进行观测成果的质量检核，观测时两组都要联测两个共同的方向，其中最好有一个是共同的零方向，以便加强两组的联系。

两组中每一组的观测方法、测站的检核项目、作业限差和测站平差等与前面所述的一

般方向观测法相同，所不同的是，两组共同方向之间的联测角应该作检核，以保证观测质量。

3.5.2 联测精度

由于测量误差的普遍存在，两组观测的联测角总是有差异的，为了保证观测精度，其差异应小于规定的限值。现设两组观测时两个共同方向以 i，j 表示。

第一组的联测角角值为：$\beta' = (j' - i')$

第二组的联测角角值为：$\beta'' = (j'' - i'')$

式中，i'，j' 和 i''，j'' 为共同方向在两组观测中的方向值。

设两组观测联测角的差为 w

$$w = \beta' - \beta''$$

如果 β' 和 β'' 的测角中误差分别为 m_1 和 m_2，则按误差传播定律可得联测角差数的中误差 m_w

$$m_w = \pm \sqrt{m_1^2 + m_2^2}$$

取两倍中误差作为限差，则两组观测联测角之差的限差 $w_{限}$ 应为

$$w_{限} \leqslant 2m_w = \pm \sqrt{m_1^2 + m_2^2} \tag{3-42}$$

如果两组按同精度观测，则测角中误差 $m_1 = m_2 = m$，（3-42）式为

$$w_{限} \leqslant 2m\sqrt{2} \tag{3-43}$$

式中，测角中误差 m 按不同的三角测量等级有相应的规定选定。如按三等精度观测，则规定的测角中误差 $m = \pm 1.8''$，相应的联测角之差的限值为：$w_{限} \leqslant 2 \times 1.8'' \sqrt{2} = \pm 5.1''$。

3.5.3 测站平差

先将两组方向观测值分别进行测站平差，分别得出属于两组的测站平差方向值，然后比较两组观测的联测角，如差数小于限差 $w_{限}$，则联合两组的测站平差方向值再进行平差，最后求出一组以共同起始方向为准的方向观测值。

设两组联测的共同方向为 i，j，它们的方向观测值和相应的改正数为：

第一组联测方向的方向值为 i'，j'，相应的平差改正数为 v_i'，v_j'；

第二组联测方向的方向值为 i'，j'，相应的平差改正数为 v_i''，v_j''。

组成条件方程式

$$(j' + v_j') - (i' + v_i') = (j'' + v_j'') - (i'' + v_i'')$$

经整理得

$$-v_i' + v_j' + v_i'' + v_j'' + w_{12} = 0$$

式中，w_{12} 是两组观测联测角的差数，也就是联测角的闭合差为

$$w_{12} = (j' - i') - (j'' - i'') \tag{3-44}$$

组成法方程式

$$4k_1 + w_{12} = 0$$

解得联系数 k_1 为

$$k_1 = -\frac{1}{4} w_{12}$$

则平差改正数为

$$v_i' = -k_1 = +\frac{1}{4}w_{12}, \quad v_i'' = +k_1 = -\frac{1}{4}w_{12} \left.\vphantom{\begin{matrix}a\\b\end{matrix}}\right\}$$

$$v_j' = +k_1 = -\frac{1}{4}w_{12}, \quad v_j'' = -k_1 = +\frac{1}{4}w_{12} \left.\vphantom{\begin{matrix}a\\b\end{matrix}}\right\} \tag{3-45}$$

联测方向的平差值为

$$i_1 = i' + v_i' = i' + \frac{1}{4}w_{12}$$

$$j_1 = j' + v_j' = j' - \frac{1}{4}w_{12}$$

$$i_2 = i'' + v_i'' = i'' - \frac{1}{4}w_{12} \left.\vphantom{\begin{matrix}a\\b\\c\\d\end{matrix}}\right\} \tag{3-46}$$

$$j_2 = j'' + v_j'' = j'' + \frac{1}{4}w_{12}$$

由此可知：两组观测测站平差实际上是第一组的第一个联测方向改正$\left(+\frac{1}{4}w_{12}\right)$，第二个联测方向改正$\left(-\frac{1}{4}w_{12}\right)$，而第二组的联测方向改正数与第一组的改正数数值相等正负号相反，即$\left(-\frac{1}{4}w_{12}\right)$和$\left(+\frac{1}{4}w_{12}\right)$。

下面具体举例说明。

1. 联测方向包含零方向

表 3-16 为一个三等点的两组观测测站平差的示例，两组的第一个联测方向为共同的零方向。两组观测联测角的闭合差 w_{12} 为

$$w_{12} = 220°14'13.6'' - 220°14'12.0'' = +1.6''$$

表 3-16   零方向相同

方向号	第 一 组			第 二 组			平差方向值
	观 测 值	改正数 v	v 归零	观 测 值	改正数 v	v 归零	
	° ′ ″	″	″	° ′ ″	″	″	° ′ ″
1	0 00 00.0	+0.4	0.0	0 00 00.0	-0.4	0.0	0 00 00.0
2	42 35 18.4		-0.4				42 35 18.0
3				55 45 15.2		+0.4	55 45 15.6
4	141 04 56.8		-0.4				141 04 56.4
5	169 00 52.3		-0.4				169 00 51.9
6	220 14 13.6	-0.4	-0.8	220 14 12.0	+0.4	+0.8	220 14 12.8
7				278 38 08.7		+0.4	278 38 09.1

120

2. 联测方向不包含零方向

表 3-17 为一个三等点的两组观测测站平差示例,其联测方向不包含零方向,即两组观测的零方向不同。两组观测联测角的闭合差 w_{12} 为

$$w_{12} = (170°06'29.43'' - 115°37'42.36'') - 54°28'48.27'' = -1.20''$$

表 3-17 零方向不同

方向号	第 一 组		第 二 组			平差方向值
	观测值	改正数 v	观测值	改正数 v	v 归零	
	° ′ ″	″	° ′ ″	″	″	° ′ ″
1	0 00 00.0					0 00 00.0
2	59 41 18.95					59 41 18.95
3	115 37 42.36	−0.30	0 00 00.0	+0.30	0.00	115 37 42.06
4	170 06 29.43	+0.30	54 28 48.27	−0.30	−0.60	170 06 29.73
5			119 50 55.18		−0.30	235 28 36.94
6			164 19 37.40		−0.30	297 57 19.16

3.6 偏心观测与归心改正

三角点的点位以标石的标志中心(一般习惯称标石中心)为准,也就是说,三角点的坐标与三角点之间的方向和边长都是以三角点的标石中心为依据的,因此,在观测时要求仪器中心、照准圆筒中心与标石中心位于同一垂线上,即所谓"三心"一致。

将仪器安置在三脚架上进行观测时,经过垂球或对中器的对中可以使仪器中心和标石中心在同一垂线上,如经纬仪安置在觇标内架的观测台上(也称仪器台)进行观测,则必须先将标石中心沿垂线投影到观测台上,然后再将仪器安置在标石中心在观测台上的投影点上,使仪器中心和标石中心在同一垂线上,但实际上往往不能严格做到。有时标石中心在观测台上的投影点落在观测台的边缘,甚至落在观测台的外面,这时为了仪器的稳定和观测的安全,仍将仪器安置在观测台的中央进行观测,也就是仪器中心偏离了通过标石中心的垂线;有时为了观测的需要,如觇标的橹柱挡住了某个照准方向,仪器也必须偏离通过标石中心的垂线进行观测,这种偏离称为测站偏心。为了将偏心观测的成果归算到测站的标石中心,必须加测站点归心改正数。

造标埋石时,虽然尽量将照准圆筒中心和标石中心安置在同一垂线上,但由于观测与造理工作要相隔一段时间,会受到风雨、阳光等外界因素的影响以及觇标橹柱脚的不均匀下沉等原因,使照准圆筒中心偏离了标石中心,这种偏离称为照准点偏心。将偏心观测的成果归算到照准点的标石中心,必须加照准点归心改正数。

3.6.1 测站点偏心及测站点归心改正数计算

在图 3-27 中，B 为三角点的标石中心，Y 为仪器中心，T 为照准点圆筒中心在同一水平面上的投影。

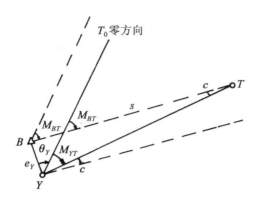

图 3-27

测站上应有正确观测方向为 BT，由于测站点的偏心，即仪器中心 Y 偏离了标石中心 B，因此，实际的观测方向为 YT。由图 3-27 可知，实际观测方向值 M_{YT} 和应有的正确方向值 M_{BT} 之间差一个小角 c，实际上 c 就是测站点归心改正数，求出改正数 c 值后，即可求得应有的正确方向值 M_{BT}，即

$$M_{BT} = M_{YT} + c$$

测站点归心改正数 c 的计算公式，可由图 3-27 中的 $\triangle BYT$ 解得，图中 e_Y 和 θ_Y 分别为测站偏心距和测站偏心角，统称为测站归心元素。测站偏心角 θ_Y 定义为：以仪器中心 Y 为顶点，由测站偏心距 e_Y 起始顺时针旋转到测站零方向的一个角度。

由 $\triangle BYT$ 按正弦定理可得

$$\sin c = \frac{e_Y}{s}\sin(\theta_Y + M_{YT})$$

式中，s 为测站点至照准点间的距离，当 c 为小角时，上式可写为

$$c'' = \frac{e_Y}{s}\sin(\theta_Y + M_{YT})\rho''$$

必须指出，若测站有偏心，则测站上所有观测方向值都要加测站归心改正数。显然，各方向与零方向之间的夹角 M 是不一样的(对于零方向而言 $M = 0°00'$)，各方向的距离也不一样，如图 3-28 所示。所以，虽然测站归心元素 e_Y 和 θ_Y 相同，但各方向的测站归心改正数是不相等的，若($\theta_Y + M$)所在的象限不同，则改正数的正负号也不同。

测站归心改正数的计算公式可写成一般形式

$$c'' = \frac{e_Y}{s}\sin(\theta_Y + M)\rho'' \qquad (3-47)$$

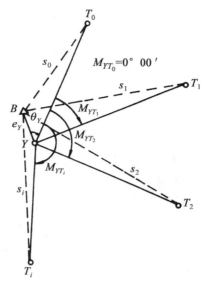

图 3-28

3.6.2 照准点偏心及照准点归心改正数计算

在图 3-29 中，B 为测站点的标石中心，照准圆筒中心 T_1 偏离标石中心 B_1，显然，由此而引起的照准点归心改正数为 r_1。

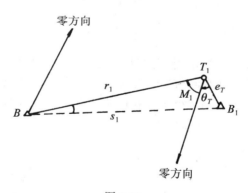

图 3-29

照准点归心改正数 r_1 可由 $\triangle BT_1B_1$ 按正弦定理解得

$$\sin r_1 = \frac{e_{T_1}}{s_1}\sin(\theta_{T_1} + M_1)$$

式中，e_{T_1}，θ_{T_1} 分别为照准点的偏心距和偏心角，统称为照准点归心元素，偏心角 θ_{T_1} 定义为：以照准圆筒中心 T_1 为顶点，由偏心距 e_{T_1} 起始顺时针旋转到照准点的零方向的夹角，M_1 为照准点的零方向顺转至改正方向间的夹角。

由于 r_1 为小角，所以上式可写为

$$r''_1 = \frac{e_{T_1}}{s_1}\sin(\theta_{T_1} + M_1)\rho''$$

计算不同方向的照准点归心改正数时，应根据不同照准点上的 e_T，θ_T，M 和 s，如图 3-30 所示。

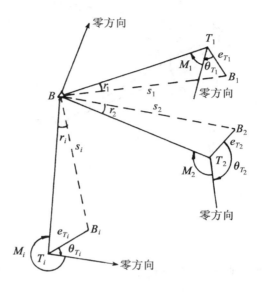

图 3-30

照准点归心改正数的计算公式可写成下列一般形式

$$r'' = \frac{e_T}{s}\sin(\theta_T + M)\rho'' \qquad (3\text{-}48)$$

如测站点有测站点偏心，照准点有照准点偏心，则观测方向 YT_1 应加的总改正数为 $(c''+r'')$。如图 3-31 所示，即观测方向 YT_1 加了测站归心改正数 c'' 后，成 BT_1 方向，再加照准点归心改正数 r'' 后，就将 BT_1 方向化归为应有的正确方向 BB_1，即通过测站点标石中心 B 和照准点标石中心 B_1 的正确方向。

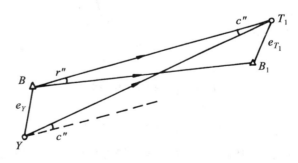

图 3-31

按(3-47)式和(3-48)式计算归心改正数时，c'' 和 r'' 的正负号取决于 $\sin(\theta_Y+M)$ 和 $\sin(\theta_T+M)$ 的正负号：当 $(\theta+M)>180°$ 时，c'' 或 r'' 为负值；当 $(\theta+M)<180°$ 时，c'' 或 r'' 为正值。

计算测站归心改正数 c'' 时，用观测站的测站归心元素 e_Y、θ_Y 和方向值 M；计算照准点归心改正数 r 时，用各照准点上的照准点归心元素 e_T、θ_T 和方向值 M。计算时必须注意测站点归心元素、照准点归心元素和方向值 M 的正确取用。

在精密工程测量中，测角精度要求很高，但观测边长一般较短，因此，在观测时特别要注意仪器和照准目标的严格对中。在特种精密短边工程测量中，一般采用专门特制的对中设备对仪器和照准目标实行强制对中。

3.6.3 归心元素的测定方法

按(3-47)式和(3-48)式计算归心改正数 c'' 和 r'' 时，必须知道归心元素 e_Y，θ_Y 和 e_T，θ_T，至于有关方向的 M 值可以从观测记簿中查取，距离 s 可以用未加归心改正数的观测值近似解得，也可以从三角网图上量取。

由于觇标在外界因素的影响下产生变形，使得照准点归心元素 e_T 和 θ_T 发生变化，所以国家规范规定测定照准点归心元素的时间与对该点观测的时间相隔不得超过 3 个月(对于三、四等三角测量)，当对觇标的稳定性发生怀疑时，还应随时测定归心元素。

测定归心元素的方法有图解法、直接法和解析法，其中以图解法应用得最为广泛。

1. 图解法

图解法测定归心元素的实质是将同一测站的标石中心 B、仪器中心 Y 和照准圆筒中心 T 沿垂线投影在一张置于水平位置的归心投影用纸上，然后在投影用纸上量取归心元素 e 和 θ。

按图解法测定归心元素的具体做法如下：

在标石上方安置小平板，并将归心投影用纸固定在平板上，再用垂球使平板中心与标石中心初步对准，使 B，Y，T 三点沿垂线的投影点均能落在投影用纸上为原则，然后整置平板，并使投影用纸的上方朝北。

一般在 3 个位置用投影仪或经纬仪进行投影，仪器的 3 个位置的交角应接近于 120°或 60°，如图 3-32 所示，这样做是为了提高投影的交会精度，安置投影仪器时必须使每个投影位置都能看到标石中心(或与其对中的垂线)、仪器中心和照准圆筒中心。

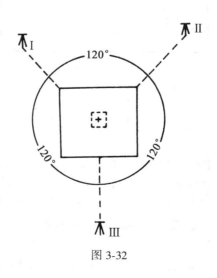

图 3-32

投影前，应检校用于投影的仪器，使仪器的视准轴误差和水平轴倾斜误差很小，投影时必须将投影仪器整平。

下面以投影标石中心为例来说明其投影的具体做法，仪器中心和照准圆筒中心的投影方法相同。

在投影位置 I 上，盘左照准标石中心后，固定照准部，上仰望远镜对准平板，依照准方向指挥平板处的作业员在投影用纸的边缘标出前后两点，再用盘右照准标石中心，用同样方法依盘右的照准方向在投影用纸的边缘标出前后两点，然后连接前两点的中点和后两点的中点，这条线就是投影位置 I 照准标石中心在投影用纸上的投影方向线，以 B_1B_1 表示，如图3-33。

在投影位置 II，III 分别用盘左、盘右照准标石中心，按同样的方法将照准方向线描绘在投影用纸上，如图 3-33 中的 B_2B_2 和 B_3B_3，三条投影方向线的交点就是标石中心在投影用纸上的投影点 B。按理三条投影方向线应相交于一点，但由于仪器检校的残余误差和操作误差等的影响，三条投影方向线往往不相交于一点，而形成一个示误三角形。示误三角形的大小反映了投影的质量，国家规范规定，示误三角形的最长边长对于标石中心 B 和仪器中心 Y 应小于 5mm，对于照准圆筒中心 T 应小于 10mm，若在限差以内，则取示误三角形内切圆的中心作为投影点的位置。

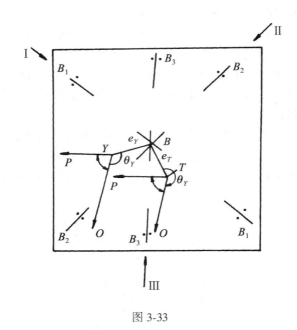

图 3-33

用同样的方法，将仪器中心 Y 和照准圆筒中心 T 投影在投影用纸上，如图 3-33 所示。为了避免线条和注记太多，容易混淆，所以它们的投影方向线没有全部画出来，在正规作业时还是应该将全部方向线和注记标出，可参阅归心投影用纸示例。

投影照准圆筒中心 T 时，必须注意照准圆筒的中线，一般取照准圆筒左右边缘的读数的中数作为照准中线的方向。

将 B，Y，T 在投影用纸上标定后，保持平板不动，用照准仪的直尺边缘分别切于 Y 点和 T 点描绘出测站上一个目标比较清晰的方向线，最好是观测时的起始零方向，如图

3-33 中的 YO 和 TO。为了防止描绘方向线时的粗差，另外还应在 Y 点和 T 点上描绘一条指向另一个任意邻点的方向线，这条方向线叫检查方向线，如图 3-33 中的 YP 和 TP。方向线 YO 和 YP 以及 TO 和 TP 之间的夹角的图解值与观测值之差应小于 2°。

图 3-33 中的 $BY=e_Y$，$BT=e_T$，用直尺量至毫米。按偏心角的定义用量角器量 θ_Y 和 θ_T，量至 15'。

按图解法测定归心元素时，如果限于地形，选择 3 个投影位置有困难，则可选定两个投影位置，垂直投影面的交角最好接近 90°（或在 50°～130°），在每一投影位置投影一次后，稍许改变投影位置再投影一次，这样两次投影位置对每个点作出 4 条投影方向线，其示误四边形的对角线长度，对标石中心 B 和仪器中心 Y 的投影应小于 5mm，对照准圆筒中心 T 的投影应小于 10mm。

次页是图解法测定归心元素的归心投影用纸示例。

2. 直接法

当偏心距较大在投影用纸上无法容纳时，可采用直接法测定归心元素。

将仪器中心和照准圆筒中心投影在地面设置的木桩顶面上，用钢尺直接量出偏心距 e_Y 和 e_T，为了检核丈量的正确性，要改变钢尺零点后重复丈量一次。两次之差应小于 10mm。

偏心角 θ_Y 和 θ_T 可用经纬仪直接测定，一般应观测两个测回，取至 10″。和图解法测定归心元素时一样，在投影点 Y 和 T 上测定 θ_Y 和 θ_T 时应联测与另一检查方向线之间的角度，以资检核。若偏心距小于投影仪器的最短视距（一般 2m 左右），则地面点在望远镜内不能成像，此时可将该方向用细线延长以供照准。

直接测定的归心元素 e_Y、e_T、θ_Y、θ_T 均应记录在手簿上。此外，还应按一定比例尺缩绘在归心投影用纸上，作为投影资料，在投影用纸上应注明测定方法和手簿编号。

3. 解析法

当偏心距过大又不能用直接法测定时，如利用旗杆、水塔顶端或避雷针作为三角点标志，可用解析法测定归心元素。常用的解析法是利用辅助基线和一些辅助角度的观测结果推算出归心元素 e 和 θ。

根据实地情况选定一个或两个辅助点，如图 3-34（a）、（b）中的 P_1 和 P_2，图中 b 为辅助基线，α、β 和 E、F 均为辅助角，根据辅助基线和辅助角的观测结果，不难导得计算归心元素 e 和 θ 的公式。

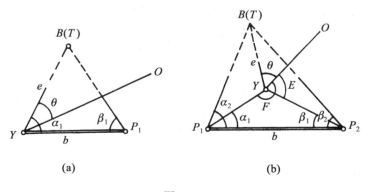

图 3-34

三角点归心投影用纸

<table>
<tr><td>系区：</td><td colspan="2">红旗庄二等　　三角点归心投影用纸　　No.　89041</td><td>图幅编号：11-49-89</td></tr>
<tr><td>测前第1次　投影
投影时间：　年

7月24日</td><td colspan="2">觇标类型：　　钢寻常标
投影仪器：
T3No. 46853</td><td>投影者：
描绘者：

记录者：
检查者：</td></tr>
<tr><td>测站归心零方向：</td><td colspan="2">跃　进　村</td><td>照准点归心零方向：　　跃　进　村</td></tr>
<tr><td rowspan="2">检　查　角
跃进村—东风岗</td><td colspan="2">观测值 75°28′</td><td>检　查　角　　　　观测值 75°28′</td></tr>
<tr><td colspan="2">描绘值 75°15′</td><td>跃进村—东风岗　　描绘值 75°30′</td></tr>
<tr><td>$e_Y = 0.029\text{m}$</td><td colspan="2">$\theta_Y = 216°15′$</td><td>$e_T = 0.030\text{m}$　　　$\theta_T = 299°15′$</td></tr>
<tr><td>应改正的
方向名称</td><td colspan="2">跃进村、东风岗、金星星</td><td>应改正的方向名称　　跃进村、东风岗、
金星星</td></tr>
</table>

测站点归心元素中数

$$e_Y = \frac{0.029 + 0.033}{2} = 0.031\text{m}$$

$$\theta_Y = (216°15′ + 218°45′) \times \frac{1}{2} = 217°30′$$

（测后投影见 No. 89042）

照准点归心元素中数

$$e_T = \frac{0.030 + 0.026}{2} = 0.028\text{m}$$

$$\theta_T = (299°15′ + 298°45′) \times \frac{1}{2} = 299°00′$$

（测后投影见 No. 89042）

3.6.4　归心元素的测定精度

测定归心元素 e、θ 是为了按（3-47）式和（3-48）式计算归心改正数 c 和 r，以便将经过

测站平差后的观测方向值 l 化算为以标石中心为准的方向值 l'。即

$$l' = l + c + r$$

所以归心元素的测定精度必须保证 c、r 的误差不影响水平角观测的精度，这是规定归心元素测定精度的基本出发点。

设测站归心改正数 c 和照准点归心改正数 r 的中误差分别为 m_c 和 m_r，测站平差后的方向值中误差为 $m_方$，则按误差传播定律对上式有

$$m_方'^2 = m_方^2 + m_c^2 + m_r^2 \tag{3-49}$$

式中，$m_方'$ 为经过归心改正后的方向值中误差。一般取 $m_c = m_r$，则（3-49）式可写为

$$m_方'^2 = m_方^2 = 2m_c^2$$

或

$$m_方' = \sqrt{m_方^2 + 2m_c^2}$$

式中，$\sqrt{2}\, m_c$ 就是方向观测值的两项归心改正数的误差对方向值的影响。为了保证归心改正数的误差对方向观测值不致产生较大的影响，要求 $\sqrt{2}\, m_c$ 小于测站平差后方向值中误差 $m_方$ 的 $1/3$，即

$$\sqrt{2}\, m_c \leqslant \frac{1}{3} m_方 \tag{3-50}$$

一般来说，由测站平差所求得的角度中误差约为由三角形闭合差求得的测角中误差 m 的 0.4 倍，则测站平差方向值中误差 $m_方$ 约为 $\dfrac{0.4}{\sqrt{2}} m$，即

$$m_方 = \frac{0.4}{\sqrt{2}} m \tag{3-51}$$

将上式代入（3-50）式中得

$$\sqrt{2}\, m_c \leqslant \frac{1}{3} \times \frac{0.4}{\sqrt{2}} m$$

或

$$m_c \leqslant \frac{1}{6} \times 0.4m = \frac{1}{15} m \tag{3-52}$$

（3-52）式表明：当归心改正数的中误差小于 $1/15$ 测角中误差 m 时，归心改正数的误差就基本上不影响观测精度。下面根据这个要求进一步讨论测定归心元素 e、θ 的精度要求。

由归心改正数的一般公式

$$c'' = \frac{e}{s} \sin(\theta + M) \rho''$$

得

$$m_c^2 = \left(\frac{\rho}{s}\right)^2 \sin^2(\theta + M) m_e^2 + \left(\frac{e}{s}\right)^2 \rho^2 \cos^2(\theta + M) m_\theta^2 \tag{3-53}$$

式中，m_c 以秒为单位；s、e 和偏心距中误差 m_e 以米为单位；偏心角中误差 m_θ 以弧度为单位。现若令 s 以千米为单位，m_θ 以度为单位，则（3-53）式可写为：

$$m_c^2 = \left(\frac{206 \times 10^3}{s \times 10^3}\right) \sin^2(\theta + M) m_e^2 + \left(\frac{3.6 \times 10^3}{s \times 10^3}\right) e^2 \cos^2(\theta + M) m_\theta^{0\,2}$$

或

$$m_c^2 = \left(\frac{206}{s}\right)^2 \sin^2(\theta + M) m_e^2 + \left(\frac{3.6}{s}\right)^2 e^2 \cos^2(\theta + M) m_\theta^{0\,2} \tag{3-54}$$

当$(\theta+M)=90°$时，则由$(3\text{-}54)$式得

$$m_c^2=\left(\frac{206}{s}\right)^2 m_c^2$$

即

$$m_c=\frac{206}{s}m_c \tag{3-55}$$

当$(\theta+M)=0°$时，则由$(3\text{-}54)$式得

$$m_c=\frac{3.6}{s}em_\theta^0 \tag{3-56}$$

以上两种情况分别表示m_e和m_θ对归心改正数的最大影响。若在此两种情况下，归心元素e、θ的精度能满足归心改正数的精度要求，则在其他情况下也可以满足。

将公式$(3\text{-}55)$和$(3\text{-}56)$分别代入$(3\text{-}52)$式，即得

$$m_c=\frac{206}{s}m_e \leqslant \frac{1}{15}m$$

$$m_c=\frac{3.6}{s}em_\theta^0 \leqslant \frac{1}{15}m$$

移项得

$$m_e \leqslant \frac{1}{3090}ms \tag{3-57}$$

$$m_\theta = \frac{1}{54 \times e}ms \tag{3-58}$$

对于国家各等级三角测量，取s为平均边长时，ms基本上为一常数，如表3-18所示。

取$ms=14$时，得

$$m_e \leqslant 4.53\text{mm} \tag{3-59}$$

$$m_\theta \leqslant \frac{0.26°}{e} \tag{3-60}$$

当m_e、m_θ满足$(3\text{-}59)$式和$(3\text{-}60)$式时，即可保证归心改正数的精度。

表3-18

等　　级	测角中误差 m	平均边长 s/km	ms
一	±0.7″	22	15.4
二	±1.0″	13	13.0
三	±1.8″	8	14.4
四	±2.5″	5	12.5

现在再来讨论关于偏心距e和偏心角θ的中误差与投影限差的关系问题。可以证明，投影示误三角形的边长l与偏心距中误差m_e有下列关系

$$l=\sqrt{3}\,m_e \tag{3-61}$$

将$(3\text{-}59)$式代入上式，则有

$$l \leqslant 7.8\text{mm}$$

可知，要使m_e小于±4.53mm，必须使$l \leqslant 7.8$mm。由于标石中心和仪器中心点位明确，易

于投影，所以国家规范规定其示误三角形边长 l 不得超过 5mm。而照准圆筒或标柱中心，其形状不能完全对称，投影误差也必然稍大，所以允许 l 不大于 10mm。根据偏心角 θ 的定义，可以有下列关系式

$$m_\theta^2 = \mu_e^2 + \mu_{描}^2 \qquad (3\text{-}62)$$

式中，m_θ 为偏心角中误差；μ_e 为偏心距 e 的方向中误差；$\mu_{描}$ 为投影时描绘方向线的中误差。由于偏心角是以一个投影点为顶点，所以

$$\mu_e = \frac{m_e}{\sqrt{2}\,e}\rho^\circ = \frac{0.004\,53 \times 57.3}{\sqrt{2}\,e} = \frac{0.26^\circ}{\sqrt{2}\,e} \qquad (3\text{-}63)$$

将(3-60)式和(3-63)式代入(3-62)式得

$$\mu_{描} = \frac{0.26^\circ}{\sqrt{2}\,e} \qquad (3\text{-}64)$$

而由两个描绘方向构成的角度的最大误差，也就是描绘角与观测角之差的限差 Δ 应为

$$\Delta = 2\sqrt{2}\,\mu_{描} = \frac{0.52^\circ}{e}$$

当 $e \leqslant 0.3m$ 时，以 $e = 0.3m$ 代入上式，则 $\Delta \leqslant 1.7^\circ$，国家规范规定不得超过 2°；当 $0.3 \leqslant e \leqslant 0.6m$ 时，以 $e = 0.6m$ 代入上式，则 $\Delta \leqslant 0.85^\circ$，国家规范规定不得超过 1°。一般情况下，偏心距不会大于 0.6m。但低等级三角测量，有时不得不偏心设站(如以水塔顶端作为三角点点位)，此时偏心角 θ 必须用经纬仪观测，其精度应满足 $m_\theta \leqslant \dfrac{0.26^\circ}{e}$ 的要求。

第4章　电磁波测距仪及其距离测量

4.1　电光调制和光电转换

4.1.1　调制的意义和分类

使光波的振幅、频率或相位发生有规律变化的过程，叫做对光波的调制。调制有调幅、调频、调相3种。激光测距仪中大多采用振幅调制——调幅。

以 He-Ne 激光光源为例，激光器发出的光强是一定的，通过调制器后，使光波的振幅发生变化。因为光强与光波振幅的平方成正比，所以经过调制器后的光波强度也将发生变化，如图 4-1 所示。这种强度变化的光波就是测距光波。

图 4-1

电磁波测距仪中的光波调制是利用了某些物体在外信号的作用下所具有的物理现象和效应(如电光效应，磁光效应，声光效应等)，其调制方式有两种，即内调制和外调制。

(1)内调制——在激光器内采取措施来完成调制过程。内调制中，激光器和调制器是一个整体，因而激光器输出的光束本身就已经发生了强度的变化。后面将讲到的 GaAs 半导体激光器或发光二极管属于这一类，只要改变其注入电流，光强就会发生变化(又称直接调制)。

(2)外调制——激光器与调制器是分离的两个部分。激光器发出一定光强的光束，通过调制后，成为强度不断变化的光波。由于调整方便，调制器对激光器又没有影响，故在He-Ne 激光测距仪中得到了广泛的应用。

调制器性能的好坏，对测距仪有直接影响，因此调制器应当具有性能稳定、调制度高、损耗小、相位均匀、有一定带宽等特点。

目前，He-Ne 激光测距仪中广泛采用的是晶体电光调制器，而在半导体光源的测距仪中则是利用直接调制。

4.1.2　晶体电光调制

1. 原理

如图 4-2(a)所示，在光前进的道路上设置起偏片 A、检偏片 B，A 和 B 的两轴分别为

M 和 N，在 AB 之间放一长度为 l 的双折射晶体。

光源发出的光为非偏振光，通过起偏片 A 后成为在 M 方向振动的直线偏振光 I_M，可表达为

$$I_M = I_0 \sin\omega t \qquad (4-1)$$

式中，I_0 为直线偏振光的振幅。

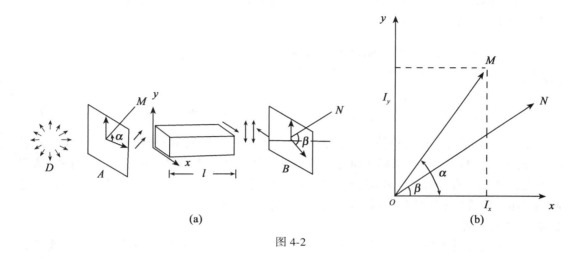

图 4-2

使该直线偏振光于垂直晶体端面的方向入射晶体，由于双折射效应而在晶体内产生两支光（e 光和 o 光），其中 e 光在晶体的光轴 y 方向振动，而 o 光则在与 y 轴相垂直的 x 轴方向振动，o 光和 e 光分别等于直线偏振光 I_M 在 x 轴和 y 轴上的分量，见图 4-2(b)。

由于 o 光和 e 光在晶体内的传播速度不同，因而它们通过长度为 l 的晶体后，便产生了一定的相位差 φ。从晶体出来的两支光可用下式表示：

$$\left.\begin{aligned} I_{xl} &= I_0 \sin\omega t \, \cos\alpha \\ I_{yl} &= I_0 \sin(\omega t + \varphi) \, \sin\alpha \end{aligned}\right\} \qquad (4-2)$$

当 o 光和 e 光到达检偏片 B 时，也只有各自在 B 的轴向 N 方向的分量通过检偏片 B，与 B 的轴向垂直的分量则被 B 所阻挡。设 I_{xl}，I_{yl} 在 B 的轴向分量为 I_{xN} 和 I_{yN}，则

$$\left.\begin{aligned} I_{xN} &= I_{xl} \cos\beta \\ I_{yN} &= I_{yl} \sin\beta \end{aligned}\right\} \qquad (4-3)$$

设通过检偏片 B 的光为 I_N，那么

$$\begin{aligned} I_N &= I_{xN} + I_{yN} = I_{xl} \cos\beta + I_{yl} \sin\beta \\ &= I_0 \sin\omega t \, \cos\alpha \, \cos\beta + I_0 \sin(\omega t + \varphi) \, \sin\alpha \, \sin\beta \\ &= I_0 \left[(\cos\alpha \, \cos\beta + \sin\alpha \, \cos\beta \, \cos\varphi) \sin\omega t + \sin\alpha \, \sin\beta \, \sin\varphi \, \cos\omega t \right] \end{aligned}$$

设

$$\left.\begin{aligned} \cos\alpha \, \cos\beta + \sin\alpha \, \sin\beta \, \cos\varphi &= A \cos\Psi \\ \sin\alpha \, \sin\beta \, \sin\varphi &= A \sin\Psi \end{aligned}\right\} \qquad (4-4)$$

则

$$I_N = I_0 A \, (\cos\Psi \, \sin\omega t + \sin\Psi \, \cos\omega t)$$

$$= I_0 A \sin(\omega t + \Psi) \tag{4-5}$$

由式(4-5)可知，通过 B 的光波的振幅为 I_0A。由于光波的强度与光波振幅的平方成比例，设通过检偏片 B 的光强度为 P，则

$$P \propto (I_0A)^2$$

由式(4-4)可得

$$A^2\cos^2\Psi + A^2\sin^2\Psi = (\cos\alpha\,\cos\beta + \sin\alpha\,\sin\beta\,\cos\varphi)^2 + (\sin\alpha\,\sin\beta\,\sin\varphi)^2$$

上式两边进行三角变换，可得

$$A^2 = \cos^2(\alpha - \beta) - \sin2\alpha\,\sin2\beta\,\sin^2\frac{\varphi}{2}$$

由此知

$$P \propto (I_0A)^2 = I_0^2\left[\cos^2(\alpha - \beta) - \sin2\alpha\,\sin2\beta\,\sin^2\frac{\varphi}{2}\right] \tag{4-6}$$

由式(4-6)可见，通过检偏片 B 的光强与角度 α、β、$(\alpha-\beta)$ 以及相位差 φ 有关。如果 α、β 角一定，那么，光强则随相位差 φ 而变化。如果能够采取措施使 φ 不断地进行周期性变化，那么，通过检偏片 B 的光强也就发生周期性的变化，这样，就实现了晶体电光调制。He-Ne 激光测距仪就是利用这一原理实现光的调制的。

2. 晶体电光调制

从上面的论述可知，只要使通过晶体的两支光的相位差 φ 发生周期性变化，就能实现晶体电光调制。具体而言，如何实现相位差 φ 的周期性变化呢？常用的方式和器件有两种：一种是KDP*调制器(DKDP 调制器)；另一种是克尔盒调制器。

KDP*晶体调制器应用较广，下面简述其原理。

KDP*是磷酸二氘钾（KD_2PO_4）的代表符号。这类晶体还有 ADP（$NH_4H_2PO_4$），KDP（KH_2PO_4）等，它们均是单轴晶体，只有在光轴方向光的传播速度才相等。这类晶体在电场的作用下，也具有人为的双折射性质，因而被用来作调制器。

(1)KDP*晶体的电光效应

在两块偏振片 A，$B(A\perp B)$ 之间插入一块KDP*晶体，这块晶体在两端具有圆环状的金属电极，它的两个晶轴是 ox 和 oy，而 oz 则是它的纵向方向。安置晶体的 ox 轴与起偏振片 A 的轴相平行，并使光沿着它的纵向穿过，如图4-3所示。

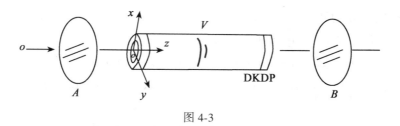

图 4-3

我们可以看到，当KDP*上未加电压时，检偏片 B 不射光；而加上一定电压之后，B 片后面就有光射出了，且随着电压的变动而发生变化，即光强的亮暗发生变化。由此可见，

KDP晶体在外电场作用下具有人为双折射效应。进一步实验还证明，进入KDP的线偏振光，在人为双折射发生时，并不像通常那样是一支 o 光（寻常光）和一支 e 光（非常光），而是分成两支非常光——$e_{x'}$ 和 $e_{y'}$，两者的偏振面互相垂直，又与晶体的原光轴 $ox(oy)$ 成45°角。如图4-4所示。

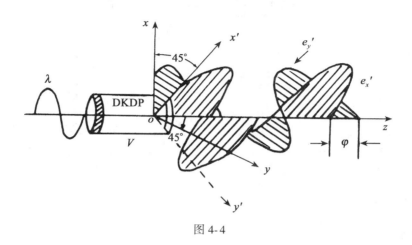

图 4-4

它们在晶体中传播时其折射率是不相等的，分别为

$$\left. \begin{array}{l} n_x = n_o + \dfrac{n_o^3}{2} \cdot r_{63} \cdot E \\[2mm] n_y = n_o - \dfrac{n_o^3}{2} \cdot r_{63} \cdot E \end{array} \right\} \tag{4-7}$$

式中，n_o 为寻常光的折射率；r_{63} 为晶体的电光系数；E 为纵向电场强度，当以 V 表示电压，l 表示晶体长度时，则 $E = V/l$。

因此这两个光波在晶体中传播的速度就不一样。而当通过长为 l 的晶体之后，两者之间就产生了相位差 φ。由于 $n_x - n_y = n_o^3 \cdot r_{63} \cdot E$，故

$$\varphi \approx \frac{\pi}{\lambda} n_o^2 \, r_{63} \, E_e = \frac{\pi}{\lambda} n_o^3 \, r_{63} \, V \tag{4-8}$$

由此可见，φ 与外加电压的一次方成正比，故称为线性电光效应。由于光强是相位差 φ 的函数，相位差又是外加电场（或电压）的函数，因此在一定频率的交变电压作用下，相位差将以同样的频率发生变化，于是光强也随之发生同样的变化，从而获得了调制光波，实现了电光调制。

（2）调制器简介

晶体调制器通常有两种：一是横向调制器，光的传播方向与电场方向相垂直，简称横调。一是纵向调制器，光的传播方向和电场方向一致，简称纵调。下面以横调为例介绍其一般结构。

图4-5所示为横向调制器，光源发射的非偏振光束通过起偏片后，变成直线偏振光。起偏片光轴与 x 轴成45°。在交变电压作用下，由双折射而产生的两支光，通过晶体 Ⅰ、Ⅱ后便获得交变的相位差 φ，从晶体Ⅱ射出的光经过 1/4 波片和检偏片后，便成为调制光波。

135

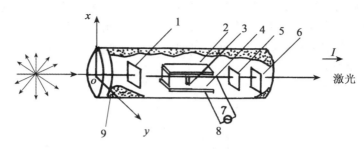

1—起偏片；　　2—晶体Ⅰ；　　3—1/2波片；　　4—晶体Ⅱ；　　5—1/4波片；　　6—检偏片；　　7,8—电极；　　9—调制台

图 4-5

　　图中采用两块晶体是为了补偿自然双折射，其中 1/2 波片的作用是将晶体Ⅰ和Ⅱ中两支光振动方向进行变化，晶体Ⅰ和Ⅱ的取向相反，以便于共用一个电极，1/4 波片的作用在于保证一定的光偏压，使调制器的输出光波不发生畸变。上述各部分均装于一密闭调制盒内，构成为KDP调制器。

4.1.3　光电转换

　　在相位式测距仪中，测相电路进行比相时，是取用参考信号 u_o 和测距信号 u_e 送入测相器来完成的。测相器要求输入的是电信号 u_e，可是发射的调制光从反射棱镜反回来的却是光信号。这就需要解决一个问题，即必须首先把接收到的光信号变为电信号。因此就要用一种"光电转换器件"来达到此目的。而"光电转换器件"就是完成光信号向电信号转变的器件。测距仪中常用的光电转换器件有光电二极管和光电倍增管。

1. 光电二极管

　　这是一种半导体光电子探测器件。图 4-6(a) 是光电二极管的外形。在管壳头上装有一块聚光透镜。它既然是二极管，本质上就是一个 PN 结。但是当接入电路时，是必须反向偏置的。见图 4-6(b)。光电二极管区别于普通二极管的显著特点，是具有"光电压"效应，即当有外来光通过聚光透镜，经会聚照射到 PN 结区时，能产生光电效应，使 P 区带正电荷，N 区带负电荷。这时即使利用万用表的 0.05V 电压档，量 a，b 两个管脚，也能量出其开路电压值，并且发现电压的大小会随入射光强的大小而变化。如果按图 4-6(b) 接成回路，则可量出光电流之值。该光电流在一定范围内（低于饱和区）是随外加光强而变化的。此外，还发现光电二极管的"光电压"效应与入射光波的波长有关。图 4-6(c) 所示的为硅光电二极管 2DV 的光谱响应曲线。曲线表明：这种光电二极管对波长为 $\lambda = 0.9 \sim 1.0 \mu m$ 的光（属于红外光）有较高的相对灵敏度。这种光探测器件，由于体积小，耗量也小，又对砷化镓红外光有较高的相对灵敏度，因此在红外光电测距仪中常用以作为光电转换器件。常用的型号有：2DV，2CV，2AV 等。

　　2. 光电倍增管

　　光电倍增管，是一种极其灵敏的高增益光电转换器件。图 4-7(a) 是光电倍增管的外形，(b) 是它的工作原理示意图。它由"阴极"K、若干个"放射极"和"阳极"A 组成。

　　阴极由钾、钠、铯、锑等多种碱金属构成。当光照射到碱金属的阴极表面时，如果光子能量足够大，就能使阴极表面发射电子（这种现象称为"光电效应"），并且阴极的发射

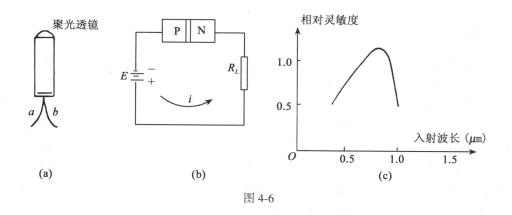

(a)　　　　　　　(b)　　　　　　　(c)

图 4-6

数量是随着入射光强的大小而变化的。放射极是由"二次发射"材料(如铍合金、镁合金等)制成的,由 R_1, R_2, …组成分压器逐级递增施加直流高压 1 000V 左右(见图 4-7(b)),因此从阴极经过各个放射极直到阳极,在极际之间都有一个很强的静电场将电子加速。所以每一个打到放射极上的电子,就能产生好几个 2 次电子(称为二次发射),适当地制作电极形状,安排好它们的位置,电子流就会从一个极依次地跑到下一极,若经过一极使电子流增大 σ 倍,则经过 n 极倍增最后到达阳极的电子流将达到 $n\sigma$。由此可见,光电倍增管除了能把光信号变成电信号以外,还能把电信号进行高倍率的放大,具有很高的灵敏度。它的放大倍数达 $10^6 \sim 10^7$ 数量级。因此,光电倍增管常被用作远程激光测距仪的光电接收器件,早先国产 JCY-2,DC-30-JG 等均使用国产的 GDB-23 型光电倍增管,其主要参数为

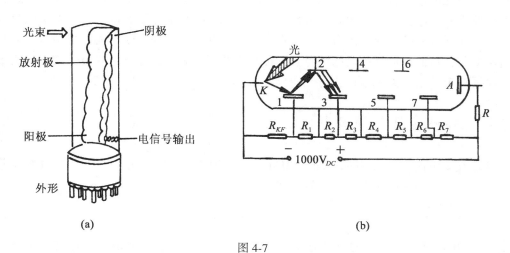

(a)　　　　　　　　　　　　(b)

图 4-7

光谱灵敏度范围:3 000~8 500Å;
最佳灵敏度:4 000±200Å;
放射极倍增极数:11 极;
尺寸:L135mm, $\varphi_外$ 40.5mm;
最大工作电压:2 000V;
阴极红光灵敏度:10~30μA/cm。

4.1.4 光电混频

对于光电倍增管来说，由于它既有光电效应又有放大作用，因此电流的变化除了与照射到阴极的光强大小有关外，还取决于极间电压的大小。因此，若把阴极 K 和聚焦极 F 看成一个"二极管"，把频率为 $f_1'=f_1-f_\Delta$ 的"本振"电压加在 K-F 上，那么在这个"二极管"上既有光-电效应的接收信号(频率为 f_1)电压，又有本振电压(频率 $f_1'=f_1-f_\Delta$)，通过"二极管"的非线性关系，就产生了"混频"作用。再经过倍增放大，最后所得阳极电流。除高次谐波分量外，还包含着两频率之和(f_1+f_1')及两频率之差(f_1-f_1')=f_Δ，经过简单的 RC，π 型滤波装置，把大于 f_1'(如 f_1' = 15MHz)的高频滤掉，即能获得中频 f_Δ 信号。这就是"光电混频"。当然，若把本振信号 f_1' 加在第 11 放射极与阳极所组成的"二极管"上进行光电混频，这也是可行的。因此，光电倍增管兼有光电转换、放大、混频这 3 个作用。故在应用光电倍增管的测距仪中，就不需要像用光电二极管的仪器那样，设置单独的混频线路，来完成接收信号的"变频"。

一个值得注意的问题是光电倍增管中电子渡越时间的稳定性。因为电子从阴极发射经各个放射极到达阳极是需要一定时间的——称为"渡越时间"，尽管这是很短的一瞬间，只有几个纳秒(ns)，但是其稳定性很重要。这可通过估算说明，若电子渡越时间变化 ±0.1ns，则对测距的影响就是

$$\Delta D = \frac{c}{2} \cdot \Delta t = \frac{3 \times 10^8}{2} \times 0.1 \times 10^{-9} = \pm 1.5\text{cm}$$

±1.5cm 已超出一般光波测距仪的测距误差范围，因此是不允许的。

电子在光电倍增管中渡越时间的稳定性取决于：①极间直流电压的稳定性。因此，电源变换器供应光电倍增管的 800~1 000V 的工作电压必须加稳压措施。②与光束照射到阴极的入射落点位置及入射方向有关。落点和方向的变化，会使电子在光电倍增管中渡越的轨迹起变化，从而造成渡越时间的差异，而带来测距误差。因此，在光电倍增管的阴极前面，设置一个柱面的聚光透镜，将光线集中照射到阴极上一个固定的椭圆形区域内。

4.2 电磁波测距仪分类

电磁波测距仪(Electronic Distance Measuring，EDM)就是利用电磁波作为载波和调制波进行长度测量的一门技术。其出发公式是

$$D = \frac{1}{2}vt \tag{4-9}$$

式中，v 为电磁波在大气中的传播速度，其值约为 3×10^8m/s；t 为电磁波在被测距离上一次往返传播的时间；D 为被测距离。

显然，只要测定了时间 t，则被测距离 D 即可按公式(4-9)算出。

按测定 t 的方法，电磁波测距仪主要可区分为两种类型：

(1)脉冲式测距仪。它是直接测定仪器发出的脉冲信号往返于被测距离的传播时间，进而按上式求得距离值的一类测距仪。

(2)相位式测距仪。它是测定仪器发射的测距信号往返于被测距离的滞后相位 φ 来间接推算信号的传播时间 t，从而求得所测距离的一类测距仪。

因为

$$t = \frac{\varphi}{\omega} = \frac{\varphi}{2\pi f}$$

所以

$$D = \frac{1}{2}v \cdot \frac{\varphi}{2\pi f} = \frac{v\varphi}{4\pi f} \qquad\qquad (4\text{-}10)$$

式中，f 为调制信号的频率。

根据(4-9)式和(4-10)式，如取 $v = 3 \times 10^8 \text{m/s}$，$f = 15\text{MHz}$，当要求测距误差小于 1cm 时，通过计算可知：用脉冲法测距时，计时精度须达到 $\frac{2}{3} \times 10^{-10}\text{s}$；而用相位法测距时，测定相位角的精度达到 0.36° 即可。目前，欲达到 10^{-10}s 的计时精度，困难较大，而达到 0.36° 的测相精度则易于实现。所以当前电磁波测距仪中相位式测距仪居多。

由于电磁波测距仪型号甚多，为了研究和使用仪器的方便，除了采用上述分类法外，还有许多其他分类方法，例如：

按测程分 { 长程——几十千米 / 中程——数公里至十余千米 / 短程——3km 以下

按载波源分 { 光波——激光测距仪，红外测距仪 / 微波——微波测距仪

按载波数分 { 单载波——可见光；红外光；微波 / 双载波——可见光，可见光；可见光，红外光等 / 三载波——可见光，可见光，微波；可见光，红外光，微波等

按反射目标分 { 漫反射目标(非合作目标) / 合作目标——平面反射镜，角反射镜等 / 有源反射器——同频载波应答机，非同频载波应答机等

随着 GPS 技术的迅速发展，作为长距离测量的微波测距仪和激光测距仪，正在逐步退出历史舞台。特别是微波测距仪，目前市场上已不多见。而以激光和红外作光源的全站仪，几乎全部为中、短程测距仪。

另外，还可按精度指标分级。由电磁波测距仪的精度公式

$$m_D = A + BD \qquad\qquad (4\text{-}11)$$

A 代表固定误差，单位为 mm。它主要由仪器加常数的测定误差、对中误差、测相误差等引起。固定误差与测量的距离无关，即不管实际测量距离多长，全站仪将存在不大于该值的固定误差。全站仪的这部分误差一般为 1~5mm。

BD 代表比例误差。它主要由仪器频率误差、大气折射率误差引起。其中 B 的单位为"ppm"(Parts Per Million)，是百万分之(几)的意思，它广泛地出现在国内外有关技术资料上。它不是我国法定计量单位，而仅仅是人们对这一数学现象的习惯叫法。全站仪 B 的值由生产厂家在用户手册里给定，用来表征比例误差中比例的大小，是个固定值，一般为 1~5ppm；D 的单位为"km"，即 1×10^6mm，它是一个变化值，根据用户实际测量的距离确定；它同时又是一个通用值，对任何全站仪都一样。由于 D 是通用值，所以比例误差中真正重要的是"ppm"，通常人们看比例部分的精度也就是看它的大小。

B 和 D 的乘积形成比例误差。一旦距离确定，则比例误差部分就会确定。显然，当 B 为 1ppm，被测距离 D 为 1km 时，比例误差 BD 就是 1mm。随着被测距离的变化，全站仪的这部分误差将随之按比例进行变化，例如当 B 仍为 1ppm，被测距离等于 2km 时，比例误差为 2mm。

固定误差与比例误差绝对值之和，再冠以偶然误差±号，即构成全站仪测距精度。如徕卡 TPS1100 系列全站仪测距精度为 2mm+2ppm×D。当被测距离为 1km 时，仪器测距精度为 4mm，换句话说，全站仪最大测距误差不大于 4mm；当被测距离为 2km 时，仪器测距精度则为 6mm，最大测距误差不大于 6mm。

按此指标，我国现行城市测量规范将测距仪划分为Ⅰ、Ⅱ、Ⅲ级，即

Ⅰ级：$m_D \leqslant 5\text{mm}$，　Ⅱ级：$5\text{mm} < m_D \leqslant 10\text{mm}$，　Ⅲ级：$10\text{mm} < m_D \leqslant 20\text{mm}$

4.3　脉冲法测距的基本原理及应用

4.3.1　脉冲的几个基本参数

脉冲的形状有多种，图 4-8 所示的为一钟形正脉冲，它可以用以下几个基本参数表示：

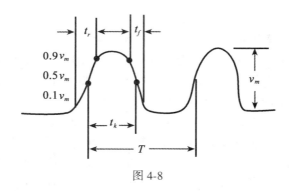

图 4-8

v_m 为脉冲幅度；

t_r 为脉冲前沿时间，即从 $0.1v_m$ 上升到 $0.9v_m$ 的时间；

t_f 为脉冲后沿时间，即从 $0.9v_m$ 下降到 $0.1v_m$ 的时间；

t_k 为脉冲宽度，即从前沿 $0.5v_m$ 到后沿 $0.5v_m$ 的时间；

T 为脉冲的重复周期；其重复频率为 f，且 $f = \dfrac{1}{T}$。

4.3.2　脉冲法测距的基本原理

脉冲法测距就是直接测定仪器所发射的脉冲信号往返于被测距离的传播时间而得到距离值的，图 4-9 为其工作原理框图。

由光脉冲发生器发射出一束光脉冲，经发射光学系统投射到被测目标。与此同时，由取样棱镜取出一小部分光脉冲送入接收光学系统，并由光电接收器转换为电脉冲(称为主

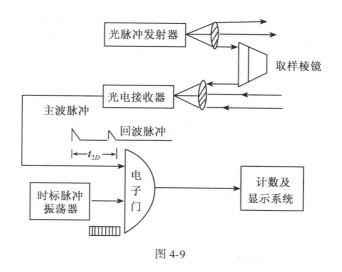

图 4-9

波脉冲），作为计时的起点。从被测目标反射来的光脉冲通过接收光学系统后，也被光接收器接收，并转换为电脉冲（也称回波脉冲），作为计时的终点。可见，主波脉冲和回波脉冲之间的时间间隔就是光脉冲在测线上往返传播的时间（t_{2D}），而 t_{2D} 是由时标脉冲振荡器不断产生的具有时间间隔（t）的电脉冲来决定的。

因

$$t_{2D} = nt$$

则

$$D = \frac{V}{2}nt = nd \tag{4-12}$$

式中，n 为时标脉冲的个数；$d = \frac{V}{2} \cdot t$，即在时间 t 内光脉冲往返所走的一个单位距离。

所以我们只要事先选定一个 d 值（例如 10m，5m，1m 等），记下送入计数系统的脉冲数目，就可以直接把所测距离（$D = nd$）用数码管显示出来。

在测距之前，"电子门"是关闭的，时标脉冲不能进入计数系统。测距时，在光脉冲发射的同一瞬间，主波脉冲把"电子门"打开，时标脉冲就一个一个经过"电子门"进入计数系统，计数系统就开始记录脉冲数目。当回波脉冲到达把"电子门"关上后，计数器就停止计数，可见计数器记录下来的脉冲数目就代表了被测距离值。

目前脉冲式测距仪，一般用固体激光器作光源，能发射出高频率的光脉冲，因而这类仪器可以不用合作目标（如反射器），直接用被测目标对光脉冲产生的漫反射进行测距，在地形测量中可实现无人跑尺，从而减轻劳动强度，提高作业效率，特别是在悬崖陡壁的地方进行地形测量，此种仪器更具有实用意义。近年来，脉冲法测距在技术上有了进展，精度指标有新的突破，后面将结合仪器加以说明。

4.3.3 脉冲式测距仪的基本结构

激光脉冲式测距仪的简化结构如图 4-10 所示。其工作过程大致如下：

当测距仪照准目标后，打开激光电源，激光器就发出一个很窄的光脉冲，这个光脉冲

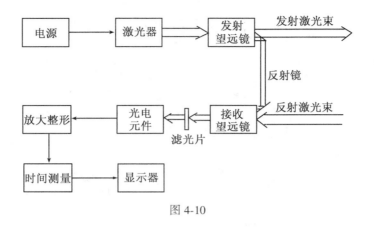

图 4-10

经过发射单元后，压缩了它的发散角。以红宝石激光器为例，其发散角一般是几个毫弧度，经过发射单元后发散角约压缩为零点几个毫弧度(这样的光脉冲射到 10km 远的地方，光斑直径只有几米)。在光脉冲发射出去的同时，其中极小一部分光立即通过两块反射镜而直接进入接收单元，以此作为发射参考信号，用其作为标定激光发出的时间。参考信号进入接收单元后，经过滤光片到达光电转换器(由光电二极管或光电倍增管等光电元件组成)，使光信号变为电信号，即将光脉冲变为电脉冲，这个电脉冲经放大整形后送至时间测量系统，使其开始计时。而射向目标的光脉冲，由于目标的反射(或漫反射)作用，使光(或部分光)从原路反射回来成为测距信号，进入接收单元，再经过滤光片、光电转换器、放大整形电路而进入时间测量系统，使其停止计时。时间测量系统所记录的时间(即参考信号与测距信号进入时间测量系统的时间差)，由显示器显示出来，进而通过译码后在显示器上直接给出测距仪到目标的距离。

4.3.4 脉冲法测距对光脉冲的要求

为保证测距精度和测程，不难看出，脉冲法测距对光脉冲应有如下要求：

(1)具有足够的强度。因光束有一定发散，加之空气对光线的吸收和散射，所以目标越远，返回的光就越弱，甚至根本接收不到。为了测出较远的距离，并达到一定的精度，就要求光源能发射出较高功率密度的光强。

(2)具有良好的方向性。方向性良好的光脉冲其能量可以集中在较小的立体角内，以达到较远的射程。另外还可准确地判断目标的方位。

(3)具有良好的单色性。因为空中总是存在着各种杂散光线(无论白天还是黑夜)，这些光线往往会比测距时反射回来的光信号强得多。如果这些杂散光和测距的光信号一并进入测距仪的接收系统，那将使测距无法进行。所以测距仪内装有滤光片，其作用是只允许测距光信号(单色光)通过而阻止其他频率的杂散光通过。显然，光脉冲的单色性越好，滤光片的滤光效果也越好，这样就更能有效地提高接收系统的信噪比，保证测量成果的精确性。

(4)具有很窄的脉冲宽度。光脉冲的宽度限制到很窄后，就可避免反射回来的光和发射出去的光重叠起来。由于光的速度很快，如果测程为 15km，则光脉冲往返一次仅需 10^{-4} s。因此光脉冲的宽度要远小于万分之一秒才能进行正常测距工作。如果测定更近的距离，光脉冲的宽度还要更窄。

测距时用的光脉冲的功率是很大的，一般其峰值功率达一兆瓦以上，而脉冲宽度在几十纳秒以下，这样的光脉冲一般称为"巨脉冲"。但是一般的激光脉冲并非巨脉冲，不能满足测距要求，所以要对激光器采用"调 Q 技术"，使之满足测距要求。

4.3.5 激光巨脉冲的产生——调 Q 技术

1. 谐振腔的 Q 值

我们知道，谐振腔的损耗决定激光器的阈值条件，通常用品质因素 Q 值来度量谐振腔损耗的大小。其定义为

$$Q = 2\pi v_0 \frac{w}{P}$$

式中，v_0 为激光的中心频率；w 为贮存在谐振腔内的能量；P 为每秒损耗的能量。由定义可知，谐振腔的损耗越小，其 Q 值越高；损耗越大，则 Q 值越低。因此，谐振腔的 Q 值是衡量腔损耗的品质因素。

2. 调 Q 原理

既然谐振腔有损耗，为了产生光振荡，出射激光，必须给激光器补充能量，使其产生增益。这种增益是用增益系数 G 来描述的，增益系数 G 的定义是：光波通过单位长度路程光强的相对增长率。它代表介质对光放大能力的大小。增益系数的下限值称为增益系数的阈值，以 $G_{阈}$ 表示之。

由上述可知，Q 值低，腔的损耗大，$G_{阈}$ 高，谐振腔不易起振；反之，Q 值高，腔的损耗小，$G_{阈}$ 低，容易起振。调 Q 技术，又称 Q 开关，其原理是通过某种方法按规定程度改变腔的 Q 值，从而获得单个巨脉冲。它克服了普通脉冲激光器产生的脉冲输出时间长、峰值功率低的缺点。

调 Q 技术的基本过程是激光介质开始被闪光灯激励时，人为地使腔维持低 Q 值，使粒子不断抽运到上能级，由于 Q 值低，$G_{阈}$ 高，激光不易产生。直到粒子数反转值积累到相当大的时候，突然提高腔的 Q 值，让 $G_{阈}$ 突然降低，使受激辐射迅速增长，则激光能量以时间很短、强度很大的脉冲输出。

调 Q 过程中粒子数密度反转分布值 Δn 与光子数密度 N 随时间的变化可用图 4-11 表示。当 $t < 0$ 时，由于 Q 值低，$\Delta n'_{阈}$ 高，泵源不断抽运使粒子数密度反转分布值 Δn 达到高水平。但由于 $\Delta n < \Delta n'_{阈}$，故不产生激光。此时，只有很少自发辐射产生的光子。当 $t \to 0$ 时，光子数密度 $N \approx N_i$。$t = 0$ 时，腔的 Q 值突然增高，$\Delta n'_{阈}$ 突变为 $\Delta n_{阈}$，由于 $\Delta n_i > \Delta n_{阈}$，所以腔内光子密度数 N 迅速增加。与此同时，由于受激辐射的产生，

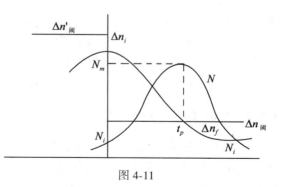

图 4-11

Δn 迅速减少。当 $t = t_p$ 时，$\Delta n = \Delta n_{阈}$，腔内光子密度数不再增加，而达到最大值 N_m。当 $t > t_p$ 时，由于 $\Delta n < \Delta n_{阈}$，腔内光子数密度的损耗大于增益，所以光子数密度迅速减少。当 N 降至 N_i 时，$\Delta n = \Delta n_f$，巨脉冲熄灭，到此输出一个完整的激光巨脉冲。调 Q 脉冲的脉宽约

为几十纳秒，脉冲峰值功率可达兆瓦量级。

由上述可见，要实现 Q 开关，必须要求：①抽运速率大于上能级自发衰减速度，即上能级寿命要长，否则不能实现粒子数反转；②与形成激光的过程相较，Q 开关动作要快，否则脉冲时间长，峰值功率低。

关于调 Q 的具体方法有多种，如转镜调 Q，电光调 Q，声光调 Q，染料调 Q 等，可参阅有关专业书籍。

4.3.6 计算系统(距离显示器)

在脉冲法测距中由于脉冲在测程上往返时间极短，所以通常用记录高频振荡晶体的振动次数来进行计时。图 4-12 为其方框图。

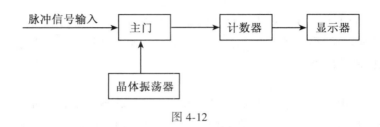

图 4-12

当发射的参考光脉冲(参考信号)进入接收器并转换成电脉冲后，即进入主门电路并将主门打开，此时由石英晶体振荡口所产生的电脉冲就经由主门进入计数器，使计数器开始计数，同时数码管显示器就不断地指示出计数器所记录的电脉冲数。待反射光脉冲信号(即测距信号)进入接收器并转换成电脉冲输入主门时，就将主门立即关闭，石英晶体振荡器所产生的电脉冲就不能再进入计数器，计数器也就停止计数。在显示器上显示的数字，就是光脉冲从发出到返回这段时间内振荡器所产生的电脉冲数。

为了使显示器上的数字能直接用长度单位标定，还需要适当地选择晶体振荡器的振荡频率。例如，若使振荡器的振荡频率为每秒 150MHz，即 1μs 时间内产生 150 个电脉冲，由于 $D = \frac{1}{2}Ct$，可求得 1μs 所对应的距离正好是 150m(计算时取 $c = 3 \times 10^8 \text{m/s}$)，即每 1 个电脉冲正好代表 1m 的距离，故显示器的单位可直接标以"m"。常用的振荡频率有 15MHz，30MHz，75MHz，150MHz 等，对应的显示器的单位分别为 10m，5m，2m，1m。显然，上述方法只能达到 1m 的分辨力，不可能实现毫米级精度，为此尚须采取特殊的办法测时，例如时间扩大法等，这一问题将结合具体仪器在 4.3.7 中另行说明。

4.3.7 Wild DI 3000 脉冲式测距仪

以往生产的脉冲式测距仪，其测距精度大多在米级，而近期由 Wild 厂生产的 DI 3000 红外激光测距仪，其测距精度已能达到毫米级。下面将简述该仪器以及其变型——DIOR 3002 的某些特征。

1. DI 3000 的主要技术指标及功能

DI 3000 具有较长的测程和较高的精度。在一般大气条件下用单棱镜测距可达 6km，在特别好的大气条件下，使用 11 块棱镜测距可测至 14km。采用标准测量方式(用 DIST

键)时，其标称精度为 $m_D = \pm(3\text{mm} + 1\times10^{-6}D)$。表 4-1 列出了 4 种测量方式以及相应的测量精度和测量时间。

表 4-1   **DI 3000 的 4 种测量方式**

测量方式	按键	测量时间	标称精度
标准方式	DIST	3.5s	$3\text{mm} + 1\times10^{-6}D$
快速方式	DI	0.8s	$5\text{mm} + 1\times10^{-6}D$
重复方式	DIL	$n\times3.5$s	$3\text{mm} + 1\times10^{-6}D$
跟踪方式	TRK	初始测量为 0.8s，其后每 0.3s 更新一次	$10\text{mm} + 1\times10^{-6}D$

乘常数($\times10^{-6}$)、加常数(mm)、气压及气温(p/t)、所需放样的距离(so)、相对湿度(%)等均可通过键盘输入。

当输入垂直角后可计算出平距(◿)及高差(◿∥)。在测量较长距离($D>2\text{km}$)时，垂直角将受到大气折光的影响，为减弱由此引起的误差，可输入测站及照准点的高程，以便精确地算出平距。

DI 3000 的接口与 Wild 厂生产的所有电子仪器使用的接口相同。它安装在电子经纬仪上时由经纬仪控制并供给电源。它能通过经纬仪或直接连接到 Wild 电子手簿 GRE3 上以便自动记录观测值。附加数据可由人工输入 GRE3。它还可以通过 RS 232 接口与计算机连接。

2. 计时脉冲法测距

在 DI 3000 测距仪中，用 GaAs 激光管产生波长为 $0.865\mu\text{m}$ 的红外激光作光源，这是一种仅持续数毫微秒的瞬时脉冲。在发光的瞬间，激光二极管将有数十倍的脉冲电流通过。为了使激光在整个工作温度范围内得到稳定的输出，则必须对电流加以适当的控制。

发射的光脉冲从测距仪出发，通过欲测定的距离到达反光镜后再反射回来，其往返时间 t 称为脉冲渡越时间，它正比于距离 D(见图 4-13)。由图中可见，$2D_0 = \dfrac{c}{n}t$，式中 n 为大气折射率，c 为光速。

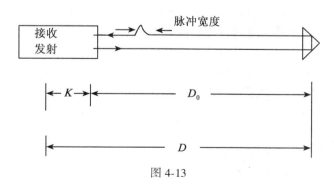

图 4-13

DI 3000 使用的脉冲宽度 $t_1 = 12\text{ns}$(即 12×10^{-9}s)，脉冲间隔 $t_2 = 0.5\text{ms}$(即 0.5×10^{-3}s)，脉冲重复频率为 2 000Hz，参阅图 4-14。

图 4-14　脉冲宽度及间隔

如同相位法测距那样，脉冲法测距也需用内、外光路交替测量，以消除或削弱由于电子线路或发射、接收二极管中产生的偏移。

3. 渡越时间 t 的测定方法

欲提高脉冲法测距精度，关键在于精确测定大气折射率 n 和脉冲渡越时间 t。现在简述DI 3000测定 t 的方法。

如图 4-15 所示，欲测时间 t_D 为

$$t_D = N \cdot T + t_a - t_b$$

式中，T 为时钟脉冲的周期；N 为 T 的整数倍；t_a，t_b 为不足 T 的余数。

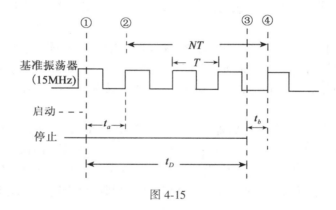

图 4-15

测量 N，即测量时钟脉冲的总数，这相当于测大数，比较容易解决。关键问题是如何测定余数 t_a，t_b。该仪器采用了"时间扩大法"，其做法是：利用发射脉冲启动一个充电电路，在①~②和③~④的时间内以恒定电流对电容器充电，由于电容增加的电荷或电压与充电的时间成比例，因而就把时间转化为模拟量。

在充电停止后立即开始放电过程，其电流也是恒定的，但数值上远小于充电电流。设充电电流是放电电流的 M 倍，则放电时间分别为 Mt_a，Mt_b。如用 N_1，N_2 分别代表 Mt_a，Mt_b 时间内的时钟脉冲数，则欲测时间 t_D 可写成

$$t_D = (MN + N_1 - N_2)\frac{T}{M}$$

由此可见，由于时间扩大了 M 倍，则测距的分辨率也就提高了 M 倍。

4. DIOR 3002 脉冲测距仪简介

Wild 厂在 DI 3000 的基础上，生产出一种在一定测距范围内不用反光镜的测距仪，其型号为 Wild DIOR 3002。

该仪器的主要技术指标如下：

测程：

不用反光镜时，在良好大气条件下可达 250m；一般大气条件下，可测到 200m。

使用反光镜时，在良好大气条件下可测到 6km，在一般大气条件下，可测到 5km。

精度：

不用反光镜时，$m_D = \pm 5\mathrm{mm} \sim \pm 10\mathrm{mm}$。

使用反光镜时，$m_D = \pm (5\mathrm{mm} + 1 \times 10^{-6}D)$。

光束发散角为 2.1mrad，因而光束直径在 100m 处约为 20cm。

将该仪器与经纬仪组合，并与带 PROFIS DIOR 程序的 GRE3 电子手簿配合，就能方便地完成如下测量工作：两点间的斜距、平距和高差，从一点到连接两点的直线的垂距，局部坐标系中的坐标；对距离和高程的某些改正计算等。

4.4 相位法测距的基本原理及应用

4.4.1 基本原理及基本公式

1. 基本原理

前已述及，所谓相位法测距就是通过测量连续的调制信号在待测距离上往返传播产生的相位变化来间接测定传播时间，从而求得被测距离。图 4-16 表示其工作原理。

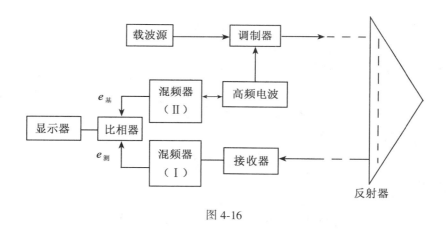

图 4-16

由载波源产生的光波(或微波)经调制器被高频电波所调制(调幅或调频)，成为连续调制信号。该信号经测线达到彼端反射器，经反射后被接收器所接收，再进入混频器(Ⅰ)，变成低频(或中频)测距信号 $e_{测}$。另外，在高频电波对载波进行调制的同时，仪器发射系统还产生一个高频信号，此信号经混频器(Ⅱ)混频后成为低频(或中频)基准信号 $e_{基}$。$e_{测}$ 和 $e_{基}$ 在比相器中进行相位比较，由显示器显示出调制信号在两倍测线距离上传播所产生的相位移，或者直接显示出被测距离值。

2. 相位式测距仪计算距离的基本公式

在图 4-17 中，如 A 点安置仪器，B 点安置反射器，$A \to B$ 为光波的往程，$B \to A$ 为返程。为清楚起见，我们可以将往程与返程摊平，则在图上很容易看出测距信号在待测距离上往返一次所产生的相位差。

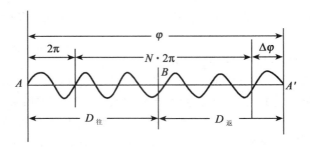

图 4-17　信号往返一次的相位差

设发射的调制波信号为

$$e_1 = e_m \sin\omega t \tag{4-13}$$

式中，e_m 为调制波的振幅；ω 为调制波的角频率；t 为变化的时间。

经过 t_{2D}（调制波往返于测线所经历的时间）后，接收器接收到的反射波信号为

$$e_2 = e_m \sin(\omega t - \omega t_{2D}) \tag{4-14}$$

由此可见发射波与反射波之间的相位差为

$$\varphi = \omega t_{2D}$$

则

$$t_{2D} = \frac{\varphi}{\omega} \tag{4-15}$$

将式（4-15）代入 $D = \dfrac{1}{2}c t_{2D}$ 中得

$$D = \frac{1}{2}c\,\frac{\varphi}{\omega} = \frac{1}{2}c\,\frac{\varphi}{2\pi f} = \frac{c}{4\pi f}\varphi \tag{4-16}$$

由图 4-17 中见

$$\varphi = 2N\pi + \Delta\varphi \tag{4-17}$$

将式（4-17）代入式（4-16）得

$$D = \frac{c}{4\pi f}(2N\pi + \Delta\varphi) = \frac{c}{2f}\left(N + \frac{\Delta\varphi}{2\pi}\right) = \frac{\lambda}{2}(N + \Delta N)$$

通常用 u 代表 $\dfrac{\lambda}{2}$ 则

$$D = u(N + \Delta N) \tag{4-18}$$

式中，$\Delta N = \dfrac{\Delta\varphi}{2\pi}$。

式（4-18）就是相位法测距的基本公式。从公式中我们看到，这种测距方法，就相当于用一把长度为 $u\left(即\dfrac{1}{2}\lambda\right)$ 的尺子来丈量被测距离。如同用钢尺量距那样，式中 N 是"整尺段"数，而 $\Delta N \times u$ 则为"余长"。这里，我们把长度等于调制波波长之半 $\left(即\dfrac{\lambda}{2} = u\right)$ 的这一把"尺子"称为"测尺"或"电子尺"。另外，我们还看到，在相位式电磁波测距仪中，欲得

到距离，必须测定两个量：一个是"整波数" N ；另一个是"余长" ΔN ，亦即相位差尾数 $\Delta\varphi$ 值 $\left(\text{因 } \Delta N=\dfrac{\Delta\varphi}{2\pi}\right)$ 。在相位式测距仪中，一般只能测定 $\Delta\varphi$ （或 ΔN ），无法测定整波数 N 。这好比担任量距的人记不住已经量了多少整尺段，只记住最后不足一个整尺段的余长，因此使式(4-18)产生多值性，距离 D 尚无法确定。

4.4.2 N 值的确定

由式(4-18)可以看出，当测尺长度 u 大于距离 D 时，则 $N=0$ ，此时可求得确定的距离值，即 $D=u\dfrac{\Delta\varphi}{2\pi}=u\Delta N$ 。因此，为了扩大单值解的测程，就必须选用较长的测尺，即选用较低的调制频率。根据 $u=\dfrac{\lambda}{2}=\dfrac{c}{2f}$ ，取 $c=3\times10^5\text{km/s}$ ，可算出与测尺长度相应的测尺频率（即调制频率），如表4-2所示。由于仪器测相误差（一般可达 10^{-3} 即 $m_{\Delta\varphi}/2\pi<1/1\,000$ ）对测距误差的影响也将随测尺长度的增加而增大（见表4-2），因此，为了解决扩大测程与提高精度的矛盾，可以采用一组测尺共同测距，以短测尺（又称精测尺）保证精度，用长测尺（又称粗测尺）保证测程，从而也解决了"多值性"的问题。这就如同钟表上用时、分、秒互相配合来确定12小时内的准确时刻相似。根据仪器的测程与精度要求，即可选定测尺数目和测尺精度。

表4-2

测尺频率	15MHz	1.5MHz	150kHz	15kHz	1.5kHz
测尺长度	10m	100m	1km	10km	100km
精度	1cm	10cm	1m	10m	100m

设仪器中采用了两把测尺配合测距，其中精测频率为 f_1 ，相应的测尺长度为 $u_1=\dfrac{c}{2f}$ ；粗尺频率为 f_2 ，相应的测尺长度为 $u_2=\dfrac{c}{2f_2}$ 。若用两者测定同一距离，则由式(4-18)可写出下列方程组

$$\left.\begin{array}{l} D = u_1(N_1 + \Delta N_1) \\ D = u_2(N_2 + \Delta N_2) \end{array}\right\} \qquad (4\text{-}19)$$

将以上两式稍加变换即得

$$N_1 + \Delta N_1 = \frac{u_2}{u_1}(N_2 + \Delta N_2) = K(N_2 + \Delta N_2)$$

式中， $K=\dfrac{u_2}{u_1}=\dfrac{f_1}{f_2}$ ，称为测尺放大系数。

若已知 $D<u_2$ ，则 $N_2=0$ 。因为 N_1 为正整数， ΔN_1 为小于1的小数，等式两边的整数部分和小数部分应分别相等，所以有 $N_1=K\Delta N_2$ 的整数部分。为了保证 N_1 值正确无误，测尺放大系数 K 应根据 ΔN_2 的测定精度来确定。

例如，某仪器选用 $u_1 = 10\mathrm{m}$，$u_2 = 1\,000\mathrm{m}$ 两把测尺测量一段小于 $1\,000\mathrm{m}$ 的距离。测得 $\Delta N_1 = 0.698$，$\Delta N_2 = 0.387$，用已知被测距离的概值 $D < u_2$，又 $K = \dfrac{u_2}{u_1} = \dfrac{1\,000}{10} = 100$，则可求得距离 $D = 386.98\mathrm{m}$，即

N_1	698 $\cdots\cdots\cdots$	ΔN_1	观测读数
$\downarrow$			
38	7 $\cdots\cdots\cdots$	ΔN_2	观测读数
38	698m		

如果要进一步扩展单值解的测程，并保证精度不变，就必须再增加测尺数目。

4.4.3　几种常用的测尺频率方式

由表 4-2 可以看出，当测程较长时，各调制频率值相差很大。如测程扩大到 100km，则高低频率相差达 10 000 倍，这就造成电路上的放大器、调制器难以实现对各种测尺频率具有相同的增益及相移稳定性。因而一般长测程相位式测距仪都不采用上述直接与测尺长度相对应的粗测尺频率，而采用一组数值上比较接近的间接测尺频率，利用其差频频率作为粗测尺频率，其工作原理如下。

如果用两个频率 f_1 和 f_2 的调制波分别测量同一距离，则由式(4-16)可写出

$$\left. \begin{aligned} D &= \frac{c}{2f_1} \cdot \frac{\varphi_1}{2\pi} \\ D &= \frac{c}{2f_2} \cdot \frac{\varphi_2}{2\pi} \end{aligned} \right\} \tag{4-20}$$

上式可改写为

$$\left. \begin{aligned} \frac{\varphi_1}{2\pi} &= \frac{D}{c} 2f_1 \\ \frac{\varphi_2}{2\pi} &= \frac{D}{c} 2f_2 \end{aligned} \right\} \tag{4-21}$$

将式(4-21)中的两式相减并移项，可得

$$D = \frac{c}{2(f_1 - f_2)} \cdot \frac{\varphi_1 - \varphi_2}{2\pi} = \frac{c}{2f_s} \cdot \frac{\varphi_s}{2\pi} = u_s \cdot \frac{\varphi_s}{2\pi} \tag{4-22}$$

式中 $f_s = f_1 - f_2$；$\varphi_s = \varphi_1 - \varphi_2$；$u_s = \dfrac{c}{2f_s}$。

因

$$\varphi = N \cdot 2\pi + \Delta\varphi = 2\pi(N + \frac{\Delta\varphi}{2\pi}) = 2\pi(N + \Delta N)$$

则

$$\varphi_s = \varphi_1 - \varphi_2 = 2\pi(N_2 + \Delta N_1) - 2\pi(N_2 + \Delta N_2)$$
$$= 2\pi\big[(N_1 - N_2) + (\Delta N_1 - \Delta N_2)\big]$$

将上式代入式(4-22)可得

$$D = u_s\big[(N_1 - N_2) + (\Delta N_1 - \Delta N_2)\big]$$

$$= u_s(N_s + \Delta N_s) \tag{4-23}$$

式中，$N_s = N_1 - N_2$； $\Delta N_s = \Delta N_1 - \Delta N_2$。

由此可以看出，用两个频率 f_1、f_2 测量同一距离所得到的相位之差 $(\varphi_1 - \varphi_2)$，就等于用其差频频率 f_s 测量距离时的相位差 φ_s。因此可以用频率 f_1、f_2 的观测结果来间接求得相应于差频频率 f_s 的观测结果。

表 4-3 列出了与表 4-2 的测程和精度相同的一组间接测尺频率和相当测尺频率 $f_{s_i}(i = 1, 2, 3, 4)$。

表 4-3

间接测尺频率 f_i	相当测尺频率 f_s	测尺长度 u_s	精度
$f_1 = 15\text{MHz}$	$f_1 = 15\text{MHz}$	10m	1cm
$f_2 = 0.9f_1$	$f_{s_1} = f_1 - f_2 = 1.5\text{MHz}$	100m	10cm
$f_3 = 0.99f_1$	$f_{s_2} = f_1 - f_3 = 150\text{kHz}$	1km	1m
$f_4 = 0.999f_1$	$f_{s_3} = f_1 - f_4 = 15\text{kHz}$	10km	10m
$f_5 = 0.9999f_1$	$f_{s_4} = f_1 - f_5 = 1.5\text{kHz}$	100km	100m

从表 4-3 频率值可见，采用这种方式，各间接测尺频率值非常接近，最高与最低之频率差仅 1.5MHz。因而在中、远程测距仪中使用时，仍能使放大器对各个测尺频率都能有相同的增益和相移稳定性。目前多种型号的精密激光测距仪就是采用上述的频率方式，一些微波测距仪也是按间接测尺频率方式工作的。

4.4.4 内光路的作用

当顾及到仪器内部电子线路在传送信号的过程中将产生附加相移 φ'，则实际上由相位计所测得的参考信号与测距信号之间的相位差 φ 应为

$$\varphi = \varphi_D + \varphi' \tag{4-24}$$

式中，φ_D 为调制光在被测距离上往返传播所产生的相位移。

由于附加相移 φ' 是随工作环境而变化的，所以称之为随机相移。目前大多数测距仪都采用在仪器内部设置内光路的办法来消除随机相移 φ' 的影响。

设内外光路测量时的相位移分别用 φ_c 和 φ_m 表示，则

$$\left. \begin{array}{l} \varphi_c = \varphi_d + \varphi' \\ \varphi_m = \varphi_D + \varphi' \end{array} \right\} \tag{4-25}$$

式中，φ_d 为调制光在内光路光程为 $2d$ 上传播时所产生的相位移。

将式（4-25）的两式相减，可得

$$\varphi_{D-d} = \varphi_m - \varphi_c = \varphi_D - \varphi_d \tag{4-26}$$

式中，φ_{D-d} 表示调制光在光程为 $D-d$ 的距离上往返传播所产生的相位移。显然，由内、外光路的观测结果求得的相位移 φ_{D-d} 就消除了随机相移 φ' 的影响。

4.4.5 差频测相

在讨论差频测相时，我们只研究调制信号的相位变化，而不考虑载波问题，因为载波在测距过程中仅起一个运载工具的作用。下面用图 4-18 来说明调制信号的相位变化。

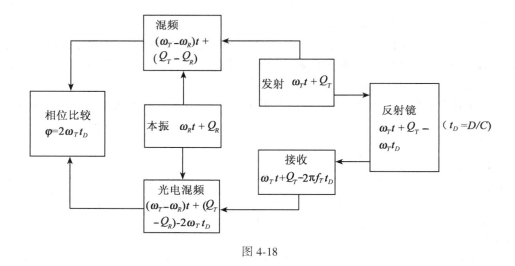

图 4-18

设发射的调制光的角频率为 ω_T（$\omega_T = 2\pi f_T$），其相位为 $\omega_T t + Q_T$，Q_T 为其初相。同样，本机振荡信号的角频率为 ω_R（$\omega_R = 2\pi f_R$），其相位为 $\omega_R t + Q_R$，Q_R 为其初相。仪器设计时，可使 $f_T > f_R$，即 $\omega_T > \omega_R$。主振信号和本振信号经电混频后，得到低频信号，即参考信号，其相位为

$$(\omega_T - \omega_R)t + (Q_T - Q_R) \tag{4-27}$$

调制光由测站到达反射器所需要的传播时间 $t_D = \dfrac{D}{v}$（D 为测线距离，v 为光在大气中的传播速度），其相位将延迟 $\omega_T t_D$，再从反射器返回测站时，相位又要延迟 $\omega_t t_D$，故调制光到达光电接收器时相位为 $\omega_T t - 2\omega_T t_D + Q_T$，调制光被接收后，与本振信号进行混频，也得到低频信号，即测距信号，其相位为

$$(\omega_T - \omega_R)t - 2\omega_T t_D + (Q_T - Q_R) \tag{4-28}$$

参考信号与测距信号进行相位比较，将式(4-27)减去式(4-28)，便得到发射的调制光在测线上往返传播所产生的相位移，以 φ 表示，则

$$\varphi = \left[(\omega_T - \omega_R)t + Q_T - Q_R\right] - \left[(\omega_T - \omega_R)t - 2\omega_T t_D + Q_T - Q_R\right]$$
$$= 2\omega_T t_D \tag{4-29}$$

由此可见，测定两低频信号(参考信号与测距信号)之间的相位差就等于测定了高频调制信号在两倍距离上的相位差。由于差频测相的频率比调制信号的频率降低了许多倍，这对电路中测相电路的稳定，测相精度的提高都有利，所以相位式测距仪一般都采用差频测相。

4.4.6 自动数字测相

所谓自动数字测相就是仪器在逻辑指令的控制下，通过脉冲计数，自动测量、运算并直接显示距离的一种测相方法，又名相位脉冲法或电子相位计法。

自动数字测相不仅测量精度高、速度快，而且便于和数据处理设备连接，以实现数据测量、记录和处理的自动化。目前中、短程测距仪大多采用了自动数字测相方法。

1. 自动数字测相原理

　　自动数字测相的工作原理如图 4-19 所示。在参考信号 $e_参$ 与测距信号 $e_测$ 比相之前，它们首先分别经过通道 I ，II 进行放大，并整形为方波（见图 4-20）。两个方波信号分别

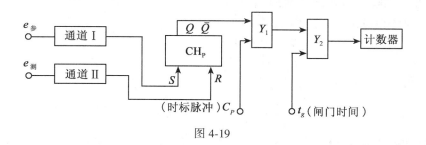

图 4-19

加到检相触发器 CH_P 的输入端"S"端和"R"端，$e_参$ 负跳变使 CH_P 触发器"置位"，即 CH_P 触发器的"Q"端输出高电位，而 $e_测$ 负跳变使 CH_P 触发器"复位"，即 Q 端输出低电位。检相脉冲的宽度对应着两比相信号的相位差。在 CH_P 触发器置位的时间 t_P 内第一个 Y_1 门开启，时标脉冲可以通过。因此通过 Y_1 门的脉冲数就反映了测距信号 $e_测$ 与参考信号 $e_参$ 的相位差。这就是单次测量的过程。显然，$e_测$ 滞后于 $e_参$ 的相位角 φ 愈大，则两信号负跳变之间的时间间隔愈长，即检相触发器 CH_P 的置位时间 t_P 愈长，那么，通过 Y_1 门的脉冲数就愈多。单次检相所通过的脉冲数(m)应等于时钟脉冲频率(f_C)和时间(t_P)的乘积，即

$$m = f_C t_P = f_C \frac{\varphi}{w_P} = \frac{f_C}{f_P} \frac{\varphi}{2\pi} \tag{4-30}$$

式中，f_P 为低频相信号 $e_参$ 和 $e_测$ 的频率；φ 为 $e_参$ 与 $e_测$ 的相位差。

　　由上式可见，从 Y_1 门输出的脉冲数(m)与两测相信号 $e_参$、$e_测$ 的相位差(φ)成正比。

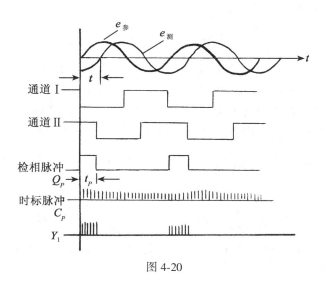

图 4-20

　　例如时钟脉冲频率 $f_C = 10\text{MHz}$，测相信号频率 $f_P = 10\text{kHz}$，则在一个检相周期 $\varphi = 2\pi$ 内，通过的脉冲数为

$$m = \frac{f_C}{f_P} \frac{\varphi}{2\pi} = \frac{10^7}{10^4} \frac{2\pi}{2\pi} = 1\,000$$

若高频率调制信号的频率 $f_s = 15\text{MHz}$，它相当于一把长度为 10m 的"光尺"，现用 1 000 个脉冲来刻画，因此每个脉冲代表 1cm 的长度。如果测量的距离为 $D = 4.50\text{m}$，与 4.50m 相对应的相位角为

$$\varphi = \frac{D}{u_s} \cdot 2\pi = \frac{4.50}{10} \times 2\pi = 0.45 \times 2\pi$$

则计数器计得的脉冲数为

$$m = \frac{f_C}{f_P} \cdot \frac{\varphi}{2\pi} = 1\,000 \times 0.45 = 450$$

这 450 个脉冲就代表 4.50m 的长度。由此可见，适当选择 f_C、f_P 与"光尺"的长度(u_s)相配合，计数器所累计的脉冲数，就可以直接表示出所测距离的长度值。

以上就是自动数字测相的工作原理。为了减少测量过程中的偶然误差以及大气抖动、接收电路噪声等影响，以提高测距精度，一般在测相电路与门 Y_1 后面再加上一个门 Y_2，其作用在于用测相闸门时间 t_g 控制相位测量的持续时间，即控制一定的检相次数，用多次检相的平均值作为一次测相的结果。门 Y_2 受闸门时间为 t_g 的闸门信号 e_g 所控制，在闸门时间 t_g 内 e_g 输出高电位，门 Y_2 打开，这段时间内进行检相的次数为

$$n = f_P t_g \tag{4-31}$$

因此，在 t_g 时间内，通过门 Y_2 进入计数器的脉冲总数为

$$M = m \times n = \frac{f_C}{f_P} \cdot \frac{\varphi}{2\pi} \cdot f_P \cdot t_g = f_C t_g \frac{\varphi}{2\pi} \tag{4-32}$$

在 $\varphi = 2\pi$ 时得到最多的测相脉冲数为

$$M_{max} = f_C t_g \tag{4-33}$$

根据式(4-32)可得

$$\varphi = \frac{M}{f_C \cdot t_g} \cdot 2\pi \tag{4-34}$$

对某台机器而言，上式中 f_C 和 t_g 为定值，因此，根据计数器中测得的脉冲个数 M 就可以得到相位差 φ。在实际测距仪电路中，t_g 和 f_C 的选择应使计数器的读数 M 直接和距离值相对应，从而使得在数码管上可以直接显示出距离数值。例如：若选用"光尺"长度 $u_s = 10\text{m}$，时钟脉冲频率 $f_C = 10\text{MHz}$，闸门时间 $t_g = 0.1\text{s}$，如果所测的距离 D 为 7.5m，则对应于 10m"光尺"其相位差 φ 应为 $\frac{3}{2}\pi$，这时通过门 Y_2 进入计数器的脉冲总数为

$$M = f_C t_g \frac{\varphi}{2\pi} = 10^7 \times 10^{-1} \times \frac{\frac{3}{2}\pi}{2\pi} = 750\,000$$

如果取前面 3 位数，这就相当于对 1 000 次检相取平均值，当用 cm 为单位时，则为 750cm，正好是 7.5m。

2. 自动数字测相中大小角的辨别问题

在自动数字测相过程中，当遇到相位差接近于 0°的小角度或接近于 360°的大角度时，由于检相电路的分辨力有限而可能造成大小角度检相错误；或者因为检相电路存在噪声使测相信号抖动，此时若检相角处于小角度范围内可能会使检测相角在大于 0°，或小于

360°附近的范围内跳动，因此对多次检相取平均值将发生错误。例如某段距离的正确值为100.08m，其相位尾数的小角度如果是3°，由于噪声的影响而变为大角度357°，对应的距离为99.92m。取平均值时 $\varphi_{均}=\dfrac{1}{2}(3°+357°)=180°$，它所对应的距离读数是105m，显然产生了大的错误。

解决这一问题的办法有多种，例如移 π 检相、分区控制检相等。它们解决问题的实质是把大小角度检相变成中等角度检相。下面对移 π 检相和分区控制检相作一简单介绍。

（1）移 π 检相

当相位处于大小角度时，取用 $e'_{测}$ 整形方波的反相输出 $\bar{e}'_{测}$ 作为检相触发器的"R"端输入使之复位。因 $\bar{e}'_{测}$ 相对于 $e'_{测}$ 而言相当于把 $e'_{测}$ 移相 π，故称之为"移 π 检相"。移 π 后的相位差将变为（$\varphi_{小}+\pi$）或（$\varphi_{大}-\pi$）都是近于180°的中等角度（如图4-21所示），防止了检相错误。为使最后结果不变，只要在检相结果中加 π 或减 π 就可以了。即：

大角度　　　　　（$\varphi_{大}-\pi$）$+\pi=\varphi_{大}$

小角度　　　　　（$\varphi_{小}+\pi$）$+\pi=\varphi_{小}+2\pi$

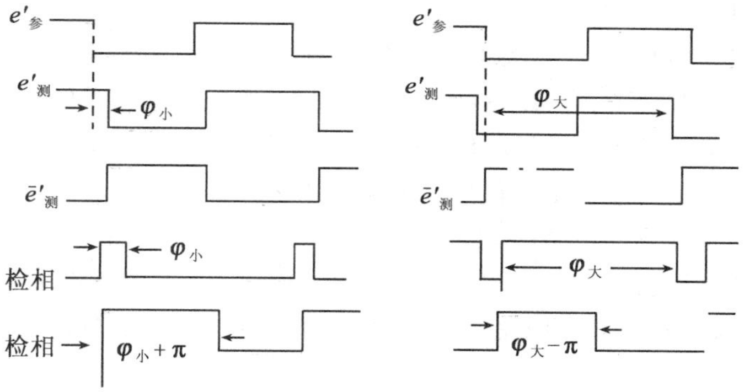

图4-21

可见，加 π 后大角度恢复了原来值 $\varphi_{大}$；而小角度变为 $\varphi_{小}+2\pi$，由于 2π 为一整周期，在计数器中自动溢出，实际上也恢复了原值 $\varphi_{小}$。

（2）分区控制检相

这种检相方法是将 $0\sim2\pi$ 的测相范围，划分成3个区段，利用一个计数器将每次相检得到的时标脉冲数与临界值比较，以确定该次检相的相位差角度是属于哪个区段，然后对检相值作适当处理。例如，在 2π 检相周期内，有填充时标脉冲10 000个，可将其划分为3个区段：

A 区　　　0 000~3 999（小角度区）

B 区　　　4 000~6 999（中角度区）

C 区　　　7 000~10 000（大角度区）

当第一次检相的脉冲数落在 A 区，那么以后所有检相的脉冲落在 A 或 B 区时，结果都自动加 2π（包括第一次检相结果），落在 C 区则不修正。当第一次检相落在 B 区时，A、B、C 三区测相值都不修正。当第一次落在 C 区时，以后落在 A 区的都加 2π，落在 B、C 区不修正。见表4-4和图4-22。显然，这样处理以后，所得两个检相结果都是正确的。

155

表 4-4

第一次检相区	各检相区处理方法		
	A	B	C
A	加 2π		不修正
B	不 修 正		
C	加 2π	不修正	

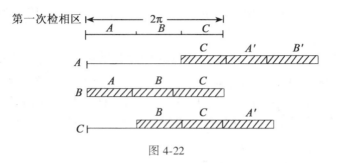

图 4-22

3. 精测和粗测数据的正确组合

相位式测距仪一般是采用一组测尺频率(精测频率和粗测频率)分别对同一距离进行检相测量,并换算成距离值,再把这些数据组合起来构成一个完整的距离值。但是,由于噪音的影响,高频电路的干扰及测相电路本身的缺陷等,使测相带有一定的误差,造成精测和粗测数据组合时就可能在十米位发生差错。由表 4-5 中的两个例子,可看出如米位数有±2m 误差,就可能使显示的数字发生多 10m 或少 10m 的差错。

为了避免上述可能发生的差错,可采用"置中值运算"方法。因为精测米位数字是正确的,所以可根据精测米位数字对粗测米位数实行不同的加减运算,以保证最后结果的正确性。见表 4-5。

表 4-5

	例 1	例 2
实际距离	529.87	691.04m
精测结果	9.88	1.05
粗测正确值	529	691
实际粗测值 531	(+2m 误差)	689(−2m 误差)
显示数字	539.88	681.05
差　错	多 10m	少 10m

如按表 4-6 的方法进行置中值运算,那么表 4-5 中的两个例子就可避免产生±10m 的差错了,见表 4-7。

表 4-6

精测"米"位数	0	1	2	3	4	5	6	7	8	9
置中值运算加减数	+4	+3	+2	+1	0	−1	−2	−3	−4	−5
置中结果	4									

表 4-7

	例 1	例 2
实际距离	529.87	691.04m
精测结果	9.88	1.05
粗测正确值	529	691
置中结果	524(−5 运算)	694(+3 运算)
置中后果	526~522	696~692
差范围	±2m 误差	±2m 误差
显示结果	529.88m	691.05m

从表 4-7 可见，例 1 是根据精测的"米"位数字"9"，对粗测"米"位做"减 5"运算；例 2 是根据精测的"米"位数字"1"对"粗测""米"位做"加 3"运算，运算结果使粗测正确的"米"位数字变成"中值4"。这样，在置中值后的粗测正确值上加±2m 的误差并不影响"十米"位数字的正确性。另外，表中的例子也说明了通过置中值运算后精测和粗测的距离数据组合是正确的。

4.4.7　高精度激光测距仪——Mekometer ME5000

Mekometer ME5000 精密激光测距仪是瑞士 Kern 厂的近期产品。本节从使用的角度出发，简述其测距过程及用变频法测距的基本原理，进而说明仪器的主要操作及对斜距值施加气象改正的方法。

1. 概述

Kern 厂在 20 世纪 60 年代曾生产过 ME 3000 光波(氙灯)测距仪，近年来又研制成功 ME 5000 精密激光测距仪，两者相较，后者在技术上有很大进步。

ME 5000 的主要技术指标如下：

测程　　　　单棱镜　　约 4km

　　　　　　三棱镜　　约 8km

精度　　　　±$(0.2mm+2×10^{-7}D)$ 内分辨率为 0.01mm

重量　　　　11kg

光源　　　　He-Ne 激光器，波长 0.632 8μm

调制频率　　约 500MHz

作业温度　　−10~+40℃

根据厂方介绍，将该仪器与用维塞拉(Väisälä)干涉仪测定的结果相较，在 864m 范围内，其差值为 0~0.45mm。

近年来，我国已引进了这种仪器，实际精度如何，有待进一步试验分析。

2. ME5000 测距过程(见图 4-23)

由 He-Ne 激光器①连续发射波长为 0.632 8μm 的激光，经偏振光片②变成偏振光。此光通过光线分离器③后仍为同方向振动的偏振光(即偏振方向不改变)。当其进入调制/解调器④后，被来自石英合成器⑦的高频信号(经放大器⑨放大)所调制，变成频率约为 500MHz 的调制信号。再经过 λ/4 波片⑤射到反射器⑥上。反射信号经④解调，当解调信号与上述来自⑦(经⑨放大)的高频信号同相时，就不会有光信号经③进入光电探测器⑩，

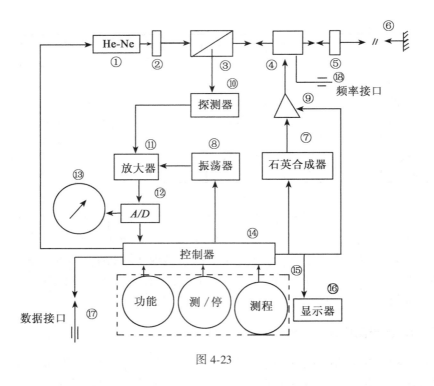

图 4-23

则出现"零点"。此时所测距离正好为调制波半波长的整数倍。

由此可见，正确地确定零点位置和零点数是非常重要的。为此，振荡器⑧产生一个 2kHz 的调制信号并具有 ±5kHz 和 ±25kHz 的可变范围，当在调谐的情况下（即出现零点时），频率为 4kHz 的光信号进入光电探测器⑩，见图 4-24。

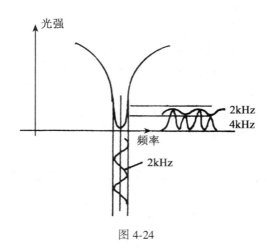

图 4-24

光电探测器的信号强度由信号强度指示器⑬指出，当此信号强度低于某一特定值时，测量过程自动中断。由相邻零点的频率差即可得到距离值。

3. 变频法测距的基本原理

相位法测距的基本公式为

$$D = U(N + \Delta N) \tag{4-35}$$

式中，U 为调制波的半波长，即 $U = \dfrac{1}{2}\lambda$；N 为 U 的整数倍；ΔN 为不足一个 U 的零数。

U 的具体数值由仪器的调制频率所决定，ΔN 一般可用仪器测得，而 N 一般难以直接得到，从而使距离值产生"多值性"。

解决多值性有多种方法，ME5000 中采用的是变频法，其原理如下：

当采用某一频率 f_1，使所测距离恰为调制波半波长的整数倍时，指示器指零。根据式 (4-35) 可写出

$$D_1 = U_1 N_1 = \frac{1}{2}\lambda_1 N_1 = \frac{c}{2f_1}N_1 \tag{4-36}$$

式中，c 为光速。

将频率 f_1 连续变化到 f_2，使指示器再次指零，这时的测距方程为

$$D_2 = U_2 N_2 = \frac{1}{2}\lambda_2 N_2 = \frac{c}{2f_2}N_2 \tag{4-37}$$

由式 (4-36) 及式 (4-37) 可得

$$D_2\frac{2f_2}{c} - D_1\frac{2f_1}{c} = N_2 - N_1$$

对于同一段距离，必然有 $D_2 = D_1$，故

$$D\left(\frac{2f_2}{c} - \frac{2f_1}{c}\right) = N_2 - N_1$$

由于

$$D = \frac{c}{2f_1}N_1$$

则

$$\frac{c}{2f_1}N_1\left(\frac{2f_2}{c} - \frac{2f_1}{c}\right) = N_2 - N_1$$

从而得到

$$N_1 = \frac{N_2 - N_1}{f_2 - f_1}f_1 = \frac{n}{f_2 - f_1}f_1 \tag{4-38}$$

式中，$n = N_2 - N_1$。

同理可得

$$N_2 = \frac{n}{f_2 - f_1}f_2 \tag{4-39}$$

n 表示频率由 f_1 变化到 f_2 时，所经过的半波长 (U) 的个数，其值可由频率变化过程中指示器指零的次数得到；f_1，f_2 可由数字频率计数得；N_1，N_2 按式 (4-38) 和式 (4-39) 解算得到；则距离值可由测距基本方程式 (4-35) 求得 (此时 $\Delta N = 0$)。当然，这些计数、计算均是由仪器内部所附的微机自动完成的。

4. 仪器的主要操作

该仪器较之 ME 3000，其操作大为简化，面板上的有关操作钮如图 4-25 所示。

操作步骤如下：

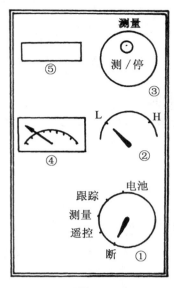

图 4-25

（1）准备工作：安置仪器，对中、置平、寻找与照准反光镜等；

（2）检查电池电压：将功能旋钮由"OFF"拨向"电池"（BATTERY），该仪器使用 DC 12V，电表上每格代表 2V（注：此时显示器上显示出中心频率值）；

① 为功能旋钮，分 5 挡；

② 为测程旋钮，分 2 挡；

③ 为测量/停止按钮，具有两种状态；

④ 为信号指示器即检流表；

⑤ 为显示器。

（3）将功能旋钮拨向"遥控"（REMOTE），稍等，直到显示器上出现"S"（在此之前短暂显示"8.8.8.8.8.8.8.8."）；

（4）功能旋钮拨向"测量"（MEASURE）；

（5）根据欲测距离选置测程旋钮位置：

低（LOW）：20~1 000m

高（HIGHT）：50~8 000m

稍等，直到显示器上出现"LAS"；

（6）精确照准反光镜，导求最大接收信号；

（7）按"测/停"（START/STOP）按钮，启动测量程序；

（8）再次按"测/停"按钮，仪器显示器上先显示"LAS"，而后显示斜距值。一次测距时间约一分多钟。

测量完成后，将功能旋钮拨向"OFF"，使仪器处于关闭状态。

跟踪（TRACKING）测量，可以 15s 时间间隔内显示距离值。

5. 经气象改正后的斜距值的计算

设在参考大气状态下的折射率为 n_s，未经气象改正的斜距为 D_s，测距时大气折射率为 n_t，经气象改正后的斜距为 D_t，则

$$D_t = \frac{n_s}{n_t} \cdot D_s$$

式中，D_s 由仪器测定，n_s = 1.000 284 515（精确值为 1.000 284 514 844）。n_t 按欧温斯（OWENS）公式计算。

欧温斯公式的简化形式为

$$n_t = 1 + \{80.876\ 380\ 02 \times P_D/T[1 + P_D(57.90 \times 10^{-8} -$$
$$9.325\ 0 \times 10^{-4}/T + 0.258\ 44/T^2)] +$$
$$69.097\ 342\ 71 \times P_W/T[1 + P_W(1 + 3.7 \times 10^{-4}P_W)(-2.373\ 21 \times 10^{-3} +$$
$$2.233\ 66/T - 710.792/T^2 + 77\ 514.1/T^3)]\} \times 10^{-6}$$

式中，T 为 K 式温标（绝对温度）；P_D 为干燥空气分压；P_W 为水汽分压。

$$P_D + P_W = P$$

计算示例见表 4-8。

表 4-8　气象改正计算

气象数据	测站	t: 22.3℃ t': 18.2℃ e: 13.7mmHg P: 981.5mbar
	镜站	t: 20.9℃ t': 16.4℃ e: 11.8mmHg P: 966.6mbar
	中数	t: 21.6℃ e: 12.8mmHg P: 974.05mbar
n_t	1+A_1	1.000 372 268
	1+A_2	1.000 866 378
	n_t	1.000 266 689
D_t	D_s	3 256.276 3（m）
	n_s	1.000 284 515
	D_t	3 256.334 33（m）

计算公式

$$D_t = \frac{n_s}{n_t} \times D_s \qquad (\text{m})$$

$$n_t = 1 + \left\{ 80.876\,380\,02 \times \frac{P_D}{T}(1 + A_1) + 69.097\,342\,71 \times \frac{P_W}{T}(1 + A_2) \right\} \times 10^{-4}$$

$$A_1 = P_D(57.90 \times 10^{-8} - 9.325\,0) \times \frac{10^{-4}}{T} + \frac{0.258\,44}{T^2}$$

$$A_2 = P_W(1 + 3.7 \times 10^{-4} P_W)(-2.373\,2 \times 10^{-3} + 2.233\,66/T - 710.792/T^2 + 77\,514.1/T^3)$$

$$P_W = \frac{1\,013.25}{760} \times e \qquad (\text{mbar})$$

$$P_D = P - P_W \qquad (\text{mbar})$$

$$e = E' - C(t - t')\frac{P}{755} \qquad (\text{mmHg})$$

$$E' = 10^{\frac{a \times t'}{b + t'} + c} \qquad (\text{mmHg})$$

$$T = (t° + 273.15) \qquad \text{K（开尔文）}$$

在水面上，取 $a = 7.5$　$b = 237.3$　$c = 0.660\,9$　$C = 0.5$

4.4.8　徕卡全站仪测距新技术

1）使用高频测距技术

由相位式电磁波测距原理公式

$$D = u(N + \Delta N)$$

可知，测尺长度 u 好比测距仪的刻画，在测相精度一定的情况下，刻画越精细，亦即测尺越短，其测距精度越高。但在测相器分辨率和精度有限的情况下，在全站仪电路噪声和背影噪声等原因干扰下，大幅度提高测距频率的技术有一定难度，故在通常情况下，目前市场上的全站仪的精测频率大多采用 15MHz 或 30MHz。

徕卡全站仪精测频率的提高，经历一个漫长的发展过程。早期产品，TC2000 精测频率是 5MHz，DI2000，DI1000 精测频率 7.5MHz，TC1000 是 15MHz；20 世纪 90 年代末，DI1600，精测频率是 50MHz；1998 年投入市场的 TPS300/700/1100 系列均使用 TCWⅢ型测距头，其精测频率达 100MHz，测尺长 1.5m，如果按测相精度是尺长的 10^{-4} 计算，则这项误差只有 0.15mm，因而可以说，这是当今测绘仪器市场上精测频率最高，测相精度最高的全站仪，经实际测试和大量应用表明，利用这种高频技术的测距仪，再配以相应的其他技术，工作稳定，受外界环境影响小，测量数据可靠性好，其测距数据离散性小，精度高。

2）温控与动态频率校正技术

测距频率是决定测距成果质量的重要因素，它的稳定与否直接关系着测距仪的测尺长度和比例误差的大小。测距频率由石英晶体振荡器产生，它的频率稳定度一般只能达到 $5×10^{-5}$。实际测距时，环境气象条件的变化，特别是温度的变化，将直接影响晶体振荡器的稳定。为了保证晶体振荡器频率因温度影响而引起的变化最小，生产厂家采取了许多措施，比如采用温度补偿晶体振荡器，当温度变化时，温补网络里的热敏电阻引起的频率变化量与晶体振荡器的频率变化量近似相等且符号相反，从而使频率得到补偿，提高其稳定性；又比如，采用频率综合技术和锁相技术，即在前一技术基础上，用频率合成技术得到所需要的频率，如主测、粗测、主振及本振频率等，使各频率之间严格相关，具有与温补晶振相同的频率稳定度。但尽管是这样，由于频率稳定度是有限的，当达到一定程度时，进一步的提高频率稳定度将是十分困难的。一旦频率发生偏离或漂移，测尺将会不准，产生比例误差，使测距精度降低。

徕卡仪器在测距时读数非常稳定，有时对一个目标连续测距几十次的离散几乎为零，其重要原因之一，就是因为徕卡测距仪一改上述被动保障的技术模式，创造并使用了所谓动态频率技术。徕卡采取这种独特的技术，从而保证和提高了测距精度。

徕卡的动态频率技术环境适应能力强，且调整方便，计算频率精确，测距精度为同类产品之首。下面介绍其工作的基本原理。

一般来说，从作用和所代表的意义来划分，徕卡测距仪具有三种不同类型的精测频率：

①标称频率(Nominal Frequency)

即仪器标称的精测频率。徕卡 DI1600/DI2002 和 TPS1000 系列为 50MHz，TPS300/700/1100 系列为 100MHz。该频率由生产厂家设计并确定，是其他两频率设计的基础，可被用来粗略地计算精测尺长。

②发射频率，或称实际频率(Effective Frequency)

即来自晶体振荡器的调制频率。晶体一旦由厂家选定，其频率便不可调整。该频率受温度影响而变化，且可通过光电转换装置配合频率计进行测试。

③计算频率(Calculated Frequency)

这是徕卡测距仪特有的一种频率，由计算产生。它用来对发射频率进行修正，但这种修正并不直接作用于发射频率，而是通过自动测相环节的计算过程来进行。

这种动态频率技术的特点是：

● 不采用温补技术来稳定发射频率，而是让其随温度变化而变化；

● 适时提取机内温度变化参数，提供相应的计算频率代表实际发射频率进行距离解算。

为此，徕卡测距仪在生产过程中，除对晶体进行老化外，还对晶体在整个温度适用范围内的变化进行严格的测试，不但得出其在标准温度下的频率 F_0，同时还测出了在其他温度状态下的三个温度系数 K_1、K_2、K_3，求出晶体频率随温度变化的多项式函数曲线和表达式：

$$F(t) = F_0 + K_1 t + K_2 t^2 + K_3 t^3 \tag{4-40}$$

其工作原理见图 4-26。

测距仪工作时，将受到环境、自身元器件运作时的发热等温度的影响。因此，晶体振荡器频率即测距发射频率必然会产生变化。徕卡测距仪内部的温度传感器适时地测出此时

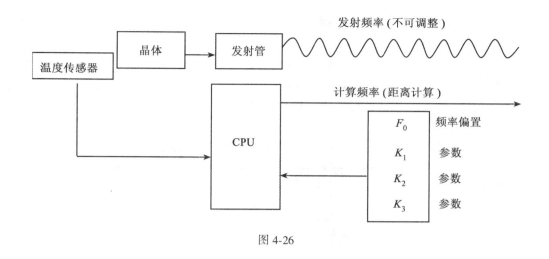

图 4-26

晶体附近的温度，将其送往 CPU，代入 K_1、K_2 和 K_3 所组成的温度表达式对频率进行修正，得出该温度状态下的计算频率和测尺来参加最终距离解算。由于这一过程与发射、接收过程同步进行，动态地对测尺进行修正，因此可以有效地保证实际测距频率参与计算的准确性和可靠性，从而大大提高了距离测量的精度。

3）无棱镜相位法激光测距技术

早在 20 世纪 80 年代末，徕卡公司就推出了脉冲法无棱镜测距仪 DIOR3000 系列，采用独特的"时间-幅值转换电路"，测定脉冲信号往返的时间 t，并获得较高的测距精度。但它与下面要介绍的无棱镜测距有较大区别：一是它采用的是脉冲法测距而下面介绍的是采用相位法测距；二是尽管它也可以同 T2000 电子经纬仪组成全站仪，但也只能是起到测距仪测距的作用，却不能得到被测点的三维信息。现在，徕卡公司发扬传统优势，进一步推出了集相位法红外（IR）配合棱镜测距和相位法激光（RL）无棱镜测距于一体的 TCR 系列（TCR300/700/1100）全站仪。

现把无棱镜相位法激光测距的原理介绍如下。

如图 3-14，徕卡 TCR 系列全站仪的测距头里，安装有两个光路同轴的发光管，提供两种不同光源的测距方式。一种方式是 IR，它发射红外光束，其波长是 780nm，用以棱镜或反射片测距，单棱镜可测距离 3 000m，精度为 $\pm(2\text{mm}+2\text{ppm}\times D)$；另一种方式为 RL，它发射可见红色激光束，其波长为 670nm，不用反棱镜（或贴片）测距，可测距离 80m，测距精度为 $\pm(3\text{mm}+2\text{ppm}\times D)$。这两种测距方式的转换可通过键盘操作以控制内部光路来实现。

在无棱镜测距方式中，同样采取精测频率 100MHz 的高频率测距，同样采用分辨率高的相位法测距技术，同样采用动态频率校正技术，而且采用的可见红色激光，在 80m 时光斑为椭圆（20mm×25mm），小于 80m 时光斑将更小，最后无棱镜测距数据与有棱镜测距数据一样被送往 CPU，计算平距、高差或点的三维坐标，并可显示、储存及输出。所有这些充分体现了徕卡公司 TCR 系列（TCR300/700/1100）全站仪的技术的先进性和性能的优越性。无棱镜测距再配以全站仪的其他固有功能，在特种工程测量中得到广泛应用，比如在不能到达测点的数据采取，施工顶面的断面测量，危险及危害点的测量等。

4.5 干涉法测距的基本原理

干涉法测距,就其实质而言,也是一种相位法测距,它与相位法测距的区别在于它不是通过测量调制信号的相位,而是通过测量光波(如激光)本身的相位叠加结果(干涉)而测定距离。图 4-27 就是描述这种方法的基本原理。

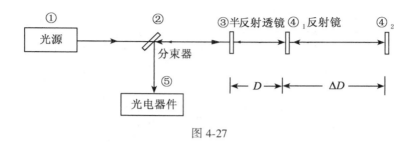

图 4-27

工作过程大致是:光源①发出的光经分束器②射向半反射透镜③,它反射一部分光,透射一部分光,透射的光射向反射镜④,经④的反射光穿过③和③的反射光叠加。当③与④的距离 D 等于光波半波长 $\left(\dfrac{\lambda}{2}\right)$ 的整数 n 倍时,经④反射的光比③反射的光多走了 $2D = n\lambda$,两束光的相位差为 2π 的整数倍,即相位相同。因此,两束光叠加后振幅增大,光变亮。当 $D = \left(n+\dfrac{1}{2}\right)\dfrac{\lambda}{2}$ 时,两束光的相位差为 $\left(n+\dfrac{1}{2}\right)2\pi$,即相位相反,两者叠加后振幅互相抵消,光变暗。把两束反射光再经分束器反射到光电器件⑤,则光电器件的输出信号与光线亮暗有关。假定初始③与④₁的距离为 D,然后慢慢沿光线前进方向移动反光镜④₁,每移动一个 $\dfrac{\lambda}{2}$,则两束光的相位关系从相同到相反变化一个周期,出现一次亮、一次暗,光电器件的输出信号也就变化一次。根据光电器件读出信号的变化次数 ΔN,就可确定④移动了多少个 $\dfrac{\lambda}{2}$,进而得到其移动的距离值为 $\Delta D = \Delta N \cdot \dfrac{\lambda}{2}$。

由于光波的波长很短(微米量级),如果采用激光作光源,它的单色性好,其波长值很准确。所以用干涉法测距,其分辨率至少可达到 $\dfrac{\lambda}{2}$,即精度为微米级,可见其精度是其他测距方法难以比拟的。激光的单色性良好,又使其光波宽带极窄,从而增加了光的相干长度,从原理上讲,可将测程大大提高。

以上所述的是干涉法测距的基本原理。作为例子,下面将介绍基于这种原理的一种干涉测量系统。

图 4-28 所示的是一种广泛应用的干涉测量系统——迈克逊干涉仪。

由激光发射器①发出的光至半透反光镜②,②与光线前进方向成 45°角。此镜将入射光分为两束,一束被反射,另一束被透射——通过反光镜。被反射的光落在被牢牢固定的反射镜③(③与反射光的方向相垂直)上,经反射后再通过②射到接收器④,此光束称为基准光束。上述被②透射的一束光射到反射镜⑤上,⑤置于待测距离的点上,它可以沿

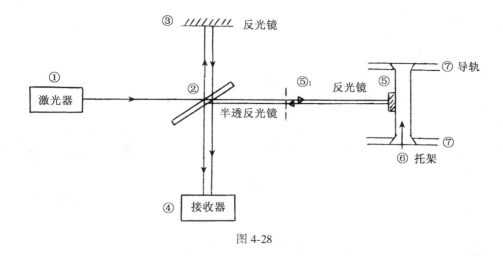

图 4-28

测线方向移动，例如可移至⑤₁ 的位置。为使移动的方便，一般将其固定在托架⑥上，⑥可沿导轨⑦移动，经⑤反射的光束返回到②，由②反射到④中被接收，此光束称为测距光束。

上述两束光（基准光束和测距光束）叠加时，在光学接收系统的焦面上形成干涉图案——明暗交替的条纹。由于激光的单色性好，所呈现的条纹数比使用普通光源时多得多。当不断移动反光镜时，干涉条纹也随之不断产生位移。

用光阑选出干涉场的一个小区，便可看到该区内光强的连续性的周期变化。当光程差改变一个波长，强度变化一个循环，光程差等于 $N\lambda$ 时强度最大，而等于 $(2N+1)\frac{\lambda}{2}$ 时强度最小。式中 N 为整数，因此，用干涉法测距时，也如同相位法测距一样，亦须解决 N 值的确定问题。

4.6　光波测距仪的合作目标

激光测距仪、红外测距仪和微波测距仪在进行距离测量时，除主机外，一般需要与一个合作目标相配合才能工作，这种合作目标叫反射器。对激光测距仪和红外测距仪而言，大多采用全反射棱镜作为反射器。对于微波测距仪而言，副台的作用实际上就是作为反射镜，只不过它是一种有源反射器。在此介绍的反射器是指全反射棱镜，简称反光镜。

棱镜，是用光学玻璃精心磨制成的四面体，如同从立体玻璃上切下的一角，如图 4-29（a），（b）所示。

将图 4-29 中的（b）放大并转向，即成图 4-30 所示的情况。其中 ADB，ADC，BDC 三个面互相垂直，这三个面作为反射面，它对向入射光束。

假设入射光 L_i 从任意方向射入到棱镜的透射面 P_i 点，入射光 L_i 因玻璃的折射作用而射向 BDC 面的 P_1 点，并从 P_1 点反射到 ADC 面的 P_2 点，从 P_2 点反射到 ADB 的 P_3 点，从 P_3 点再反射到 ABC 面的 P_r 点。入射光 L_i 便从透射面 ABC 的 P_r 点发射出来成为反射光 L_r。在理想的情况下，反射光 L_r 的方向应平行于入射光 L_i 的方向，如果前述 3 面不能保

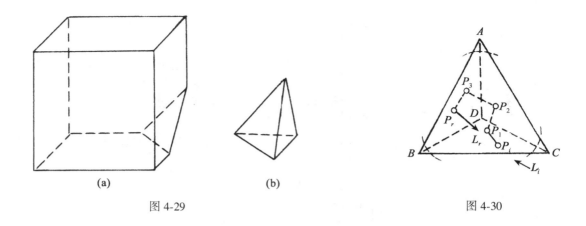

(a)	(b)
图 4-29	图 4-30

证严格垂直，则给平行性带来误差，此项误差可用下式估算

$$Q_r = 6.5n\Delta\alpha \qquad (4\text{-}40)$$

式中，n 为玻璃的折射率；$\Delta\alpha$ 为 3 个反射面实际夹角与 90°之差；Q_r 为平行性的误差。

例如，当 $\Delta\alpha = 2'$，取 $n \approx 1$ 时，则 $Q_r \approx 13''$。实际应用的反光镜，有单块棱镜、三棱镜、六棱镜、九棱镜等。也有由更多块棱镜组合而成的，适用于不同的距离，图 4-31 所示的为单、三、十一块棱镜反光镜。

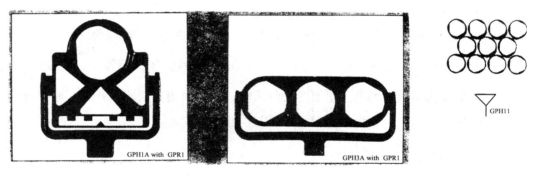

图 4-31

4.7　光波测距仪的检验

为了顺利地获取正确的观测数据，对于新购置或经过修理的测距仪，在使用之前，一般要进行全面检验，其项目主要有：

①功能检视：查看仪器各组成部分的功能是否正常。

②三轴关系正确性的检校：对于同轴系统，则检验其一致性；对异轴系统，则检验其平行性。

③发光管相位均匀性(照准误差)的测定。

④幅相误差的测定。

⑤周期误差的测定。

⑥加常数的测定。

⑦乘常数(包括晶振频率)的测定。

⑧内部、外部符合精度的检验。

⑨适应性能的检测：主要检测温度变化，工作电压变化对测距成果的影响。

⑩测程的检测。

以上各项检验工作大多是在一定条件下进行重复观测，通过观测值的离散程度来分析各项误差影响的大小。而其中的周期误差、加常数和乘常数属仪器的 3 项主要系统误差，相对其他各项而言，检测工作量较大，而且也很重要。当通过多次检测，证明仪器确实存在着显著、稳定的系统误差时，还要在观测值中进行系统误差改正。下面讨论如何进行这几项检验工作。

4.7.1 周期误差的测定

1. 什么是周期误差

所谓周期误差是指按一定的距离为周期重复出现的误差。周期误差主要来源于仪器内部固定的串扰信号。由于测相方式的不同，其误差来源也有所不同，因而周期误差的周期也有区别。一般来说，周期误差的周期取决于精测尺长。对于自动数字测相的测距仪，其周期误差主要是由于仪器内部电信号的串扰而产生的。如发射信号通过电子开关、电源线等通道或空间渠道的耦合串到接收部分，从而形成固定不变的串扰信号，此时相位计测得的相位值就不单是测距信号的相位值，而且包含有串扰信号的相位值，这就使测距产生误差。

如图 4-32 所示，设测距信号为 e_1，串扰信号为 e_2，两者的相位差为 φ，两者的比值为

$$K = \frac{e_2}{e_1}$$

根据分析和推导，同频串扰时，有下列关系存在：

$$\tan\varphi_1 = \frac{\sin\varphi}{\cos\varphi + K} \tag{4-41}$$

则由于串扰信号引起的附加相移为

$$\Delta\varphi = \varphi - \varphi_1 = \varphi - \arctan\frac{\sin\varphi}{\cos\varphi + K} \tag{4-42}$$

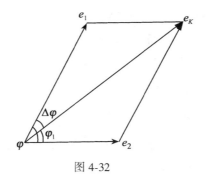

图 4-32

167

按式(4-42)可画出图4-33所示的曲线。

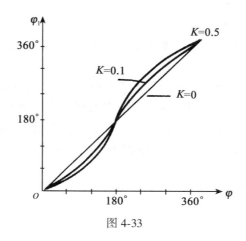

图 4-33

由式(4-42)及图4-33可以看出,附加相移 $\Delta\varphi$ 随距离(φ 与距离有关)的不同而按正弦曲线规律变化,其周期为 2π。也就是说由于串扰信号引起的周期误差的周期为 2π(即等于精测尺长度)。而且 $\Delta\varphi$ 与 K 值有关,K 值愈大,$\Delta\varphi$ 也愈大。因此为了减小 K 值,必须加大测距信号强度,才能有利于减小周期误差。

为了保证仪器的精度,仪器在出厂时都已将电子线路调整好,使周期误差的振幅压低到仪器测距中误差的50%以内。但由于种种原因,如外界条件、元件参数的变化等,周期误差也随之变化,所以必须测定周期误差。当其振幅大于测距中误差的50%,并且数值较为稳定时,则在测距中必须加入周期误差改正数。改正数计算公式如下

$$V_i = A\sin(\varphi_0 + \theta_i) \tag{4-43}$$

式中,V_i 为周期误差改正数(其正负号由正弦函数值决定);A 为周期误差的振幅;φ_0 为初相角;θ_i 为与待测距离的尾数相应的相位角。

如果发现周期误差的振幅过大,则必须送厂进行调整。

2. 周期误差的测定方法

1)观测

目前广泛采用的方法是"平台法",其测定方法如下:

在室外(如条件具备,在室内更好)选一平坦场地,设置一平台。平台的长度应与仪器的精测尺长度相适应。例如 DCH-2 的精测尺长度为20m,则设置比20m略长一点的平台。在平台上标示出标准长度,作为移动反射镜时对准之用。把测距仪安置在平台延长线的一端 $50\sim100$m 的 O 点处,其高度应与反射镜的高度一致,以免加入倾斜改正。具体布置见图4-34所示。

观测时先由近至远在反射镜各个位置测定距离,反射镜每次移动 $\frac{1}{40}\mu$m(μ 为精测尺长),序号为 1,2,3,4,…,40。各位置测定后,如有必要,再由远至近返测。为了减小外界条件的影响,观测时间应尽量缩短。

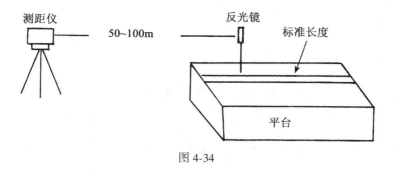

图 4-34

2）计算

（1）列误差方程式，如图 4-35 所示。

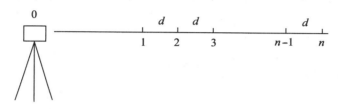

图 4-35

取符号：D_{01}^0 为 0~1 距离的近似值；

$\qquad$ v_{01}^0 为 D_{01}^0 的改正数；

$\qquad$ d 为反光镜每次的移动量；

$\qquad$ K 为仪器加常数；

$\qquad$ D_{iz} 为距离观测值（$i=1$，2，$\cdots$，40）

$\qquad$ V_i 为 D_{iz} 的改正数；

$\qquad$ A 为周期误差幅值；

$\qquad$ φ_0 为初相角；

$\qquad$ θ_i 为与测站至反光镜距离相应的相位角。

由图 4-35 可列出下列方程式：

$$
\left.
\begin{aligned}
D_{01}^0 + v_{01}^0 &= D_{1z} + V_1 + K + A\sin(\varphi_0 + \theta_1) \\
D_{01}^0 + v_{01}^0 + d &= D_{2z} + V_2 + K + A\sin(\varphi_0 + \theta_2) \\
&\cdots \\
D_{01}^0 + v_{01}^0 + 39d &= D_{40z} + V_{40} + K + A\sin(\varphi_0 + \theta_{40})
\end{aligned}
\right\}
\tag{4-44}
$$

写成误差方程式形式：

$$
\left.
\begin{aligned}
V_1 &= (v_{01}^0 - K) - A\sin(\varphi_0 + \theta_1) + (D_{01} - D_{1z}) \\
V_2 &= (v_{01}^0 - K) - A\sin(\varphi_0 + \theta_2) + (D_{01} + d - D_{2z}) \\
&\cdots \\
V_{40} &= (v_{01}^0 - K) - A\sin(\varphi_0 + \theta_{40}) + (D_{01} + 39d - D_{40z})
\end{aligned}
\right\}
\tag{4-45}
$$

式中

$$\theta_1 = \frac{D_{1z}}{\frac{\lambda}{2}} \times 360°$$

$$\theta_2 = \theta_1 + \frac{d}{\frac{\lambda}{2}} \times 360° = \theta_1 + \Delta\theta$$

$$\theta_3 = \theta_1 + \frac{d+d}{\frac{\lambda}{2}} \times 360° = \theta_1 + 2\Delta\theta \qquad (4\text{-}46)$$

$$\cdots$$

$$\theta_{40} = \theta_1 + 39\Delta\theta$$

这里的 $\Delta\theta$ 为相应于反射镜移动量 d 的相位差,即 $\Delta\theta = \frac{d}{\frac{\lambda}{2}} \times 360°$($\lambda$ 为精测调制光的波长)。

令

$$X = A\cos\varphi_0$$
$$Y = A\sin\varphi_0$$

则

$$A = \sqrt{X^2 + Y^2}$$
$$\varphi_0 = \arctan\frac{Y}{X}$$

利用三角函数公式,将式(4-45)中的 $A\sin(\varphi + \theta_i)$ 展开,设

$$f_1 = D_{01}^0 - D_{1z}$$
$$f_2 = D_{01}^0 + d - D_{2z}$$
$$\cdots \qquad\qquad (4\text{-}47)$$
$$f_{40} = D_{01}^0 + 39d - D_{40z}$$

并设 $K' = v_{01}^0 - K$(因为 v_{01}^0 和 K 都是未知数),经整理,得误差方程式最终形式

$$V_1 = K' - \sin\theta_1 X - \cos\theta_1 Y + f_1$$
$$V_2 = K' - \sin\theta_2 X - \cos\theta_1 Y + f_2$$
$$\cdots \qquad\qquad (4\text{-}48)$$
$$V_{40} = K' - \sin\theta_{40} X - \cos\theta_{40} Y + f_{40}$$

(2)组成并解算法方程式。

由于观测时间较短,气象条件较接近,可认为观测值等权。由(4-48)式可组成下列方程式

$$nK' + [-\sin\theta]X + [-\cos\theta]Y + [f] = 0$$
$$[-\sin\theta]K' + [\sin\theta]X + [\sin\theta\cos\theta]Y + [-\sin\theta \cdot f] = 0 \qquad (4\text{-}49)$$
$$[-\cos\theta]K' + [(-\sin\theta)(-\cos\theta)]X + [\cos^2\theta]Y + [-\cos\theta \cdot f] = 0$$

因为 $\sin\theta$ 与 $\cos\theta$ 是以 2π 为周期的三角函数,根据三角函数的特性,则(4-49)式中系数为

$$[-\sin\theta]_0^{2\pi} = 0$$

$$\left[-\cos\theta\right]_0^{2\pi} = 0$$

同理

$$\left[(-\sin\theta)(-\cos\theta)\right]_0^{2\pi} = 0$$

又因为

$$\sin^2\theta + \cos^2\theta = 1 \ \text{所以} \left[\sin^2\theta + \cos^2\theta\right]_0^{2\pi} = n$$

故

$$\left[\sin^2\theta\right]_0^{2\pi} = \left[\cos^2\theta\right]_0^{2\pi} = \frac{n}{2}$$

设常数项

$$\left.\begin{array}{l} [af] = [f] = \alpha \\ [bf] = [-\sin\theta \cdot f] = \beta \\ [cf] = [-\cos\theta \cdot f] = \gamma \end{array}\right\} \tag{4-50}$$

则(4-49)式可写成

$$\left.\begin{array}{l} nK' + \alpha = 0 \\ \dfrac{n}{2}X + \beta = 0 \\ \dfrac{n}{2}Y + \gamma = 0 \end{array}\right\} \tag{4-51}$$

$$\left.\begin{array}{l} K' = -\dfrac{\alpha}{n} \\ X = -\dfrac{\beta}{\dfrac{n}{2}} \\ Y = -\dfrac{\gamma}{\dfrac{n}{2}} \end{array}\right\} \tag{4-52}$$

进而得到

$$\left.\begin{array}{l} \varphi_0 = \arctan\dfrac{Y}{X} \\ A = \sqrt{X^2 + Y^2} \end{array}\right\} \tag{4-53}$$

为了核校，可用算得的 V_1 值，求出 $[vv]$ 再与下式

$$[vv] = [ff] + \alpha K' + \beta X + \gamma Y$$

算得的 $[vv]$ 值作比较。

(3)精度评定。

一次测量中误差 $\qquad m = \pm\sqrt{\dfrac{[vv]}{n-t}}$

周期误差的中误差 $\qquad m_A = \pm m\sqrt{\dfrac{2}{n}}$

$$m_{\varphi_0} = \pm n\sqrt{\dfrac{1}{n} + \dfrac{u}{2n\pi^2 A}} \cdot \rho''$$

式中，n 为观测值个数，这里 $n = 40$；t 为未知数个数，这里 $t = 3$。

(4)算例。见表 4-9。

表 4.9

点号	近似值/m	观测值/m	θ (° ′)	a K′	b −sinθ	c −cosθ	f/mm	V/mm	非整周期距离	φ₀+Δθ	sin(φ₀+Δθ)	周期改正 V/mm
1	26.099 2	26.099 2	109 47	1	−0.941 0	0.338 5	0	2.4	0.0	245 35	−0.911	−2.7
2	26.599 2	26.600 2	118 47	1	−0.876 4	0.481 4	−1.0	0.9	0.5	254 35	−0.964	−2.9
3	27.099 2	27.099 4	127 47	1	−0.790 3	0.612 7	−0.2	1.3	1.0	263 35	−0.994	−3.9
4	27.599 2	27.600 8	136 47	1	−0.684 8	0.728 8	−1.6	−0.6	1.5	272 35	−0.999	−3.0
5	28.099 2	28.101 4	145 47	1	−0.562 3	0.826 9	−2.2	−1.6	2.0	281 35	−0.980	−2.9
6	28.599 2	28.600 8	154 47	1	−0.426 0	0.904 7	−1.6	−1.4	2.5	290 35	−0.936	−2.8
7	29.099 2	29.099 2	163 47	1	−0.279 3	0.960 2	0	−0.1	3.0	299 35	−0.870	−2.6
8	29.599 2	29.599 2	172 47	1	−0.125 6	0.992 1	0	−0.4	3.5	308 35	−0.782	−2.3
9	30.099 2	30.098 5	181 47	1	0.031 1	0.999 5	0.7	0.1	4.0	317 35	−0.675	−2.0
10	30.599 2	30.598 9	190 47	1	0.187 1	0.982 3	0.3	0.4	4.5	326 35	−0.551	−1.6
11	31.099 2	31.098 4	199 47	1	0.338 5	0.941 0	0.8	0	5.0	335 35	−0.413	−1.2
12	31.599 2	31.597 2	208 47	1	0.481 5	0.876 4	2.0	1.2	5.5	344 35	−0.266	−0.8
13	32.099 2	32.098	217 47	1	0.612 7	0.790 3	1.0	0.3	6.0	353 35	−0.122	−0.3
14	32.599 2	32.598	226 47	1	0.728 8	0.684 8	0.8	0.2	6.5	2 35	0.045	0.1
15	33.099 2	33.098	235 47	1	0.826 9	0.562 3	1.0	1.1	7.0	11 35	0.201	0.6
16	33.599 2	33.598 0	244 47	1	0.904 7	0.426 0	1.2	1.1	7.5	20 35	0.352	1.0
17	34.099 2	34.098 4	253 47	1	9.960 2	0.279 3	0.8	1.0	8.0	29 35	0.494	1.5
18	34.599 2	34.599 0	262 47	1	0.992 1	0.125 6	0.2	0.8	8.5	38 35	0.624	1.9
19	35.099 2	35.100 1	271 47	1	0.999 5	−0.031 1	−0.9	0.1	9.0	47 35	0.738	2.2
20	35.599 2	35.602 0	280 47	1	0.982 3	−0.187 1	−2.8	−1.4	9.5	56 35	0.835	2.5
21	36.099 2	36.102 4	289 47	1	0.941 0	−0.338 5	−3.2	−1.3	10.0	65 35	0.911	2.7
22	36.599 2	36.602 5	298 47	1	0.876 4	0.481 5	−3.3	−0.9	10.5	74 35	0.964	2.9
23	37.099 2	37.102 8	307 47	1	0.790 3	−0.612 7	−3.6	−0.8	11.0	83 35	0.994	3.0
24	37.599 2	37.602 0	316 47	1	0.684 8	−0.728 8	−3.3	0	11.5	92 35	0.999	3.0
25	38.099 2	38.103 0	325 47	1	0.562 3	−0.826 9	−3.8	−0.1	12.0	101 35	0.980	2.9
26	38.599 2	38.603 9	343 47	1	0.426 0	−0.904 7	−4.7	−0.6	12.5	110 35	0.936	2.8
27	39.099 2	39.103 8	343 47	1	0.279 3	−0.960 2	−4.6	−0.2	13.0	119 35	0.870	2.6
28	39.599 2	39.604 1	352 47	1	0.125 6	−0.992 1	−4.9	−0.2	13.5	128 35	0.782	2.3
29	40.099 2	40.103 0	361 47	1	−0.031 1	−0.999 5	−3.8	1.1	14.0	137 35	0.675	2.0
30	40.599 2	40.603 3	10 47	1	−0.187 1	−0.982 3	−4.1	0.9	14.5	146 35	0.551	1.6
31	41.099 2	41.104 4	19 47	1	−0.338 5	−0.941 0	−5.2	−0.3	15.0	155 35	0.413	1.2
32	41.599 2	41.604 0	28 47	1	−0.481 5	−0.876 4	−4.8	0.3	15.5	164 35	0.266	0.8
33	42.099 2	42.103 5	37 47	1	−0.612 7	−0.790 3	−4.3	0.7	16.0	173 35	0.112	0.3
34	42.599 2	42.603 6	46 47	1	−0.728 8	−0.684 8	−4.4	0.5	16.5	182 35	−0.045	−0.1
35	43.099 2	43.103 4	55 47	1	−0.826 9	−0.562 3	−4.2	0.5	17.0	191 35	−0.201	−0.6
36	43.599 2	43.603 8	64 47	1	0.904 7	−0.426 0	−4.6	−0.2	17.5	200 35	−0.352	−1.0
37	44.099 2	44.104 0	73 47	1	−0.960 2	−0.279 3	−4.8	−0.7	18.0	209 35	−0.494	−1.5
38	44.599 2	44.603 6	82 47	1	−0.972 1	−0.125 6	−4.4	−0.7	18.5	218 35	−0.624	1.9
39	45.099 2	45.102 5	91 47	1	−0.999 5	+0.031 1	−3.3	0	19.0	227 35	−0.738	−2.2
40	45.599 2	45.604 4	100 47	1	0.982 3	0.187 1	−5.2	−2.3	19.5	236 35	−0.835	−2.5

$[vv] = 33.23$

法方程式的组成及其解算

法方程式系数:

$[aa] = 40$
$[bb] = 20$
$[cc] = 20$
$[af] = 86$
$[bf] = 24.551\ 1$
$[cf] = 54.106\ 5$
$[ff] = 394.62$

辅助计算:

$$\theta_1 = \frac{D_{01}}{\frac{\lambda_m}{2}} \times 360° = \frac{26.099\ 0}{20} \times 360°$$
$$= 109°47'$$
$$\Delta\theta = \frac{d}{\frac{\lambda_m}{2}} \times 360° = 9°$$
$$A = \sqrt{x^2 + y^2} = 2.971$$
$$\varphi_1 = \arctan\frac{y}{x} = 245°35'$$

未知数解:

$$K' = -\frac{[af]}{[aa]} = 2.15$$
$$x = -\frac{[bf]}{[bb]} = -1.228$$
$$y = -\frac{[cf]}{[cc]} = -2.705$$

检核计算及精度评定:

$$[vv] = [ff] + [af]K' + [af]x + [cf]y$$
$$= 33.21$$
$$m = \pm m_\square = \pm\sqrt{\frac{[vv]}{n-t}} = \pm\sqrt{\frac{[vv]}{37}} = \pm\sqrt{\frac{33}{37}}$$
$$= \pm 0.95\text{mm}$$
$$m_A = \pm m = \pm\sqrt{\frac{[vv]}{37}} = \pm 0.21\text{mm}$$
$$m_{\varphi_0} = \pm\sqrt{\frac{1}{n} + \frac{u}{2n\pi^2 A}} \cdot \rho'' = \pm 8.6°$$

4.7.2 仪器常数的测定

1. 什么是仪器常数

所谓仪器常数包括仪器加常数和乘常数。加常数是由于仪器电子中心与其机械中心不重合而形成的；而乘常数主要是由于测距频率偏移而产生的。

如图 4-36 所示，D_0 为 A，B 两点的实际距离，D' 为距离观测值，则得下列简单关系式

$$D_0 = D_1 + K_i + K_r = D' + K \tag{4-54}$$

式中，$K = K_i + K_r$（图中 K_i，K_r 均为负号）。

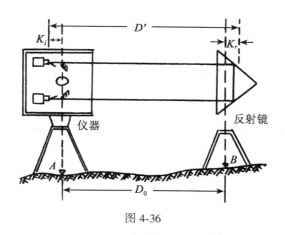

图 4-36

一般称 K 为仪器加常数，实际上，它包含仪器加常数（K_i）和反光镜常数（K_r）。在测距仪调试中，常通过电子线路补偿，使 $K_i = 0$，但不可能严格为零，即存在剩余值，所以又称为剩余加常数。

当测距仪和反光镜构成固定的一套设备后，其加常数 K 可测出，当多次或用多种方法测定后，通过误差检验，确认仪器存在明显的加常数时，可在测距成果中加入加常数改正。

下面说明乘常数的意义。

由相位法测距的原理公式知

$$D = u(N + \Delta N)$$

$$u = \frac{\lambda}{2} = \frac{V}{2f} = \frac{c}{2nf}$$

设 $f_标$ 为标准频率，假定无误差；$f_实$ 为实际工作频率；令 $f_实 - f_标 = \Delta f$，即频率偏差；$u_标$ 为与 $f_标$ 相应的尺长，即 $u_标 = \dfrac{c}{2nf_标}$；$u_实$ 为与 $f_实$ 相应的尺长，即 $u_实 = \dfrac{c}{2nf_实}$。

则

$$u_标 = \frac{c}{2n(f_实 - \Delta f)} = \frac{c}{2nf_实}\left(1 - \frac{\Delta f}{f_实}\right) \approx \frac{c}{2nf_实}\left(1 + \frac{\Delta f}{f_实}\right)$$

令

$$\frac{\Delta f}{f_实} = R$$

则
$$u_标 = u_实(1 + R) \tag{4-55}$$

设用 $u_标$ 测得的距离值为 $D_标$，用 $u_实$ 测得的距离值为 $D_实$，则 $D_标 = D_实(1-R)$，而一般常写为 $D_标 = D_实(1+R')$，即 $R = -R'$。由此可见，所谓乘常数，就是当频率偏离其标准值时而引起一个计算改正数的乘系数，也称为比例因子。乘常数可通过一定检测方法求得，必要时可对观测成果进行改正。当然，如果有小型频率计，直接测定 $f_实$，进而求得 Δf，对于求得乘常数改正就更方便了。

2. 用六段解析法测定加常数

1）基本原理

六段解析法是一种不需要预先知道测线的精确长度而采用电磁波测距仪本身的测量成果，通过平差计算求定加常数的方法。

其基本做法是设置一条直线（其长度从几百米至 1 千米），将其分为 d_1，d_2，$\cdots$，d_n 等 n 个线段。如图 4-37 所示。

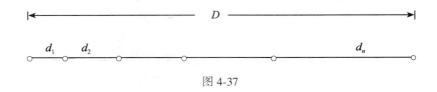

图 4-37

经观测得到 D 及各分段 d_i 的长度后，则可算出加常数 K。

因为
$$D + K = (d_1 + K) + (d_2 + K) + \cdots + (d_n + K)$$
$$= \sum_{i=1}^{n} d_i + nK$$

由此可得
$$K = \frac{D - \sum_{i=1}^{n} d_i}{n - 1} \tag{4-56}$$

将(4-56)式微分，换成中误差表达式，并假定测距中误差均为 m_d，则计算加常数的测定精度的公式为
$$m_K = \pm \sqrt{\frac{n+1}{(n-1)^2}} \cdot m_d \tag{4-57}$$

从估算公式可见，分段数 n 的多少取决于测定 K 的精度要求。一般要求加常数的测定中误差 m_K 应不大于该仪器测距中误差 m_d 的 50%，即 $m_K \leqslant 0.5m_d$，现取 $m_K = 0.5m_d$ 代入式(4-57)，算得 $n = 6.5$。所以要求分成 6~7 段，一般取 6 段。这就是六段法的来历，也就是该法的理论依据。

为提高测距精度，须增加多余观测，故采用全组合观测法，此时共需观测 21 个距离值。

在六段法中，点号一般取 0，1，2，3，4，5，6，则须测定的距离如下：

174

$$D_{01} \quad D_{02} \quad D_{03} \quad D_{04} \quad D_{05} \quad D_{06}$$
$$D_{12} \quad D_{13} \quad D_{14} \quad D_{15} \quad D_{16}$$
$$D_{23} \quad D_{24} \quad D_{25} \quad D_{26}$$
$$D_{34} \quad D_{35} \quad D_{36}$$
$$D_{45} \quad D_{46}$$
$$D_{56}$$

为了全面检查仪器的性能，最好将 21 个被测量的长度大致均匀分布于仪器的最佳测程以内。

2) 加常数 K 的计算

若以 6 个独立分段的距离改正数 V_{01}^0，V_{02}^0，V_{03}^0，V_{04}^0，V_{05}^0，V_{06}^0 及加常数 K 作为未知数，此时就有 14 个多余观测值，通过平差计算就可以求出 6 段距离的平差值和加常数 K。

首先列误差方程式，取用下列符号：

D_i 为距离量测值(经气象、倾斜改正以后的水平距离)；

V_i 为距离量测值的改正数；

D_i^0 为距离的近似值；

V_i^0 为距离近似值的改正数；

$\overline{D}_i$ 为距离的平差值。

（$i = 01$，02，$\cdots$，56）

因为

$$\overline{D}_i = D_i + V_i + K$$

$$\overline{D}_i = D_i^0 + V_i^0$$

所以，可得误差方程式

$$V_i = -K + V_i^0 + D_i^0 - D_i \tag{4-58}$$

设
$$l_i = D_i^0 - D_i$$

则可将(4-58)式写为误差方程式的一般形式

$$V_i = -K + V_i^0 + l_i \tag{4-59}$$

现将 21 个误差方程式列于表 4-10 中。组成并解算法方程式。

由于短程测距仪的比例误差远小于固定误差，所以可将距离观测值视为等权观测值，即 $P=1$。按表 4-10 可组成以下 7 个法方程式(见(4-60)式和(4-61)式)。

$$\left.\begin{array}{l} [aa]K + [ab]V_{01}^0 + [ac]V_{02}^0 + [ad]V_{03}^0 + [ae]V_{04}^0 + [af]V_{05}^0 + [ag]V_{06}^0 + [al] = 0 \\[4pt] [bb]V_{01}^0 + [bc]V_{02}^0 + [bd]V_{03}^0 + [be]V_{04}^0 + [bf]V_{05}^0 + [bg]V_{06}^0 + [bl] = 0 \\[4pt] [cc]V_{02}^0 + [cd]V_{03}^0 + [ce]V_{04}^0 + [cf]V_{05}^0 + [cg]V_{06}^0 + [cl] = 0 \\[4pt] [dd]V_{03}^0 + [de]V_{04}^0 + [df]V_{05}^0 + [dg]V_{06}^0 + [dl] = 0 \\[4pt] [ee]V_{04}^0 + [ef]V_{05}^0 + [eg]V_{06}^0 + [el] = 0 \\[4pt] [ff]V_{05}^0 + [fg]V_{06}^0 + [fl] = 0 \\[4pt] [gg]V_{06}^0 + [gl] = 0 \end{array}\right\}$$

$$(4\text{-}60)$$

表 4-10

	a	b	c	d	e	f	g	l
$V_{01} =$	$-K$	$+V_{01}^0$						$+l_{01}$
$V_{02} =$	$-K$		$+V_{02}^0$					$+l_{02}$
$V_{03} =$	$-K$			$+V_{03}^0$				$+l_{03}$
$V_{04} =$	$-K$				$+V_{04}^0$			$+l_{04}$
$V_{05} =$	$-K$					$+V_{05}^0$		$+l_{05}$
$V_{06} =$	$-K$						$+V_{06}^0$	$+l_{06}$
$V_{12} =$	$-K$	$-V_{01}^0$	$+V_{02}^0$					l_{12}
$V_{13} =$	$-K$	$-V_{01}^0$		$+V_{03}^0$				l_{13}
$V_{14} =$	$-K$	$-V_{01}^0$			$+V_{04}^0$			l_{14}
$V_{15} =$	$-K$	$-V_{01}^0$				$+V_{05}^0$		l_{15}
$V_{16} =$	$-K$	$-V_{01}^0$					$+V_{16}^0$	l_{16}
$V_{23} =$	$-K$		$-V_{02}^0$	$+V_{03}^0$				l_{23}
$V_{24} =$	$-K$		$-V_{02}^0$		$+V_{04}^0$			l_{24}
$V_{25} =$	$-K$	$-V_{02}^0$			$+V_{05}^0$			l_{25}
$V_{26} =$	$-K$		$-V_{02}^0$				$+V_{06}^0$	l_{26}
$V_{34} =$	$-K$			$-V_{03}^0$	$+V_{04}^0$			l_{34}
$V_{35} =$	$-K$			$-V_{03}^0$		$+V_{05}^0$		l_{35}
$V_{36} =$	$-K$			$-V_{03}^0$			$+V_{06}^0$	l_{36}
$V_{45} =$	$-K$				$-V_{04}^0$	$+V_{05}^0$		l_{45}
$V_{46} =$	$-K$				$-V_{04}^0$		$+V_{06}^0$	l_{46}
$V_{56} =$	$-K$					$-V_{05}^0$	$+V_{06}^0$	l_{56}

7 个法方程式的常数项为

$$\left.\begin{array}{l} [al] = -[l] \\ [bl] = l_{01} - l_{12} - l_{13} - l_{14} - l_{15} - l_{16} \\ [cl] = l_{02} + l_{12} - l_{23} - l_{24} - l_{25} - l_{26} \\ [dl] = l_{03} + l_{13} + l_{23} + l_{34} - l_{35} - l_{36} \\ [el] = l_{04} + l_{14} + l_{24} + l_{34} - l_{45} - l_{46} \\ [fl] = l_{05} + l_{15} + l_{25} + l_{35} + l_{45} - l_{46} \\ [gl] = l_{06} + l_{16} + l_{26} + l_{36} + l_{46} + l_{56} \end{array}\right\} \qquad (4\text{-}61)$$

为了保证常数项计算的正确性，可用下式进行检核。

$$\sum L = [al] + [bl] + [cl] + [dl] + [el] + [fl] + [gl]$$
$$= -[l] + l_{01} + l_{02} + l_{03} + l_{04} + l_{05} + l_{06} \quad (4-62)$$

组成法方程式(4-60)后，可解求 7 个未知数，常用 Q 矩阵解求。接着可求得各段距离的平差值，并进行精度评定。

3)具体作业步骤

(1)在平坦地面上设置一条直线，按上述原则分成 6 段，并观测组合测段的 21 个距离，计算出经气象、倾斜改正后的水平距离 D_i(有时还需加入周期误差改正)。

(2)选择近似距离 $D_{01}^0 \sim D_{06}^0$。选择时尽量接近量测值，以保证计算方便、准确，并计算出 $D_{12}^0 \sim D_{16}^0$，$D_{23}^0 \sim D_{26}^0$，$D_{34}^0 \sim D_{36}^0$，$D_{45}^0 \sim D_{46}^0$ 及 D_{56}^0 的近似值，例如 $D_{12}^0 = D_{02}^0 - D_{01}^0$，等等。

(3)计算误差方程式的常数项 l_i

$$l_i = D_i^0 - D_i$$

(4)按表 4-12 的形式，列出误差方程式。

(5)组成并解算法方程式，求得 7 个未知数，即加常数 K 和距离近似值的改正数 $V_{01}^0 \sim V_{06}^0$。

(6)将求得的 K 值分别加到量测值 D_i 中，得到经过加常数改正后的量测值 D_i'，即

$$D_i' = D_i + K, \qquad 例如 D_{01}' = D_{01} + K$$

(7)将求得的距离近似值的改正数 V_i^0 加到相应的近似值中，得到距离的平差值 $\overline{D}_i$，即

$$\overline{D}_i = D_i^0 + V_i^0, \qquad 例如 \overline{D}_{01} = D_{01}^0 + V_{01}^0$$

(8)由距离平差值 $\overline{D}_i$ 与量测值 D_i' 之差，求得改正数 V_i 即

$$V_i = \overline{D}_i - (D_i + K), \qquad 例如 V_{12} = \overline{D}_{12} - (D_{12} + K)$$

(9)按分别算得的 V_i 值，计算 $[vv]$，与按下式求得的 $[vv]$ 值比较，作为检核。

$$[vv] = [ll] + [al]K + [bl]V_{01}^0 + [cl]V_{02}^0 + [dl]V_{03}^0 + [el]V_{04}^0 + [fl]V_{05}^0 + [gl]V_{06}^0$$

$$(4-63)$$

(10)按间接观测平差计算单位权中误差的公式计算一次测距误差 m_d

$$m_d = \pm \sqrt{\frac{[vv]}{n-t}} \quad (4-64)$$

式中，n 为观测值个数，这里 $n=21$；t 为未知数个数，此处 $t=7$。

加常数测定中误差为

$$m_K = \pm m_d \sqrt{Q_{11}}$$

算例，见表 4-11。

表4-11　　　　　　　　　　　六 段 解 析 法 计 算 加 常 数

序号	测段	近似值 D_i^0 /m	量测值 D_i /m	差值 l_i $(D_i^0-D_i)$ /mm	改正后量测值 D_i' $(D_0'+K)$ /m	平差值 $\bar{D}$ $(D_0'+v_i^0)$ /m	v_i $(\bar{D}_i-D_i)$ /mm
1	0—1	19.50	19.503 1	-3.1	19.505 1	19.504 9	-0.2
2	0—2	58.50	58.496 3	+3.7	58.498 3	58.498 1	-0.2
3	0—3	126.48	126.480 6	-0.6	126.482 6	126.478 8	-3.8
4	0—4	253.96	253.962 3	-2.3	253.964 3	253.967 2	+2.9
5	0—5	509.94	509.939 6	+0.4	509.941 6	509.945 1	+3.5
6	0—6	1 021.43	1 021.430 1	-0.1	1 021.432 1	1 021.429 7	-2.4
7	1—2	39.00	38.989 3	+10.7	38.991 3	38.993 2	+1.9
8	1—3	106.98	106.972 9	+7.1	106.974 9	106.973 9	-1.0
9	1—4	234.46	234.462 8	-2.8	234.464 8	234.462 3	-2.5
10	1—5	490.44	490.437 9	+2.1	490.439 9	490.440 2	+0.3
11	1—6	1 001.93	1 001.922 0	+8.0	1 001.924 0	1 001.924 8	+0.8
12	2—3	67.98	67.980 6	-0.6	67.982 6	67.980 7	-1.9
13	2—4	195.46	195.466 6	-6.6	195.468 6	195.469 1	+0.5
14	2—5	451.44	451.442 6	-2.6	451.444 6	451.447 0	+2.4
15	2—6	962.93	962.928 7	+1.3	962.930 7	962.931 6	+0.9
16	3—4	127.48	127.488 0	-8.0	127.490 0	127.488 4	-1.6
17	3—5	383.46	383.465 1	-5.1	383.467 1	383.466 3	-0.8
18	3—6	894.95	894.953 2	-3.2	894.955 2	894.950 9	-4.3
19	4—5	255.98	255.976 0	+4.0	255.978 0	255.977 9	-0.1
20	4—6	767.95	767.477 1	+8.9	767.463 1	767.462 5	-0.6
21	5—6	511.49	511.477 1	+12.9 $[l]$	511.479 1	511.484 6	+5.5
Σ				684.51 $[ll]$			115.3 $[vv]$

用 θ 矩阵解算未知数

常数项	θ_{0j}	θ_{1j}	θ_{2j}	θ_{3j}	θ_{4j}	θ_{5j}	θ_{6j}
$[aL]$ -24.1	0.200 00	0.057 14	0.114 29	0.171 43	0.228 57	0.285 71	0.342 86
$[bL]$ -28.2	0.057 14	0.302 04	0.175 51	0.191 84	0.208 16	0.224 49	0.240 82
$[cL]$ +22.9	9.114 29	0.175 51	0.351 02	0.240 82	0.273 47	0.306 12	0.338 78
$[dL]$ +22.2	0.171 43	0.191 84	0.240 82	0.432 65	0.338 78	0.387 76	0.436 73
$[eL]$ -32.6	0.228 57	0.208 16	0.273 47	0.338 78	0.546 94	0.469 39	0.534 69
$[fL]$ -14.1	0.285 71	0.224 49	0.306 12	0.387 76	0.469 39	0.693 88	0.632 65
$[gL]$ +27.8	0.342 86	0.240 82	0.338 78	0.436 73	0.534 69	0.632 65	0.873 47
Σ L -26.1	K +1.957	V_{01}^0 +4.873	V_{02}^0 -1.868	V_{03}^0 -1.208	V_{04}^0 +7.180	V_{05}^0 +5.096	V_{06}^0 -0.331

计 算 公 式

$[aL] = -[l]$

$[bL] = L_{01} - L_{12} - L_{13} - L_{14} - L_{15} - L_{16}$

$[cL] = L_{02} + L_{12} - L_{23} - L_{24} - L_{25} - L_{26}$

$[dL] = L_{03} + L_{13} + L_{23} - L_{34} - L_{35} - L_{36}$

$[eL] = L_{04} + L_{14} + L_{24} + L_{34} - L_{45} - L_{46}$

$[fL] = L_{05} + L_{15} + L_{25} + L_{35} + L_{45} - L_{56}$

$[gL] = L_{06} + L_{16} + L_{26} + L_{36} + L_{46} + L_{56}$

检核：$\sum L = [aL] + [bL] + [cL] + [dL] + [eL] + [fL] + [gL] =$
$[L] + L_{01} + L_{02} + L_{03} + L_{04} + L_{05} + L_{06} = -26.1$

$[VV] = [LL] + [aL]R + [bL]V_{01}^0 + [cL]V_{02}^0 + [dL]V_{03}^0 + [eL]V_{04}^0 + [fL]V_{05}^0 + [gL]V_{06}^0 = 115.2$

精 度 评 定

$K = 1.96\text{mm}$

$m_i = \pm\sqrt{\dfrac{[VV]}{n-t}} = \pm\sqrt{\dfrac{115.2}{14}} = \pm2.87\text{mm}$

$m_k = \pm\sqrt{Q_{11}}\,m_d = \pm\sqrt{0.2}\times2.87 = \pm1.28\text{mm}$

略图

3. 用比较法测定加、乘常数

比较法系通过被检测的仪器在基线场上取得观测值，将观测值与已知基线值进行比较从而求得加、乘常数的方法。下面介绍"六段比较法"（实用上不限于六段）。

设 $D_{01} \sim D_{56}$ 为 21 段距离观测值；

$v_{01} \sim v_{56}$ 为 21 段距离改正数；

$\overline{D}_{01} \sim \overline{D}_{56}$ 为经加常数、乘常数改正后的距离值；

$\overline{\overline{D}}_{01} \sim \overline{\overline{D}}_{06}$ 为 21 段基线值。

因

$$\left. \begin{array}{l} D_{01} + v_{01} + K + D_{01}R = \overline{\overline{D}}_{01} \\ D_{02} + v_{02} + K + D_{02}R = \overline{\overline{D}}_{02} \\ \cdots \\ D_{56} + v_{56} + K + D_{56}R = \overline{\overline{D}}_{56} \end{array} \right\} \qquad (4\text{-}65)$$

则误差方程式为

$$\left. \begin{array}{l} v_{01} = -K - D_{01}R + l_{01} \\ v_{02} = -K - D_{02}R + l_{02} \\ \cdots \\ v_{56} = -K - D_{56}R + l_{56} \end{array} \right\} \qquad (4\text{-}66)$$

式中，$l_{01} \sim l_{56}$ 为基线值与观测值之差，如 $l_{01} = \overline{\overline{D}}_{01} \sim D_{01}$。进而可组成法方程式

$$\left. \begin{array}{l} 21K + [D]R - [l] = 0 \\ [D]K + [DD]R - [Dl] = 0 \end{array} \right\} \qquad (4\text{-}67)$$

由此可解出 K，R。如需经常重复解算，可将 Q 值算出，按下式解算 K，R

$$\begin{bmatrix} K \\ R \end{bmatrix} = - \begin{bmatrix} Q_{11} & Q_{12} \\ Q_{21} & Q_{22} \end{bmatrix} \times \begin{bmatrix} [l] \\ [Dl] \end{bmatrix} \qquad (4\text{-}68)$$

求出 K，R 后，即可算出两项改正数之和（c），即

$$c_i = D_i R + K, \qquad i = 01, \ 02, \ \cdots, \ 56$$

再计算经 K，R 改正后的距离值，即

$$\overline{D} = D_i + C_i$$

计算残差

$$v_i = \overline{\overline{D}}_i - \overline{D}_i$$

计算 $[vv]$，并按下式校核

$$\left. \begin{array}{l} [vv] = [ll] + [l]K + [Dl]R \\ [v] = 0 \end{array} \right\} \qquad (4\text{-}69)$$

精度评定

$$m_d = \pm \sqrt{\frac{[vv]}{21 - t}}$$

$$m_K = \pm \sqrt{Q_{11}} \, m_d$$

$$m_R = \pm \sqrt{Q_{22}} \, m_d$$

算例：见表 4-12。

表 4-12

用比较法解算加、乘常数

测段	基线值(=D̄)/m	距离量测值(D_i)/m	误差方程式 L_i $\bar{D}_i-D_i$/mm	a	b	乘常数改正 bK/mm	加、乘常数改正 $bR+K$/mm	改正后的距离 $\bar{D}_i=D_i+bR+K$/m	v $\bar{D}_i-D_i$/mm	未知数解算及精度评定
0—1	19.991 02	19.991 5	-0.48	-1	-0.02	+0.11	+0.18	19.991 68	-0.66	法方程式:
0—2	99.989 86	99.988 2	+1.66	-1	-0.10	+0.58	+0.65	99.988 85	-1.01	$21K+5.32R-32.22=0$
0—3	159.956 95	159.955 4	+1.55	-1	-0.28	+0.92	+0.99	159.956 39	+0.56	$5.32K+1.872\,8R-11.189\,6=0$
0—4	280.003 26	280.002 1	+1.16	-1	-0.48	+1.61	+1.68	280.003 78	-0.52	解得: $R=+5.765(\text{mm/km})$
0—5	480.039 42	480.037 5	+1.92	-1	-0.52	+2.77	+2.84	480.040 34	-0.92	$K=+0.07(\text{mm})$
0—6	519.894 57	519.891 4	+3.17	-1	-0.52	+3.00	+3.07	519.894 57	+0.10	$Q_{11}=0.169\,8$
1—2	79.998 84	79.997 0	+1.84	-1	-0.08	+0.46	+0.53	79.997 53	+1.31	$Q_{12}=Q_{21}$
1—3	139.965 93	139.965 5	+0.43	-1	-0.14	+0.81	+0.88	139.966 38	+0.45	$=-0.482\,5$
1—4	260.012 24	260.010 1	+2.14	-1	-0.26	+1.50	+1.57	260.011 67	+0.57	$Q_{22}=1.904\,5$
1—5	460.048 40	460.045 7	+2.70	-1	-0.46	+2.65	+2.72	460.048 42	-0.02	
1—6	499.903 55	499.900 6	+2.95	-1	-0.50	+2.88	+2.95	499.903 55	0	$m_d=\pm\sqrt{\dfrac{25.374}{19}}$
2—3	59.967 09	59.967 8	-0.71	-1	-0.06	+0.35	+0.42	59.968 22	-1.13	$=\pm1.16(\text{mm})$
2—4	180.013 40	180.011 2	+2.20	-1	-0.18	+1.03	+1.10	180.012 30	+1.10	$m_K=\pm\sqrt{Q_{11}}\cdot m_d$
2—5	380.049 56	380.047 7	+1.86	-1	-0.38	+2.19	+2.26	380.049 96	-0.40	$=\pm0.48(\text{mm})$
2—6	419.904 71	419.902 6	+2.11	-1	-0.42	+2.42	+2.49	419.905 09	-0.38	$m_R=\pm\sqrt{Q_{22}}\cdot m_d$
3—4	120.046 31	120.046 3	+0.01	-1	-0.12	+0.69	+0.76	120.047 06	-0.75	$=\pm1.60(\text{ppm})$
3—5	320.083 47	320.081 1	+1.37	-1	-0.32	+1.84	+1.91	320.083 61	-0.54	
3—6	359.937 62	359.935 8	+1.82	-1	-0.36	+2.08	+2.15	359.937 95	-0.33	
4—5	200.036 16	200.035 0	+1.16	-1	-0.20	+1.15	+1.22	200.036 22	-0.06	
4—6	239.891 31	239.886 3	+5.01	-1	-0.24	+1.38	+1.45	239.887 75	+3.56	
5—6	39.855 15	39.856 8	-1.65	-1	-0.04	+0.23	+0.30	39.857 00	-1.95	
Σ			$[bL]=-11.189\,6$ $[LL]=92.657\,4$	$[aL]=-32.22$	$[bb]=1.872\,8$ $[ab]=5.32$				$\Sigma^+8.21$ $\Sigma^-8.11$ $+0.10$ $[vv]=25.374$	

校核 $[vv]=[LL]+[aL]K+[bL]R+[bL]R=25.894$

附图:

4.8 电磁波在大气中的传播

4.8.1 一般概念

我们在进行电磁波测距时,并不是在真空中,而是在具体实际的现实大气条件下进行的,因此,为计算电磁波测量的距离,就不能用真空中的光速值 $c_0 = 299\ 792.458 \text{km/s}$(1973 年公认的光速值),而必须用实际光速值 c。这样,大气对电磁波测距的影响,主要表现在两方面:一方面是使大气中电磁波传播速度小于真空中的传播速度,从而扩大了在一定距离内的传播时间;另一方面由于大气折射影响,使电磁波传播的波道弯曲,使距离测得过长。因此,我们必须解决由此带来的两个问题:一是确定具体现实工作条件下的电磁波传播的实际速度;二是顾及波道弯曲。为此,首先来概略地介绍一下电磁波在大气中传播时产生的两种现象:一是电磁波辐射能量被大气吸收和散射而引起的大气衰减;二是由大气湍流影响致使电磁波的有关参数的随机变化。

信号强度的衰减随辐射波长的减少而巨增,因此可见光谱中的波的衰减特别厉害,波长大于 10cm 的波,衰减得特别小。大气衰减主要影响测距仪测程的减少。

波参数的随机变化是大气湍流影响的结果,也就是在波的传播路程上空气密度不均匀的随机变化的结果。大气湍流是由空气对流而形成的许许多多的涡流形成的,而每一个小涡流又与其速度、温度、折射率及其他因素密切相关,因而由大气湍流形成的大气场是个不平稳、不均匀、随机变化着的折射场。这样,使得电磁波的各种参数,尤其是振幅(强度)、相位、频率、偏振性、波及波束横断面的传播方向等都发生随机变化,其结果是使得进入接收机的噪声功率的光谱密度扩大,因而降低信/噪比值。假如以光波作为测频进行测量(比如干涉测量),湍流极大地干扰着干涉仪的工作,甚至使其不能工作。解决大气湍流问题的一个最好手段,就是选择有利观测时间——湍流现象发生最小的时间。在一般情况下,日出后一小时和日落前一小时可能是这样的有利观测时间。

在近地(12km 内)对流层进行测量时,湍流影响更为厉害,这个对流层内的时、空随机变化着的折射场受空气压力、温度及湿度等因素制约着,它们都随高度增加而减少。

大气压场可以认为在时间上是相对稳定的,并按一定规律变化着。在一般情况下,甚至可认为等压面实际上按水平分布。因此,在测距中我们可以比较准确地测定它。

对流层的温度场大致可分为具有完全不同性质的两种境地来考虑。高出地面 500m 内的近地层空间,温度由白天吸热夜里放热的现象决定着。由于热交换现象与天气、季节、地形及植被等有关,尽管有风的不断掺合作用,但近地层空间的温度场是很不一致的。超出近地层的远层空间的温度场可以说保持着线性结构关系,在稳定天气中热量传递较少,故温度变化较小。

对流层的湿度场是用空气中含有由于蒸发或干热而引起的水蒸气含量的多少来表示,它随温度增高、气流增强及高度增加而减少。水汽压场同温度场有复杂关系。

4.8.2 电磁波的大气衰减

电磁波在大气中传播时强度的衰减主要有两种原因:一是大气气体分子的吸收;二是大气密度的变化及空中微粒的散射。强度衰减与大气透射率、传播距离及波长等有关。辐

射的衰减按布格(Bouguer)公式计算:

$$I_D = I_0 e^{-\alpha(\lambda)D} \tag{4-70}$$

式中，I_D 为通过某段距离 D 后的射束强度；I_0 为射束的初始强度；$\alpha(\lambda)$ 为衰减的光谱系数，它集中表达大气的透射性能，由吸收系数和散射系数组成:

$$\alpha(\lambda) = \alpha_a(\lambda) + \alpha_z(\lambda) \tag{4-71}$$

称数值

$$\sigma = e^{-\alpha(\lambda)} \tag{4-72}$$

为单位长度(比如 1km)大气透射的光谱系数，因此可把(4-70)式写成:

$$I_D = I_0 \sigma^D \tag{4-73}$$

假如只顾及吸收，则有

$$\sigma_a = e^{-\alpha_a(\lambda)} \tag{4-74}$$

而只顾及散射，则有

$$\sigma_z = e^{-\alpha_z(\lambda)} \tag{4-75}$$

一般情况下都是同时顾及它们，因此透射系数

$$\sigma = \sigma_a \cdot \sigma_z \tag{4-76}$$

空气各种成分中，水蒸气、二氧化碳、氧及臭氧对电磁波吸收有较大影响。在可见光谱或近红外光谱中，水蒸气分子的吸收更为严重。但在近地大气层中也有透射窗: 400~780nm，800~920nm，980~1 050nm，1 170~1 320nm。水蒸气的吸收系数与其饱和分压有关，而饱和分压又是气温的函数，因此大气衰减与温度有关。在大气吸收的研究中还表明，在上述透射窗中也还有一些能被吸收的光带(线)。当采用宽谱带光源时(比如白炽灯，汞灯等)，这种吸收可忽略不计，但当采用窄狭光源时(比如激光、砷化镓二极管)就必须注意以使辐射波长不落在吸收带(线)上。在白天，空中悬浮的较大微粒(如烟尘等)可引起无法控制的吸收，在城区及工业区测距时应特别予以注意。

大气对辐射波产生散射的主要原因是直径小于或相当于辐射波长的各种微粒所致，大于波长的微粒可引起反射或折射。

对可见光谱大气透射率可用所谓"视程"来估计。视程(又称气象视程或大气视程)是指这样的水平距离，即在这个距离内，在白天天空背景下能够区分足够大小的阴暗目标，因此它又等于当亮度反差等于人眼衬比阈值的一段距离。白天，人眼衬比阈值的平均值等于 0.02，因此衰减系数同视程有关系式:

$$\alpha = 3.91 \text{km/s} \tag{4-77}$$

此式当 $\lambda = 555$nm 时才成立，但它也可以足够精度用在这个波带上的光电测距中。

估算出视程 S 后，就可按(4-77)式求出衰减系数 α，进而当已知起始强度 I_0 时，就可按(4-70)式确定通过距离 D 后的强度 I_D。

在大多数情况下，大气透射率同波长的关系只能用实验得到，而每次实验又只能针对具体波长，因而要想得到通用的严密公式是不可能的。目前，当视程小于 20km 时，往往采用罗普尔(pokap)公式:

$$(1 - \sigma_\lambda) = (1 - \sigma_{\lambda 0})\left(\frac{\lambda_0}{\lambda}\right)2.5 \tag{4-78}$$

式中，$\sigma_{\lambda 0}$ 为任何起始波长 λ_0 的透射率。这个公式有很大近似性，只有当散射微粒大小不大于波长时才适用，当大于波长时，比如空中有粉尘及烟雾等时，衰减同波长关系很弱。

大部分无线电波不被大气吸收，但在雨或薄雾时也可引起某些衰弱，在尘、烟、灰或

浓雾条件下进行测量时，远比光电测量所受干扰要小得多。测程与发射功率、天线扩大系数、传播的大气衰减等因素有关。而且这些参数又都与载波波长的动态变化有关。在微波波带内也有免受氧及水蒸气吸收的波带：10cm、3cm 及 8mm，因此微波测距仪大多采用这几种载波。引起微波在大气中衰减的另外原因就是由雨滴、烟尘、浓云、雪及冰霜等形成的电介散射或由空中小微粒如小雨滴、小冰晶等形成的衍射散射而带来的影响。现在，微波测距仪可测 120km 或更长的测程。

4.8.3 电磁波的传播速度

1. 大气折射率

电磁波在实际介质中的传播速度 c 是用真空中传播速度 c_0 除以介质折射率 n 来表示：

$$c = \frac{c_0}{n} \tag{4-79}$$

在电子学中，折射率 $n = \sqrt{\varepsilon\mu}$，式中，$\varepsilon$、$\mu$ 分别为介质的电介常数和磁导率。在气象学中，大气折射率是表示大气实际介质性质的气体成分、温度、压力、湿度以及波长等的函数，一般函数表达式有

$$n = f(\lambda, T, P, e) \tag{4-80}$$

对于纯单色波，相折射率

$$n_\varphi = \frac{c_0}{c_\varphi} \tag{4-81}$$

式中，c_φ 为相速度。但光电测距仪发出的光波都不是单色波，而是由许多频率相近的单色波叠加而成的群单色波。仿(4-81)式，群波在大气中传播速度 c_g 和群折射率 n_g 有关系式：

$$n_g = \frac{c_0}{c_g} \tag{4-82}$$

根据瑞利(RayLeig)规则，知群折射率和相折射率之间有关系式：

$$n_g = n_\varphi - \lambda \frac{dn_\varphi}{d\lambda} \tag{4-83}$$

对于无线电微波，在 11~12km 内的对流层空间里，大气实际上是非色散介质，因此对于微波，相速度和群速度是一致的；但对光波来说，大气则是色散介质，因此二者不一样。在光电测距中采用调制波，应该用群速度，因此对群折射率十分关心。

2. 光波的折射率

上面提到，在光波传播的每一点上，光波的大气折射率都是波长 λ、气温 $T(t)$、气压 p 和水汽压 e 的函数：

$$n = f(\lambda, T, p, e)$$

通常把折射率同波长及气象元素的关系分开来讨论。

折射率 n 同波长 λ 的关系，是在实验室建立的标准气象条件(p_0, T_0, e_0)下导出的。国际上标准条件是指 $T_0 = 288.16K$($t = 15℃$)，$p_0 = 760mmHg$ 及 $e_0 = 0$(干燥空气)及二氧化碳含量 0.03%。色散关系式按柯希(Cauchg)公式计算

$$N_0 = A + \frac{B}{\lambda^2} + \frac{C}{\lambda^4} \tag{4-84}$$

或用通用的希梅(Selmeier)公式:

$$N_0 = A' + \frac{B'}{a - \sigma^2} + \frac{C'}{b - \sigma^2} \tag{4-85}$$

式中:

$$N_0 = (n_0 - 1) \cdot 10^6 \tag{4-86}$$

称为大气折射指数,比 n_0 小1,且以小数后第六位为单位;λ 为真空中波长;$\sigma = \frac{1}{\lambda}$;$A$、$B$、$C$、$A'$、$B'$、$C'$、$a$、$b$ 等为色散系数,通过实验确定。由(4-84)式和(4-85)式确定的折射率是相折射率。通过(4-83)式可将它转换成群折射率

$$N_{g0} = (n_{g0} - 1) \cdot 10^6$$
$$= A + \frac{3B}{\lambda^2} + \frac{5C}{\lambda^4} \tag{4-87}$$

1963年在伯克莱举行的国际大地测量与地球物理年会上,推荐按巴热尔-希尔斯(Barrell-Sears)公式计算

$$N_{g0} = (n_{g0} - 1) \cdot 10^6$$
$$= 287.604 + 3 \times \frac{1.628\ 8}{\lambda^2} + 5 \times \frac{0.013\ 6}{\lambda^4} \tag{4-88}$$

式中,λ 以微米计。该式是在气温 $t_0 = 0℃$,气压为760mmHg(1 013.25mb)及二氧化碳含量为0.03%的条件下导出的。例如,对于 HP3800B 测距仪,有 $\lambda = 910$nm(毫微米),依(4-88)式算得 $N_{g0} = 293.6$,则 $n_{g0} = 1.000\ 293\ 6$;对于 AGA Geodimeter6A,有 $\lambda = 550$nm,同样算得 $N_{g0} = 304.5$,而 $n_{g0} = 1.000\ 304\ 5$,当 $\lambda = 6\ 328$nm 时,可算得 $n_{g0} = 1.000\ 300\ 23$。

更精确的色散公式由埃德伦(Edlen)于1966年给出:

$$N_{g0} = (n_{g0} - 1) \cdot 10^6$$
$$= 287.583 + 3 \times \frac{1.613\ 4}{\lambda^2} + 5 \times \frac{0.014\ 42}{\lambda^4} \tag{4-89}$$

此公式是在 $t_0 = 15℃$,$p_0 = 760$mmHg 下导出的。

因此,只要知道光波的真空波长,便可算出参考条件下的折射率。

(4-88)式对 λ 取微分后,当 $d\lambda = 5$nm 时,可得由此引起的折射率误差 dn_{g0} 为0.3ppm,因此,载波波长必须很精确。

折射率 n 同非标准条件下气象元素的关系,在光电测距中常采用巴热尔-希尔斯给出的公式:

$$n_L = 1 + \frac{n_{g0} - 1}{1 + \alpha t} \cdot \frac{p}{1\ 013.25} - \frac{4.1 \times 10^{-8}}{1 + \alpha t} \cdot e \tag{4-90}$$

式中:

$$\alpha = \frac{1}{273.16} = 0.003\ 661 \tag{4-91}$$

或者写成:

$$N_L = (n_L - 1) \cdot 10^6$$
$$= (n_{g0} - 1) \cdot 10^6 \cdot \frac{p}{(1 + \alpha t)1\ 013.25} - 0.041 \frac{e}{1 + \alpha t} \tag{4-92}$$

或

$$N_L = (n_L - 1) \cdot 10^6 = (n_{g0} - 1) \cdot 10^6 \cdot 0.2696 \cdot \frac{p}{T} - 11.20 \frac{e}{T} \tag{4-93}$$

或
$$N_L = (n_L - 1) \cdot 10^6 = 0.2696 \cdot N_{g0} \frac{p}{T} - 11.20 \frac{e}{T} \tag{4-94}$$

以上各式 p、e 均以 mb 为单位。若改为以 mmHg 为单位，则上面诸式可分别写成：

$$n_L = 1 + \frac{n_{g0} - 1}{1 + \alpha t} \cdot \frac{p}{760} - 5.5 \frac{e \cdot 10^{-8}}{1 + \alpha t} \tag{4-95}$$

或
$$N_L = (n_L - 1) \cdot 10^6$$
$$= (n_{g0} - 1) \cdot 10^6 \cdot \frac{p}{760(1 + \alpha t)} - 0.055 \frac{e}{1 + \alpha t} \tag{4-96}$$

或
$$N_L = (n_L - 1) \cdot 10^6$$
$$= (n_{g0} - 1) \cdot 10^6 \cdot 0.3594 \frac{p}{T} - 15.02 \frac{e}{T} \tag{4-97}$$

或
$$N_L = (n_L - 1) \cdot 10^6$$
$$= 0.3594 \cdot N_{g0} \frac{p}{T} - 15.02 \frac{e}{T} \tag{4-98}$$

以上这些公式虽然形式不同，但计算结果都是一样的，只是要注意各公式中参数的单位。

对由于测量气温 t，气压 p 及湿度 e 的误差 dt，dp 及 de 而引起群折射率 n 的误差 dn_L，可用 (4-92) 式对 t、p 及 e 取全微分得到，当 $t = 15℃$，$p = 1007\text{mb}$，$e = 13\text{mb}$ 及 $n_{g0} = 1.0003045$ 时，则有

$$dn_L \cdot 10^6 = -1.00dt + 0.28dp - 0.04de \tag{4-99}$$

由此可知：

①测量温度 1℃ 的误差可引起折射率 n，亦即距离有 1ppm 的误差；

②测量气压 1.0mb 的误差可引起折射率 n，亦即距离有 0.3ppm 的误差；

③测量湿度 1.0mb 的误差可引起折射率 n，亦即距离有 0.04ppm 的误差。

因此，为保证折射率测定的必要精度，精确测定温度 t 是关键，比如应至少在测站两端点测量温度，分别计算折射率再取平均值，尽管如此，折射率平均值也不会优于 1ppm，除非应用特殊的设备和手段。对于 (4-93) 式最后一项湿度的影响也不可忽略，如若忽略这项，则会引起如表 4-13 所示的误差。

表 4-13

温　度	相对湿度 50%	相对湿度 100%
0℃	0.1ppm	0.2ppm
10℃	0.2ppm	0.5ppm
20℃	0.4ppm	0.9ppm
30℃	0.8ppm	1.6ppm
40℃	1.4ppm	2.8ppm
50℃	2.3ppm	4.6ppm

3. 微波的折射率

由于对无线电微波大气色散实际上等于 0，故在每点上的微波折射率仅是气象元素 T、p、e 的函数，这种函数表达式一般可写为：

$$N_M = (n_M - 1)10^6$$

$$= a\frac{p}{T} + b\frac{e}{T} + c\frac{e}{T^2} \qquad (4\text{-}100)$$

在第 12 届国际大地测量和地球物理年会上，推荐按埃森（Essen）和弗鲁姆（Froome）公式计算微波折射率：

$$N_M = \frac{77.64}{T}(p - e) + \frac{64.68}{T} \cdot \left(1 + \frac{5\,748}{T}\right)e \qquad (4\text{-}101)$$

式中，p 及 e 均以 mb 为单位。后来史密斯（Smith）和魏特洛布（Weintraub）综合分析各种研究结果，又给出了(4-100)式中的系数如下：

$$a = 77.60,\ b = -5.62,\ c = 3.75 \cdot 10^5$$

不过目前，仍采用(4-101)式计算 $N_M(n_M)$。

在(4-101)式中，若对 t、p、e 取全微分就可得出气象元素的测定误差对折射率的影响。设 $t = 10℃$，$p = 1\,013.15\text{mb}$，$e = 13\text{mb}$，得

$$\mathrm{d}n_M 10^6 = -1.4\mathrm{d}t + 0.3\mathrm{d}p + 4.6\mathrm{d}e \qquad (4\text{-}102)$$

由此可知：

①测定气温 1℃ 的误差，可引起折射率 n，亦即距离有 1.4ppm 的误差；

②测定气压 1mb 的误差，可引起折射率 n，亦即距离有 0.3ppm 的误差；

③测定水汽压 1mb 的误差，可引起折射率 n，亦即距离有 4.6ppm 的误差。

显然，在测定微波折射率时，关键性的参数是水汽分压的测定，同光波相比可知，水汽压对微波折射率的影响是光波的 100 倍，即高出 2 个数量级，所以，与光波测距不同，在微波测距中必须沿整条测线十分精确地测定湿度。即便是这样，使 n_M 好于 ±3ppm 的精度也是很困难的，所以微波测距精度一般都低于光波测距精度。

4. 大气参数的测定

大气参数测量的范围和精度，在很大程度上取决于测距仪的类型、内精度、测距精度以及距离的长短等。为控制测量用的电磁波测距，起码应在仪器站和反光镜站同时测定干温 t，湿温 t' 及气压 p。

大气温度通常用通风干湿计（A. 阿斯曼发明）或遥测通风干湿计同湿度一起测定。它们测定干、湿温的精度分别是 0.2℃ 及 0.1℃。温度计应放在阴凉、通风处，离地物（包括地面、物体及人）等 1.5m 之外，尤其要十分注意免受人体热量的影响。大约每隔 3~5min 测定一次气象元素。遥测干湿计接上自动记录装置可连续记录。温度计要按时检定，特别要注意零点差及刻画误差的检定和改正。

大气压测量通常用精度高于 1mb 的高质量空盒气压计测量。测量时要注意应把气压计平放在阴凉处，安静一段时间后再读数。注意测前、后对气压计的检定，对测量的气压值要加以温度、比例误差及零点差改正。

大气湿度测量通常有 2 种方法：一是用湿度计；二是用通风干湿计。为满足精度要求和使用方便起见，现都采用（遥测）通风干湿计。在测湿温时要注意棉球湿润后在认定读数达到平衡时再使用，并随时注意棉球的润湿以防干燥。为计算折射率用的水汽压，通过

测得的干温 t，湿温 t'，按斯珀隆（A. Sprung）公式计算：

$$
\left.\begin{aligned}
e &= E_w' - 0.000\,662p(t - t') \qquad \text{水上} \\
e &= E_{ice}' - 0.000\,583p(t - t') \qquad \text{冰上}
\end{aligned}\right\} \tag{4-103}
$$

式中，E_w' 及 E_{ice}' 分别为越过水及冰时的饱和水汽压，可从专用表中查取，或用马格努斯-泰坦斯（Magnus-Tetens）公式计算：

$$
\left.\begin{aligned}
E_w' &= 10^{\left(\frac{7.5t'}{237.3+t'}+0.785\,8\right)} \\
E_{ice}' &= 10^{\left(\frac{9.5t'}{265.5+t'}+0.785\,8\right)}
\end{aligned}\right\} \tag{4-104}
$$

或用它的修正式

$$
\left.\begin{aligned}
E_w' &= 6.107\,8\exp\left(\frac{17.269t'}{237.30+t'}\right) \\
E_{ice}' &= 6.107\,8\exp\left(\frac{21.875t'}{265.50+t'}\right)
\end{aligned}\right\} \tag{4-105}
$$

上面两式适用于 $-70 \sim +50\,℃$，在 $0 \sim 40\,℃$ 之间公式精度可达 0.1mb。

例如：$t = 21.3\,℃$，$t' = 17.9\,℃$，

$p = 1010.6\text{mb}$ 则依（4-104）式得：

$$
E_w' = 10^{\left(\frac{7.5\times17.9}{237.3+17.9}+0.785\,8\right)} = 20.50\text{mb}
$$

依（4-103）式得 $e = 20.50 - 0.000\,662(1\,010.6)\cdot(21.3 - 17.9) = 20.50 - 2.28 = 18.22\text{mb}$

5. 平均折射率的测定问题

上述公式对光程上的每点都是正确的，但实际上大气是一个不同一的介质，因此每点的折射率都不一样，因而速度也是逐点不同的。为了计算距离，显然应该用整条光程上的平均速度 $\bar{V}$，即距离

$$
D = \frac{\bar{V} \cdot t_{2D}}{2} \tag{4-106}
$$

假如电磁波通过 dx 微分光程所需时间：

$$
dt = \frac{dx}{v(x)}
$$

则电磁波走完发射机至接收机 $2D$ 路程所需时间

$$
t_{2D} = \int_0^{2D} \frac{dx}{v(x)} = 2\int_0^D \frac{dx}{v(x)} \tag{4-107}
$$

将它代入（4-106）式，求出平均速度

$$
\bar{V} = D \Big/ \int_0^D \frac{dx}{v(x)} \tag{4-108}
$$

对于每一点都有

$$
v(x) = \frac{C_0}{n(v)} \tag{4-109}
$$

因此最后得到

$$
\bar{V} = \frac{C_0}{\frac{1}{D}\int_0^D n(v)\,dx} = \frac{c_0}{\bar{n}} \tag{4-110}
$$

在这个表达式中

$$\bar{n} = \frac{1}{D}\int_0^D n(x)\,\mathrm{d}x \tag{4-111}$$

称大气平均折射率,用它求出平均光速,进而求出距离。但完全按照(4-111)式确定折射率是不现实的,目前往往都是在测线的一端,或两端,或再加测测线上几点的气象元素,分别算出这些点的折射率,再取平均值来代表测线上的平均折射率。

为准确地测定折射率,合理地描述大气模型非常重要。比如,经研究认为在城区沿短陡测线大气折射率的规律主要是受空气密度的制约,此时(4-111)式可写成:

$$\bar{n} = \frac{1}{D}\int_0^D n\big[H(x)\big]\,\mathrm{d}x \tag{4-112}$$

式中,$n\big[H(x)\big]$ 为与高度 H 有关的折射率,而 H 又是距离变量 x 的函数。$n\big[H(x)\big]$ 或其简化式 $n(H)$,往往有式

$$n(H) = n_{H_0}f(H)$$

式中,n_{H_0} 为在某起始高度 H_0 处的折射率,可用气象仪表测算得到,而 $f(H)$ 则需用实验方法确定。

在无线电气象学中,曾给出大气折射指数同高度 H 成线性、抛物线及指数的函数关系,一般认为指数函数模型比较准确一些:

$$N(H) = N_{H_0}\exp\big[-q(H-H_0)\big] \tag{4-113}$$

式中,指数 q 的取值范围为 $0.10 \sim 0.25$ 这是 1959 年国际标准大气会议(CRPL)推荐的。

以上三种大气模型的图像见图(4-38)。

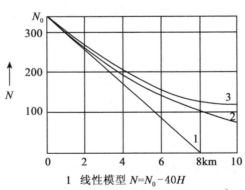

1　线性模型 $N = N_0 - 40H$
2　抛物线模型 $N = N_0 - 40H + 2H^2$
3　指数模型 $N = N_0 \cdot e^{-0.14H}$
　取地面 $N_0 = 320$

图 4-38

由(4-113)式给出的大气模型适于近地几公里的大气。为扩大适用范围,美国的贝安(Bean)和达顿(Datton)经过大量的统计分析提出所谓双指数函数模型:

$$\begin{aligned}
N(H) &= N_t(H) + N_f(H) \\
&= N_t\exp\left(-\frac{H}{H_t}\right) + N_f\exp\left(-\frac{H}{H_f}\right)
\end{aligned} \tag{4-114}$$

式中，N_t 和 N_f 是参考高度 H_t 和 H_f 的大气折射指数的干、湿分量。对于微波，地表的干、湿折射指数分量为：

$$N_t^M = a \frac{p_{H_0} - e_{H_0}}{T_{H_0}} \tag{4-115}$$

$$H_f^M = \left(a + b + \frac{c}{T_{H_0}} \right) \frac{e_{H_0}}{T_{H_0}} \tag{4-116}$$

式中，T_{H_0}、p_{H_0}、e_{H_0} 为地表 H_0 处空气的温度、气压和湿度，系数 a、b、c 由(4-101)式取得。对于光波，计算 N_t 和 N_f 的公式为

$$N_t^L = N_0 \frac{T_0}{p_0} \cdot \frac{P_{H_0} - e_{H_0}}{T_{H_0}} \tag{4-117}$$

$$N_f^L = \left[N_0 \frac{T_0}{p_0} - \left(17.045 - \frac{0.5572}{\lambda^2} \right) \right] \frac{e_{H_0}}{T_{H_0}} \tag{4-118}$$

为确定平均折射指数 $\overline{N}$，必须将(4-45)式代入(4-43)式：

$$\overline{N} = \frac{N_t}{D} \int_0^D e^{-\frac{H}{H_t}} \mathrm{d}x + \frac{N_f}{D} - \int_0^D e^{-\frac{H}{H_f}} \mathrm{d}x \tag{4-119}$$

可见，为计算 $\overline{N}$，最好采用计算机。

以上指数函数及双指数函数大气模型可用于陡测线的大气折射率的计算。

1959 年微气象学家普里斯特利(Priestlg)曾提出大气湍流转换模型，大地测量学家安努斯-列潘(Angnus-Leppan)和布鲁纳(Brunner)1980 年把这种理论用于大地测量中的大气折射的研究。这种模型的基本参数是从地面到空中(或相反)的热通量，是它支配和决定着低层大气湍流状态，其表达式为 $H = R - G - E$。式中，H 为热通量；R 为太阳的辐射热；G 为地面的吸收热；E 为蒸发失去的热。可见，热通量是云、风向、风速、植被等多种自然因素的函数，是个很难直接准确测量和估算的参数。

此外，还有人提出利用三角高程和水准测量的高差比较的方法，求出大气折光系数 k，再利用 k 找出折射率的垂直梯度 $\mathrm{d}n/\mathrm{d}h$，进而求出高度 H 处的大气折射率。还有人建议用同时对向观测天顶距的方法测定大气折射率。

更进一步的技术就是利用飞机沿着波道连续地测量大气元素 t、p、e，从而直接解出沿整条测线的大气折射率。据报道，在美国径·安弟斯断层形变监测网就应用了这种方法，精度可达 0.2ppm。

1956 年帕里列宾(Npulenuh)和本德(Bender)、奥温斯(Owens)等人分别提出直接利用光在大气中传播的色散原理确定大气折射率 n 的色散确定方法。其基本原理就是采用双波或多波测距，使不能沿测线全部点测量气象元素的问题用测量两种不同波长的光程差来代替。据实践和分析认为，这种方法对由温度和气压的变化对折射率的影响有很好的扼制作用，但水汽分压变化的影响仍很大。

可见，气象条件是限制电磁波测距精度的主要因素，如何克服和进一步减少其影响，这是当前发展电磁波测距技术的一个重要课题。

4.8.4 电磁波的波道弯曲

由于大气密度的不均匀性使得电磁波在大气中的传播波道不是一条直线而是一条曲

线，为得到两测站点间的直线距离，我们必须首先研究一下电磁波传导波道的几何性质。

波道的几何性质用曲率半径表达：

$$r = \frac{n}{\sin\alpha \dfrac{\mathrm{d}n}{\mathrm{d}H}} \tag{4-120}$$

式中，α 为光线的入射角，n 为大气折射率，可近似取 1。由于波道倾角一般不大，故入射角 α 接近 90°，可认为 $\sin\alpha = 1$，因此

$$r = \frac{1}{\dfrac{\mathrm{d}n}{\mathrm{d}H}} = \frac{10^6}{\dfrac{\mathrm{d}N}{\mathrm{d}H}} \tag{4-121}$$

可见，曲率半径 r 不是和折射率（或折射指数）有关，而是与折射率的梯度有关，近似地等于其倒数。因此确定曲率半径的问题归结到确定折射率（或折射指数）梯度的问题。上面已指出，最简单的气象模型是线性模型，并且有折射指数梯度 $\mathrm{d}N/\mathrm{d}H = 40$，因此将此值代入上式，求得对微波波道的曲率半径 $r = 25\,000\mathrm{km}$，大约是地球平均半径 $R = 6\,400\mathrm{km}$ 的 4 倍；对光波取 $r = 50\,000\mathrm{km}$，约为地球平均半径 R 的 8 倍。我们把地球平均半径 R 和波道曲率半径 r 之比 k：

$$k = \frac{R}{r} \tag{4-122}$$

称为折光系数。可见，对于光波 $k = 0.13$，对于微波 $k = 0.25$。

关于电磁波传播的实际速度计算及波道弯曲改正问题将在后面详细研究。

4.9 测距成果的归算

4.9.1 概述

电磁波测距是在地球自然表面上进行的，所得长度是距离的初步值。出于建立控制网等目的，长度值应化算为标石间的水平距离。因而要进行一系列改正计算。这些改正计算大致可分为三类：其一是仪器系统误差改正；其二是大气折射率变化所引起的改正；其三是归算改正。

仪器系统误差改正包括加常数改正，乘常数改正和周期误差改正，前面业已介绍过了。

电磁波在大气中传输时受气象条件的影响很大，本节将论述进行大气改正的方法。

属于归算方面的改正主要有倾斜改正、归算到参考椭球面上的改正（简称为归算改正）、投影到高斯平面上的改正（简称为投影改正）。如果有偏心观测的成果，还要进行归心改正。对于较长距离（例如 10km 以上），有时还要加入波道弯曲改正。

下面就来详细研究一下这些化算工作的内容，原理，公式及其精度和应用等问题。

4.9.2 速度改正

1. 第一次速度改正

电磁波测距仪直接显示的距离：

$$d' = \frac{c_0}{n_{\text{参}}} \cdot \frac{t_{2D}}{2} \tag{4-123}$$

式中，$n_{\text{参}}$ 为仪器的参考折射率，它是按下式由厂家设计的：

$$n_{\text{参}} = \frac{c_0}{\lambda_{\text{调}} f_{\text{调}}} = \frac{c_0}{2u f_{\text{调}}} \tag{4-124}$$

式中，$\lambda_{\text{调}}$ 为仪器的精测调制波长，$f_{\text{调}}$ 为精测调制频率；$u = \frac{1}{2}\lambda_{\text{调}}$ 为精测尺长。$u = 10\text{m}$ 是现在大多数光电测距仪所采用的单位尺长。由此可见，仪器的参考折射率 $n_{\text{参}}$ 是厂家根据选择的适宜的单位长度 u，并把主振荡器调整到精测频率 $f_{\text{调}}$ 时所相应的固定的折射率，因而它与外业实测条件下的大气折射率是不同的。

我们知道，实际的光程长度：

$$d = \frac{c_0}{n} \cdot \frac{t_{2D}}{2} \tag{4-125}$$

因此得第一次速度改正公式：

$$k' = d - d' = \frac{c_0 t_{2D}}{2n_{\text{参}}}\left(\frac{n_{\text{参}} - n}{n}\right) \tag{4-126}$$

上式括号内分母 n 可认为是 1，因此有公式：

$$k' = d'(n_{\text{参}} - n) \tag{4-127}$$

第一次速度改正公式已由厂家根据具体仪器给出了。下面以具体仪器为例说明这些公式的由来。

例如 HP3800B 光电测距仪的参数为：$c_0 = 29\,299\,792\,500\text{ms}^{-1}$，$f_{\text{调}} = 14\,985\,454\text{Hz}$，$u = \frac{\lambda_{\text{调}}}{2} = 10\text{m}$，由此解得仪器参考折射率：

$$n_{\text{参}} = \frac{c_0}{\lambda_{\text{调}} f_{\text{调}}} = 1.000\,278\,3 \tag{4-128}$$

因此　　　$k' = d'(n_{\text{参}} - n) = d'(1.000\,278\,3 - n)$

$$= d'\big[(1.000\,278\,3 - 1) - (n - 1)\big] \tag{4-129}$$

由于　　　　$nL - 1 = (n_{g0} - 1)\dfrac{273.16p}{(273.16 + t)1\,013.25} - \dfrac{11.20e \cdot 10^{-6}}{273.16 + t}$

代入上式得：

$$k' = d'\left[278.3 \times 10^{-6} - (n_{g0} - 1)\frac{273.16p}{(273.16 + t)1\,013.25} + \frac{11.20e10^{-6}}{273.16 + t}\right]$$

由于　　　$(n_{g0} - 1) = 293.6 \times 10^{-6}$
因此：

$$k' = d' \cdot 10^{-6}\left[278.3 - 293.6\frac{273.16p}{(273.16 + t)1\,013.25} + \frac{11.20e}{273.16 + t}\right]$$

最后得 HP3800B 光电测距仪的第一次速度改正的实用公式：

$$k' = d' \cdot 10^{-6} \cdot \left\{278.3 - \frac{79.148p}{(273.16 + t)} + \frac{11.20}{273.16 + t}\right\} \tag{4-130}$$

式中，d' 为测距仪的显示值，t 为干湿（℃），p 为大气压（mb），e 为水汽分压（mb）。

又如 SIAL MD60 微波测距仪，该仪器使用的基本参数 $c_0 = 299\ 792\ 500 \text{ms}^{-1}$，$f_调 = 149\ 848\ 300 \text{Hz}$，$\lambda_调 = 2\text{m}$，$u = 1\text{m}$，由此算得

$$n_参 = 1.000\ 320\ 0$$

由于

$$k' = d'(n_参 - n) = d'\left[(n_参 - 1) - (n - 1)\right] \tag{4-131}$$

将 (4-101) 式代入得

$$k' = d'\left[320 \times 10^{-6} - \frac{77.64 \cdot 10^{-6}}{(273.16 + t)}(p - e) - \frac{64.68 \cdot 10^{-6}}{(273.16 + t)}\left(1 + \frac{5\ 748}{(273.16 + t)}\right)e\right]$$

最后得 SIAL MD60 微波测距仪的第一次速度改正的实用公式：

$$k' = d'10^{-6}\left[320.0 - \frac{77.64(p - e)}{(273.16 + t)} - \left(1 + \frac{5\ 748}{(273.16 + t)}\right) \cdot \frac{64.68e}{(273.16 + t)}\right] \tag{4-132}$$

其他测距仪的第一次速度改正的实用公式也可仿上面的过程导出。

2. 第二次速度改正

在计算第一次速度改正时，一般是采用仪站和镜站折射率的平均值而不是严格采用全测线折射率积分的平均值，因此产生所谓折射率代表性误差，此项改正称为第二次速度改正。

由于

$$n = \frac{1}{2}(n_1 + n_2) + \Delta n$$

而

$$\Delta n = (k - k^2)\frac{d'^2}{12R^2}$$

因此第二次速度改正公式为

$$k'' = -d'\Delta n = -(k - k^2)\frac{d'^3}{12R^2} \tag{4-133}$$

式中，k 为折光系数，见 (4-122) 式，R 为沿测线方向的地球平均曲率半径。

经第一、第二次速度改正后的数值是波道曲线弧长 d_1：

$$d_1 = d' + k' + k'' \tag{4-134}$$

4.9.3 几何改正

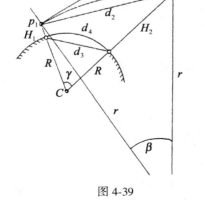

图 4-39

如图 4-39 所示，p_1、p_2 为两测站点；H_1、H_2 为它们的大地高；R、r 分别为地球及波道的曲率半径；γ、β 是相应地球、波道曲率半径之夹角；d_1 是经第一、第二次速度改正后的弧长度；d_2 是两测站间的直线斜距；d_3 是椭球面弦长；d_4 是椭球面弧长，现在的任务是 $d_1 \to d_2 \to d_3 \to d_4$。解决此问题常有两种方法：一种方法是利用测站点的大地高程，另一种方法是利用观测的天顶距，前者适宜长边化算，后者适宜短边化算。

1. 利用测站点高程向椭球面上归算

这里有两种方法：一是分步法；二是一步法。

1) 分步法

①第一次弧→弦的改正 $k_1(d_1 \to d_2)$

由图(4-39)可知，$d_2 = 2r \cdot \sin \dfrac{\beta}{2}$

$$= 2r\sin \frac{d_1}{2r} \tag{4-135}$$

展开级数后，得：

$$d_2 = d_1 - \frac{d_1^3}{24r^2} + \frac{d_1^5}{1920r^4} + \cdots$$

上式中第三项数值，当 $d = 1\,000\text{km}$，$r = 4R$ 时，约为 1mm，故可忽略不计，因此

$$d_2 = d_1 - \frac{d_1^3}{24r^2} \tag{4-136}$$

当顾及(4-122)式时，则上式变为

$$d_2 = d_1 + k_1 \tag{4-137}$$

而

$$k_1 = -\frac{d_1^3}{24r^2} = -k^2 \frac{d_1^3}{24R^2} \tag{4-138}$$

②弦→弦的改正 $k_{23}(d_2 \to d_3)$

在 $\triangle P_1 P_2 C$ 中，依余弦定律得：

$$d_2^2 = (R + H_1)^2 + (R + H_2)^2 - 2(R + H_1)(R + H_2)\cos\gamma$$

由于

$$\cos\gamma = 1 - 2\sin^2 \frac{\gamma}{2},$$

而

$$\sin \frac{\gamma}{2} = \frac{d_3}{2R}, \quad \text{因此}$$

$$\cos\gamma = 1 - \frac{d_3^2}{2R^2} \tag{4-139}$$

因此

$$d_2^2 = k^2 + 2RH_1 + H_1^2 + R^2 + 2RH_2 +$$

$$H_2^2 - 2R^2 - 2RH_1 - 2RH_2 - 2H_1H_2 + \frac{d_3^2}{R^2}(R + H_1)(R + H_2)$$

$$= (H_2 - H_1)^2 + d_3^2(R + H_1)(R + H_2)\frac{1}{R^2} \tag{4-140}$$

由此解得

$$d_3 = \sqrt{\frac{d_2^2 - (H_2 - H_1)^2}{\left(1 + \dfrac{H_1}{R}\right)\left(1 + \dfrac{H_2}{R}\right)}} \tag{4-141}$$

这是计算椭球面上弦长 d_3 的严密公式。此式有时也可拆开，按近似公式分两步计算，首先是倾斜改正 $k_2(d_2 \to d_6)$，其次是海水面改正 $k_3(d_6 \to d_3)$。于是有式

$$d_6 = d_2 + k_2 \tag{4-142}$$

$$d_3 = d_2 + k_2 + k_3 \tag{4-143}$$

这两个公式都可由(4-141)式导出。比如将分母按泰勒级数展开，取有限项后得：

$$d_3 = d_2 \left[1 - \left(\frac{\Delta H}{d_2} \right)^2 \right]^{\frac{1}{2}} \left[1 - \frac{H_M}{R} - \frac{H_1 H_2}{2R^2} + \frac{3}{2} \frac{(H_M)^2}{R^2} + \right.$$

$$\left. \frac{3}{2} \frac{H_M H_1 H_2}{R^3} + \frac{3}{8} \frac{(H_1 H_2)^2}{4R^4} - \cdots \right] \tag{4-144}$$

式中，$\Delta H = H_2 - H_1$，$H_M = \frac{1}{2}(H_1 + H_2)$，若设 $H_1 = H_2 = H_M = 2.5\text{km}$，$R = 6\ 370.1\text{km}$，上式右端第二括号内有关数值如下：

$$\frac{H_M}{R} = 4 \times 10^{-4}, \quad \frac{H_1 H_2}{2R^2} = 8 \times 10^{-8}$$

$$\frac{3H_M^2}{2R^2} = 2.4 \times 10^{-7}$$

这就是说含 R^2，R^3，$\cdots$ 各项均可忽略不计，此时在 2 500m 高度以下，由此引起的误差不超过 0.2ppm。因此(4-144)式可简化为

$$d_3 = d_2 \left[1 - \left(\frac{\Delta H}{d_2} \right)^2 \right]^{\frac{1}{2}} \left(1 - \frac{H_M}{R} \right) \tag{4-145}$$

此式前 2 个因数便是在直角三角形中计算水平距离 d_6 的公式，顾及(4-142)式，显然有倾斜改正($d_2 \rightarrow d_6$)公式：

$$k_2 = d_2 \left(1 - \frac{\Delta H^2}{d_2} \right)^{\frac{1}{2}} - d_2 = (d_2^2 - \Delta H^2)^{\frac{1}{2}} - d_2 \tag{4-146}$$

(4-145)式的另一部分数值，显然即为海水面改正($d_6 \rightarrow d_3$)公式：

$$k_3 = - \frac{H_M}{R}(d_2^2 - \Delta H^2)^{\frac{1}{2}} \tag{4-147}$$

或

$$k_3 = - \frac{H_M}{R}(d_2 + k_2) = - \frac{H_M}{R} d_6 \tag{4-148}$$

这些近似公式有时也可参考使用，但对精密测距，还是应该使用(4-141)式严密公式。

③第二次弦→弧的改正 k_4($d_3 \rightarrow d_4$)

由图 4-39 知，$d_4 = R\gamma = 2R \left(\frac{\gamma}{2} \right) = 2R \arcsin \left(\frac{d_3}{2R} \right) \tag{4-149}$

展开泰勒级数后，得：

$$d_4 = d_3 + \frac{d_3^3}{24R^2} + \frac{3d_3^5}{640R^4} + \cdots \tag{4-150}$$

上式右端第三项，当 $d_3 = 200\text{km}$ 时，为 1mm，故可忽略不计，因此有

$$d_4 = d_3 + k_4 \tag{4-151}$$

式中

$$k_4 = + \frac{d_3^3}{24R^2} \tag{4-152}$$

为了计算方便，往往将第二次速度改正 k''，第一次弧→弦改正 k_1 及第二次弦→弧改正 k_4 合并在一起，亦即

194

$$k'' + k_1 + k_4 = -(k - k^2)\frac{d'^3}{12R^2} - k^2\frac{d_1^3}{24R^2} + \frac{d_3^3}{24R^2} \qquad (4\text{-}153)$$

为化算用,可设 $d' = d_3 = d_1$,于是

$$k'' + k_1 + k_4 = \frac{d_1^3}{24R^2}(-2k + 2k^2 - k^2 + 1) = (1-k)^2\frac{d_1^3}{24R^2} \qquad (4\text{-}154)$$

2)一步法

上述各计算步骤可归纳为一步计算,因为有方程

$$d_4 = 2R\arcsin\left(\frac{d_3}{2R}\right) \qquad (4\text{-}155)$$

将(4-141)式代入,得

$$d_4 = 2R\arcsin\sqrt{\frac{d_2^2 - (H_2 - H_1)^2}{4(R + H_1)(R + SH_2)}} \qquad (4\text{-}156)$$

顾及(4-122)式和(4-135)式,可得

$$d_4 = 2R\arcsin\sqrt{\frac{R^2\sin^2\left(\dfrac{d_1 k}{2R}\right) - \dfrac{k^2}{4}(H_2 - H_1)^2}{k^2(R + H_1)(R + H_2)}} \qquad (4\text{-}157)$$

此式是严密公式。

为检查一下上式中各参数误差对化算 d_4 的影响情况,对上式取全微分后得:

$$\delta(d_4) = -\frac{\Delta H}{d_1}\delta(\Delta H) - \frac{d_1}{R}\delta(H_M) + \frac{d_1 H_M}{R^2}\delta(R) \qquad (4\text{-}158)$$

为保证计算 d_4 的精度,就可依上式计算 ΔH、H_M 及 R 应达到的允许精度。比如,已知 $d_1 = 1\,000\mathrm{m}$,$\Delta H = 400\mathrm{m}$,为使归算误差小于 $1\mathrm{mm}$,那么

$$\delta(\Delta H) = -\frac{d}{\Delta H}(\delta_4) = -2.5\mathrm{mm}$$

这就是说,假如高差不能以这样的精度测定的话,用这样的高差进行化算将使 d_4 产生不能允许的误差。

2. 利用天顶距向椭球面上的化算

如图 4-40 示。Z_1、Z_2 为在测站点 P_1、P_2 上观测的天顶距;δ 为 P_1、P_2 点的折射角;ε_1、ε_2 为 P_1、P_2 点上在 $P_1 P_2(P_2 P_1)$ 方向上的垂线偏差;s_1、s_2 为 P_1、P_2 点上的大地天顶距,其它同前。

由控制测量学可知,观测天顶距 Z_3 同大地天顶距 s 之间有关系式

$$s = Z + \varepsilon \qquad (4\text{-}159)$$

在用天顶距归算时,同样也有一步计算法和分步计算法。

1)一步法

由图 4-40,在 $\mathrm{Rt}\triangle P_1 P_2 Q$ 中,有关系式:

$$QP_2 = d_2\sin(Z_1 + \varepsilon_1 + \delta) \qquad (4\text{-}160)$$

顾及 $\mathrm{Rt}\triangle QCP_2$,$r$ 可写成

$$\gamma = \arctan\left[\frac{d_2\sin(z_1 + \varepsilon_1 + \delta)}{R + H_1 + d_2\cos(z_1 + \varepsilon_1 + \delta)}\right] \qquad (4\text{-}161)$$

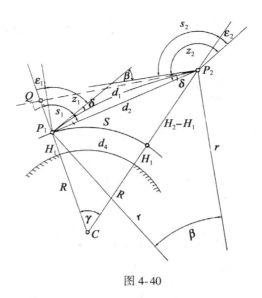

图 4-40

因此椭球面上长度可写成：

$$d_4 = R \arctan\left[\frac{d_2 \sin(z_1 + \varepsilon_1 + \delta)}{R + H_1 + d_2 \cos(Z_1 + \varepsilon_1 + \delta)}\right] \qquad (4\text{-}162)$$

由图可知，折射角

$$\delta = \frac{\beta}{2} = \frac{d_1}{2r} = \frac{d_1 k}{2R} \qquad (4\text{-}163)$$

而波道长：

$$d_2 = \frac{2R}{k}\sin\left(\frac{d_1 k}{2R}\right) = d_1 \qquad (4\text{-}164)$$

当 $k = 0.13$、$R = 6\,370\text{km}$ 时，对于 $d = 10\text{km}$ 及 $d = 30\text{km}$ 的距离来说，d_2 与 d_1 之差分别为 0.02mm 和 0.47mm，因此总可用 d_1 代替 d_2，故(4-162)式可写为

$$d_4 = R \arctan\left[\frac{d_1 \sin\left(z_1 + \varepsilon_1 + \dfrac{d_1 k}{2R}\right)}{R + H_1 + d_1 \cos\left(z_1 + \varepsilon_1 + \dfrac{d_1 k}{2R}\right)}\right] \qquad (4\text{-}165)$$

此式是严密的。但在实际应用时，由于垂线偏差 ε 往往是未知的，故常用 z_1 代替 ζ。由此引起的误差将在下面进行讨论。

2) 分步法

同用高程分步计算法相似，此时按分步法计算时，有以下步骤。

①第一次弧→弦的改正 $k_1(d_1 \to d_2)$：

应用(4-137)和(4-138)两式：

$$d_2 = d_1 + k_1$$

$$k_1 = -k^2 \frac{d_1^3}{24R^2}$$

196

上已计算过，若设 $R = 6\ 370km$，$k_L = 0.13$，对于 $d = 10\ 000m$ 及 $30\ 000m$，k_1 分别为 $0.02mm$ 及 $-0.47mm$，因此，在实际中，这项改正总可忽略不计。

②倾斜改正 $k_5(d_2 \rightarrow d_5)$

这项改正的意义是将 d_2 化到 H_1 高度的水平距离 d_5，由图 4-40 有：

$$d_5 = d_2 \frac{\sin\left[z_1 - \dfrac{\gamma}{2}(2 - k)\right]}{\sin\left(\dfrac{\pi}{2} + \dfrac{\gamma}{2}\right)}$$

$$= d_2 \frac{\sin\left[z - \dfrac{\gamma}{2}(2 - k)\right]}{\cos\dfrac{\gamma}{2}} \tag{4-166}$$

只要 $\dfrac{\gamma}{2}$ 正确，上式便是严密式。但通常用近似式

$$\frac{\gamma}{2} = \frac{d_2 \sin z}{2(R + H_1)} \tag{4-167}$$

经分析表明，对 2km 水平距离，由此引起（4-166）式误差不大于 10^{-8}。因此（4-166）式可写成：

$$d_5 = d_2 \sin z_1 \cos\left[\frac{\gamma}{2}(2 - k)\right] - d_2 \cos z_1 \sin\left[\frac{\gamma}{2}(2 - k)\right] \tag{4-168}$$

由于 $\dfrac{\gamma}{2}$ 很小，故 $\left[\dfrac{\gamma}{2}(2-k)\right]$ 也很小，因此可认为：

$$\cos\left[\frac{\gamma}{2}(2 - k)\right] = 1$$

$$\sin\left[\frac{\gamma}{2}(2 - k)\right] = \frac{\gamma}{2}(2 - k) \tag{4-169}$$

因而

$$d_5 = d_2\left[\sin z_1 - \frac{d_2(2 - k)}{2(R + H_1)}\sin z_1 \cos z_1\right] \tag{4-170}$$

当忽略 H_1 时，有式

$$d_5 = d_2 \sin z_1 - \frac{d_2^2(2 - k)}{4R}\sin 2z_1 \tag{4-171}$$

当 $d_2 < 5\ 000m$，$70° < z_1 < 110°$时，忽略 H_1 带来的最大误差不超过 $0.4mm$。（4-171）式右端第二项数值大小概念如下（设 $H_1 = 0$，对光波 $k = 0.13$）：

d_2	$z_1 = 80°$	$z_1 = 70°$
100mm	−0.3mm	−0.5mm
300mm	−2.3mm	−4.2mm
500mm	−6.3mm	−11.8mm
1 000mm	−25.2mm	−47.2mm
2 000mm	−100.8mm	−188.8mm

197

③海水面改正 $k_6(d_5 \to d_3)$

在这里是归算到 H_1 海平面上而不是归算到 HM 海平面上。由 $\triangle P_1P_2C$ 可知：

$$d_3 = \frac{d_5 R}{R + H_1} = \frac{d_5}{\left(1 + \dfrac{H_1}{R}\right)} = d_5\left(1 - \frac{H_1}{R}\right) \tag{4-172}$$

因此

$$k_6 = -\frac{H_1}{R}d_5 \tag{4-173}$$

而

$$d_3 = d_5 + k_6 \tag{4-174}$$

④第二次弦→弧改正 $k_4(d_3 \to d_4)$

这项改正数计算同(4-152)式。若设 $R = 6\,370\mathrm{km}$，$k = 0.13$，当测线长为 5km 和 10km 时，k_4 只有 0.1mm 和 1.0mm。因此大多数情况下，这项改正也可忽略不计。

下面我们来分析一下(4-162)式中各参数误差对距离归算精度的影响问题，为此对(4-165)式取全微分，并设 $R = 6\,370\mathrm{km}$，则有

$$\delta(d_4) = \sin z \cdot \delta(d_1) - 1.6 \cdot 10^{-7}d_4\delta(H_1) + \Delta H\delta(z) + 7.8 \times 10^{-8}d_1\Delta H\delta(k) \tag{4-175}$$

式中，$\Delta H = H_2 - H_1$，所有长度均以 m 为单位。第三项即为测量天顶距误差或忽略垂线偏差而带来的误差，若设此项误差为 $2''$，则对 d_4 有如下的影响：

ΔH	50m	100m	200m	1 000m
$\delta(d_4)$	0.5mm	1.0mm	1.9mm	9.7mm

由此可见，这项误差对精密测距，比如 ME5000 测距，影响是相当严重的，这时有关垂线偏差的概念是非常重要的。

上式右端第四项是实际折光系数同假设的折光系数 $k = 0.13$ 之差而引起的误差。经研究认为，在高空测距时，$\delta(k) = 0.1 \sim 0.4$；但在接近地面测距时，折光系数白天在 1.5 ~ 2.0 之间变化，因此可设 $\delta(k) = 1$，则由此 $\delta(k)$ 引起 d_4 的误差 $\delta(d_4)$ 如下：

$d_1 =$	100m	300m	600m	1 000m	2 000m	3 000m
$\Delta H = 100\mathrm{m}$	0.8mm	2.3mm	4.7mm	7.8mm	15.6mm	23.4mm
300m		7.0mm	14.0mm	23.4mm	46.8mm	70.2mm
1 000m					156.0mm	234.0mm

由此可见，距离愈长，高差越大，这项影响也就越大。因此应尽量避免大高差进行测距，或者用对向三角高程方法更精确地测定折光系数。

4.9.4 投影改正

上面求出的 d_4 可认为是椭球面 p_1、p_2 两点间大地线长度。现要按高斯投影法将它投影到高斯投影平面上，则成为 p_1'、p_2' 两点间的曲线长度 d_4'(见图 4-41)，而我们要求的是 p_1'、p_2' 两点间的直线距离 s。

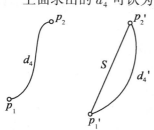

经过分析认为，由于平面上投影曲线和直线间夹角甚小，因此 s 和 d_4' 之差甚微，故可认为

$$s = d_4' \tag{4-176}$$

现在的问题变成由 d_4 求 s。

图 4-41

由控制测量学可知

$$s = md_4 \tag{4-177}$$

式中，m 为长度比。可按下式计算

$$m = \frac{1}{6}(m_1 + 4m_m + m_2) \tag{4-178}$$

若设 p_1' 点平面坐标为 $(x_1,\ y_1)$，p_2' 点平面坐标为 $(x_2,\ y_2)$，则 p_1' 及 p_2' 点的长度比：

$$\left.\begin{array}{l} m_1 = 1 + \dfrac{y_1^2}{2R_1^2} + \dfrac{y_1^4}{24R_1^4} \\[3mm] m_2 = 1 + \dfrac{y_2^2}{2R_2^2} + \dfrac{y_2^4}{24R_2^4} \end{array}\right\} \tag{4-179}$$

平均值

$$m_m = \frac{1}{2}(m_1 + m_2)$$

$$= 1 + \frac{y_m^2}{2R_m^2} + \frac{y_m^4}{24R_m^4}$$

将(4-179)式代入(4-178)式，进而代入(4-177)式，经整理后，得

$$s = d_4 \left(1 + \frac{y_m^2}{2R_m^2} + \frac{\Delta y^2}{24R_m^2} + \frac{y_m^4}{24R_m^4}\right) \tag{4-180}$$

或写成

$$s = d_4 + k_0 \tag{4-181}$$

式中

$$k_0 = d_4 \left(\frac{ym_m^2}{2R_m^2} + \frac{\Delta y^2}{24R_m^2} + \frac{y_m^4}{24R_m^4}\right) \tag{4-182}$$

此式可用于一等测量计算；对于二等测量有式：

$$k_0 = d_4 \left(\frac{y_m^2}{2R_m^2} + \frac{\Delta y^2}{24R_m^2}\right) \tag{4-183}$$

对于三等测量有式：

$$k_0 = d_4 \frac{y_m^2}{2R_m^2} \tag{4-184}$$

以上诸式中：$y_m = \dfrac{1}{2}(y_1 + y_2)$，$\Delta y = y_2 - y_1$

$$R_m = \frac{1}{2}(R_1 + R_2)$$

4.9.5 电磁波测距成果化算实例

1. 长距离化算——以微波测距成果化算为例

用 SIAL MD60 微波测距仪，在三角点 P 和 O 点间进行距离测量。取 6 次观测的平均数，并加入仪器常数改正，测得的距离为 $d' = 22\ 395.667\mathrm{m}$。在 P、O 站测得的气象元素分别为：

$p = 921.3\mathrm{mb}$ $p = 882.6\mathrm{mb}$

p：$t = 6.1℃$ O：$t = 5.3℃$

$t' = 3.2℃$ $t' = 3.1℃$

以上数值均加入了气象仪表改正数。测站点坐标及高程：

199

	X	Y	H
P	1 295 238.04	550 579.53	879.71
O	1 301 416.35	572 099.22	1 273.90

在标石中心上的仪器高相等。

第一步：第一次速度改正的计算

应用(4-132)式

$$k' = d' \cdot 10^{-6} \left[320.0 - \frac{77.64(p-e)}{(273.16+t)} - \left(1 + \frac{5\ 748}{(273.16+t)} \right) \cdot \frac{64.68e}{(273.16+t)} \right]$$

及(4-103)式

$$e = E'_{w} - 0.000\ 662p(t - t')$$

按两测站分别计算：

	P	O
t	6.1℃	5.3℃
$t-t'$	+2.9℃	+2.2℃
p	921.3mb	882.6mb
E'_{w}	7.68mb	7.63mb
e	5.91mb	6.34mb
$p-e$	915.4mb	876.3mb
k'	+0.806 0m	+0.981 6m

第一次速度改正的平均值 $k' = +0.893\ 8$m。

根据(4-126)式，得波道长度

$$d = d' + k' = 22\ 395.667 + 0.893\ 8 = 22\ 396.560\ 8\text{m}$$

第二步：倾斜改正计算

依(4-146)式，展开级数后得：

$$k_2 = - \frac{(H_2 - H_1)^2}{2d_2} - \frac{1}{8} \frac{(H_2 - H_1)^4}{d_2^3}$$

其中
$$H_2 - H_1 = 394.19\text{m}, \ d_2 \approx d = 22\ 396.560\ 8\text{m}$$

代入上式，得

$$k_2 = - 3.469\ 0\text{m} - 0.000\ 3\text{m} = - 3.469\ 3\text{m}$$

第三步：海水面改正计算

将 k_2 的表达式代入(4-148)式，得

$$k_3 = - \frac{H_1 + H_2}{2R}d_2 + \frac{(H_1 + H_2)(H_2 - H_1)^2}{4R \cdot d_2}$$

设 $R = 6\ 370\ 100$m，则有

$$k_3 = - \frac{1\ 273.900 + 879.71}{2 \times 6\ 730\ 100} \times 22\ 396.560\ 8 + \frac{2\ 153.610\ 0 \times 394.19^2}{4 \times 6\ 370\ 100 \times 22\ 396.560\ 8}$$

$$= - 3.785\ 9 + 0.000\ 6 = - 3.785\ 3\text{m}$$

第四步：第二次速度改正及弧→弦改正的综合计算

据(4-154)式，有

$$k'' + k_1 + k_4 = (1 - k)^2 \frac{(d_1^3)}{24R^2}$$

设 $k = 0.25$，$R = 6\ 370\ 100$m，则得

$$k'' + k_1 + k_4 = 0.75^2 \frac{22\ 396.560\ 8^3}{24 \times 6\ 370\ 100^2} = +\ 0.006\ 5\text{m}$$

第五步：椭球面长度计算

综合以上各项改正，得

$$d = 22\ 396.560\ 8\text{m}$$
$$k_2 = -\ 3.469\ 3\text{m}$$
$$k_3 = -\ 3.785\ 3\text{m}$$
$$k'' + k_1 + k_4 = +\ 0.006\ 5\text{m}$$
$$d_4 = 22\ 389.312\ 7\text{m}$$

第六步：向高斯投影平面归算

在此项计算时，应在 y 坐标减去 500 000m 后再计算。据(4-184)式

$$k_0 = d_4 \frac{y_m^2}{2R_m^2}$$

取 $y_m = \frac{1}{2}(y_1 + y_2) = 61\ 339.375$m，$R_m = 6\ 370\ 100$

代入上式得：

$$k_0 = 22\ 389.312\ 7 \cdot \frac{61\ 339.375^2}{2 \times 6\ 370\ 100^2}$$

$$= +\ 0.010\ 4\text{m}$$

因此高斯投影面上的长度，依(4-181)式得：

$$s = d_4 + k_0 = 22\ 389.312\ 7\text{m} + 0.010\ 4\text{m}$$

$$= 22\ 389.323\ 1\text{m}$$

2. 短距离化算——以光波测距成果化算为例

用 HP3805A 红外测距仪从点 A 向点 B 进行距离测量。有关测量数值如下：

$d'_{AB} = 587.134$m　　　　$h_{EDM} = 1.652$m　　　　$h_R = 1.724$m

$Z_{TH} = 85°41'53''$　　　　$h_{TH} = 1.673$m　　　　$h_T = 1.534$m

$t_A = 23.8℃$　　　　$p_A = 1\ 008.3$mb

测站点 A 的坐标及高程

	x	y	H
A	1 271 028.524m	536 637.897m	1 058.21m

第一步：第一速度改正的计算

对于 HP 厂的红外光电测距仪 HP3801A、HP3859A、HP3800B、HP3805A、HP3810B 等，第一次速度改正公式均是(4-130)式。该式右端第三项可用常数 0.4 代替，此时相当于 10℃、相对湿度 80%，或 20℃、相对湿度 44% 以及 30℃、相对湿度 25% 的实际情况。因此(4-130)式可写成：

$$k' = d' \times 10^{-6} \left[278.7 - \frac{79.148p}{(273.16 + t)} \right]$$

由此可算得

$$k' = 587.134 \times 10^{-6} \left[278.7 - \frac{79.148 \times 1\,008.3}{273.16 + 23.8} \right]$$

因此 $\qquad d = d' + k' = 587.134 + 0.005\,8 = 587.139\,8\mathrm{m}$

第二步：仪器、目标和反光镜不配套改正数的计算

由 $\qquad \Delta h = h_{EDM} - h_{TH} + h_T - h_R = -0.211\mathrm{m}$

得

$$d_{TH} = d_{EDM} + \Delta h \cos z_{TH} - \frac{\Delta h^2}{2d_{EDM}}$$

式中 $\qquad d_{EDM} = 587.139\,8$，$z_{TH} = 85°41'53''$，则

$$d_{TH} = 587.139\,8 - 0.015\,8 - 0.000\,04 = 587.124\,0\mathrm{m}$$

第三步：海水面改正的计算

由(4-165)式

$$d_4 = R\arctan\left[\frac{d_1 \sin\left(z_1 + \varepsilon_1 + \frac{d_1 k}{2R}\right)}{R + H_1 + d_1 \cos\left(z_1 + \varepsilon_1 + \frac{d_1 k}{2R}\right)} \right]$$

式中 $k = 0.13$，$R = 6\,370\,100\mathrm{m}$，$\varepsilon_1 = 0$，$d_1 = d_{TH}$，$H_1 = H_A + h_{TH}$，则上式变为：

$$d_4 = 6\,370\,100\arctan\left(\frac{585.470\,09}{6\,371\,203.9} \right) = 585.368\,7\mathrm{m}$$

第二次速度改正及两次弧对弦改正按(4-154)式计算，综合改正仅为 $1.5 \times 10^{-7}\mathrm{m}$，故忽略不计。

第四步：向高斯投影平面归算

当 y 坐标减去 $500\,000\mathrm{m}$ 后，利用(4-184)式

$$k_0 = d_4 \frac{y_m^2}{2k_m^2}$$

取 $y_m = y_A$，$R = 6\,370\,100\mathrm{m}$，代入算得

$$k_0 = 585.368\,7 \times \frac{36\,637.897^2}{2 \times 6\,370\,100^2} = +0.009\,7\mathrm{m}$$

因此，依(4-181)式算得高斯投影面上的长度

$$s = d_4 + k_0 = 585.368\,7 + 0.009\,7 = 585.378\,4\mathrm{m}$$

4.10　光波测距的误差来源及精度估计

4.10.1　测距误差的主要来源

由相位法测距的基本公式知

$$D = N\frac{c}{2nf} + \frac{\varphi}{2\pi} \cdot \frac{c}{2nf} + K \qquad\qquad (4\text{-}185)$$

式中各符号的意义同前。

对(4-185)式取全微分后,转换成中误差表达式为

$$m_D^2 = \left[\left(\frac{m_c}{c}\right)^2 + \left(\frac{m_n}{n}\right)^2 + \left(\frac{m_f}{f}\right)^2\right]D^2 + \left(\frac{\lambda}{4\pi}\right)^2 m_\varphi^2 + m_k^2 \qquad (4\text{-}186)$$

式中,λ 为调制波的波长$\left(\lambda = \dfrac{c}{f}\right)$;$m_c$ 为真空中光速值测定中误差;m_n 为折射率求定中误差;m_f 为测距频率中误差;m_φ 为相位测定中误差;m_k 为仪器中加常数测定中误差。

此外,理论研究和实践均表明:由于仪器内部信号的串扰会产生周期误差,设其测定的中误差为 m_A;测距时不可避免地存在对中误差 m_g。因而测距误差较为完整的表达式应为

$$m_D^2 = \left[\left(\frac{m_c}{c}\right)^2 + \left(\frac{m_n}{n}\right)^2 + \left(\frac{m_f}{f}\right)^2\right]D^2 + \left(\frac{\lambda}{4\pi}\right)m_\varphi^2 + m_k^2 + m_A^2 + m_g^2 \qquad (4\text{-}187)$$

由(4-187)式可见,测距误差可分为两部分:一部分是与距离 D 成比例的误差,即光速值误差、大气折射率误差和测距频率误差;另一部分是与距离无关的误差,即测相误差、加常数误差、对中误差。周期误差有其特殊性,它与距离有关但不成比例,仪器设计和调试时可严格控制其数值,实用中如发现其数值较大而且稳定,可以对测距成果进行改正,这里暂不顾及。故一般将测距仪的精度表达式写成

$$m_D = \pm (A + B \cdot D) \qquad (4\text{-}188)$$

式中,A 为固定误差;B 为比例误差系数;D 为被测距离。

如果每公里的比例误差为 C 毫米,则(4-188)式可写成

$$m_D = \pm (A + C_{\text{ppm}} \cdot D) \qquad (4\text{-}189)$$

4.10.2 测距精度估计

电磁波测距仪的质量指标很多,例如自动化程度、轻便性、测距精度、测程、外观等,其中最主要的是精度和测程。因而采用一定的方法对仪器的测距精度进行估算是非常必要的。另外在用电磁波测距仪进行作业时,将受到一系列误差源的影响,那么,在这一复杂的条件下所测出的成果,其可靠性如何,也是人们所关注的问题。

衡量仪器的测距精度,一般注重两种指标,即内部符合精度和外部符合精度。

内部符合精度是指仪器对同一距离进行多次测定,其观测值之间的符合程度。计算方法如下:

一次测定中误差 $\qquad m = \pm\sqrt{\dfrac{[vv]}{n-1}}$

平均值中误差 $\qquad M = \pm\dfrac{m}{\sqrt{n}}$

相对中误差 $\qquad M/\overline{D}$

式中,$v_i = D_i - \overline{D}(i = 1, 2, \cdots, n)$;$D_i$ 为量测值(加入各项改正后的平距);$\overline{D}$ 为量测值的均值;n 为测定次数。

内部符合精度主要反映了仪器的测相误差以及外界大气条件的影响,而仪器的加常数、乘常数、周期误差、对中误差的影响是反映不出来的,因而算出的精度一般偏高。

203

所谓外部符合精度，系指用测距仪在基线上比测后，所得到的量测值与基线值比较而求得的精度指标。每台仪器出厂时，必须通过各项检验给出这一精度指标。例如 DCH-2：$\pm(5\text{mm}+1\times10^{-6}D)$，DI20：$\pm(3\text{mm}+1\times10^{-6}D)$，ME5000：$\pm(0.2\text{mm}+2\times10^{-7}D)$等。

为了客观地评定测距精度，即采用较合理的方法估算出测距中误差。近年来，人们进行了大量的研究，在实践的基础上提供了一些方法，也得出了一些结论。现归纳如下：

（1）用实测资料找出内部符合精度与外部符合精度（即测距中误差）之间的相依关系。前苏联学者曾用 4 种电磁波测距仪在数年内进行了一百多次实测，通过资料分析得出如下结论：对上述几种电磁波测距仪而言，按内部符合精度所算出的中误差 m 比按外部符合精度所算出的中误差（m_Δ）平均缩小了 0.4 倍。

表 4-14（a）、（b）为根据其中的两种仪器所测数据计算的结果。

由此可得

$$m_外 \approx \sqrt{2}\, m_内$$

表 4-14（a）　　　　　　　　　　　　（T-2）

检定次数	m_Δ/mm	m/mm	$\dfrac{m_\Delta}{m}$
1	±21	±8.4	2.5
2	20	19	1.1
3	26	23	1.1
4	24	13	1.8
5	19	11	1.7
6	22	17	1.3
7	20	16	1.2
8	19	17	1.1
9	22	24	0.9
			平均 1.4

表 4-14（b）　　　　　　　　　　（Geodimeter 6A）

检定次数	m_Δ/mm	m/mm	$\dfrac{m_\Delta}{m}$
1	±8	±7.4	1.1
2	11	6.7	1.6
3	11	8.3	1.3
4	15	11.0	1.4
5	9.6	7.2	1.4
			平均 1.4

（2）根据测距的误差源推求测距精度的估算公式。

无论是与距离无关的固定误差，还是与距离成比例的误差，都是偶然误差居主导地位，而且两者可视为相互独立的，因而可采用下列精度估算公式

$$m = \pm\sqrt{a^2 + (b\times10^{-6}D)^2} \tag{4-190}$$

式中，a 为固定误差，$b\times10^{-6}D$ 为比例误差，a、b 可根据误差源及试验结果加以推求。前

面曾指出过，周期误差有其特殊性，它不属于固定误差，也不属于比例误差，在仪器设计制造时，均已力求缩小，使其不超过固定误差的 50%，当这一技术指标满足时，在测量成果中一般不进行周期误差改正，故在精度估算时，可作为一个固定误差源包含于固定误差中。

(3)用回归法确定 A、B 值。

测距仪出厂时，其标称精度一般以 $m = \pm(A+B \cdot D)$ 的形式给出。我们可以在基线上用测距仪测出多组数据，并对观测值进行系统误差(加、乘常数)改正，用改正后的量测值与相应的基线值作比较，用回归法求出 A、B 值。

4.11 微波测距概要

4.11.1 概述

前已提及，电磁波测距仪按载波源可分为光波测距仪和微波测距仪两大类。由于微波测距仪使用的载波波长属于无线电波的微波段，故称为微波测距仪。

微波测距仪与前面介绍的激光测距仪、红外测距仪(两者又合称光电测距仪)相较，其区别在于：光电测距仪是以光波作为载波，而微波测距仪是以微波作为载波；光电测距仪在测线两端分别安置仪器和反射器，而微波测距是以两台仪器(主台和副台)安置在两端进行测距，主台发射的电波被副台接收之后，由副台再转发给主台。可见，副台不是一般的合作目标，而是一个有源转发器。

近代电磁波测距仪一般具有体积小，重量轻，操作方便，自动化程度高等特点。而微波测距仪由于采用了无线电波的微波段作为载波，因而除了基本上具备上述特点外，还有以下几个突出的优点：

(1)对观测条件要求不高。微波测距作业时，测线两端只要满足一般的几何通视条件即可。微波能越过地面个别物体的障碍，对大气透明度要求很低，在有烟、云、雾、小雨等情况下也可进行测距。

(2)由于仪器发射和接收的无线电波(微波)都具有一定的宽度，所以在架设仪器时，只需要粗略对向对方测站即可，不必精确照准。

(3)测线两端(主、副台)可以直接用机内的通讯设备相互联系，不必另配通信设备。

由于上述优点，采用微波测距就大大降低了对外界条件的要求，增加了作业的机动灵活性。但是，另一方面，正是因为采用微波作为载波，发射波束较宽，因而存在着地面反射误差的影响，而且微波折射率受大气层温度影响远较光波大。所以微波测距的精度受到限制，在选择测站位置时还得考虑地形条件。不过近年来出现了毫米载波测距仪，有效地削弱了地面反射误差的影响，因而提高了测距精度。

微波测距仪是从 1954 年南非开始研制的，于 1957 年正式投产，命名为 Tellurometer (即微波测距仪)，有 MRA$_1$ 和 MRA$_1$-CW 两种型号，测程可达 40~50km。后来在其他一些国家也出现了类似的微波测距仪，如美国的 DM-20；匈牙利的 GFT-B1；日本的 ADM$_4$；瑞士的 DI-50，MD60c；美国的 MRA3，MRA4，MRA101 等等。这类仪器与其他电磁波测距仪一样经历着由电子管到晶体管，由晶体管到固体电路的发展过程，载波频率不断提高，读数方法也日趋自动化。我国也试制和试生产了 WJ-1 型及改进的 WJ-2 型等数种微波测距仪。

1984 年英国生产了高精度微波测距仪 CMW-20，标称精度为 $\pm(5mm+3\times10^{-6}D)$，测程为 20~25 000m。可见其测距精度已达到了与一般光波测距仪相当的程度，把微波测距仪的质量指标提高到一个新的水平。

由于微波测距仪在型号和数量上远较光波测距仪少，所以目前测绘部门广泛使用的是光波测距仪，而微波测距仪大多用于军事测绘上。

4.11.2 微波测距仪的测相原理

由于微波测距仪采用了有源反射器，其测相过程略比光波测距仪复杂。其具体测相原理如图 4-42 所示。

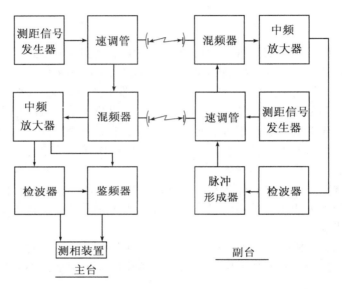

图 4-42

主台的速调管产生 3 000MHz 以上的微波作为运载测距信号的工具——载波。测距信号发生器所产生的测距信号(其频率一般在 7.5MHz 以上)送至速调管，对微波进行频率调制。速调管所输出的调频波经抛物面天线射向测线波端的副台，为其抛物面天线接收，并送至混频器。副台速调管所产生的微波其频率较主台高数十兆赫(如高 33MHz)，它也为副台作频率调制。副台速调管所输出的调频波有极少部分送至本台混频器。主、副台的调频波经混频器便得到一个中心频率为几十兆赫(如 33MHz)的调幅波，并送至中频放大器予以放大，然后由检波器"取出"中频调幅波的包络信号。这一包络信号的频率为主副台测距信号频率之差(如 1MHz)，此包络信号经脉冲形成器而变换成脉冲信号，也送至速调管，对副台微波进行频率调制。副台向主台发射的调频波包括了副台的测距信号和脉冲信号，副台调频波经主台接收天线而送入混频器，此混频器中还加有少部分的主台调频波，主副台调频波经主台混频器而得到一个中心频率为几十兆赫(如 33MHz)的调幅调频波，经中频放大后同时送到检波器和鉴频器。检波器"取出"中频调幅调频波的包络信号(又称测相信号)；鉴频器"取出"中频调幅调频波的脉冲信号。测相信号和脉冲信号同时送入测相装置，从而测出脉冲信号和测相信号之间的相位差，亦即测出测距信号往返于测线的滞后相位(φ_D)。

为了简便起见，在阐述测相原理时，我们略去作为运载工具的微波影响，仅考察测距信号的相位变化。

若主台发射的测距信号相位为

$$\varphi_1 = \Omega_1 t + \theta_1 \tag{4-191}$$

式中，Ω_1 为主台测距信号的角频率；t 为变化的时间；θ_1 为主台测距信号的初相位。

主台测距信号经过 $t_D\left(=\dfrac{D}{c}\right)$ 时间到达副台时，相位将改变(滞后)$\Omega_1 t_D$，故到达副台的主台测距信号相位为

$$\varphi_1' = \Omega_1 t - \Omega_1 t_D + \theta_1 \tag{4-192}$$

副台发射角频率略低于 Ω_1 的测距信号，其相位为

$$\varphi_2 = \Omega_2 t + \theta_2 \tag{4-193}$$

在副台，主副台测距信号经混频器以后，得到一个低频信号，由脉冲形成器变为脉冲信号，其相位为

$$\varphi_F = (\Omega_1 - \Omega_2)t - \Omega_1 t_D + (\theta_1 - \theta_2) \tag{4-194}$$

副台的测距信号和脉冲信号同时发射到主台，它们到达主台时的相位分别为

$$\varphi_2' = \Omega_2 t - \Omega_2 t_D + \theta_2$$
$$\Phi_F' = (\Omega_1 - \Omega_2)t - (\Omega_1 - \Omega_2)t_D - \Omega_1 t_D + (\theta_1 - \theta_2) \tag{4-195}$$

在主台，主台和副台的测距信号经过混频器以后，得到一个低频信号(如频率为250Hz)，它的相位为

$$\Phi_A = (\Omega_1 - \Omega_2)t + \Omega_2 t_D + (\theta_1 - \theta_2) \tag{4-196}$$

相位为 Φ_A 的测相信号经中频放大器和检波器而进入测相装置，脉冲信号经中频放大器和鉴频器后亦进入测相装置，后者"取出"脉冲信号和低频信号的相位差，并予以显示，其值为(4-195)式与(4-196)式之差，即滞后相位为

$$\varphi_D = \Phi_A - \Phi_F' = 2\Omega_1 t_D \tag{4-197}$$

以上就是微波测距仪的测相原理。从测距原理可知，微波测距仪具有下列特点：

(1)在测距过程中，虽有若干频率工作，但相位测量结果只含有主台测距信号的角频率 Ω_1(见(4-197)式)，而副台发射的测距信号(Ω_2)和脉冲信号($\Omega_1 - \Omega_2$)仅仅起着测量相位的过渡作用。故测线彼端的副台，其功能只相当一个特殊反射器———一个能变换信号再进行发射的反射器，简称有源反射器。

(2)在测相过程中，并非直接测定测距信号往返于测线的滞后相位，而是测量两个带有距离信息的低频信号之相位差。这样可以消除高频测相所产生的附加相移，从而提高测相精度。

(3)利用副台这种有源反射器，能消除仪器内部相移和反射器的附加相移。如考虑这两种相移(φ')的影响，则在主台发射的角频率(Ω_1)稍高于副台发射的角频率(Ω_2)时，即 $\Omega_1 > \Omega_2$，滞后相位为

$$\varphi_D^+ = 2\Omega_1 t_D + \varphi' \tag{4-198}$$

当主台发射的角频率 Ω_1 略低于副台角频率 Ω_2'，即 $\Omega_1 < \Omega_2'$ 时，按照(4-193)式的推导方法，可以证明此时的滞后相位为

$$\varphi_D = -2\Omega_1 t_D + \varphi' \tag{4-199}$$

通常将 $\Omega_1 > \Omega_2$ 时的读数 φ_D^+ 称为 A^+ 读数，$\Omega_1 < \Omega_2$ 时的读数 φ_D^- 称为 A^- 读数，如果取这两次读数的平均值，则最后的滞后相位为

$$\varphi_D = \frac{1}{2}(\varphi_D^+ - \varphi_D^-) = 2\Omega_1 t_D \tag{4-200}$$

(4-200)式就是微波测距仪所测得测距信号往返于测线的滞后相位。大多数微波测距仪都采用这种计算平均值的方法。

4.11.3 微波测距中的地面反射误差及削弱方法

微波测距中的误差来源，除了前面在光波测距中所论述的许多方面之外，还有一项最主要的误差来源，这就是地面反射误差。

我们知道，微波测距仪是使用抛物面反射器，将发射的电波集中成一圆锥形波束，其张角 $\theta°$ 可按下式计算：

$$\theta° = K° \cdot \frac{\lambda}{d} \tag{4-201}$$

式中，λ 为载波波长；d 为抛物面反射器的直径；$K°$ 为与天线中电场分布有关的系数。

例如，WJ-1 型微波测距仪的张角 $\theta° = 8°$，一般为 $10°$ 左右。

由于微波波束有一定的张角，因此在传播过程中就不可避免地要与地面接触，而产生地面反射波。所以对方仪器接收的不仅是直接波，而且也接收来自地面的反射波，常称间接波，如图 4-43 所示。由于间接波的干扰，使相移量产生误差，即地面反射误差。

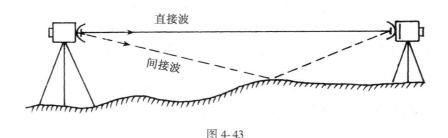

图 4-43

根据特定条件可以推出地面反射误差的表达式：

$$\Delta\varphi_1 = -g\sin\omega_1\Delta t \cdot \cos\omega_0\Delta t \tag{4-202}$$

式中，g 为地面反射系数，取决于地面反射的强度；ω_0 为载波的角频率；ω_1 为测距信号的频率；Δt 为直接波与间接波之间的波程差。

式(4-202)表明，地面反射误差 $\Delta\varphi_1$ 与地面反射系数 g、直接波及间接波之间的波程差 Δt、载波角频率 ω_0 有关。为了削弱其影响，在实际作业中可以采取下列措施。

1. 有规律地改变载波频率

在测线上，当仪器高度固定后，波程差 Δt 就是一个定值，这时若改变载波角频率 ω_0，而 $\Delta\varphi_1$ 的变化曲线为正弦形，如果使 ω_0 的变化值 $\Delta\omega_0 = \frac{2\pi}{\Delta t}$（即 $\Delta\omega_0 \cdot \Delta t = 2\pi$）时，则

在此范围内 $\Delta\varphi$ 将出现整周期。如图 4-44 所示。

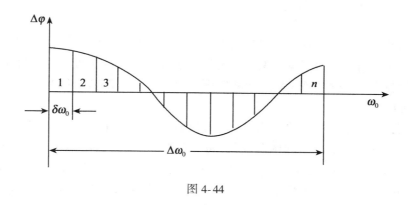

图 4-44

如果我们均匀地改变载波频率，使其每次改变量为 $\delta\omega_0$，即

$$\delta\omega_0 = \frac{\Delta\omega_0}{n}(n \text{ 为整数})$$

则每次产生一个 $\Delta\varphi_i$，那么连续 n 个 $\Delta\varphi$ 的平均值为

$$\Delta\varphi_{\text{均}} = -g\sin\omega_1\Delta t \cdot \frac{1}{n}\sum_{i=1}^{n}\cos(\omega_0 \cdot \Delta t + i \cdot \frac{2\pi}{n}) \tag{4-203}$$

由(4-203)式不难看出，在满足一个周期的条件下，当 n 为偶数时，$\Delta\varphi_{\text{均}} = 0$。这就是说，在平均值中，地面反射误差 $\Delta\varphi_1$ 将被抵消。在作业中，均匀地改变载波频率 ω_0，可得到一系列精测读数。在一个测回中，取满足一周期变化的精测读数平均值，就能有效地削弱地面反射误差的影响。

2. 选择适当的波程差

直接波与间接波的波程差 Δt 越大，间接波干涉后产生的相移量也越大。所以在选择测站时，尽量选在地势平坦的地方，使测线波程差较小，同时在保证必要信号强度的前提下，尽量压低视线，使测线波程差变小。

3. 选择地面反射弱的测线

要使地面反射误差小，也就是地面反射系数 g 小，则必须在选择测线时，考虑地形、地物能很好地吸收、散射和屏蔽反射波的影响。例如测线应避免通过大片水面和光秃的地面，因为这些地面反射强度最大，有植被的地面能较好地吸收间接波，起伏不平的丘陵地和粗糙不平的地面对间接波有较好的散射作用等等，这些都可以削弱地面反射误差对测距的影响。

4. 在仪器制造上加以改善

提高测距信号的频率，可以减小地面反射误差的幅度；提高载波频率(即相应地缩短载波的波长)可以减小波束的张角。采用波束张角很小的新型天线结构，也可使波束的张角大为减小，从而使地面反射强度减弱，而减小地面反射误差。

尽管采取了上述有效措施，使地面反射误差大大地削弱了，但它还是微波测距中最主要的误差来源。地面反射误差论其产生带有偶然性，但对测距的影响带有系统性，总是使距离测长了。所以，在微波测距中，必须重视它的影响，才能相应地提高测距精度。

4.12 多波测距的理论基础

近代的精密单载波测距仪，虽已能达到 1×10^{-6} 的测距精度，但实际作业中必须采取严格的操作方法，特别是对气象要素的采集须特别谨慎，否则难以实现其理论精度指标。随着现代科学技术的迅速发展，对测距精度则提出了更高的要求，促使人们寻求更有效地提高测距精度的途径。

我们知道，在光波测距误差来源中，大气折射率误差占有重要地位，例如当气温的测定误差为 $\pm 0.5℃$ 时，由此而引起的距离误差达 $\pm 0.5 \times 10^{-6} D$。而实际工作中，在一般情况下，测定气温的误差还大于 $\pm 0.5℃$。另外，随着测线地形的起伏，测线两端点的温度平均值与整条测线的温度平均值相差较大，根据奥地利米特尔(Mitter)博士的研究表明：在某些情况下，上述差值可达 $\pm 3℃$，由此而引起的距离误差为 $\pm 3.2 \times 10^{-6} D$。这样大的误差是不能满足精密测距要求的。为了削弱这一气象代表性误差，有时不得不沿整条测线用飞机采集气象要素，这当然不是轻而易举之事。经过长期的研究，人们发现，多载波测距能有效地解决上述难题。有关多载波测距的基本理论概述如下。

用两种以上的载波同时进行距离测量的方法，称多载波测距。用两种颜色的激光作载波的测距方法，称双波测距。下面将以双波测距为例，简述多载波测距的基本理论。

当用红、蓝两色激光作载波同时测量同一段距离 D 时，按相位法测距的基本公式可写出

$$\left. \begin{aligned} D &= \frac{\varphi_R}{4\pi f} \cdot \frac{c}{n_R} = \frac{D_R}{n_R} \\ D &= \frac{\varphi_B}{4\pi f} \cdot \frac{c}{n_B} = \frac{D_B}{n_B} \end{aligned} \right\} \tag{4-204}$$

式中，φ_R 为用红光作载波时测距信号往返于测线的滞后相位；n_R 为用红光作载波时的实际大气折射率；D_R 为用红光作载波时所测得的距离；φ_B 为用蓝光作载波时测距信号往返于测线的滞后相位；n_B 为用蓝光作载波的实际大气折射率；D_B 为用蓝光作载波所测得的距离。c、f 的意义与前同。

由式(4-204)可知

$$\left. \begin{aligned} D_R &= n_R D \\ D_B &= n_B D \end{aligned} \right\} \tag{4-205}$$

因而可得

$$D_B - D_R = (n_B - n_R)D \tag{4-206}$$

按柯尔若希(Kohlrousch)公式知

$$\left. \begin{aligned} n_R &= 1 + \frac{n_{gR} - 1}{1 + \alpha t} \cdot \frac{P}{760} - \frac{5.5 \times 10^{-8} e}{1 + \alpha t} \\ n_B &= 1 + \frac{n_{gB} - 1}{1 + \alpha t} \cdot \frac{P}{760} - \frac{5.5 \times 10^{-8} e}{1 + \alpha t} \end{aligned} \right\} \tag{4-207}$$

式中，n_{gR}、n_{gB} 分别表示红光、蓝光的群折射率。

将式(4-207)代入式(4-206)得

$$D_B - D_R = \left(\frac{n_{gB} - 1}{1 + \alpha t} \cdot \frac{P}{760} - \frac{n_{gB} - 1}{1 + \alpha t} \cdot \frac{P}{760} \right) D$$

$$= \frac{DP(n_{gB} - n_{gR})}{760(1 + \alpha t)} \tag{4-208}$$

由式(4-206)知

$$\left.\begin{array}{l} \dfrac{P}{760(1 + \alpha t)} = \dfrac{n_R - 1}{n_{gR} - 1} + \dfrac{5.5 \times 10^{-8} e}{(n_{gR} - 1)(1 + \alpha t)} \\[4mm] \dfrac{P}{760(1 + \alpha t)} = \dfrac{n_B - 1}{n_{gB} - 1} + \dfrac{5.5 \times 10^{-8} e}{(n_{gB} - 1)(1 + \alpha t)} \end{array}\right\} \tag{4-209}$$

将式(4-209)代入式(4-208)得

$$D_B - D_R = \frac{(n_{gB} - n_{gR})(n_B - 1) \cdot D}{n_{gB} - 1} + \frac{D \cdot (n_{gB} - n_{gR}) \times 5.5 \times 10^{-8} \cdot e}{(n_{gB} - 1)(1 + \alpha t)}$$

$$= \frac{(n_{gB} - n_{gR})(n_R - 1) \cdot D}{n_{gR} - 1} + \frac{D(n_{gB} - n_{gR}) \times 5.5 \times 10^{-8} \cdot e}{(n_{gR} - 1)(1 + \alpha t)}$$

由此可知待测距离的实际长度为

$$D = D_B - A_B(D_B - D_R) + \frac{15.02 \times e \times 10^{-6}}{273.2 + t} D_B$$

$$= D_R - A_R(D_B - D_R) + \frac{15.02 \times e \times 10^{-6}}{273.2 + t} D_R \tag{4-210}$$

式中

$$\left.\begin{array}{l} A_B = \dfrac{n_{gB} - 1}{n_{gB} - n_{gR}} \\[4mm] A_R = \dfrac{n_{gR} - 1}{n_{gB} - n_{gR}} = A_B - 1 \end{array}\right\} \tag{4-211}$$

根据不同的激光波长(λ)，可计算出不同的双色系数 A 值。表4-15 列出了 4 种波长的 n_g，A 值。

当气温在 10℃ 以下时，式(4-210)中的最后一项(即湿度改正项)的数值不超过 $3.1 \times 10^{-7} D$，此时可略去不计，则该式变为

$$D = D_B - A_B(D_B - D_R) = D_R - A_R(D_B - D_R) \tag{4-212}$$

顾及式(4-204)，则上式可写为

$$D = \frac{c}{4\pi f}[\varphi_B - A_B(\varphi_B - \varphi_R)] = \frac{c}{4\pi f}(A_B \varphi_R - A_R \varphi_B) \tag{4-213}$$

表4-15

$\lambda(\mathring{A})$	n_g	A
4 416	1.000 314 45	22
6 328	1.000 300 23	21
4 580	1.000 312 44	58
5 140	1.000 307 07	57

由上式可知，当用仪器分别测得乘以双色系数 A 的滞后相位后，仅用光速 c 和调制频率，便可得到待测距离的实际长度，而不再需要于测线两端采集大量的气象要素(气温、气压)，这就大大减小了气象代表性误差对测距成果的影响。

第5章 高程控制测量

5.1 国家高程基准

布测全国统一的高程控制网，首先必须建立一个统一的高程基准面，所有水准测量测定的高程都以这个面为零起算，也就是以高程基准面作为零高程面。用精密水准测量联测到陆地上预先设置好的一个固定点，定出这个点的高程作为全国水准测量的起算高程，这个固定点称为水准原点。

5.1.1 高程基准面

高程基准面就是地面点高程的统一起算面，由于大地水准面所形成的体形——大地体是与整个地球最为接近的体形，因此通常采用大地水准面作为高程基准面。

大地水准面是假想海洋处于完全静止的平衡状态时的海水面延伸到大陆地面以下所形成的闭合曲面。事实上，海洋受着潮汐、风力的影响，永远不会处于完全静止的平衡状态，总是存在着不断的升降运动，但是可以在海洋近岸的一点处竖立水位标尺，成年累月地观测海水面的水位升降，根据长期观测的结果可以求出该点处海洋水面的平均位置，人们假定大地水准面就是通过这点处实测的平均海水面。

长期观测海水面水位升降的工作称为验潮，进行这项工作的场所称为验潮站。

根据各地的验潮结果表明，不同地点的平均海水面之间还存在着差异，因此，对于一个国家来说，只能根据一个验潮站所求得的平均海水面作为全国高程的统一起算面——高程基准面。

中华人民共和国成立前，我国曾在不同时期以不同方式建立坎门、吴淞口、青岛和大连等地验潮站，得到不同的高程基准面系统。在中华人民共和国成立后的 1956 年，我国根据基本验潮站应具备的条件，对以上各验潮站进行了实地调查与分析，认为青岛验潮站位置适中，地处我国海岸线的中部，而且青岛验潮站所在港口是有代表性的规律性半日潮港，又避开了江河入海口，具有外海海面开阔、无密集岛屿和浅滩、海底平坦、水深在 10m 以上等有利条件，因此，在 1957 年确定青岛验潮站为我国基本验潮站，验潮井建在地质结构稳定的花岗石基岩上，以该站 1950 年至 1956 年 7 年间的潮汐资料推求的平均海水面作为我国的高程基准面。以此高程基准面作为我国统一起算面的高程系统名谓"1956 年黄海高程系统"。

"1956 年黄海高程系统"的高程基准面的确立，对统一全国高程有其重要的历史意义，对国防和经济建设、科学研究等方面都起了重要的作用。但从潮汐变化周期来看，确立"1956 年黄海高程系统"的平均海水面所采用的验潮资料时间较短，还不到潮汐变化的一个周期(一个周期一般为 18.61 年)，同时又发现验潮资料中含有粗差，因此有必要重新确定新的国家高程基准。

新的国家高程基准面是根据青岛验潮站1952～1979年19年间的验潮资料计算确定，根据这个高程基准面作为全国高程的统一起算面，称为"1985国家高程基准"。

5.1.2 水准原点

为了长期、牢固地表示出高程基准面的位置，作为传递高程的起算点，必须建立稳固的水准原点，用精密水准测量方法将它与验潮站的水准标尺进行联测，以高程基准面为零推求水准原点的高程，以此高程作为全国各地推算高程的依据。在"1985国家高程基准"系统中，我国水准原点的高程为72.260m。

我国的水准原点网建于青岛附近，其网点设置在地壳比较稳定、质地坚硬的花岗岩基岩上。水准原点网由主点——原点、参考点和附点共6个点组成。水准原点的标石构造如图5-1所示。

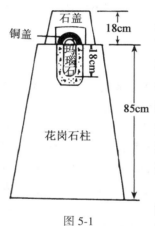

图 5-1

"1985国家高程基准"已经国家批准，并从1988年1月1日开始启用，今后凡涉及高程基准时，一律由原来的"1956年黄海高程系统"改用"1985国家高程基准"。由于新布测的国家一等水准网点是以"1985国家高程基准"起算的，因此，今后凡进行各等级水准测量、三角高程测量以及各种工程测量，尽可能与新布测的国家一等水准网点联测，也即使用国家一等水准测量成果作为传算高程的起算值，如不便于联测时，可在"1956年黄海高程系统"的高程值上改正一固定数值，而得到以"1985国家高程基准"为准的高程值。

必须指出，我国在新中国成立前曾采用过以不同地点的平均海水面作为高程基准面。由于高程基准面的不统一，使高程比较混乱，因此在使用过去旧有的高程资料时，应弄清楚当时采用的是以什么地点的平均海水面作为高程基准面。

地面上的点相对于高程基准面的高度，通常称为绝对高程或海拔高程，也简称为标高或高程。例如珠穆朗玛峰高于"1956年黄海高程系统"的高程基准面8 844.43m，就称珠穆朗玛峰的高程为8 844.43m。另外，海洋的深度也是相对于高程基准面而言的，例如太平洋的平均深度为4 000m，就是说在高程基准面以下4 000m。

5.2 国家高程控制网建立的基本原理

高程是表示地球上一点空间位置的量值之一，它和平面坐标一起，统一地表达了点的位置。而高程是对于某一具有特定性质的参考面而言，没有参考面高程就失去意义，同一点其参考面不同，高程的意义和数值就不同。布测全国统一的高程控制网，首先必须建立一个统一的高程起算基准面，所有水准测量测定的高程都是以这个面为零起算，也就是高程基准面作为零高程面。用精密水准测量联测到陆地上预先设置好的一个固定点，定出这个点的高程作为全国水准测量的起算高程，这个固定点称为水准原点，包括高程起算基准面和相对于这个基准面的水准原点，就构成了国家高程基准。

我国高程基准的传递经历了由局部到全国范围逐步完善和提高的过程，国家高程控制网的建立也经历了相应的发展过程。

5.2.1　国家高程控制网的布设原则

国家高程控制网布设的目的和任务有两项：

一是在全国领土上建立统一的高程控制网，为地形测图和各项建设提供必要的高程控制基础；

二是为地壳垂直运动、平均海面倾斜及其变化和大地水准面形状等地球科学研究提供精确的高程数据。

所以，国家高程控制网必须通过高精度的几何水准测量方法来建立，根据我国地域辽阔、领土广大、地形条件复杂和各地经济发展不平衡的特点，按以下原则布设国家高程控制网。

1. 从高到低、逐级控制

国家水准网采用从高到低，从整体到局部，逐级控制，逐级加密的方式布设。分为一、二、三、四等水准测量。一等水准测量是国家高程控制网的骨干，同时也为相关地球科学研究提供高程数据；二等水准测量是国家高程控制网的全面基础；三、四等水准测量是直接为地形测图和其他工程建设提供高程控制点。

2. 水准点分布应满足一定的密度

国家各等级水准路线上，每隔一定距离应埋设稳固的水准标石，以便于长期保存和使用。设置水准标石的类型和间距及具体要求见表5-1。

表 5-1

水准标石类型	间距/km			布设具体要求
	一般地区	经济发达地区	荒漠地区	
基岩水准标石	500			只设于一等水准路线上，在大城市和断裂带附近应增设，基岩较深地区可适当放宽，每省(市、自治区)至少两座
基本水准标石	40	20~30	60	设于一、二等水准路线上及交叉处，大、中城市两侧及县城附近。尽量设置在坚固岩层上
普通水准标石	4~8	2~4	10	设于各等级水准路线上，以及山区水准路线高程变换点附近，长度超过300m的隧道，跨河水准测量的两岸标尺附近

3. 水准测量达到足够的精度

足够的测量精度，是保证水准测量成果使用价值的头等重要问题。特别是一等水准测量应当用最先进的仪器、最完善的作业方法和最严格的数据处理，以期达到尽可能高的精度。

各等级水准测量的精度，是用每公里高差中数的偶然中误差 M_Δ 和每公里高差中数的全中误差 M_W 来表示的，它们的限值见表5-2。

表5-2

水准测量等级	一等	二等	三等	四等
M_Δ 的限值	≤±0.45mm	≤±1.0mm	≤±3.0mm	≤±5.0mm
M_W 的限值	≤±1.0mm	≤±2.0mm	≤±6.0mm	≤±10.0mm

4. 一等水准网应定期复测

国家一等水准网应定期复测，复测周期主要取决于水准测量精度和地壳垂直运动速率，一般为15~20年复测一次。二等水准网按实际需要可进行不定期复测。复测的目的主要取决于满足涉及地壳垂直运动的地学研究对高程数据精度不断提高的要求，改善国家高程控制网的精度，增强其现实性。同时也是监测高程控制网的变化和维持完善国家高程基准和传递的措施。

5.2.2 国家水准网的布设方案及精度要求

按照以上的布设原则，我国的水准测量分为四等。各等级水准测量路线必须自行闭合或闭合于高等级的水准路线上，与其构成环形或附合路线，以便控制水准测量系统误差的积累和便于在高等级的水准环中布设低等级的水准路线。一、二等闭合环线周长，在平原和丘陵地区为1 000~1 500km，一般山区为2 000km左右。二等闭合环线周长，在平原地区为500~750km，山区一般不超过1 000km。一、二等环线周长在地形条件和困难、经济不发达的地区可酌情适当放宽。三、四等水准在一、二等水准环中加密，根据高等级水准环的大小和实际需要布设，其中环线周长、附合路线长度和结点间路线长度，三等水准分别为200km、150km和70km；四等水准分别为100km、80km和30km。

水准路线附近的验潮站基准点、沉降观测基准点、地壳形变基准点以及水文站、气象站等应根据实际需要按相应等级水准进行联测。

各等级水准测量的精度要求，见表5-2。

每完成一条水准路线的测量，需进行往返高差不符值和每公里高差中数的偶然中误差 M_Δ 的计算（小于100或测段数不足20个的路线，可纳入相邻路线一并计算），其公式为：

$$M_\Delta = \pm\sqrt{[\Delta\Delta/R]/(4 \cdot n)} \tag{5-1}$$

式中：Δ—测段往返高差不符值，mm；

R—测段长度，km；

n—测段数。

每完成一条附合路线或闭合环线的测量，在对观测高差施加有关改正后，计算出附合路线或环线的闭合差。当构成水准网的水准环数 $N>20$ 时，需计算每公里高差中数的全中误差 M_W，其计算公式为：

$$M_W = \pm\sqrt{[WW/F]/N} \tag{5-2}$$

式中：W—经各项改正后的闭合差，mm；

F—水准环长度，km；

N—水准环数。

5.2.3 水准路线的设计、选点和埋石

1. 技术设计

水准网布设前，必须进行技术设计。技术设计是根据任务要求和测区情况，在小比例尺地图上，拟定最合理的水准网或水准路线的布设方案。故设计前应充分了解测区情况，收集有关资料（如测区现有地形图，已有水准测量成果），然后在1∶50万或1∶100万的地形图上设计一、二等水准路线。一等水准路线应沿路面坡度平缓、交通不太繁忙的交通路线布设，二等水准路线尽量沿公路、大河及河流布设，沿线交通较为方便。水准路线应避开土质松软的地段和磁场甚强的地段，并应尽量避免通过大的河流、湖泊、沼泽与峡谷等障碍物。

当一等水准路线通过大的岩层断裂带或地质构造不稳定的地区时，应与地质地震等有关科研单位，共同研究决定。

2. 选点

图上设计完成后，需进行实地选线，其目的在于使设计方案能符合实际情况，以确定切实可行的水准路线和水准点的具体位置。选定水准点时，必须能保证点位地基稳定、安全僻静，并利于标石长期保存与观测使用。水准点应尽可能选在路线附近的机关、学校、公园内。不宜在易于淹没和土质松软的地域埋设水准标石，也不宜在易受震动和地势隐蔽而不易观测的地方埋石。

基岩水准点与基本水准点，应尽可能选在基岩露头或距地面不深处。选定基岩水准点，必要时应进行钻探；选设土层中基本水准点的位置，应注意了解地下水位的深度、地下有无孔洞和流沙、土质是否坚实稳定等情况，确保标石稳固。

水准点点位选定后，应填绘点之记，绘制水准路线图及结点接测图。

3. 埋石

水准点选定后，就应进行水准标石的埋设工作。水准标石的作用是在地面上长期保留水准点位和永久地保存水准测量成果，为各种测量工作和其他科研工作服务。所谓水准点的高程是指嵌设在标石上面的水准标志顶面相对于高程基准面的高度，因此必须高度重视水准标石的埋设质量。如果水准标石埋设不好，容易产生垂直位移或倾斜，其最后的高程成果将是不可靠的。

按用途区分，水准标石有基岩水准标石、基本水准标石和普通水准标石三种类型。

基岩水准标石是与岩层直接联系的永久性标石，它是研究地壳和地面垂直运动的主要依据，经常用精密水准测量联测和检测基岩水准标石和高等级水准点的高差，研究其变化规律，可在较大范围内测量地壳垂直形变，为地质构造、地震预报等科学研究服务。

基本水准标石的作用在于能长久地保存水准测量成果，以便根据它们的高程联测新设水准点的高程或恢复已被破坏的水准标石。

普通水准标石的作用是直接为地形测量和其他测量工作提供高程控制，要求使用方便。

各类水准标石的制作材料和埋设规格及其埋设方法等，在《国家一、二等水准测量规

范》中都有具体的规定和说明，在此不再叙述。

5.2.4　水准路线上的重力测量

因精密水准测量成果需进行重力异常改正，故在一、二等水准路线沿线要进行重力测量。

高程大于 4 000m 或水准点间的平均高差为 150~250m 的地区，一、二等水准路线上每个水准点均应测定重力。高差大于 250m 的测段，在地面倾斜变化处应加测重力。

高程在 1 500~4 000m 或水准点间的平均高差为 50~150m 的地区，一等水准路线上重力点间平均距离应小于 11km；二等水准路线上应小于 23km。

在我国西北、西南和东北边境等有较大重力异常的地区，一等水准路线上每个水准点均应测定重力。

在由青岛水准原点至国家大地原点的一等水准路线上，应逐点测定重力，以便精确求得大地原点的正常高。

水准点上重力测量，按加密重力点要求施测。

5.2.5　我国国家水准网的布设概况

我国国家水准网的布设，按照布测目的、完成年代、采用技术标准和高程基准等，基本上可分为三期：第一期主要是 1976 年以前完成的，以 1956 年黄海高程基准起算的各等级水准网；第二期主要是 1976 年至 1990 年完成的，以"1985 国家高程基准"起算的国家一、二等水准网；第三期是 1990 年以后进行的国家一等水准网的复测和局部地区二等水准网的复测，现已完成外业观测和内业平差计算工作，成果已提供使用。

1. 我国第一期一、二等水准网的布设

我国第一期一、二等水准网的布设开始于 1951 年至 1976 年初，共完成了一等水准测量约 60 000km，二等水准测量 130 000km，构成了基本上覆盖全国大陆和海南岛的一、二等水准网，使用的仪器主要有：蔡司 Ni007、Ni004、威特 N_3 和 HA-1 等类型的水准仪和线条式铟瓦水准标尺。水准网平差采用与布测方案相适应的区域性水准网平差、逐区传递、逐级控制的方式进行，首先完成我国东南部地区精密水准网平差，将该区水准点的平差高程作为后平差区的起算值逐区传递。起算高程为 1956 年黄海高程基准的国家水准原点高程 72.289m。

第一期一、二等水准网建立的全国统一的高程基准起算的国家高程控制网和所提供的高程数据，为满足国家经济建设的需要发挥了重要作用，同时也为地球科学研究提供了必要的高程资料。我国一等水准网布测示意图见图 5-2。

2. 国家一、二等水准网的布设

我国第一期一、二等水准网的布设，由于当时条件的限制，在路线分布、网形结构、观测精度和数据处理等方面还存在缺陷和不足。且随着时间的推移，标石存在下沉，使得国家高程控制网在精度和现实性方面已不能满足经济建设和科学研究的需要。为此，于 1976 年 7 月国家有关部门研究确定了新的国家一等水准网的布设方案和任务分工，外业观测工作主要在 1977 年至 1981 年进行。1981 年末又布置了对国家一等网加密的二等水准网的任务，外业观测主要在 1982 年至 1988 年完成，到 1991 年 8 月完成了全部外业观测工作和内业数据处理任务，从而建立起我国新一代的高程控制网的骨干和全面基础。使

一等水准线路

图 5-2

用的仪器是：一等主要有蔡司Ni 007、Ni002、Ni004，二等主要有蔡司 Ni 007 和 Ni 002。国家一等水准网共布设 289 条路线，总长度93 360km，全网有 100 个闭合环和 5 条单独路线，共埋设固定水准标石 2 万多座。国家二等水准网共布设 1 139 条路线，总长度136 368km，全网有 822 个闭合环和 101 条附合路线和支线，共埋设固定水准标石33 000多座。国家一、二等水准网按全网分等级平差。一等水准网先将大陆的进行平差，再求得海南岛的结果。二等是以一等水准环为控制进行平差计算的，起算高程采用"1985 国家高程基准"的国家水准原点高程72.2604m。为实现对国家一、二等水准测量成果资料的科学化、系统化、规范化的管理，提高水准测量数据的处理能力、快速多途径的查询能力和提供多种服务，于 1991 年底建立了《国家一、二等水准测量数据库》。

国家一、二等水准网的布设和平差的完成，在全国范围内建立起了统一的、高精度的高程控制网，还为在全国范围内使用 1985 国家高程基准提供了高程控制骨干和全面基础。

3. 国家一等水准网复测

随着科学技术的发展和国家经济建设的需要，应以更高精度和要求进行国家第二期一等水准的复测。为此，为使水准复测在网形结构、结点和基岩设置、仪器标尺及其检定和观测方法、系统性误差的削弱和改正、数据处理等方面有较大改善和提高，国家相关部门专门进行了研究设计，于 1988 年初正式实施。在全面分析第二期一等水准布设状况，吸收各项专题成果和国外最新成果的基础上，研究制定了一等水准网复测技术方案。设计方案确定的复测水准网共 273 条路线，总长 9.4 万千米，构成 99 个闭合环，全网共设置水准点 2 万多个。复测工作自 1991 年起开始，现已完成全部外业观测任务、成果的综合分析和数据处理工作，成果已公布启用。

国家一等水准网复测是一项基础性的重点测绘工程，它的完成将为国家提供新的精度更高现实性更强的高程控制系统，它对于地壳垂直运动的研究、国家经济建设、自然灾害的预防等都具有重要的意义。

按照《国家一、二等水准测量测量规范》的规定：一等水准网应每隔 15~20 年复测一次。因此，国家正在着手准备新一期国家高程控制网的布设工作，预计用 10 年左右的时间完成。

5.3 城市和工程建设高程控制测量

5.3.1 水准测量建立城市及工程高程控制网

城市和工程建设高程控制网一般按水准测量方法来建立。为了统一水准测量规格，考虑到城市和工程建设的特点，城市测量和工程测量技术规范规定：水准测量依次分为二、三、四等 3 个等级。首级高程控制网，一般要求布设成闭合环形，加密时可布设成附合路线和结点图形。各等级水准测量的精度和国家水准测量相应等级的精度一致。

城市和工程建设水准测量是各种大比例尺测图、城市工程测量和城市地面沉降观测的高程控制基础，又是工程建设施工放样和监测工程建筑物垂直形变的依据。

水准测量的实施，其工作程序是：水准网的图上设计、水准点的选定、水准标石的埋设、水准测量观测、平差计算和成果表的编制。水准网的布设应力求做到经济合理，因此，首先要对测区情况进行调查研究，搜集和分析测区已有的水准测量资料，从而拟定出比较合理的布设方案。如果测区的面积较大，则应先在 1：25 000 ~1：100 000 比例尺的地形图上进行图上设计。

图上设计应遵循以下各点：

(1)水准路线应尽量沿坡度小的道路布设，以减弱前后视折光误差的影响。尽量避免跨越河流、湖泊、沼泽等障碍物。

(2)水准路线若与高压输电线或地下电缆平行，则应使水准路线在输电线或电缆 50m 以外布设，以避免电磁场对水准测量的影响。

(3)布设首级高程控制网时，应考虑到便于进一步加密。

(4)水准网应尽可能布设成环形网或结点网，个别情况下亦可布设成附合路线。水准点间的距离：一般地区为 2~4km；城市建筑区和工业区为 1~2km。

(5)应与国家水准点进行联测，以求得高程系统的统一。

(6)注意测区已有水准测量成果的利用。

根据上述要求，首先应在图上初步拟定水准网的布设方案，再到实地选定水准路线和水准点位置。在实地选线和选点时，除了要考虑上述要求外，还应注意使水准路线避开土质松软地段，确定水准点位置时，应考虑到水准标石埋设后点位的稳固安全，并能长期保存，便于施测。为此，水准点应设置在地质上最为可靠的地点，避免设置在水滩、沼泽、沙土、滑坡和地下水位高的地区；埋设在铁路、公路近旁时，一般要求离铁路的距离应大于 50m，离公路的距离应大于 20m，应尽量避免埋设在交通繁忙的岔道口；墙上水准点应选在永久性的大型建筑物上。

水准点选定后，就可以进行水准标石的埋设工作。我们知道，水准点的高程就是指嵌设在水准标石上面的水准标志顶面相对于高程基准面的高度，如果水准标石埋设质量不好，容易产生垂直位移或倾斜，那么即使水准测量观测质量再好，其最后成果也是不可靠的，因此务必十分重视水准标石的埋设质量。

国家水准点标石的制作材料、规格和埋设要求，在《国家一、二等水准测量规范》(以下简称水准规范)中都有具体的规定和说明。关于工程测量中常用的普通水准标石是由柱石和盘石两部分组成的，如图 5-3 所示，标石可用混凝土浇制或用天然岩石制成。水准标石上面嵌设有铜材或不锈钢金属标志，如图 5-4 所示。

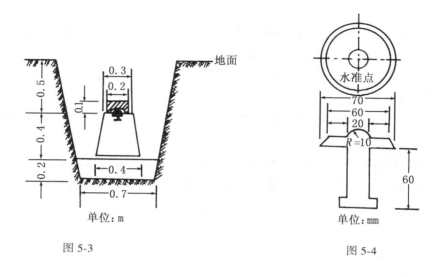

图 5-3   图 5-4

首级水准路线上的结点应埋设基本水准标石，基本水准标石及其埋设如图 5-5 所示。

墙上水准标志如图 5-6 所示，一般嵌设在地基已经稳固的永久性建筑物的基础部分，水准测量时，水准标尺安放在标志的突出部分。

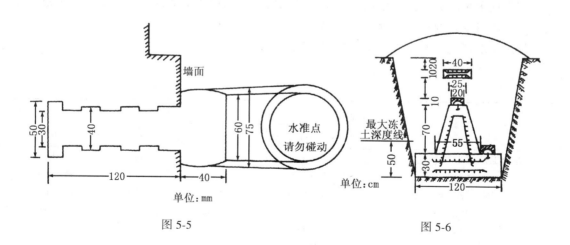

图 5-5   图 5-6

埋设水准标石时，一定要将底部及周围的泥土夯实，标石埋设后，应绘制点之记，并办理托管手续。

5.3.2　三角高程测量建立城市及工程高程控制网

建立工程高程控制网一般用水准测量方法，如用三角高程测量，宜在平面控制网的基础上布设成高程导线附合路线、闭合环或三角高程网。有条件的测区，可布设成光电测距三维控制网，高程导线各边的高差测定宜采用对向观测。当仅布设高程导线时，也可采用在两标志点中间设站的形式（即中间法）。

代替四等水准的光电测距高程导线，应起闭于不低于三等的水准点上。其边长不应大于 1km，高程导线的最大长度不应超过四等水准路线的最大长度，其具体的技术要求见有关规范。

经纬仪三角高程导线，应起闭于四等水准联测的高程点上。三角高程网中应有一定数量的高程控制点作为高程起算数据，高程起算点应布设在锁的两端或网的边缘。

各等级平面控制网用三角高程测量测定高程时，计算的高差经地球曲率和大气折光改正后，应满足以下规定：

① 由两个单方向算得的高程不符值不大于 $0.07\sqrt{S_1^2+S_2^2}$（m）（S_1、S_2 为两个单方向的边长，km）。

② 由对向观测所求得的高差较差不应大于 $0.1S$（m）（S 为边长，km）。

③ 由对向观测所求得的高差中数，计算闭合环线或附合路线的高程闭合差不应大于 $\pm0.05\sqrt{[S^2]}$（m）。

5.4 精密水准测量的仪器——水准仪

5.4.1 精密水准仪和水准尺的主要特点

1. 精密水准仪及分类

在大地测量的高差测量仪器中，主要使用气泡式的精密水准仪、自动安平的精密水准仪、数字水准仪以及相应的铟瓦合金水准尺。

我国水准仪系列及基本技术参数列于表 5-3。

表 5-3

技术参数项目		水准仪系列型号			
		S05	S1	S3	S10
每公里往返平均高差中误差		0.5mm	≤1mm	≤3mm	≤10mm
望远镜放大率		≥40 倍	≥40 倍	≥30 倍	≥25 倍
望远镜有效孔径		≥60mm	≥50mm	≥42mm	≥35mm
管状水准器格值		10″/2mm	10″/2mm	20″/mm	20″/2mm
测微器有效量测范围		5mm	5mm		
测微器最小分格值		0.05mm	0.05mm		
自动安平水准仪补偿性能	补偿范围	±8′	±8′	±8′	±10′
	安平精度	±0.1″	±0.2″	±0.5″	±2″
	安平时间不长于	2s	2s	2s	2s

国产水准仪系列标准有 DS05、DS1、DS3、DS10、DS20 等 5 个等级。其中"D"和"S"分别为"大地测量"和"水准仪"的汉语拼音第一个字母，"05"、"1"、"3"、"10"及"20"

为该仪器以毫米为单位的每千米往返高差中数的偶然中误差标称值。自动安平水准仪在"DS"后加"Z"，"Z"是"自动安平"的汉语拼音第一个字母。例如用于我国一等水准测量的水准仪最低型号为 DS05 或 DSZ05，二等为 DS1 或 DSZ1。

我国生产的水准仪系列型号，是按仪器所能达到的每千米往返测高差中数中误差 M_Δ 这一精度指标为依据制定的。系列中各型号仪器的精度指标 M_Δ 是由测段往返测高差之差 Δ 计算的。计算公式为(5-1)式。

相当于我国水准仪系列 DS05 的外国水准仪较多，国内引进的有：

①前民主德国蔡司：Ni002，Ni002A，ReNi002A，Ni007 自动安平水准仪和 Ni004 水准器水准仪。

②前联邦德国奥普托：Ni1 自动安平水准仪。

③匈牙利莫姆厂：NiA31 自动安平水准仪。

④瑞士威特厂：N3 水准器水准仪和新 N3 自动安平水准仪。

⑤日本测机舍：PLI 水准器水准仪。

⑥前苏联：НБ1 水准器水准仪。

⑦瑞士徕卡：NA3000 数字水准仪。

⑧日本拓普康：DL-101 数字水准仪。

⑨德国蔡司：DiNi10 数字水准仪。

2. 精密水准仪和水准尺的主要特点

(1)精密水准仪的结构特点

对于精密水准测量的精度而言，除一些外界因素的影响外，观测仪器——水准仪在结构上的精确性与可靠性是具有重要意义的。为此，对精密水准仪必须具备的一些条件提出下列要求：

① 高质量的望远镜光学系统。为了在望远镜中能获得水准标尺上分划线的清晰影像，望远镜必须具有足够的放大倍率和较大的物镜孔径。一般精密水准仪的放大倍率应大于 40 倍，物镜的孔径应大于 50mm。

② 坚固稳定的仪器结构。仪器的结构必须使视准轴与水准轴之间的联系相对稳定，不受外界条件的变化而改变它们之间的关系。一般精密水准仪的主要构件均用特殊的合金钢制成，并在仪器上套有隔热的防护罩。

③ 高精度的测微器装置。精密水准仪必须有光学测微器装置，借以精密测定小于水准标尺最小分划线间格值的尾数，从而提高水准标尺的读数精度。一般精密水准仪的光学测微器可以直接读到 0.1mm，估读到 0.01mm。

④ 高灵敏的管水准器。一般精密水准仪的管水准器的格值为 10″/2mm。由于水准器的灵敏度越高，观测时要使水准器气泡迅速居中也就越困难，为此，在精密水准仪上必须有倾斜螺旋(又称微倾螺旋)的装置，借以使视准轴与水准轴同时产生微量变化，从而使水准气泡较为容易地精确居中以达到视准轴的精确整平。

⑤ 高性能的补偿器装置。对于自动安平水准仪补偿元件的质量以及补偿器装置的精密度都可以影响补偿器性能的可靠性。如果补偿器不能给出正确的补偿量，或是补偿不足，或是补偿过量，都会影响精密水准测量观测成果的精度。

(2)精密水准尺的特点

水准标尺是测定高差的长度标准，如果水准标尺的长度有误差，则对精密水准测量的

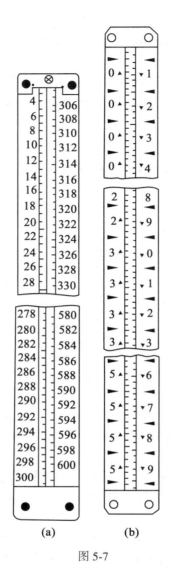

图 5-7

观测成果带来系统性质的误差影响，为此，对精密水准标尺提出如下要求：

① 当空气的温度和湿度发生变化时，水准标尺分划间的长度必须保持稳定，或仅有微小的变化。一般精密水准尺的分划是漆在钢瓦合金带上，钢瓦合金带则以一定的拉力引张在木质尺身的沟槽中，这样钢瓦合金带的长度不会受木质尺身伸缩变形影响。水准标尺分划的数字是注记在钢瓦合金带两旁的木质尺身上，如图 5-7(a)、(b) 所示。

② 水准标尺的分划必须十分正确与精密，分划的偶然误差和系统误差都应很小。水准标尺分划的偶然误差和系统误差的大小主要决定于分划刻度工艺的水平，当前精密水准标尺分划的偶然中误差一般在 8~11μm。由于精密水准标尺分划的系统误差可以通过水准标尺的平均每米真长加以改正，所以分划的偶然误差代表水准标尺分划的综合精度。

③ 水准标尺在构造上应保证全长笔直，并且尺身不易发生长度和弯扭等变形。一般精密水准标尺的木质尺身均应以经过特殊处理的优质木料制作。为了避免水准标尺在使用中尺身底部磨损而改变尺身的长度，在水准标尺的底面必须钉有坚固耐磨的金属底板。在精密水准测量作业时，水准标尺应竖立于特制的具有一定重量的尺垫或尺桩上。尺垫和尺桩的形状如图 5-8 所示。

④ 在精密水准标尺的尺身上应附有圆水准器装置，作业时扶尺者借以使水准标尺保持在垂直位置。在尺身上一般还应有扶尺环的装置，以便扶尺者使水准标尺稳定在垂直位置。

⑤ 为了提高对水准标尺分划的照准精度，水准标尺分划的形式和颜色与水准标尺的颜色相协调，一般精密水准标尺都为黑色线条分划，如图 5-7 所示，和浅黄色的尺面相配合，有利于观测时对水准标尺分划精确照准。

尺垫   尺桩

图 5-8

224

线条分划精密水准标尺的分格值有 10mm 和 5mm 两种。分格值为 10mm 的精密水准标尺如图 5-7(a)所示，它有两排分划，尺面右边一排分划注记从 0~300cm，称为基本分划，左边一排分划注记从 300~600cm，称为辅助分划，同一高度的基本分划与辅助分划读数相差一个常数，称为基辅差，通常又称尺常数，水准测量作业时可以用以检查读数的正确性。分格值为 5mm 的精密水准尺如图 5-7(b)所示，它也有两排分划，但两排分划彼此错开 5mm，所以实际上左边是单数分划，右边是双数分划，也就是单数分划和双数分划各占一排，而没有辅助分划。木质尺面右边注记的是米数，左边注记的是分米数，整个注记从 0.1~5.9m，实际分格值为 5mm，分划注记比实际数值大了一倍，所以用这种水准标尺所测得的高差值必须除以 2 才是实际的高差值。

5.4.2 徕卡公司数字水准仪 DNA03 和条码水准尺

徕卡公司于 20 世纪 80 年代末推出了世界上第一台数字水准仪——NA2000 型工程水准仪，采用 CCD 线阵传感器识别水准尺上的条码分划，用影像相关技术，由内置的计算机程序自动算出水平视线读数及视线长度，并记录在数据模块中，像元宽度 25μm，每米水准测量偶然中误差为±1.5mm。该公司又于 1991 年推出了新型号 NA3000 型精密水准仪，每米水准测量偶然中误差为±0.3mm。为了满足市场对高精度数字水准仪的需求，最近又推出了第二代数字水准仪 DNA03。下面就对最新的数字水准仪 DNA03 作简单介绍。

1. 仪器外形和主要技术特征

DNA03 型数字水准仪的外形如图 5-9 所示。

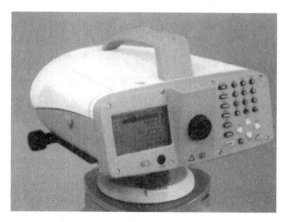

图 5-9

DNA03 型数字水准仪设计时，首先充分使用了 TPS 系列的成功技术。它综合了 TPS700 仪器的一体化电池技术(包括充电)、显示、键盘设计技术和数据存储、数据格式等成功技术。比如，最显眼的部件是其面板，左面是一个 8 行的大屏幕液晶显示器，右面是由数字、字母及功能键组成的键盘，这与 TPS700 是一致的。又比如，使用通用的公共设备电池及其充电设备，PCMCIA 卡等。这些对熟悉 TPS700 仪器的用户掌握 DNA03 型数字水准仪是非常有利的。

DNA03 型数字水准仪设计中，尤其值得一提的是还充分使用了 NA3003 系列的成功技术。比如，继续使用现行条形码标尺，在光学、机械设计及相关法处理信号上采用与

NA3003 相同的技术，测量方法及数据存储与处理也是相似的。这些对熟悉 NA3003 系列仪器的用户购买和使用 DNA03 型数字水准仪提供了足够的方便条件。

仪器的左侧有 PC 卡插槽。采用通用 RS232 接口，在仪器的两侧都设置有水平驱动螺旋。

仪器右侧的测量键设置在中部，这样在按测量键时可使仪器的晃动减少到最小。

圆水准气泡也做了较大改进，把气泡支撑台移到离望远镜筒底部更近的地方，这样就确保了在气温变化时的稳定性。

但 DNA03 型数字水准仪比起 NA3003 系列，无论是在仪器的硬件方面还是软件方面都采用了全新的设计方案。

DNA03 型数字水准仪技术数据：

双次水准测量每公里高差中误差标准差：应用钢瓦水准尺，0.3mm。

视场角：粗相关 2°/50m

精相关 1.1°

这就是说，为了精确测量，在 1°的视场角范围内不要有任何遮挡，而 1°范围以外的遮挡不会影响测量精度。

量程：水准尺 0~4.05m

距离 1.8~110m

距离测量标准差：5mm

2. 仪器的内部结构和相关法原理

DNA03 数字水准仪在仪器内部使用了磁阻补偿器，这样地球大磁体对非磁性的仪器补偿系统就没有任何影响。

在捕获标尺影像和电子数字读数方面，仪器采用了一种对可见光敏感的高性能最新 CCD 阵列感应器，从而大大提高了在微暗光线下进行测量的作业距离范围和测量灵敏性的稳定度。进入仪器的光线一部分用于光学测量（光路），另一部分被用于电子测量（CCD），由于电子测量用到的光谱属可见光范围，因此，在黑暗的条件下进行测量时，白炽灯及卤灯等照明设备均可作为照亮标尺的光源。

当前数字水准仪采用三种不同的自动数字读数方法：

相关法：徕卡公司的 NA2000 型、NA3000 型及 DNA03 型数字水准仪应用这种方法读数。

几何法：蔡司的 DiNi10/20 型数字水准仪应用这种方法读数。

相位法：拓普康 DL-101C/102C 型数字水准仪应用这种方法读数。

下面只就 DNA03 型数字水准仪的相位法读数原理进行介绍。

徕卡公司的 NA2002/2003 数字水准仪采用相关法。它的标尺一面是伪随机条形码，供电子测量用，另一面为区格式分划，供光学测量用。望远镜照准标尺并调焦后，可以将条码清晰地成像在分划板上供目视观测，同时条码像被分光镜成像在探测器上，供电子读数。仪器光路见图 5-10。

图 5-11 左边是水准标尺的伪随机条码，该条码图像已事先被存储在电子水准仪中作为参考信号。右边是与它对应的区格式分划，为了便于读者理解，相关读数画在右边。

伪随机条码属于二进制码，它的结构可以预先确定，并且可以重复产生和复制，另一方面它还具有随机特性，即统计特性。该码由线性移位寄存器产生。这种码用在电子水准

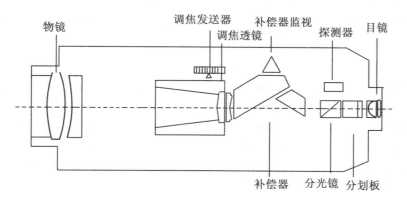

图 5-10

仪中具有可以在 1.8~100m 距离内使用相关法的特性。

仪器的电子部件的作用是将 CCD 输出的带测量信息的视频信号，经模数转换后送至信息处理芯片与事先准备好的参考信号进行相关计算，然后将读数结果存储并送显示器。

在图 5-11 左边伪随机条码的下面是望远镜照准伪随机条码后截取的片段伪随机条码。该片段的伪随机条码成像在探测器上后，被探测器转换成电信号，即为测量信号。该信号在数字水准仪中与事先已存储好的代表水准标尺伪随机条码的参考信号进行比较，这就是相关过程，称为相关。在图 5-11 中自下而上的比较。当两信号相同，即在图 5-11 中左边虚线位置时，也就是最佳相关位置时，读数就可以确定。如图 5-11 中的 0.116m，即箭头所指为对应的区格式标尺的位置。

由于标尺到仪器的距离不同，条码在探测器上成像的宽窄也将不同，即图 5-11 中片段条码的宽窄会变化，随之电信号的"宽窄"也将改变。于是引起上述相关的困难。NA 系列仪器采用二维相关法来解决，也就是根据精度要求以一定步距改变仪器内部参考信号的"宽窄"，与探测器采集

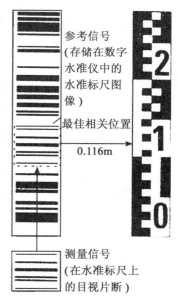

图 5-11　相关法原理

到的测量信号相比较，如果没有相同的两信号，则再改变，再进行一维相关，直到两信号相同为止，才可以确定读数。参考信号的"宽窄"与视距是对应的，"宽窄"相同的两信号相比较是求视线高的过程，因此二维相关中，一维是视距，另一维是视线高。二维相关之后视距就可以精确算出。

可以想像这种二维相关的计算量会很大，使读数时间过长，为了缩短读数时间，或说二维相关时间，NA 系列仪器内部设计有调焦移动量传感器(见图 5-10)采集调焦镜的移动量，由此可以反算出概略视距，初步可以确定物像比例，对仪器内部的参考信号的"宽窄"进行缩放，使其接近探测器采集到的测量信号的"宽窄"，然后再进行二维相关。这样

可以减少80%的相关计算量，使读数时间缩短到4s以内。

NA系列仪器的探测器采用电荷耦合器件，简称CCD（Charge Coupled Device）。CCD是由按照一定规律排列的MOS（金属-氧化物-半导体）电容器阵列组成的移位寄存器。NA系列的线阵CCD长约6.5mm，由中心距为25μm的256个光敏二极管组成，其光敏窗口宽度为25μm。一个光敏窗口也称一个像素（或像元）。

DNA03型数字水准仪配套使用的水准尺是条形码水准尺。条形码刻印在膨胀系数小于1×10^{-6}在铟瓦带上，而铟瓦带镶嵌在优质的木槽内，铟瓦带的两端用固定的拉力拉紧。水准尺可读长度4.05m。其中的一部分见图5-11。对条形码影像相关和识别的分辨率完全取决于CCD探测器的像素宽度和观测时外界光线明暗和清晰程度，DNA03型数字水准仪CCD探测器的像素宽度为25μm，因此其数值分辨率为25μm，在允许和可能的条件下，每公里往返高差中数的中误差为±0.3mm。

3. 键盘

键盘的结构与TPS700系列相似，见图5-12。

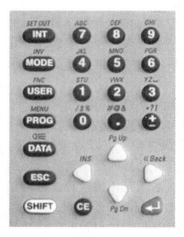

图5-12

定位键和确认键占据主要地位；功能键位于键盘的左侧；程序（MENU）和用户（FNC）键的作用和TPS700仪器一样；和TPS700仪器不同之处有：ESC键被单列，便于快速退出；DATA键被单列，便于快速进入数据管理模块。

4. 测量模式

DNA03和NA3000数字水准仪含有同样的测量模式，即单一测量、平均测量、中间测量和预设标准差的平均测量模式。另外还增加了重复单一测量模式，这种测量模式与跟踪测量相比的不同之处是其每一次测量都是一个完整的单一测量。在使用这种测量模式时，用户可以随时发现和研究测量环境的变化趋势，当测量环境稳定后即可停止测量，同时把最后一次测量结果存储下来。

单一测量的时间由三部分组成：

①等待，1s的等待时间是让补偿器稳定下来。

②感光，感光时间需持续0.5s（正常条件）到1s（较差条件）左右。在这段时间里，仪器可完成36次扫描。

③粗相关和精相关，粗相关和精相关一般需要 1.5s。

单一测量进行一次一般需要 3s。重复测量模式中，在第一次测量以后的每次测量时间会减少 1s，因为不再需要等待补偿器稳定下来。

5. 显示窗

DNA03 作为第一部使用大屏幕显示的数字水准仪，它的操作面板上有一个每行 24 个字符，一共 8 行的显示窗口，其显示方法与 TPS700 相同。为了使徕卡系列仪器的操作保持一致性，DNA03 数字水准仪的作业风格尽量与 TPS700 保持一致，但亦兼顾水准测量的特性。显示窗见图 5-13。所有的相关信息如测量次数、标尺实际读数、单一测量的标准差和平均测量的标准差、以及重复测量的离散值等都显示在该显示窗口。

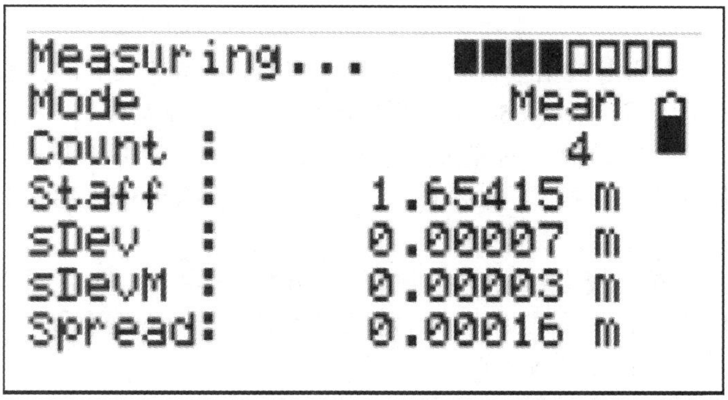

图 5-13

6. 机载应用软件

（1）测量和记录程序

和 TPS 仪器一样，DNA03 数字水准仪也配有测量和记录程序。开机以后，仪器立刻进入后视测量或简单测量中对标尺重复读数状态。由于仪器的显示屏足够显示所有必须的测量信息，因此不再需要翻屏显示其他信息。

（2）线路测量模式程序

DNA03 有四种线路测量模式，即 BF、aBF、BFFB、aBFFB 模式。

顾及不同国家的水准测量规范，在大多数情况下这些测量模式都是自动进行的。一般情况下，用户几乎不需按任何键系统会自动更新显示测量结果。

如图 5-14 所示，在第一行用符号（如 BF）表示线路测量的模式，同时还用该符号表示了一对测站。图中箭头指向第二个 BF 表示当前的测站是偶数站，箭头指向 B 表示在本站上的下一个观测方向。测站指示的好处是自动显示测段的最后站是否偶数站。

距离差值表示前后距离差的累计值。

（3）编码选择程序

DNA03 型数字水准仪提供了三种编码存储方式。第一种是自由码方式，这种方式可在测量前也可在测量后存储编码；第二种是简码（快速编码），这种编码可于测量前或测量后存储，但一般是和测量工作同时进行，每完成一次测量，用户必须在键盘上输入一个两位的数；第三种是在开始测量之前，在注记栏存储一个点码作为标识。

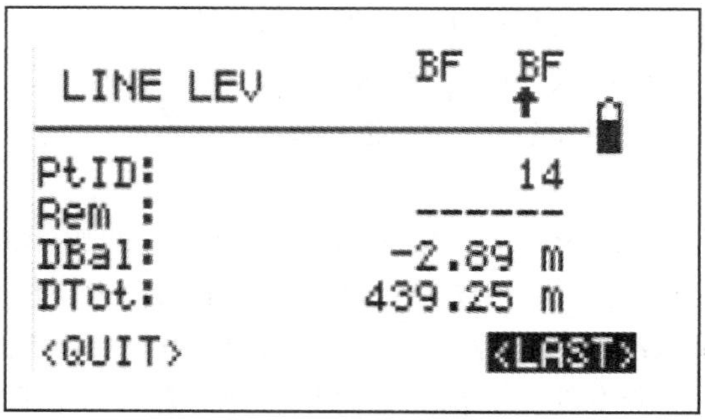

图 5-14

7. 数据存储

和 TPS700 一样，测量数据会自动以二进制的格式存储在仪器的内存中，内存的存储量大约是 6 000 次测量成果或 1 650 站的测量成果（后—前测量模式）。DNA03 数字水准仪可存储的信息包括工作、线路、测量模式、校正、开始点、测量结果、目标点、测站结果等。一个测量数据块由 16 种以上的数据组成，这其中包括精相关的相关程度，从而为测量质量提供提示。

仪器可以将数据转换成多种格式，其中将 XML、GSI-8 和 GSI-16 作为标准格式。另外还允许输入三种用户自定义格式。用户自定义格式对于输出数据有较大的灵活性，即使像外业记录簿的格式也能直接从仪器产生。

存储在仪器内存中的测量数据还可以拷贝到 PC 卡中。当把数据拷贝到 PC 卡中时，用户可根据需要将二进制格式转换成可读的 XML 或 ASCII 格式。测量数据不能直接存储到 PC 卡中。把测量数据拷贝到 PC 卡的好处是便于将测量成果保存到个人存储设备中去或将测量成果发送到数据处理中心。

若不用测量存储卡，用户可以借助徕卡测量办公软件通过 RS-232 标准串行口将数据直接传输到 PC 机中，传输时用户同样可以选择存储格式。当把 PC 卡插入仪器时，用户可通过徕卡测量办公软件把数据文件从仪器内存下载到 PC 卡，同时还可以将数据文件从 PC 卡拷贝到仪器内存中。

利用 PC 卡还可以存储控制点和放样点的坐标以及编码表，需要时可将这些文件内的数据传输给仪器。仪器还可同时使用 Flash 和 SRAM 存储设备，其容量不超过 32M。

8. 数据处理

LevelPak-Pro 是最新的数据处理软件，其功能包括输入、处理、报告和输出等。LevelPak-Pro 能用 XML 格式从 DNA03 输入数据，还支持徕卡公司的上一代数字水准仪所使用的 GSI 数据格式，这些数据输入后都被存放在功能强大的数据库中。一旦入库，用户就可以自由查看、编辑观测数据和工作详细资料，按相应键系统就会按距离或测站对水准路线进行平差处理。

在处理结果的基础上，用户可以利用 LevelPak-Pro 软件生成和输出结果报告，生成的报告可以是水准路线的，也可以是关于水准点的。系统产生的汇总报告包括所有处理参数和高程成果。用 PC 卡可以将处理结果传输给 DNA03 数字水准仪，以便使用。

总之，徕卡数字水准仪 DNA03 开创了水准测量的新纪元，尤其表现在测量过程方面。独一无二的大屏幕显示和机载处理功能都使用户使用起来非常方便，仪器提供的多种数据格式为生成不同的数据结构奠定了基础，最新处理软件 LevelPak-Pro 保证了野外测量数据到高程结果的快速和便捷传输。

5.4.3 补偿式自动安平水准仪

1. 自动安平水准仪的补偿原理

在图 5-15 中，当仪器的视准轴水平时，在十字丝分划板 o 的横丝处得到水准标尺上的正确读数 A，当仪器的垂直轴没有完全处于垂直位置时，视准轴倾斜了 α 角，这时十字丝分划板移到 o_1，在横丝处得到倾斜视线在水准标尺上的读数 A_1。而来自水准标尺上正确读数 A 的水平光线并不能进入十字丝分划板 o_1，这是由于视准轴倾斜了 α 角，十字丝分划板位移了距离 a。现在设在望远镜像方光路上，离十字丝分划板 g 的地方安置一种光学元件，使来自水准标尺上读数 A 的水平光线通过该光学元件偏转 β 角(或平移 a)而正确地落在十字丝分划板 o_1 的横丝处，这时来自倾斜视线的光线通过该光学元件将不再落在十字丝分划板 o_1 的横丝处。该光学元件称为光学补偿器。

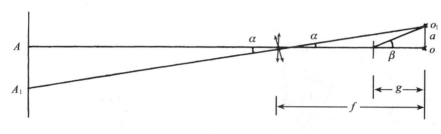

图 5-15

下面讨论水平光线通过补偿器使光线偏转 β 角后能正确进入倾斜视准轴的十字丝分划板 o_1 的条件，也就是补偿器能给出正确补偿的条件。

由于视准轴倾斜角 α 和偏转角 β 都是小角，所以由图 5-15 可得

$$f\alpha = g\beta$$

即

$$\beta = \frac{f}{g}\alpha$$

式中，f 是望远镜物镜的焦距。凡是能满足上式的条件都能得到正确的补偿。

补偿器如果安置在望远镜像方光路上的 $\frac{1}{2}f$ 处，即使 $g = \frac{1}{2}f$，则由上式可得

$$\beta = 2\alpha$$

也就是说，当偏转角 β 等于两倍视准轴倾斜角 α 时，补偿器能给出正确的补偿。

由图 5-15 可知，若补偿器能使来自水平的光线平移量 $a = f\alpha$，则平移后的光线也将正确地进入十字丝分划板 o_1 处，从而达到正确补偿的目的。

对于不同型号的自动安平水准仪，采用不同的光学元件，如棱镜、透镜、平面反射镜等作为补偿器，以发挥其补偿作用。

2. 自动安平水准仪 Koni 007

这种仪器由于其构造的特点，外形与一般卧式水准仪不同，成直立圆筒状，一般称为直立式，图 5-16 就是这种仪器的外形。这种直立式水准仪，视线离地面比一般的卧式水准仪高，因而有利减弱地面折光影响。

仪器的光学结构如图 5-17 所示。来自水平方向的光线经保护玻璃 2 后，在五角棱镜 1

的镜面上经过两次反射，使光线偏转90°垂直向下，经过物镜组4和调焦镜3，再经过棱镜补偿器6的两次反射，光线偏转180°向上，再经过直角棱镜7的反射和目镜8的放大并将倒像转为正像成像在十字丝分划板上。

1）光学补偿器

光学补偿器6是一块等腰直角棱镜，用弹性薄簧片悬挂形成重力摆，以摆轴为中心可以自由摆动，在重力作用下，最后静止在与重力方向一致的位置上。

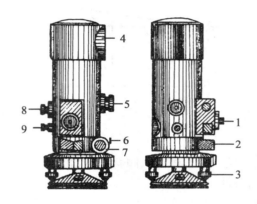

1—测微器；　2—圆水准器；3—脚螺旋；
4—保护玻璃；5—调焦螺旋；6—制动扳把；
7—微动螺旋；8—望远镜目镜；
9—水平度盘读数目镜

图 5-16

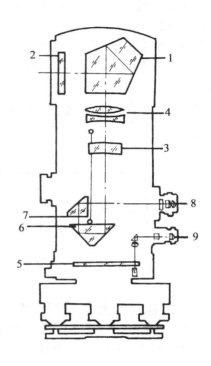

1—五角棱镜；2—五角棱镜保护玻璃；
3—望远镜调焦透镜；4—望远镜物镜；
5—水平度盘；6—补偿器；7—转像棱镜；
8—望远镜目镜；9—水平度盘读数目镜

图 5-17

棱镜补偿器的补偿原理如图5-18所示。当仪器整平时，补偿棱镜在位置Ⅰ，使来自水平方向的光线A转向180°，最后进入十字丝分划板横丝，此时补偿棱镜仅起转向作用，不起补偿作用。当仪器向前倾，即望远镜物镜端向下倾斜一个小角度α时，望远镜目镜随同十字分划板向上位移a，此时，补偿棱镜产生与视准轴倾斜相反的方向摆动，在重力的作用下最后静止在位置Ⅱ。由图5-18可见，当补偿棱镜摆动最后静止在位置Ⅱ时，将来自水平的光线A，经180°转向后平移了距离a，再经过转向和成像的倒置而正确地进入仪器倾斜后的十字丝分划板横丝处，从而达到了补偿的目的。由平面几何原理可知，只有当补偿棱镜摆动后位移$\frac{a}{2}$，才可使转向后的光线平移a，那么当视准轴倾斜α角时，怎样才能使补偿棱镜摆动后正好位移$\frac{a}{2}$而静止在位置Ⅱ呢？下面就来讨论这个问题。

232

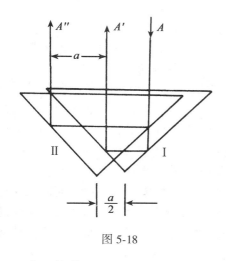

图 5-18

设补偿棱镜的悬挂长度为 l，显然，当视准轴倾斜 α 角时，补偿棱镜也将产生角位移 α，假如相应地能使补偿棱镜线位移 $\frac{a}{2}$，则补偿棱镜的悬挂长度应为

$$l = \frac{a}{2\alpha}$$

而又由前面的讨论可知 $a = f\alpha$，故上式可写成

$$l = \frac{1}{2}f \qquad (5\text{-}3)$$

由(5-3)式可知，只要使补偿棱镜的悬挂长度 l 等于物镜焦距 f 的一半，就可以达到正确补偿的目的。

由于补偿器的光学结构与补偿棱镜的悬挂长度等因素，所以仪器采用直立式的结构形式。

补偿棱镜是悬挂的重力摆，在仪器倾斜时，必然产生自由摆动，虽然摆动的范围不大，但仍然不能很快达到静止，因而也不能立即在水准标尺上读数。为了使补偿棱镜在摆动中能很快的静止，补偿器装置必须有使补偿元件减振的设备，这种设备通常称为阻尼器。利用空气流动所受到的阻力使达到减振目的的阻尼器，叫做空气阻尼器，Koni 007 精密自动安平水准仪就是这种类型的阻尼器。

2) 光学测微器

Koni 007 精密自动安平水准仪的测微装置是借助于测微螺旋使五角棱镜(图 5-18 中的 1)作微小转动使光线在出射时产生微小的平移，并将转动五角棱镜的机械结构与测微分划尺联系起来，从而达到测微的目的，这种装置叫做棱镜测微器。

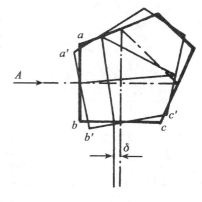

图 5-19

图 5-19 为五角棱镜在转动前后光线平移的情况，图中粗线所示为五角棱镜 ab 面与水平光线 A 垂直时，光线在棱镜内反射而被转折 90° 后垂直地从棱镜 bc 面出射的情况；图中细线所示为五角棱镜微小转动后，水平光线 A 在棱镜内反射，也使光线转折 90° 而从棱镜面 $b'c'$ 出射，出射的光线仍然是垂直的，只是与原来的出射光线比较，平移了一个微小量 δ。由几何光学的理论可知，不管五角棱镜如何安置，光线经过棱镜面的反射，都被转折 90° 而出射，只是光线产生一个微小量的平移，而平移量 δ 与五角棱镜的转动量有关。Koni 007 精密自动安平水准仪就是利用这种关系来达到测微目的的。

测微器的量测范围为 5mm，在实际作业时应配合分划间隔为 5mm 的铟瓦水准标尺。

Koni 007 精密自动安平水准仪补偿器的最大作用范围为 ±10′，圆水准器的灵敏度为 8′/2mm，因此，只要圆水准器气泡偏离中央小于 2mm，补偿器就可以给出正确的补偿。

3. 自动安平水准仪 Ni 002

仪器外形如图 5-20 所示。

这种仪器具有与一般水准仪不同的特点。仪器的操作部件，如调焦螺旋、测微螺旋以及水平微动螺旋，在仪器的左右两侧均有，而没有水平方向的制动设备。此外，仪器的另一特点是，目镜可以在仪器上沿水平方向旋转，这给作业带来了很大的方便，观测员可以不必移动观测位置，就可以照准不同方向上的水准标尺。由于这种仪器具备了上述一些特点，因此为水准测量机车化创造了条件，也就是说可以用机动车运载仪器和在机动车上进行观测。以上的特点对于在外界空间较为狭小的厂房内进行设备安装测量时也是有利的。

仪器的光学结构和光路如图 5-21 所示，十字丝分划板 4 位于物镜 2 的前端，来自水准标尺方向的光线经过楔形密封玻璃 1 及物镜 2，由平面反射摆镜 3 的反射，而成像在物镜前端的十字丝分划板 4 上，因此，仪器的量测系统是由光学元件中的物镜 2、平面反射摆镜 3 和十字丝分划板 4 组成的，再经过另一些光学元件，把十字丝分划板 4 上的像转移到目镜焦平面 13 上去。望远镜系统透镜组 14 为平行光束出射的光学系统。

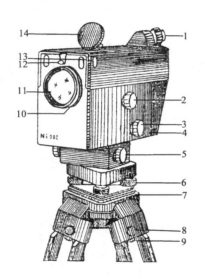

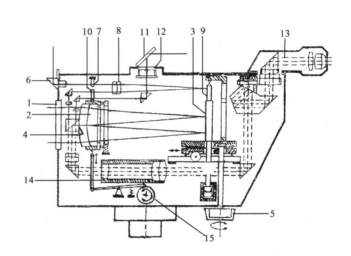

1—目镜；2—调焦旋钮；3—测微器旋钮；4—表示摆位置的标志；5—水平微动螺旋；6—脚螺旋；7—三角架头；8—调节三角架腿松紧的六角形螺丝；9—夹紧三角架木腿的六角形螺丝；10—连接遮日罩的槽；11—楔形密封玻璃；12—用于测微器分划尺照明的能旋转的三棱镜；13—照准装置；14—能旋转、倾斜的采光反射镜

图 5-20

1—楔形密封玻璃；2—物镜；3—平面反射摆镜；4—十字丝分划板；5—摆镜旋转钮；6—照明三棱镜；7—测微器指标；8—复合透镜(测微器的指标映像)；9—反射镜；10—测微器分划板；11—采光反射镜；12—圆形水准器；13—目镜焦平面；14—望远系统透镜组；15—测微螺旋

图 5-21

由图 5-21 可见，通过另外两条光路，同时将测微器分划尺 10 和圆水准器气泡 12 成像在目镜焦平面 13 上，因此在目镜视场中同时可以读取水准标尺和测微器分划尺读数，以及看到圆水准器气泡的影像，如图 5-22 所示。

1) 光学测微器

Ni 002 精密自动安平水准仪的测微器，是使物镜在与视线严格正交的直线导轨中移动，则视线作平移而达到测微的目的。在图 5-21 中，测微器分划尺 10 与物镜 2 牢固地结合在一起，它的优点是不存在物镜与测微器分划尺移动时不协调的误差影响。测微器的量测范围为5mm，应配合分格为5mm的铟瓦水准标尺作业。测微器的固定指标7由能旋转的三棱镜6照明，这个指标经过复合透镜8，再由连接在平面反射摆镜3上的反射镜9的反射，而投射在测微器分划尺10上，最后测微器的指标和测微器分划尺的成像经光学元件而被转移到目镜焦平面13上。

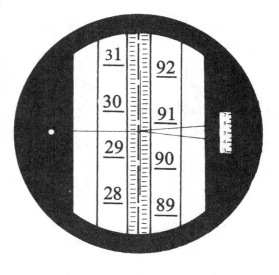

作业时应注意调整照明三棱镜6的位置，使有足够的光线照明测微器固定指标7和测微器分划尺10。

这种由物镜在视线严格正交的直线导轨中移动而达到测微目的的装置，称为物镜测微器。

图 5-22

2）光学补偿器

作为视线倾斜补偿的元件悬挂在位于物镜焦距的二分之一处。补偿元件是两面都镀有反射膜的平面反射摆镜3（见图5-21），当仪器倾斜时，平面反射摆镜可以作自由摆动，最终静止在垂直位置上。

由图5-23（a）可见，当视准轴水平时，来自水平方向的光线，通过物镜，经处于垂直位置的平面反射摆镜的反射，而正确投射在物镜前端的十字丝分划板上，也就是水平视线在水准标尺上的读数的分划线，构像在十字丝分划板上。

当仪器的视准轴倾斜时，平面反射摆镜经摆动后最后静止在位置S，如图5-23（b）所示。对来自水平方向的光线经平面反射摆镜的反射正确投射在十字丝分划板上，即将水平视线在水准标尺上读数的分划线构像在十字丝分划板上。由图5-23（b）看出，倾斜光线经过物镜，由静止在位置S的平面反射摆镜的反射，将不能投射在物镜前的十字丝分划板上。

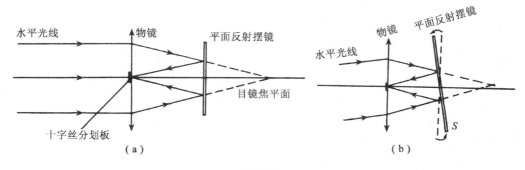

图 5-23

由于补偿器的构造和装配不够完善，平面反射摆镜最终不能完全精确地静止在垂直位置上，因而会引起平面反射摆镜倾斜的误差影响。为了有效地消除这种误差影响，平面反

235

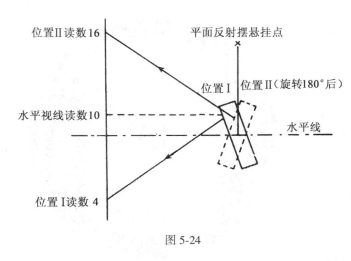

位置II读数16

平面反射摆悬挂点
×

位置I　位置II（旋转180°后）

水平视线读数10

水平线

位置I读数4

图 5-24

射摆镜可以绕轴旋转 180°，在作业时可以使用平面反射摆镜的两个位置进行观测，在两个摆位观测的平均值中可以消除这种误差影响，如图 5-24 所示。这种方法实际上和经纬仪使用盘左盘右去消除视准差是同一性质的。

实际作业时，在一个测站上可采用在平面反射摆镜的两个位置（双摆位）进行观测的观测程序：

后视基本分划——平面反射摆镜第 I 摆位

前视基本分划——平面反射摆镜第 II 摆位

转动摆镜旋转钮（图 5-21 中的 5）使平面反射摆镜旋转 180°，由第 I 摆位转为第 II 摆位。

前视辅助分划——平面反射摆镜第 II 摆位

后视辅助分划——平面反射摆镜第 I 摆位

也就是说，在每一个测站上只需要将平面反射摆镜旋转一次。

根据上面的观测程序，在基、辅高差的平均高差中可以抵消由于平面反射摆镜不严格在垂直位置的误差影响。

Koni 002 自动安平水准仪又称为双摆位自动安平水准仪。

该仪器不采用透镜调焦，而是将平面反射摆镜作为调焦元件，前后移动平面反射摆镜可以起到望远镜调焦的作用。在图 5-25 中，来自水准标尺的光线，通过物镜，平面反射摆镜只有移动到位置 S_2 才能将反射光线反射后正确投射到十字丝分划板上，也就是水准标尺的分划线正确构像在十字丝分划板上。很明显地可以看出，平面反射摆镜在位置 S_1 和 S_3 都不能将水准标尺上的分划线正确构像在十字丝分划板上。

对于来自不同距离的水准标尺的光线，只有当平面反射摆镜移动到不同的位置时，才能将来自不同距离的光线经反射后正确投射在十字丝分划板上，也就是将不同远近的水准标尺的分划线正确构像在十字丝分划板上，因此，平面反射摆镜既是补偿元件又是调焦元件。由于不使用透镜调焦，所以不存在由于调焦透镜运行不正确的误差影响。

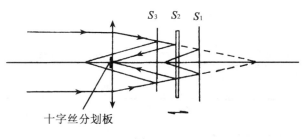

S_3　S_2　S_1

十字丝分划板

图 5-25

5.4.4　普通精密水准仪

1.　Wild N3 精密水准仪

WildN3 精密水准仪的外形如图 5-26 所示。望远镜物镜的有效孔径为 50mm，放大倍率为 40 倍，管状水准器格值为 $10''/2mm$。N3 精密水准仪与分格值为 10mm 的精密铟瓦水准标尺配套使用，标尺的基辅差为301.55cm。在望远镜目镜的左边上下有两个小目镜（在图5-26 中没有表示出来），它们是符合气泡观察目镜和测微器读数目镜，在 3 个不同的目镜中所见到的影像如图 5-27 所示。

转动倾斜螺旋，使符合气泡观察目镜的水准气泡两端符合，则视线精确水平，此时可转动测微螺旋使望远镜目镜中看到的楔形丝夹准水准标尺上的 148 分划线，也就是使 148 分划线平分楔角，再在测微器目镜中读出测微器读数 653（即 6.53mm），故水平视线在水准标尺上的全部读数为 148.653cm。

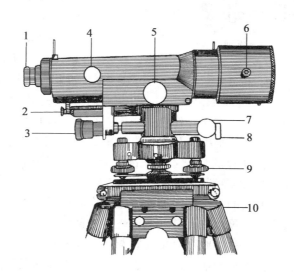

1—望远镜目镜；2—水准气泡反光镜；3—倾斜螺旋；4—调焦螺旋；5—平行玻璃板测微螺旋；6—平行玻璃板旋转轴；7—水平微动螺旋；8—水平制动螺旋；9—脚螺旋；10—脚架

图 5-26

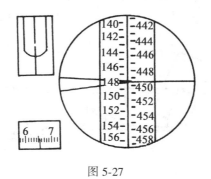

图 5-27

1）N3 精密水准仪的倾斜螺旋装置

图 5-28 所示是 N3 型精密水准仪倾斜螺旋装置及其作用示意图。它是一种杠杆结构，转动倾斜螺旋时，通过着力点 D 可以带动支臂绕支点 A 转动，使其对望远镜的作用点 B 产生微量升降，从而使望远镜绕转轴 C 作微量倾斜。由于望远镜与水准器是紧密相联的，

于是倾斜螺旋的旋转就可以使水准轴和视准轴同时产生微量的变化，借以迅速而精确地将视准轴整平。在倾斜螺旋上一般附有分划盘，可借助于固定指标进行读数，由倾斜螺旋所转动的格数可以确定视线倾角的微小变化量，其转动范围约为 7 周。借助于这种装置，可以测定视准轴微倾的角度值，在进行跨越障碍物的精密水准测量时具有重要作用。

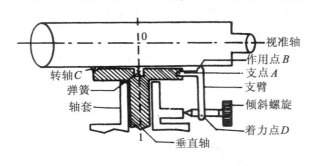

图 5-28

必须指出，由图 5-28 可见仪器转轴 C 并不位于望远镜的中心，而是位于靠近物镜的一端。由圆水准器整平仪器时，垂直轴并不能精确在垂直位置，可能偏离垂直位置较大。此时使用倾斜螺旋精确整平视准轴时，将会引起视准轴高度的变化，倾斜螺旋转动量愈大，视准轴高度的变化也就愈大。如果前后视精确整平视准轴时，倾斜螺旋的转动量不等，就会在高差中带来这种误差的影响。因此，在实际作业中规定：只有在符合水准气泡两端影像的分离量小于 1cm 时(这时仪器的垂直轴基本上在垂直位置)，才允许使用倾斜螺旋来进行精确整平视准轴。但有些仪器转轴 C 的装置，位于过望远镜中心的垂直几何轴线上。

2)N3 精密水准仪的测微器装置

图 5-29 是 N3 精密水准仪的光学测微器的测微工作原理示意图。由图可见，光学测微器由平行玻璃板、测微器分划尺、传动杆和测微螺旋等部件组成。平行玻璃板传动杆与测微分划尺相连。测微分划尺上有 100 个分格，它与 10mm 相对应，即每分格为0.1mm，可估读至0.01mm。每 10 格有较长分划线并注记数字，每两长分划线间的格值为 1mm。当平行玻璃板与水平视线正交时，测微分划尺上初始读数为 5mm。转动测微螺旋时，传动杆就带动平行玻璃板相对于物镜作前俯后仰，并同时带动测微分划尺作相应的移动。平行玻璃板相对于物镜作前俯后仰，水平视线就会向上或向下作平行移动。若逆转测微螺旋，使平行玻璃板前俯到测微分划尺移至 10mm 处，则水平视线向下平移 5mm，反之，顺转测微螺旋使平行玻璃板后仰到测微分划尺移至 0mm 处，则水平视线向上平移 5mm。

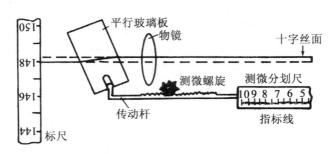

图 5-29

在图 5-29 中，当平行玻璃板与水平视线正交时，水准标尺上读数应为 a，a 在两相邻分划 148 与 149 之间，此时测微分划上读数为 5mm，而不是 0。转动测微螺旋，平行玻璃板作前俯，使水平视线向下平移与就近的 148 分划重合，这时测微分划尺上的读数为

6.50mm，而水平视线的平移量应为 6.50~5mm，最后读数 a 为

$$a = 148cm + 6.50mm - 5mm$$

即 $a = 148.650cm - 5mm$。

由上述可知，每次读数中应减去常数（初始读数）5mm，但因在水准测量中计算高差时能自动抵消这个常数，所以在水准测量作业时，读数、记录、计算过程中都可以不考虑这个常数。但在单向读数时就必须减去这个初始读数。

测微器的平行玻璃板安置在物镜前面的望远镜筒内，如图 5-30 所示。在平行玻璃板的前端，装有一块带楔角的保护玻璃，实质上是一个光楔罩，它一方面可以防止尘土侵入望远镜筒内，另一方面光楔的转动可使视准轴倾角 i 作微小的变化，借以精确地校正视准轴与水准轴的平行性。

近期生产的新 N3 精密水准仪如图 5-31 所示。望远镜物镜的有效孔径为 52mm，并有一个放大倍率为 40 的准直望远镜，直立成像，能清晰地观测到离物镜 0.3m 处的水准标尺。

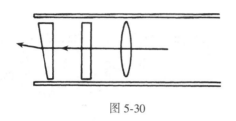

图 5-30　　　　　　　　图 5-31

光学平行玻璃板测微器可直接读至 0.1mm，估读到 0.01mm。

校验性微倾螺旋装置可以用来测量微小的垂直角和倾斜度的变化。

仪器备选附件有自动准直目镜、激光目镜、目镜照明灯和折角目镜等，利用这些附件可进一步扩大仪器的应用范围，可用于精密高程控制测量、形变测量、沉陷监测、工业应用等。

2. Zeiss Ni 004 精密水准仪

Zeiss Ni 004 精密水准仪的外形如图 5-32 所示。

这种仪器的主要特点是对热影响的感应较小，即当外界温度变化时，水准轴与视准轴之间的交角 i 的变化很小，这是因为望远镜、管状水准器和平行玻璃板的倾斜设备等部件，都装在一个附有绝热层的金属套筒内，这样就保证了水准仪上这些部件的温度迅速达到平衡。仪器物镜的有效孔径为 56mm，望远镜放大倍率为 44 倍，望远镜目镜视场内有左右两组楔形丝，如图 5-33 所示，右边一组楔形丝的交角较小，在视距较远时使用；左边一组楔形丝的交角较大，在视距较近时使用。管状水准器格值为 10″/2mm。转动测微螺旋可使水平视线在 5mm 范围内平移，测微器的分划鼓直接与测微螺旋相连（见图 5-33），通过放大镜在测微鼓上进行读数，测微鼓上刻有 100 个分格，所以测微鼓最小格值为 0.05mm。从望远镜目镜视场中所看到的影像如图 5-33 所示，视场下部是水准器的符合气泡影像。

Ni 004 精密水准仪与分格值为 5mm 的精密铟瓦水准尺配套使用。在图 5-33 中，使用测微螺旋使楔形丝夹准水准标尺上 197 分划，在测微分划鼓上的读数为 340，即 3.40mm，水准标尺上的全部读数为 197.340cm。

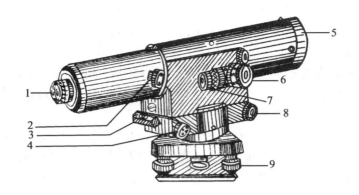

1—望远镜目镜；2—调焦螺旋；3—概略置平水准器；4—倾斜螺旋；5—望远镜物镜；
6—测微螺旋；7—读数放大镜；8—水平微动螺旋；9—脚螺旋

图 5-32

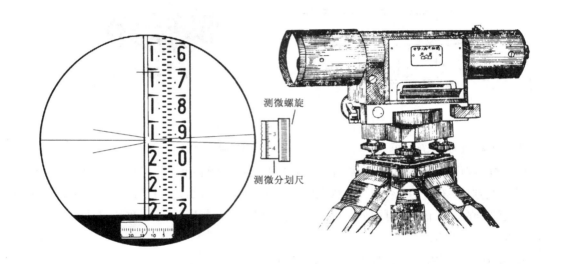

测微螺旋

测微分划尺

图 5-33   图 5-34

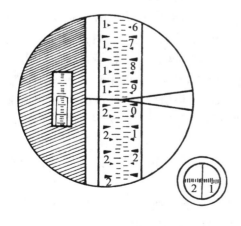

图 5-35

3. 国产 S1 型精密水准仪

S1 型精密水准仪是北京测绘仪器厂生产的，其外形如图 5-34 所示。仪器物镜的有效孔径为 50mm，望远镜放大倍率为 40 倍，管状水准器格值为 $10''/2mm$。转动测微螺旋可使水平视线在 5mm 范围内作平移，测微器分划尺有 100 个分格，故测微器分划尺最小格值为 0.05mm。望远镜目镜视场中所看到的影像如图 5-35 所示，视场左边是水准器的符合气泡影像，测微器读数显微镜在望远镜目镜的右下方。

国产 S1 型精密水准仪与分格值为 5mm 的精

密水准标尺配套使用。

在 5-35 中，使用测微螺旋使楔形丝夹准 198 分划，在测微器读数显微镜中的读数为 250，即 2.50mm，水准标尺上的全部读数为 198.250cm。

5.5 精密水准仪和水准尺的检验

为了保证水准测量成果的精度，对所用的水准仪和水准标尺应按水准测量中规定的有关项目进行必要的检验，因为水准仪和水准标尺各部件之间的关系不正确，或部件的效用不正确，都影响水准测量成果的精度。此外，外界条件的作用，也会影响水准仪和水准标尺各部件之间的正确关系。

对水准仪和水准标尺进行检验的目的是为了研究和分析仪器存在误差的性质及对水准测量的影响规律，从而在水准测量作业时采取相应的措施以减弱和消除仪器误差对观测成果的影响。

5.5.1 精密水准仪的检验

按水准规范规定，作业前应检验的项目为：
(1)水准仪的检视；
(2)概略水准器(圆水准器)的检校；
(3)光学测微器隙动差和分划值的测定；
(4)水泡式水准仪交叉误差的检校；
(5)i 角检校；
(6)双摆位自动安平水准仪摆差 $2C$ 的测定。

对于新购置的仪器还需要进行调焦透镜运行误差的测定；倾斜螺旋隙动差、分划误差和分划值的测定；自动安平仪器补偿误差和磁致误差的测定。

用于跨河水准测量的仪器，要进行符合水准器分划值的测定。

1. 光学测微器隙动差和分划值的测定

光学测微器是精确测定小于水准标尺上分划间隔尾数的设备。测微器本身效用是否正确，测微器分划尺的分划值是否正确都会直接影响到读数的精度。因此，在作业前应进行此项检验和测定。

测定测微器分划值的基本思想是：利用一根分划值经过精密检定的特制分划尺和测微器分划尺进行比较求得。将特制分划尺竖立在与仪器等高的一定距离处，旋转测微螺旋，使楔形丝先后对准特制分划尺上两相邻的分划线，这时测微器分划尺移动了 L 格。现设特制分划尺上分划线间隔值为 d，测微器分划尺一个分格的值为 g，则

$$g = \frac{d}{L} \tag{5-4}$$

特制分划尺上的分划线宽度约为 1mm，分划线间隔为 8mm(用于 N3 精密水准仪)或 4mm(用于其他精密水准仪，如 Ni 004 等)，每一分划线依次编号。

特制分划尺可用三等标准金属线纹尺或其他同等精度的钢尺，用其 1mm 分划而进行此项检验。

测定测微器分划值的具体方法是：首先在选定相距 5~6m 的两点处，分别安置水准仪

和竖立特制分划尺。特制分划尺是固定在水准标尺上,并使其可在水准标尺上作上下移动,以便安置特制分划尺于仪器的等高处。水准标尺应置于稳固的尺桩和尺台上。

此项检验应选择在成像清晰稳定的时间进行。测定按往测和返测构成一个测回,5 个测回组成一个观测组,为了使测微器上所有使用的分划都能受到检验,要测定 3 个观测组。一测回的具体操作步骤为:

(1)整置仪器,对准水准标尺,使用倾斜螺旋使水准气泡影像精密符合,在一测回中应严格保持倾斜螺旋的位置不变。

(2)旋转测微螺旋,使测微器读数在 10 小格附近,指挥扶尺者将特制分划尺作上下移动,直到特制分划尺上某一分划线被楔形丝平分,然后将特制分划尺固定,并在一测回中保持此位置不变。

(3)进行往测:旋进测微螺旋,用楔形丝先后夹准特制分划尺上两相邻分划线,读取并记录分划线编号和相应的测微器读数。

(4)进行返测:返测应在往测后立即进行。按相反的次序旋出测微螺旋使楔形丝夹准往测时所用的相邻分划线,读取并记录分划线编号和相应的测微器读数。

每完成两测回后,应将特制分划尺稍加移动或变更仪器的高度,以使每两测回各观测特制分划尺上不同的分划间隔,从而减弱特制分划尺分划线的系统误差影响。

由各观测组所测定的格值取平均值作为测微器分划尺的实测格位。按水准规范规定,实测格值与名义格值之差,即测微器分划线偏差应小于 0.001mm,否则应送厂修理。

光学测微器隙动差的测定,主要是比较旋进测微螺旋和旋出测微螺旋,照准特制分划尺上同一分划线在测微器分划尺上的读数,如果读数差 Δ 超过 2 格时,表明测微器效用不正确,其主要原因是由于测微器装置不完善。为了避免这种误差的影响,一般规定在作业时只采用旋进测微螺旋进行读数。Δ 过大时,应送工厂修理。

2. 视准轴与水准轴相互关系的检验与校正

水准测量的基本原理是根据水平视线在水准标尺上的读数,从而求得各点间的高差,而水平视线的建立又是借助于水准器气泡居中来实现的。因此,水准仪视准轴与水准轴必须满足相互平行这一重要条件。但是,视准轴与水准轴相互平行的关系是难以绝对保持的,而且在仪器使用过程中,这种相互平行的关系也还会发生变化,所以在每期作业前和作业期间都要进行此项检验校正。

显然,视准轴与水准轴如不能保持相互平行的关系,则水准器气泡居中时,并不能导致视准轴水平,最后将影响观测高差的正确性。

水准仪的水准轴与视准轴一般既不在同一平面内,也不互相平行,而是两条空间直线,也就是说,它们在垂直面上和水平面上的投影都是两条相交的直线。在垂直面上投影的交角,称为 i 角误差。在水平面上投影的交角,称为 φ 角误差,也叫做交叉误差。

1)i 角误差的检验与校正

测定 i 角的方法很多,但基本原理都是相同的,都是利用 i 角对水准标尺上读数的影响与距离成比例这一特点,从而比较在不同距离的情况下,水准标尺上读数的差别而求出 i 角。

一般测定的方法是：距仪器 s 和 $2s$ 处分别选定 A 点和 B 点，以便安放水准标尺，A，B 两点的高差是未知数，我们要测定的 i 角也是未知数，所以要选定两个安置仪器的点 J_1 和 J_2，如图 5-36 所示。在仪器站 J_1 和 J_2 分别进行观测，建立相应的方程式，从而解出未知数。

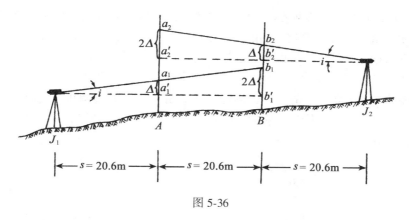

图 5-36

在 J_1 测站上，照准水准尺 A 和 B，读数为 a_1 和 b_1，当 $i=0$ 时，水平视线在水准尺上的正确读数应为 a_1' 和 b_1'，所以由于 i 角引起的误差分别为 Δ 和 2Δ。同样，在 J_2 测站上，照准水准尺 A 和 B，读数为 a_2 和 b_2，正确读数应为 a_2' 和 b_2'，其误差分别为 2Δ 和 Δ。

在测站 J_1 和 J_2 上得到 A，B 点的正确高差分别为

$$\left.\begin{array}{l} h_1' = a_1' - b_1' = (a_1 - \Delta) - (b_1 - 2\Delta) = a_1 - b_1 + \Delta \\ h_2' = a_2' - b_2' = (a_2 - 2\Delta) - (b_2 - \Delta) = a_2 - b_2 - \Delta \end{array}\right\} \tag{5-5}$$

如不顾及其他误差的影响，则 $h_1' = h_2'$，所以由(5-5)式可得

$$2\Delta = (a_2 - b_2) - (a_1 - b_1)$$

式中 $(a_2 - b_2)$ 和 $(a_1 - b_1)$ 是仪器存在 i 角时，分别在测站 J_2 和 J_1 测得 A，B 两点间的观测高差，以 h_2 和 h_1 表示，则上式可写为

$$2\Delta = h_2 - h_1$$
$$\Delta = \frac{1}{2}(h_2 - h_1) \tag{5-6}$$

由图 5-36 可知

$$\Delta = i'' s \frac{1}{\rho''}$$

故

$$i'' = \frac{\rho''}{s} \Delta \tag{5-7}$$

为了简化计算，测定时使 $s = 20.6\text{m}$，则

$$i'' = 10\Delta \tag{5-8}$$

(5-8)式中 Δ 以 mm 为单位，Δ 可按(5-6)式计算。

水准规范规定，用于精密水准测量的仪器，如果 i 角大于 $15''$，则需要进行校正。校正在 J_2 测站上进行。先求出水准标尺 A 上的正确读数 a_2'

$$a_2' = a_2 - 2\Delta$$

使用测微螺旋和倾斜螺旋，使水准标尺 A 上的读数为 a_2'，此时水准器气泡影像分离，校正

水准器的上、下改正螺旋，使气泡两端影像恢复符合为止，然后检查另一水准尺 B 上的读数是否正确（其正确读数为 $b_2'=b_2-\Delta$），否则还应反复进行检查校正。在校正水准器的改正螺旋时应先松开一个改正螺旋，再拧紧另一改正螺旋，不可将上、下两个改正螺旋同时拧紧或同时松开。

测定 i 角时，必须尽量保证在整个检验过程中，i 角不应有变化，也不应有其他误差影响。但实际上由于温度的变化，i 角可能发生变化，所以最好在阴天测定。

按上述方法检定 i 角时，当仪器照准近尺再照准远尺时，受到仪器调焦透镜运行误差的影响，致使视准轴发生变化，对测定的 i 角必定存在误差。调焦透镜运行误差是相当大的，甚至可能达到 i 角允许值的一半，因此，经分析研究，顾及调焦透镜运行误差对测定 i 角的影响，仪器距近尺的距离 s_A 应取 5~7m；距远尺的距离 s_B 应取 40~50m 为宜。

给出仪器 i 角的计算公式

$$i = \frac{\Delta}{s_B - s_A}\rho'' - 1.61 \times 10^{-5}(s_B + s_A) \tag{5-9}$$

式中 $\Delta = [(a_2-b_2)-(a_1-b_1)]/2$，$s_A$、$s_B$ 以 m 为单位。

水准规范规定，在作业开始后的一周内，对于具有倾斜螺旋装置的微倾式精密水准仪，要求每天上、下午各检校 i 角一次。若确认 i 角较为稳定，以后可每隔 15 天检校一次。

2）气泡式水准仪交叉误差的测定

水准仪经过 i 角的检验与校正，视准轴与水准轴在垂直面上的投影已保持平行关系（严格地讲，只能说基本平行），但还不能保持在水平面上的投影平行，也就是说，还存在交叉误差。

如果有交叉误差存在，当仪器垂直轴略有倾斜时（特别与视准轴正交方向的倾斜），即使水准轴水平，而视准轴却不水平，视准轴与水准轴在垂直面上的投影不平行，而产生了 i 角。应该指出，由此而产生的 i 角是由交叉误差在垂直轴倾斜时转化而形成的。

如果仪器存在交叉误差，则整平仪器后，使仪器绕视准轴左右倾斜时，水准气泡就会发生移动，交叉误差就是根据这一特征进行检验的。具体检验步骤如下：

（1）将水准仪置于距水准标尺约 50m 处，并使其中两个脚螺旋在望远镜照准标尺的垂直方向上，如图 5-37 中的脚螺旋 1、2。

（2）将仪器整平，旋转倾斜螺旋使水准气泡精密符合。用测微螺旋使楔形丝夹准水准标尺上的一条分划线，并记录水准标尺与测微器分划尺上的读数。在整个检验过程中需保持水准标尺和测微器分划尺上的读数不变，也就是在检验过程中应保持视准轴方向不变。

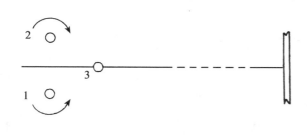

图 5-37

（3）将照准方向一侧的脚螺旋 1 升高两周，为了不改变视准轴的方向，应将另一侧的脚螺旋 2 作等量降低，保持楔形丝仍夹准水准标尺上原来的分划线。此时仪器垂直轴倾斜。注意观察并记录水准气泡的偏移方向和大小。

(4)旋转脚螺旋1、2回到原来位置，使楔形丝在夹准水准标尺上原分划线的条件下，水准气泡两端恢复符合的位置。

(5)将脚螺旋2升高两周，脚螺旋1作等量降低，使楔形丝夹准水准标尺上的原分划线，此时仪器相对于步骤(3)向另一侧倾斜。注意并记录水准气泡偏移方向与大小。

根据仪器先后两侧倾斜时，水准气泡偏移的方向与大小来分析判断视准轴与水准轴的相互关系。可能出现下列不同情况：

当垂直轴向两侧倾斜时，水准气泡的影像仍保持符合，则仪器不存在 i 角误差和交叉误差；若水准气泡同向偏移且偏移量相等，则仅有 i 角误差，而没有交叉误差；若同向偏移但偏移量不相等，则 i 角误差大于交叉误差；若异向偏移且偏移量不相等，则交叉误差大于 i 角误差；若异向偏移且偏移量相等，则仅有交叉误差，而没有 i 角误差。

根据上面的分析，若仪器垂直轴向两侧倾斜，水准气泡有异向偏移情况，则有交叉误差存在，水准规范规定偏移量大于 2mm 时，须进行交叉误差的校正。

校正的方法是：先将水准器侧方的一个改正螺旋松开，再拧紧另一侧的一个改正螺旋，使水准气泡向左右移动，直至气泡影像符合为止。

必须指出，当同时存在交叉误差和 i 角误差时，为了便于校正交叉误差，应先将 i 角误差校正好。

3. 倾斜螺旋隙动差和分划值的测定

在精密水准测量中，倾斜螺旋的作用是在水准标尺上读数前将水准气泡影像精确符合，以达到视准轴的精确整平。按倾斜螺旋法进行跨河水准测量时，要用倾斜螺旋测定视线的微小倾角，因此，必须测定其分划值。倾斜螺旋旋进和旋出在分划鼓上的读数之差，为倾斜螺旋的隙动差，用以判断倾斜螺旋效用的正确性。水准规范规定，倾斜螺旋隙动差对于一、二等精密水准测量应小于 2.0″，否则认为倾斜螺旋效用不正确，在作业中应严格地只准用旋进倾斜螺旋使水准气泡两端精密符合。

检定在检定室内进行。检定前 2~3h 将仪器置于室内检验仪的台座上，检验室内的温度应使其在 2~3h 内不超过 2℃ 的变化。

检验时，由往测和返测构成一个测回，往测按旋进方向使用倾斜螺旋，在返测时倾斜螺旋的旋转方向与往测时相反。水准规范规定，检验要进行两个测回。

4. 调焦透镜运行误差的测定

由于调焦透镜运行误差使调焦透镜运行不正确，对于内对光望远镜来说，就是在调焦时，仪器的等效光心移动的轨迹是一条直线，不管这条直线是与主光轴的方向重合，或是与主光轴的方向成一微小的交角。对同一直线上不同距离的目标调焦时，视准轴都保持同一方向不变，因此对水准测量并无不利影响。如果在调焦时，等效光心移动的轨迹不是一条直线，则说明调焦透镜移动时有晃动现象，对同一直线上不同距离的目标调焦时，视准轴的方向将发生变化，这就对观测时读数带来误差影响。

下面将讨论检验方法的具体操作步骤和计算方法。

选择一平坦场地，以 A 为圆心作半径为 30m 的圆弧，在圆弧上依次布设 0、1、2、3、4、5 号点，并使各点至 0 点的弦长分别为 10m、20m、30m、40m、50m。在各号点处打入尺桩，以便竖立水准标尺，如图 5-38 所示。

观测方法：

(1)在 A 点上整置水准仪，观测各点以求取各点对于 0 点的高差。先进行往测，即按

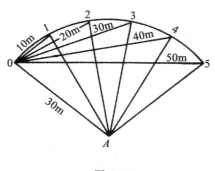

图 5-38

0、1、2、3、4、5 的顺序对各点上的同一水准标尺精密照准并读数。再依相反的顺序照准各点进行返测。往返测构成一个测回。

要求观测 4 个测回，各测回间应用脚螺旋变更仪器高。观测前仔细调焦，4 测回中不能变动焦距。

（2）在 0 点上整置水准仪，先进行往测，即按 1、2、3、4、5 的顺序对各点上的同一水准标尺照准并读数。由于照准各点的视距不等，每次都要仔细调焦。再依相反的顺序照准各点进行返测，往返测构成一个测回。

要求观测 4 个测回，各测回间应用脚螺旋变更仪器高。

计算方法：

（1）计算各点（1、2、3、4、5）对于 0 点的高差 $H_i(i=1、2、3、4、5)$

$$H_i = L_0 - L_i \tag{5-10}$$

式中，L_0 和 L_i 是仪器在 A 点时照准 0 点和其余各点 4 测回读数（共 8 个读数）的中数。

（2）计算 0 点视线的高度 h_i

根据各点（1、2、3、4、5）的读数，可以计算视线的高度，由图 5-39 可得

$$h_i = H_i + M_i \tag{5-11}$$

式中 M_i 为仪器在 0 点时，照准各点 4 测回读数的中数。

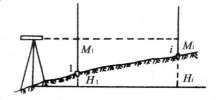

图 5-39

（3）计算 0 点仪器视线的平均高度 h_m，并看做是最可靠的视线高度

$$h_m = \frac{1}{5}\sum_{i=1}^{5} h_i \tag{5-12}$$

如果调焦时，视准轴方向保持不变且与水准轴平行，则

$$h_1 = h_2 = h_3 = h_4 = h_5 = h_m$$

如果视准轴与水准轴不平行，而存在 i 角，则各 h_i 与 h_m 不等，其差数 $\Delta_i = h_i - h_m$。如果调焦透镜运行正确，则差数 Δ_i 将由两部分误差影响组成：一是 i 角的影响，当距离为 s_i 时，其误差为 $\tan i s_i$ 或 Ks_i，另一部分是观测误差和其他误差的影响，其误差设为 δ，于是对各点可列出下列方程式

$$\left.\begin{aligned}\Delta_1 &= KS_1 + \delta\\ \Delta_2 &= Ks_2 + \delta\\ \Delta_3 &= Ks_3 + \delta\\ \Delta_4 &= Ks_4 + \delta\\ \Delta_5 &= Ks_5 + \delta\end{aligned}\right\} \tag{5-13}$$

式中，Δ_i 和 s_i 均为已知值。K 和 δ 为未知数。按测量平差基础理论由上式组成法方程式

$$\left.\begin{aligned}[s^2]K + [s]\delta &= [s\Delta]\\ [s]K + 5\delta &= [\Delta]\end{aligned}\right\} \tag{5-14}$$

根据 Δ 的定义，可知 $[\Delta]=0$。由上式解得

$$\left. \begin{array}{l} K = \dfrac{5[s\Delta]}{5[s^2]-[s]^2} \\[3mm] \delta = \dfrac{[s][s\Delta]}{[s]^2-5[s^2]} \end{array} \right\} \qquad (5\text{-}15)$$

式中，s 分别以 10、20、30、40、50m 代入，则得

$$\left. \begin{array}{l} K = \dfrac{[s\Delta]}{1\,000} \\[3mm] \delta = -30K \end{array} \right\} \qquad (5\text{-}16)$$

将求得的 K 和 δ 代入 (5-13) 式中各式，得到 Δ_i'，而 $v_i=\Delta_i-\Delta_i'$ 就是调焦透镜运行误差而产生的影响，由此得

$$v_i = \Delta_i - \Delta_i' = \Delta_i - (Ks_i - 30K) = \Delta_i + (30-s_i)K \qquad (5\text{-}17)$$

水准规范规定：用于一、二等水准测量的仪器，任一 v 值都应小于 0.5mm；用于三、四等水准测量的仪器应小于 1mm。

我们知道，由调焦透镜运行误差引起的视线偏差 α 可用下式计算

$$\alpha'' = \frac{d-f_1}{f_1 \cdot f_2} x\rho'' \qquad (5\text{-}18)$$

式中，f_1 为物镜焦距；f_2 为调焦透镜焦距；d 为调焦透镜沿光轴的移动量；x 为调焦透镜主点偏离光轴量。由 (5-18) 式可知，调焦透镜运行误差的影响与 d 和 x 有关。若 x 为一定，则当远距离时，d 值变化大，因而 $(d-f)$ 变小，故 α 值变小，反之，近距离则 α 值变大。根据这一影响特点，为了更好地测定出在不同视距上的运行误差，在测定时应改变上述等间隔设立各点，在近距离时设立水准标尺间隔要小一些，远距离时设立标尺间隔要大一些。规定以 25m 为半径的弧上，各点至 0 号点的弦线长度分别为 5、10、20、30、50m。距离须用钢尺丈量。

此项检验应在成像清晰稳定时进行。

5. 双摆位自动安平水准仪摆差 $2c$ 的测定

前面讨论了双摆位自动安平水准仪 Ni 002 的基本构造，可知，观测时如果摆镜不能完全精确地静止在垂直位置，则会引起由于摆镜倾斜而对观测产生影响。一般按摆镜绕摆轴旋转 180° 的两个摆位进行观测，取其观测结果的平均数来削弱这种误差的影响。

水准规范规定，用于一、二等水准测量的仪器，如摆差 $2c>40.0''$，则不能用于作业，应送厂检修，为此，在作业前应进行此项测定。

选择一平坦场地安置仪器，在距仪器 20~40m 的不同距离的 A、B 两处打入尺桩。测定时将仪器置平后，分别对标尺 A、B 按如下步骤进行观测：

(1) 用上、下丝分别照准标尺 A、B 的基本分划进行视距读数；

(2) 将仪器的摆镜置于摆 I 位置分别照准标尺 A、B 的基本分划，读数 5 次；

(3) 将仪器的摆镜置于摆 II 位置分别照准标尺 A、B 的基本分划，读数 5 次。

摆差 $2c$ 按下式计算

$$2c = [(R_{IIA}-R_{IA})/D_A + (R_{IIB}-R_{IB})/D_B] \cdot \rho''/2 \qquad (5\text{-}19)$$

式中：R_{IIA} 为摆 II 位置时 A 标尺读数的平均值；R_{IA} 为摆 I 位置时 A 标尺读数的平均值；

R_{IIB} 为摆 II 位置时 B 标尺读数的平均值；R_{IB} 为摆 I 位置时 B 标尺读数的平均值；D_A 为仪器距 A 标尺的距离；D_B 为仪器距 B 标尺的距离。

6. 自动安平水准仪补偿误差的测定

自动安平水准仪的补偿器是否能完全、正确给出由于仪器垂直轴倾斜而产生的补偿量主要取决于补偿器的性能，往往由于补偿器装配技术不完善等原因，使补偿器对垂直轴倾斜无法给出正确的补偿量，不是补偿不足，就是补偿过量。

在图 5-40 中，α 是仪器及望远镜倾斜角值，α_k 是补偿器给出的补偿倾斜值，$\Delta\alpha$ 是无法补偿的补偿剩余误差部分，在单一方向观测时读数影响为 Δr_α，则对一个测站观测高差的影响显然为 $2\Delta r_\alpha$。

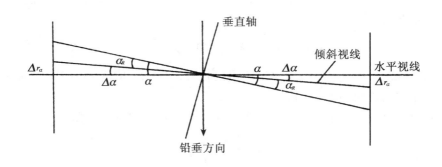

图 5-40

为了消除这种系统误差的影响，在测站上可以采用定人法整平圆水准器，也就是奇数站照准后视方向整平圆水准器，偶数站照准前视方向整平圆水准器，使倾斜视线在相邻测站上作相反方向的倾斜，从而在相邻两测站上观测高差之和中抵消这种误差影响，因此，每一测段的水准测量路线安排成偶数站的规定是必要的。

补偿器误差的检验是通过比较的方法进行的。在精密测定高差的两点上，使仪器在不同方向倾斜时，测定两点的高差，用这些高差与精密测定的高差相比较，来判明其补偿性能，顾及到检验的误差，其差值在规定的范围内，就认为补偿器性能是良好的。

检验前先在平坦的场地上，量取距离 D（一般取 $40\sim50\mathrm{m}$），在其两端点 A、B 上打下带有圆帽钉的木桩，作竖立水准标尺之用，在 A、B 两点的中点设置仪器，使仪器的两个脚螺旋的连线与 AB 连线正交。

检验步骤：

（1）精细地整平仪器，测定 A、B 两点间高差的精确值 h，作为比较的依据。

（2）使用脚螺旋使仪器垂直轴向前、后、左、右倾斜（倾斜度可用圆水准气泡的位移来估计）时测定 A，B 两点间的高差，分别为 $h_{+\alpha}$，$h_{-\alpha}$，$h_{+\beta}$，$h_{-\beta}$。

比较仪器垂直轴向各方向倾斜时所测得的高差与高差精确值得

$$
\left.
\begin{aligned}
\Delta h_{+\alpha} &= h_{+\alpha} - h \\
\Delta h_{-\alpha} &= h_{-\alpha} - h \\
\Delta h_{+\beta} &= h_{+\beta} - h \\
\Delta h_{-\beta} &= h_{-\beta} - h
\end{aligned}
\right\}
\tag{5-20}
$$

Δh 为以长度为单位的补偿误差值，将其化算为倾斜 1′ 时，以每秒为单位的补偿误差为

$$\left.\begin{array}{l} \Delta\alpha_1 = \dfrac{\Delta h_{+\alpha}}{D \cdot \alpha'}\rho'' \\[3mm] \Delta\alpha_2 = \dfrac{\Delta h_{-\alpha}}{D \cdot \alpha'}\rho'' \\[3mm] \Delta\alpha_3 = \dfrac{\Delta h_{+\beta}}{D \cdot \beta'}\rho'' \\[3mm] \Delta\alpha_4 = \dfrac{\Delta h_{-\beta}}{D \cdot \beta'}\rho'' \end{array}\right\} \tag{5-21}$$

式中，α'、β' 表示以分为单位的 α、β。水准规范规定，对于一等水准测量，补偿误差 $\Delta\alpha$ 应小于 0.10″，对于二等水准测量 $\Delta\alpha$ 应小于 0.20″。

5.5.2 精密水准标尺的检验

按水准规范规定，在作业前应检验的项目为：
(1)标尺的检视；
(2)标尺上的圆水准器的检校；
(3)标尺分划面弯曲差的测定；
(4)标尺名义米长及分划偶然中误差的测定；
(5)标尺尺带拉力的测定；
(6)一对水准标尺零点不等差及基辅分划读数差的测定。

对于新购置的水准标尺还需进行标尺中轴线与标尺底面垂直性等项目的检验。

1. 水准标尺分划面弯曲差的测定

水准标尺分划尺面如有弯曲，观测时将使读数失之过大。水准标尺分划面的弯曲程度用弯曲差来表示。所谓弯曲差即通过分划面两端点的直线中点至分划面的距离。可知，弯曲差愈大表示愈弯曲。

设弯曲的分划面长度 l，分划面两端点间的直线长度 L，则尺长变化 $\Delta l = l - L$。若测得分划面的弯曲差为 f，可导得尺长变化 Δl 与弯曲差 f 的关系式

$$\Delta l = \frac{8f^2}{3l} \tag{5-22}$$

由于分划面的弯曲引起的尺长改正数 Δl 可按式(5-22)计算。设标尺的名义长度 $l = 3\text{m}$；测得 $f = 4\text{mm}$，则 $\Delta l = 0.014\text{mm}$，影响每米分划平均真长为 0.005mm，对高差的影响是系统性的。水准规范规定，对于线条式因瓦水准标尺，弯曲差 f 不得大于 4mm，超过此限值时，应对水准标尺施加尺长改正。

弯曲差的测定方法是：在水准标尺的两端点引张一条细线，量取细线中点至分划面的距离，即为标尺的弯曲差。

2. 标尺名义米长及分划偶然中误差的测定

按水准规范规定，精密水准标尺在作业开始之前和作业结束后应送专门的检定部门进行每米真长的检验，取一对水准标尺的检定成果的中数作为一对水准标尺平均每米真长。一对水准标尺的平均每米真长与名义长度 1m 之差称为平均米真长偏差，以 f 表示，则

$$f = 平均米真长 - 1\text{m}$$

用于精密水准测量的水准标尺，水准规范规定，如果一对水准标尺的平均米真长偏差大于0.1mm，就不能用于作业。当一对水准标尺平均米真长偏差大于0.02mm，则应对水准测量的观测高差施加每米真长改正δ，从而得到改正后的高差h'，即

$$h' = h + \delta = h + fh \tag{5-23}$$

式中，h以m为单位，f以mm/m为单位。

水准标尺的分米分划误差，也应由专门的检定单位进行检验，其值应不大于0.1mm。

在作业期间可用一级线纹米尺对一对水准标尺的平均米真长作监测，而不作观测成果的改正用。

用锌白铜制成的一级线纹米尺其长度略长于一米，尺的两边都刻有分划线，一边分划间隔为1mm，另一边分划间隔为0.2mm。测定水准标尺每米分划间隔时，用0.2mm的分划，可估读到0.02mm(每厘米有一数字注记，每厘米间有10个分划，两分划间又有5小格，则每小格为0.2mm，因此毫米以下读数应乘以2)。尺上附有一对可以移动的放大镜，用以观察尺面的细小分划。尺面中央还装有温度计。一级线纹米尺是作为检定水准标尺每米真长的标准，它本身长度要非常可靠，因此要定期送国家计量部门进行检定，检定的长度用方程式表示，一般称为尺长方程式。例如No.678一级线纹米尺的尺方程式为

$$L = 1\,000\text{mm} - 0.01\text{mm} + 0.018(t - 20℃)\text{mm}$$

式中，1 000mm是标准尺的名义长度，0.01mm为尺长改正数，式中等号右端第三项是温度改正数，其中t是检定水准标尺时的温度，0.018为温度膨胀系数。

在检定前2小时，应将标准尺和水准标尺从箱中取出，使尺的温度与周围的空气温度一致。

根据试验表明，用一级线纹米尺和人工检定方法测定因瓦水准标尺每米间隔真长，从精度上和使用上都不符合现代的要求。一级线纹米尺的温度膨胀系数为$16.6 \sim 18.5\mu m/$(度·m)，而因瓦带的温度膨胀系数为$1 \sim 2\mu m/$(度·m)，显然其检定精度不能满足精密水准测量的精度要求。再者，按人工检定方法，在检定时是将一级线纹米尺平放在水准标尺的因瓦带上，使因瓦带失去常态而受压弯曲变形，产生系统性误差影响。

我国已引进美国休利特-帕卡德公司生产的双频激光干涉仪，分别安装在北京、哈尔滨和成都等地，作为现代因瓦水准标尺尺长检定设备。为服务于教学、科研和生产，武汉大学也已引进这种先进设备。我国于1984年首先在国家地震局研制了水准标尺双频激光干涉检定器。

3. 一对水准标尺零点不等差及基辅分划读数差的测定

水准标尺的注记是从底面算起的,对于分格值为10mm的精密因瓦水准尺,如果从底面至第一分划线的中线的距离不是1dm,其差数叫做零点误差。两支水准标尺的零点误差之差,叫做一对水准标尺的零点不等差。当水准标尺存在这种误差时,在水准测量一个测站的观测高差中,就含有这种误差的影响。在后面的章节中将可以得到证实,在相邻两测站所得观测高差之和中,这种误差的影响可以得到抵消,因此,规定在水准路线的每个测段应安排成偶数测站。

在同一视线高度时,水准尺上的基本分划与辅助分划的读数差,一般称为基辅差,也称为尺常数,对于1cm分格的水准标尺(如Wild N3精密水准标尺)为3.015 50m。

5.6 精密水准测量的主要误差来源及其影响

在进行精密水准测量时，会受到各种误差的影响，在这一节中就几种主要的误差进行分析，并讨论对精密水准测量观测成果的影响。

5.6.1 视准轴与水准轴不平行的误差

1. i 角的误差影响

虽然经过 i 角的检验校正，但要使两轴完全保持平行是困难的，因此，当水准气泡居中时，视准轴仍不能保持水平，使水准标尺上的读数产生误差，并且与视距成正比。

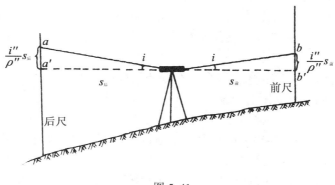

图 5-41

图 5-41 中，$s_{前}$，$s_{后}$ 为前后视距，由于存在 i 角，并假设 i 角不变的情况下，在前后视水准标尺上的读数误差分别为 $i'' \cdot s_{前} \dfrac{1}{\rho''}$ 和 $i'' \cdot s_{后} \dfrac{1}{\rho''}$，对高差的误差影响为

$$\delta_s = i''(s_{后} - s_{前})\frac{1}{\rho''} \tag{5-24}$$

对于两个水准点之间一个测段的高差总和的误差影响为

$$\sum \delta_s = i''\left(\sum s_{后} + \sum s_{前}\right)\frac{1}{\rho''} \tag{5-25}$$

由此可见，在 i 角保持不变的情况下，一个测站上的前后视距相等或一个测段的前后视距总和相等，则在观测高差中由于 i 角的误差影响可以得到消除。但在实际作业中，要求前后视距完全相等是困难的。下面讨论前后视距不等差的容许值问题。

设 $i = 15''$，要求 δ_s 对高差的影响小到可以忽略不计的程度，如 $\delta_s = 0.1\text{mm}$，那么前后视距之差的容许值可由(5-24)式算得，即

$$(s_{后} - s_{前}) \leqslant \frac{\delta_s}{i''}\rho'' \approx 1.4\text{m}$$

为了顾及观测时各种外界因素的影响，所以规定，二等水准测量前后视距差应 ≤1m。为了使各种误差不致累积起来，还规定由测段第一个测站开始至每一测站前后视距累积差，对于二等水准测量而言应 ≤3m。

2. φ角误差的影响

当仪器不存在 i 角，则在仪器的垂直轴严格垂直时，交叉误差 φ 并不影响在水准标尺上的读数，因为仪器在水平方向转动时，视准轴与水准轴在垂直面上的投影仍保持互相平行，因此对水准测量并无不利影响。但当仪器的垂直轴倾斜时，如与视准轴正交的方向倾斜一个角度，那么这时视准轴虽然仍在水平位置，但水准轴两端却产生倾斜，从而水准气泡偏离居中位置，仪器在水平方向转动时，水准气泡将移动，当重新调整水准气泡居中进行观测时，视准轴就会偏离水平位置而倾斜，显然它将影响在水准标尺上的读数。为了减少这种误差对水准测量成果的影响，应对水准仪上的圆水准器进行检验与校正和对交叉误差 φ 进行检验与校正。

3. 温度变化对 i 角的影响

精密水准仪的水准管框架是同望远镜筒固连的，为了使水准轴与视准轴的联系比较稳固，这些部件是采用因瓦合金钢制造的，并把镜筒和框架整体装置在一个隔热性能良好的套筒中，以防止由于温度的变化，使仪器有关部件产生不同程度的膨胀或收缩，而引起 i 角的变化。

但是当温度变化时，完全避免 i 角的变化是不可能的。例如仪器受热的部位不同，对 i 角的影响也显著不同，当太阳射向物镜和目镜端影响最大，旁射水准管一侧时，影响较小，旁射与水准管相对的另一侧时，影响最小。因此，温度的变化对 i 角的影响是极其复杂的，实验结果表明，当仪器周围的温度均匀地每变化1℃时，i 角将平均变化约为 $0.5''$，有时甚至更大些，有时竟可达到 $1\sim2''$。

由于 i 角受温度变化的影响很复杂，因而对观测高差的影响是难以用改变观测程序的办法来完全消除，而且，这种误差影响在往返测不符值中也不能完全被发现，这就使高差中数受到系统性的误差影响，因此，减弱这种误差影响最有效的办法是减少仪器受辐射热的影响，如观测时要打伞，避免日光直接照射仪器，以减小 i 角的复杂变化，同时，在观测开始前应将仪器预先从箱中取出，使仪器充分地与周围空气温度一致。

如果我们认为在观测的较短时间段内，由于受温度的影响，i 角与时间成比例地均匀变化，则可以采取改变观测程序的方法在一定程度上来消除或削弱这种误差对观测高差的影响。

两相邻测站 Ⅰ、Ⅱ 对于基本分划如按下列①、②、③、④程序观测，即

在测站 Ⅰ 上：　①后视　　②前视

在测站 Ⅱ 上：　③前视　　④后视

则由图 5-42 可知，对测站 Ⅰ、Ⅱ 观测高差的影响分别为 $-s(i_2-i_1)$ 和 $+s(i_4-i_3)$，s 为视距，i_1、i_2、i_3、i_4 为每次读数变化了的 i 角。

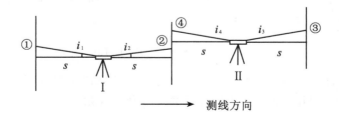

图 5-42

由于我们认为在观测的较短时间段内，i 角与时间成比例地均匀变化，所以 $(i_2-i_1)=(i_4-i_3)$，由此可见，在测站 I、II 的观测高差之和中就抵消了由于 i 角变化的误差影响，但是，由于 i 角的变化不完全按照与时间成比例地均匀变化，因此，严格地说，(i_2-i_1) 与 (i_4-i_3) 不一定完全相等，再说相邻奇偶测站的视距也不一定相等，所以按上述程序进行观测，只能说基本上消除由于 i 角变化的误差影响。

根据同样的道理，对于相邻测站 I、II 辅助分划的观测程序应为

在测站 I 上：　①前视　　②后视

在测站 II 上：　③后视　　④前视

综上所述，在相邻两个测站上，对于基本分划和辅助分划的观测程序可以归纳为奇数站的观测程序

后(基)—前(基)—前(辅)—后(辅)

偶数站的观测程序

前(基)—后(基)—后(辅)—前(辅)

所以，将测段的测站数安排成偶数，对于削减由于 i 角变化对观测高差的误差影响也是必要的。

5.6.2　水准标尺长度误差的影响

1. 水准标尺每米长度误差的影响

在精密水准测量作业中必须使用经过检验的水准标尺。设 f 为水准标尺每米间隔平均真长误差，则对一个测站的观测高差 h 应加的改正数为

$$\delta_f = hf \tag{5-26}$$

对于一个测段来说，应加的改正数为

$$\sum \delta_f = f \sum h \tag{5-27}$$

式中，$\sum h$ 为一个测段各测站观测高差之和。

2. 两水准标尺零点差的影响

两水准标尺的零点误差不等，设 a、b 水准标尺的零点误差分别为 Δa 和 Δb，它们都会在水准标尺上产生误差。

如图 5-43 所示，在测站 I 上顾及两水准标尺的零点误差对前后视水准标尺上读数 b_1、a_1 的影响，则测站 I 的观测高差为

$$h_{12} = (a_1 - \Delta a) - (b_1 - \Delta b) = (a_1 - b_1) - \Delta a + \Delta b$$

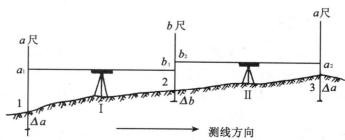

图 5-43

在测站Ⅱ上，顾及两水准标尺零点误差对前后视水准标尺上读数 a_2、b_2 的影响，则测站Ⅱ的观测高差为

$$h_{23} = (b_2 - \Delta b) - (a_2 - \Delta a) = (b_2 - a_2) - \Delta b + \Delta a$$

则1、3点的高差，即Ⅰ、Ⅱ测站所测高差之和为

$$h_{13} = h_{12} + h_{23} = (a_1 - b_1) + (b_2 - a_2)$$

由此可见，尽管两水准标尺的零点误差 $\Delta a \neq \Delta b$，但在两相邻测站的观测高差之和中，抵消了这种误差的影响，故在实际水准测量作业中各测段的测站数目应安排成偶数，且在相邻测站上使两水准标尺轮流作为前视尺和后视尺。

5.6.3　仪器和水准标尺(尺台或尺桩)垂直位移的影响

仪器和水准标尺在垂直方向位移所产生的误差，是精密水准测量系统误差的重要来源。

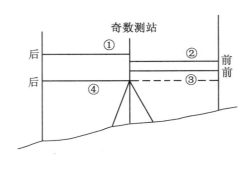

图 5-44

按图 5-44 中的观测程序，当仪器的脚架随时间而逐渐下沉时，在读完后视基本分划读数转向前视基本分划读数的时间内，由于仪器的下沉，视线将有所下降，而使前视基本分划读数偏小。同理，由于仪器的下沉，后视辅助分划读数偏小，如果前视基本分划和后视辅助分划的读数偏小的量相同，则采用"后前前后"的观测程序所测得的基辅高差的平均值中，可以较好地消除这项误差影响。

水准标尺(尺台或尺桩)的垂直位移，主要是发生在迁站的过程中，由原来的前视尺转为后视尺而产生下沉，于是总使后视读数偏大，使各测站的观测高差都偏大，成为系统性的误差影响。这种误差影响在往返测高差的平均值中可以得到有效的抵偿，所以水准测量一般都要求进行往返测。

在实际作业中，我们要尽量设法减少水准标尺的垂直位移，如立尺点要选在中等坚实的土壤上；水准标尺立于尺台后至少要半分钟后才进行观测，这样可以减少其垂直位移量，从而减少其误差影响。

有时仪器脚架和尺台(或尺桩)也会发生上升现象，就是当我们用力将脚架或尺台压入地下之后，在我们不再用力的情况下，土壤的反作用有时会使脚架或尺台逐渐上升，如果水准测量路线沿着土壤性质相同的路线敷设，而每次都有这种上升的现象发生，结果会产生系统性质的误差影响，根据研究，这种误差可以达到相当大的数值。

5.6.4　大气垂直折光的影响

近地面大气层的密度分布一般随离开地面的高度而变化，也就是说，近地面大气层的密度存在着梯度。因此，光线通过在不断按梯度变化的大气层时，会引起折射系数的不断变化，导致视线成为一条各点具有不同曲率的曲线，在垂直方向产生弯曲，并且弯向密度较大的一方，这种现象叫做大气垂直折光。

如果在地势较为平坦的地区进行水准测量时，前后视距相等，则折光影响相同，使视线弯曲的程度也相同，因此，在观测高差中就可以消除这种误差影响。但是，由于越接近地面的大气层，密度的梯度越大，前后视线离地面的高度不同，视线所通过大气层的密度

也不同，折光影响也就不同，所以前后视线在垂直面内的弯曲程度也不同。如水准测量通过一个较长的坡度时，由于前视视线离地面的高度总是大于（或小于）后视视线离地面的高度，当上坡时前视所受的折光影响比后视要大，视线弯曲凸向下方，这时，垂直折光对高差将产生系统性质误差影响。为了减弱垂直折光对观测高差的影响，应使前后视距尽量相等，并使视线离地面有足够的高度，在坡度较大的水准路线上进行作业时应适当缩短视距。

大气密度的变化还受到温度等因素的影响。上午由于地面吸热，使得地面上的大气层离地面越高温度越低；中午以后，由于地面逐渐散热，地面温度开始低于大气的温度。因此，垂直折光的影响，还与一天内的不同时间有关，在日出后半小时左右和日落前半小时左右这两段时间内，由于地表面的吸热和散热，使近地面的大气密度和折光差变化迅速而无规律，故不宜进行观测；在中午一段时间内，由于太阳强烈照射，使空气对流剧烈，致使目标成像不稳定，也不宜进行观测。为了减弱垂直折光对观测高差的影响，水准规范还规定每一测段的往测和返测应分别在上午或下午，这样在往返测观测高差的平均值中可以减弱垂直折光的影响。折光影响是精密水准测量一项主要的误差来源，它的影响与观测所处的气象条件，水准路线所处的地理位置和自然环境，观测时间，视线长度，测站高差以及视线离地面的高度等诸多因素有关。虽然当前已有一些试图计算折光改正数的公式，但精确的改正值还是难以测算。因此，在精密水准测量作业时必须严格遵守水准规范中的有关规定。

5.6.5 电磁场对水准测量的影响

在国民经济建设中敷设大功率、超高压输电线，为的是使电能通过空中电线或地下电缆向远距离输送。根据研究发现输电线经过的地带所产生的电磁场，对光线，其中包括对水准测量视准线位置的正确性有系统性的影响，并与电流强度有关。输电线所形成的电磁场对平行于电磁场和正交于电磁场的视准线将有不同影响，因此，在设计高程控制网布设水准路线时，必须考虑到通过大功率、超高压输电线附近的视线直线性所发生的重大变形。

近几年来初步研究的结果表明，为了避免这种系统性的影响，在布设与输电线平行的水准路线时，必须使水准线路离输电线 50m 以外，如果水准线路与输电线相交，则其交角应为直角，并且应将水准仪严格地安置在输电线的下方，标尺点与输电线成对称布置，这样，照准后视和前视水准标尺的视准线直线性的变形可以互相抵消。

5.6.6 磁场对补偿式自动安平水准仪的影响

近几年来我国在高程控制测量方面已比较广泛地使用补偿式自动安平水准仪。补偿器是补偿式自动安平水准仪的心脏，而由于补偿器受到地磁场的影响，会在磁场中产生严重偏转，以致使视准线产生系统性变化，而对水准测量的观测成果产生系统性质的磁性感应误差的影响。

这个问题自从美国大地测量局提出以来，各国相继进行了不少研究工作和一些模拟性实验，经过研究分析提出了这种误差的特点和对测量的影响规律，从而提出了避免或减小这种误差影响应采取的措施，得到测量部门和各国仪器制造厂商的重视。

这种误差的基本特征是，与水准测量路线的方向有关，在南北方向进行水准测量时表现出明显的系统误差。这种系统误差产生的原因是：当用补偿式自动安平水准仪在南北方向的水准测量路线上进行观测时，补偿器的摆受到一个南北方向的力的作用，使视准线产生系统倾斜，而使水准测量观测成果受到系统性质误差的影响。对实验数据的统计分析表明，每公里可达 0.7~1.4mm，这个数字对精密水准测量来说是不容忽视的，特别在我国领土广阔的情况下，这种系统性误差的影响应引起足够的重视。还须指出，这种系统性误差的影响与距离成正比地降低水准测量的传递精度。

根据东西方向水准测量路线的测量资料分析，表现突出的是偶然误差，而没有发现明显的系统误差的影响，认为这是由于补偿器的摆仍和南北方向的水准测量路线一样，受到一个相同方向的力的作用，此时摆仍在南北方向偏移，而视准线并不改变它的水平位置，因此，可以认为观测成果没有这种误差的影响，或者影响极为微弱。

必须指出，这种来源于地磁场影响的磁感误差，随地球表面各地磁场的方向和强度不同而异，而且还受到随时间发生变化的各种因素的影响，因此这种误差影响是十分复杂的。

为了克服补偿器在磁场中产生偏转，仪器制造厂商正着力于改进仪器构造，以削减或甚至完全消除仪器的补偿器的磁敏感性，在构造中采用了在补偿器上加装磁屏蔽，或将补偿器的悬挂带改用新的合金制造抗磁补偿摆，为水准测量提供所谓非磁性的补偿式自动安平水准仪。但经一些国家试验的资料表明，非磁性自动安平水准仪并不比通常的补偿式自动安平水准仪有所改善，因此抗磁性补偿器并不能令人满意。

在进行精密水准测量和进行重复水准测量来研究地壳垂直运动，以及进行精密工程水准测量时，在存在强的电磁场情况下，以使用精密水准器水准仪为好，如使用 Ni 004 精密水准仪进行观测。

研究证明，磁致误差与补偿器水准仪的材料、摆的质量和摆长等因素有关。克服磁致误差影响较为有效的措施是改进补偿器的结构和选用新型非磁性材料。

5.6.7　观测误差的影响

精密水准测量的观测误差，主要有水准器气泡居中的误差，照准水准标尺上分划的误差和读数误差，这些误差都是属于偶然性质的。由于精密水准仪有倾斜螺旋和符合水准器，并有光学测微器装置，可以提高读数精度，同时用楔形丝照准水准标尺上的分划线，这样可以减小照准误差，因此，这些误差影响都可以有效地控制在很小的范围内。实验结果分析表明，这些误差在每测站上由基辅分划所得观测高差的平均值中的影响还不到 0.1mm。

5.7　精密水准测量的实施

精密水准测量一般指国家一、二等水准测量，在各项工程的不同建设阶段的高程控制测量中，极少进行一等水准测量，故在工程测量技术规范中，将水准测量分为二、三、四等三个等级，其精度指标与国家水准测量的相应等级一致。

下面以二等水准测量为例来说明精密水准测量的实施。

5.7.1　精密水准测量作业的一般规定

在前一节中，分析了有关水准测量的各项主要误差的来源及其影响。根据各种误差的性质及其影响规律，水准规范中对精密水准测量的实施作出了各种相应的规定，目的在于尽可能消除或减弱各种误差对观测成果的影响。

(1)观测前 30 分钟，应将仪器置于露天阴影处，使仪器与外界气温趋于一致；观测时应用测伞遮蔽阳光；迁站时应罩以仪器罩。

(2)仪器距前、后视水准标尺的距离应尽量相等，其差应小于规定的限值：二等水准测量中规定，一测站前、后视距差应小于 1.0m，前、后视距累积差应小于 3m。这样，可以消除或削弱与距离有关的各种误差对观测高差的影响，如 i 角误差和垂直折光等影响。

(3)对气泡式水准仪，观测前应测出倾斜螺旋的置平零点，并作标记，随着气温变化，应随时调整置平零点的位置。对于自动安平水准仪的圆水准器，须严格置平。

(4)同一测站上观测时，不得两次调焦；转动仪器的倾斜螺旋和测微螺旋，其最后旋转方向均应为旋进，以避免倾斜螺旋和测微器隙动差对观测成果的影响。

(5)在两相邻测站上，应按奇、偶数测站的观测程序进行观测，对于往测奇数测站按"后前前后"、偶数测站按"前后后前"的观测程序在相邻测站上交替进行。返测时，奇数测站与偶数测站的观测程序与往测时相反，即奇数测站由前视开始，偶数测站由后视开始。这样的观测程序可以消除或减弱与时间成比例均匀变化的误差对观测高差的影响，如 i 角的变化和仪器的垂直位移等影响。

(6)在连续各测站上安置水准仪时，应使其中两脚螺旋与水准路线方向平行，而第三脚螺旋轮换置于路线方向的左侧与右侧。

(7)每一测段的往测与返测，其测站数均应为偶数，由往测转向返测时，两水准标尺应互换位置，并应重新整置仪器。在水准路线上每一测段仪器测站安排成偶数，可以削减两水准标尺零点不等差等误差对观测高差的影响。

(8)每一测段的水准测量路线应进行往测和返测，这样，可以消除或减弱性质相同、正负号也相同的误差影响，如水准标尺垂直位移的误差影响。

(9)一个测段的水准测量路线的往测和返测应在不同的气象条件下进行，如分别在上午和下午观测。

(10)使用补偿式自动安平水准仪观测的操作程序与水准器水准仪相同。观测前对圆水准器应严格检验与校正，观测时应严格使圆水准器气泡居中。

(11)水准测量的观测工作间歇时，最好能结束在固定的水准点上，否则，应选择两个坚稳可靠、光滑突出、便于放置水准标尺的固定点，作为间歇点加以标记，间歇后，应对两个间歇点的高差进行检测，检测结果如符合限差要求(对于二等水准测量，规定检测间歇点高差之差应≤1.0mm)，就可以从间歇点起测。若仅能选定一个固定点作为间歇点，则在间歇后应仔细检视，确认没有发生任何位移，方可由间歇点起测。

5.7.2　精密水准测量观测

1. 测站观测程序

往测时，奇数测站照准水准标尺分划的顺序为

　　后视标尺的基本分划；

　　前视标尺的基本分划；

　　前视标尺的辅助分划；

　　后视标尺的辅助分划；

往测时，偶数测站照准水准标尺分划的顺序为

前视标尺的基本分划；

后视标尺的基本分划；

后视标尺的辅助分划；

前视标尺的辅助分划。

返测时，奇、偶数测站照准标尺的顺序分别与往测偶、奇数测站相同。

按光学测微法进行观测，以往测奇数测站为例，一测站的操作程序如下：

(1) 置平仪器。气泡式水准仪望远镜绕垂直轴旋转时，水准气泡两端影像的分离，不得超过 1cm，对于自动安平水准仪，要求圆气泡位于指标圆环中央。

(2) 将望远镜照准后视水准标尺，使符合水准气泡两端影像近于符合(双摆位自动安平水准仪应置于第 I 摆位)。随后用上、下丝分别照准标尺基本分划进行视距读数(如表 5-4 中的(1) 和(2))。视距读取 4 位，第四位数由测微器直接读得。然后，使符合水准气泡两端影像精确符合，使用测微螺旋用楔形平分线精确照准标尺的基本分划，并读取标尺基本分划和测微分划的读数(3)。测微分划读数取至测微器最小分划。

(3) 旋转望远镜照准前视标尺，并使符合水准气泡两端影像精确符合(双摆位自动安平水准仪仍在第 I 摆位)，用楔形平分线照准标尺基本分划，并读取标尺基本分划和测微分划的读数(4)。然后用上、下丝分别照准标尺基本分划进行视距读数(5) 和(6)。

(4) 用水平微动螺旋使望远镜照准前视标尺的辅助分划，并使符合气泡两端影像精确符合(双摆位自动安平水准仪置于第 II 摆位)，用楔形平分线精确照准并进行标尺辅助分划与测微分划读数(7)。

(5) 旋转望远镜，照准后视标尺的辅助分划，并使符合水准气泡两端影像精确符合(双摆位自动安平水准仪仍在第 II 摆位)，用楔形平分线精确照准并进行辅助分划与测微分划读数(8)。

表 5-4 中第(1) 至(8) 是读数的记录部分，(9) 至(18) 是计算部分，现以往测奇数测站的观测程序为例，来说明计算内容与计算步骤。

表 5-4

测自_____至_____　　　　　　　　19　　年　　月　　日

时间　始____时____分　末____时____分　　成　　像_____

温度_____　云量_____　　　　风向风速_____

天气_____　土质_____　　　　太阳方向_____

测站编号	后尺	下丝 上丝	前尺	下丝 上丝	方尺及向号	标 尺 读 数		基+K 减辅 (一减二)	备考
		后距		前距		基本分划 (一次)	辅助分划 (二次)		
		视距差 d		∑d					
	(1)		(5)		后	(3)	(8)	(14)	
	(2)		(6)		前	(4)	(7)	(13)	
	(9)		(10)		后—前	(15)	(16)	(17)	
	(11)		(12)		h	—		(18)	
					后				
					前				
					后—前				
					h				

视距部分的计算

$$(9) = (1) - (2)$$
$$(10) = (5) - (6)$$
$$(11) = (9) - (10)$$
$$(12) = (11) + 前站(12)$$

高差部分的计算与检核

$$(14) = (3) + K - (8)$$

式中 K 为基辅差(对于 N3 水准标尺而言 $K=3.015\ 5$m)

$$(13) = (4) + K - (7)$$
$$(15) = (3) - (4)$$
$$(16) = (8) - (7)$$
$$(17) = (14) - (13) = (15) - (16) \ 检核$$
$$(18) = \frac{1}{2}\big[(15) + (16)\big]$$

以上即一测站全部操作与观测过程。一、二等精密水准测量外业计算尾数取位如表 5-5 规定。

表 5-5

项 目 等 级	往(返)测 距离总和 km	测段距离 中 数 km	各测站 高 差 mm	往(返)测 高差总和 mm	测段高差 中 数 mm	水准点 高 程 mm
一	0.01	0.1	0.01	0.01	0.1	1
二	0.01	0.1	0.01	0.01	0.1	1

表 5-4 中的观测数据系用 N3 精密水准仪测得的,当用 S1 型或 Ni 004 精密水准仪进行观测时,由于与这种水准仪配套的水准标尺无辅助分划,故在记录表格中基本分划与辅助分划的记录栏内,分别记入第一次和第二次读数。

2. 水准测量限差(表 5-6)

表 5-6

等 级	视线长度		前后 视距差 /m	前后 视距 累积差 /m	视线高度 (下丝读数) /m	基辅分 划读数 之差 /mm	基辅分 划所得 高差之差 /mm	上下丝读数平均值 与中丝读数之差		检测间 歇点 高差之差 /mm
	仪器 类型	视线 长度 /m						0.5cm 分划标尺 /mm	1cm 分 划标尺 /mm	
一	S05	≤30	≤0.5	≤1.5	≥0.5	≤0.3	≤0.4	≤1.5	≤3.0	≤0.7
二	S1	≤50	≤1.0	≤3.0	≥0.3	≤0.4	≤0.6	≤1.5	≤3.0	≤1.0
	S05	≤50								

测段路线往返测高差不符值、附合路线和环线闭合差以及检测已测测段高差之差的限

值如表 5-7 所示。

表 5-7

项　目 等　级	测段路线往返测 高差不符值 /mm	附合路线 闭合差 /mm	环　线 闭合差 /mm	检测已测测段 高差之差 /mm
一等	$\pm 2\sqrt{K}$	$\pm 2\sqrt{L}$	$\pm 2\sqrt{F}$	$\pm 3\sqrt{R}$
二等	$\pm 4\sqrt{K}$	$\pm 4\sqrt{L}$	$\pm 4\sqrt{F}$	$\pm 6\sqrt{R}$

　　若测段路线往返测不符值超限，应先就可靠程度较小的往测或返测进行整测段重测；附合路线和环线闭合差超限，应就路线上可靠程度较小，往返测高差不符值较大或观测条件较差的某些测段进行重测，如重测后仍不符合限差，则需重测其他测段。

3. 水准测量的精度

　　水准测量的精度根据往返测的高差不符值来评定，因为往返测的高差不符值集中反映了水准测量各种误差的共同影响，这些误差对水准测量精度的影响，不论其性质和变化规律都是极其复杂的，其中有偶然误差的影响，也有系统误差的影响。

　　根据研究和分析可知，在短距离，如一个测段的往返测高差不符值中，偶然误差是得到反映的，虽然也不排除有系统误差的影响，但毕竟由于距离短，所以影响很微弱，因而从测段的往返高差不符值 Δ 来估计偶然中误差，还是合理的。在长的水准线路中，例如一个闭合环，影响观测的，除偶然误差外，还有系统误差，而且这种系统误差，在很长的路线上，也表现有偶然性质。环形闭合差表现为真误差的性质，因而可以利用环形闭合差 W 来估计含有偶然误差和系统误差在内的全中误差，现行水准规范中所采用的计算水准测量精度的公式，就是以这种基本思想为基础而导得的。

　　由 n 个测段往返测的高差不符值 Δ 计算每公里单程高差的偶然中误差（相当于单位权观测中误差）的公式为

$$\mu = \pm \sqrt{\frac{\frac{1}{2}\left[\dfrac{\Delta\Delta}{R}\right]}{n}} \tag{5-28}$$

往返测高差平均值的每公里偶然中误差为

$$M_\Delta = \frac{1}{2}\mu = \pm \sqrt{\frac{1}{4n}\left[\frac{\Delta\Delta}{R}\right]} \tag{5-29}$$

式中，Δ 是各测段往返测的高差不符值，取 mm 为单位；R 是各测段的距离，取 km 为单位；n 是测段的数目。(5-29)式就是水准规范中规定用以计算往返测高差平均值的每公里偶然中误差的公式，这个公式是不严密的，因为在计算偶然误差时，完全没有顾及系统误差的影响。顾及系统误差的严密公式，形式比较复杂，计算也比较麻烦，而所得结果与(5-29)式所算得的结果相差甚微，所以(5-29)式可以认为是具有足够可靠性的。

　　按水准规范规定，一、二等水准路线须以测段往返高差不符值按(5-29)式计算每公里水准测量往返高差中数的偶然中误差 M_Δ。当水准路线构成水准网的水准环超过 20 个时，还需按水准环闭合差 W 计算每公里水准测量高差中数的全中误差 M_W。

计算每公里水准测量高差中数的全中误差 M_W 的公式为

$$M_W = \pm \sqrt{\frac{\boldsymbol{W}'\boldsymbol{Q}^{-1}\boldsymbol{W}}{N}}$$ (5-30)

式中，$\boldsymbol{W}$ 是水准环线经过正常水准面不平行改正后计算的水准环闭合差矩阵，$\boldsymbol{W}$ 的转置矩阵 $\boldsymbol{W}^{\mathrm{T}} = (w_1 \, w_2 \cdots w_N)$，$w_i$ 为 i 环的闭合差，以 mm 为单位；N 为水准环的数目，协因数矩阵 $\boldsymbol{Q}$ 中对角线元素为各环线的周长 F_1，F_2，$\cdots$，F_N，非对角线元素，如果图形不相邻，则一律为零，如果图形相邻，则为相邻边长度(公里数)的负值。

每公里水准测量往返高差中数偶然中误差 M_Δ 和全中误差 M_W 的限值列于表 5-8 中。

表 5-8

等级	一等 /mm	二等 /mm
M_Δ	≤0.45	≤1.0
M_W	≤1.0	≤2.0

偶然中误差 M_Δ，全中误差 M_W 超限时，应分析原因，重测有关测段或路线。

5.8 跨河精密水准测量

水准规范规定，当一、二等水准路线跨越江河、峡谷、湖泊、洼地等障碍物的视线长度在 100m 以内时，可用一般观测方法进行施测，但在测站上应变换一次仪器高度，观测两次的高差之差应不超过 1.5mm，取用两次观测的中数。若视线长度超过 100m 时，则应根据视线长度和仪器设备等情况，选用特殊的方法进行观测。

5.8.1 跨河水准测量的特点及跨越场地的布设

由于跨越障碍物的视线较长，使观测时前后视线不能相等，仪器 i 角误差的影响随着视线长度的增长而增大，致使由短视线后视减长视线前视读数所得高差中包含有较大的 i 角误差影响；跨越障碍的视线大大加长，必然使大气垂直折光的影响增大，这种影响随着地面覆盖物、水面情况和视线离水面的高度等因素的不同而不同，同时还随空气温度的变化而变化，因而也就随着时间而变化；视线长度的增大，水准标尺上的分划，在望远镜中观察就显得非常细小，甚至无法辨认，因而也就难以精确照准水准标尺分划和无法读数。

跨河水准测量场地如按图 5-45 布设，水准路线由北向南推进，必须跨过一条河流。此时可在河的两岸选定立尺点 b_1、b_2 和测站 I_1、I_2。I_1、I_2 同时又是立尺点。选点时使 $b_1 I_1$ 与 $b_2 I_2$ 相等。

观测时，仪器先在 I_1 处后视 b_1，在水准标尺上读数为 B_1，再前视 I_2(此时 I_2 点上竖立水准标尺)，在水准标尺上读数为 A_1。设水准仪具有某一定值的 i 角误差，其值为正，由此对读数 B_1 的误差影响为 Δ_1，对于读数 A_1 的误差影响为 Δ_2，则由 I_1 站所得观测结果，可按下式计算 b_2 相对于 b_1 的正确高差

$$h'_{b_1 b_2} = (B_1 - \Delta_1) - (A_1 - \Delta_2) + h_{I_2 b_2}$$

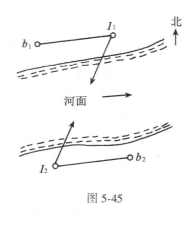

图 5-45

将水准仪迁至对岸 I_2 处,原在 I_2 的水准标尺迁至 I_1 作后视尺,原在 b_1 的水准标尺迁至 b_2 作前视尺。在 I_2 观测得后视水准标尺读数为 B_2,其中 i 角的误差影响为 Δ_2;前视水准尺读数为 A_2,其中 i 角的误差影响为 Δ_1。则由 I_2 站所得观测结果,可按下式计算 b_2 相对于 b_1 的正确高差

$$h''_{b_1b_2} = h_{b_1I_1} + (B_2 - \Delta_2) - (A_2 - \Delta_1)$$

取 I_1、I_2 测站所得高差的平均值,即

$$h_{b_1b_2} = \frac{1}{2}(h'_{b_1b_2} + h''_{b_1b_2})$$

$$= \frac{1}{2}[(B_1 - A_1) + (B_2 - A_2) + (h_{b_1I_1} + h_{I_2b_2})]$$

由此可知,由于在两个测站上观测时,远、近视距是相等的,所以由于仪器 i 角误差对水准标尺上读数的影响,在平均高差中得到抵消。

仪器在 I_1 站观测为上半测回观测,在 I_2 站观测为下半测回观测,由此构成一个测回的观测。观测测回数,跨河视线长度和测量等级在水准规范中有明确规定。跨河水准测量的全部观测测回数,应分别在上午和下午观测各占一半。或分别在白天和晚间观测。测回间应间歇 30min,再开始下一测回的观测。

事实上,按上述方式解决问题是有条件的,因为仪器的 i 角并不是不变的固定值。只有当跨越的视距较短(小于 500m)、渡河比较方便,可以在较短时间内完成观测工作时,上述布点方式才是可行的。另外,为了保证跨越两岸的视线 I_1I_2 在相对方向上具有相同的折光影响,因此,对 I_1 和 I_2 的点位选择,应特别注意,这主要是为了解决由于折光影响的问题。

为了更好地消除仪器 i 角的误差影响和折光影响,最好用两架同型号的仪器在两岸同时进行观测,两岸的立尺点 b_1、b_2 和仪器观测站 I_1、I_2 应布置成如图 5-46 和图 5-47 所示的两种形式。布置时尽量使 $b_1I_1 = b_2I_2$,$I_1b_2 = I_2b_1$。

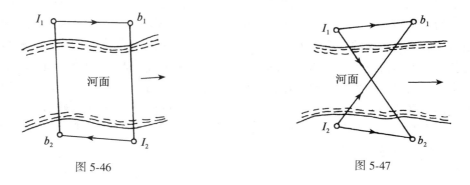

图 5-46   图 5-47

为了尽可能使往返跨越障碍物的视线受着相同的折光影响,对跨越地点的选择应特别注意。要尽量选择在两岸地形相似、高度相差不大而跨越距离较短的地点;草丛、沙滩、芦苇等受日光照射后,上面空气层中的温度分布情况变化很快,产生的折光影响很复杂,所以要力求避免通过它们的上方;两岸测站至水面的一段河滩,距离应相等,并应大于

2m；立尺点应打带有帽钉的木桩，以利于立尺。两岸仪器视线离水面的高度应相等，当跨河视线长度小于300m时，视线离水面高度应不低于2m；大于300m时，应不低于($4\sqrt{s}$)m，s为跨河视线的公里数；若水位受潮汐影响时，应按最高水位计算；当视线高度不能满足要求时，须埋设牢固的标尺桩，并建造稳固的观测台或标架。

5.8.2 观测方法

1. 光学测微法

若跨越障碍的距离在500m以内，则可用这种方法进行观测。为了能照准较远距离的水准标尺分划并进行读数，要预先制作有加粗标志线的特制觇板，如图5-48所示。

觇板可用铝板制作，涂成黑色或白色，在其上画有一个白色或黑色的矩形标志线，如图5-48所示。矩形标志线的宽度按所跨越障碍物的距离而定，一般取跨越障碍距离的1/25 000，如跨越距离为250m，则矩形标志线的宽度为1cm。矩形标志线的长度约为宽度的5倍。

觇板中央开一矩形小窗口，在小窗口中央装有一条水平的指标线。指标线可用马尾丝或细铜丝代之。指标线应恰好平分矩形标志线的宽度，即与标志线的上、下边缘等距。

觇板的背面装有夹具，可使觇板沿水准标尺尺面上下滑动，并能用螺旋将觇板固定在水准标尺上的任一位置。

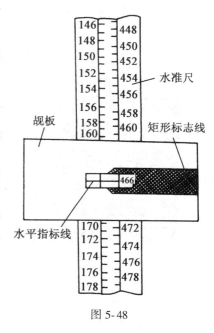

图 5-48

在测站上整平仪器后，先对本岸近标尺进行观测，接连照准标尺的基本分划两次，使用光学测微器进行读数。

向对岸水准标尺读数的方法是：将仪器置平，对准对岸水准标尺，并使符合水准气泡精密符合(此时视线精确水平)，再使测微器读数置于分划全程的中央位置，即平行玻璃板居于垂直位置。然后按预先约定的信号或通过无线电话指挥对岸人员将觇板沿水准标尺上下移动，直至觇板上的矩形标志线被望远镜中的楔形丝平分夹住为止，这时觇板指标线在水准标尺上的读数，就是水平视线在对岸水准标尺上的读数。为了测定读数的精确值，再移动觇板，使觇板指标线精确对准水准标尺上最邻近的一条分划线，则根据水准标尺上分划线的注记读数和用光学测微器测定的觇标指标线的平移量，就可以得到水平视线在对岸水准标尺上的精确读数了。

为了精确测定觇板指标线的平移量，一般规定要多次用光学测微器使楔形丝照准觇板的矩形标志线，按多次测定结果的平均数作为觇板指标线的平移量。

2. 倾斜螺旋法

当跨越障碍的距离很大(500m以上甚至1~2km时)，上述光学测微器法的照准和读数精度就会受到限制，在这种情况下，必须采用其他方法来解决向对岸水准标尺的照准和读数问题。目前所采用的是"倾斜螺旋法"。

所谓倾斜螺旋法，就是用水准仪的倾斜螺旋使视线倾斜地照准对岸水准标尺（一般叫远尺）上特制觇板的标志线（用于倾斜螺旋法的觇板上有 4 条标志线），利用视线的倾角和标志线之间的已知距离来间接求出水平视线在对岸水准标尺上的精确读数。视线的倾角可用倾斜螺旋分划鼓的转动格数（指倾斜螺旋有分划鼓的仪器，如 N3 精密水准仪）或用水准器气泡偏离中央位置的格数（指水准器管面上有分划的仪器，如 Ni 004 精密水准仪）来确定。

用于倾斜螺旋法的觇板，一般有 4 条标志线或两条标志线，觇板中央也有小窗口和觇板指标线，借觇板指标线可以读取水准标尺上的读数，如图 5-49、图 5-50 所示。

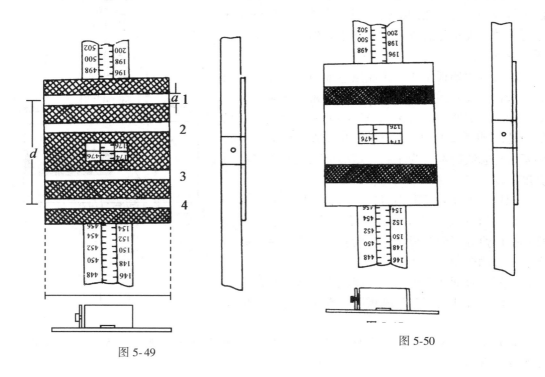

图 5-49　　　　　　　　　　　图 5-50

根据实验，当仪器距水准标尺为 25m 时，水准尺分划线宽以取 1mm 为宜。仿此，如果跨河宽度为 s_m，则觇板标志线的宽度

$$a = \left(\frac{1}{25}s_m\right) \text{mm} \tag{5-31}$$

觇板上、下相距最远的两条标志线，也就是标志线 1、4 的中线之间的距离 d，以倾斜螺旋转动一周的范围（对 N3 水准仪而言约为 $100''$）或不大于气泡由水准管一端移至另一端的范围（对 Ni 004 水准仪而言约为 $110''$）为准，一般取 $80''$ 左右，故

$$d = \frac{80''}{\rho''}s \tag{5-32}$$

式中，s 为跨河距离。在图 5-49 中，觇板的 2、3 标志线可适当的对称安排。觇板的宽度 b 一般取 $s/5$，跨河距离 s 以 m 为单位，觇板宽度 b 的单位为 mm。

倾斜螺旋法的基本原理是：通过观测对岸水准标尺上觇板的 4 条标志线，并根据倾斜螺旋的分划值来确定标志线之间所张的夹角，然后通过计算的方法求得相当于水平视线在对岸水准标尺上的读数，而本岸水平视线在水准标尺上的读数可用一般的方法读取。

设在本岸水准标尺上的读数为 b，对岸水准标尺上相当于水平视线的读数为 A，则两岸立尺点间的高差为 $(b-A)$。

为了求得 A 值，在远尺上安置觇板，以便对岸仪器照准，如图 5-51 所示。

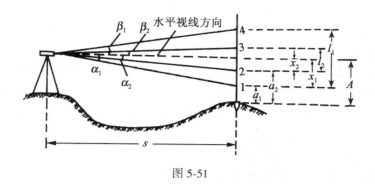

图 5-51

图 5-51 中：l_1 为觇板标志线 1、4 间的距离；l_2 为觇板标志线 2、3 间的距离；a_1 为水准标尺零点至觇板标志线 1 的距离；a_2 为水准标尺零点至觇板标志线 2 的距离；x_1 为标志线 1 至仪器水平视线的距离；x_2 为标志线 2 至仪器水平视线的距离。

α_1、α_2、β_2、β_1 为仪器照准标志线 1、2、3、4 的方向线与水平视线的夹角。这些夹角的值根据仪器照准标志线 1、2、3、4 时倾斜螺旋读数与视线水平时倾斜螺旋读数之差（格数），乘以倾斜螺旋分划鼓的分划值 μ 而求得。图中 s 为仪器至对岸水准标尺的距离。

由于 α_1、α_2、β_1、β_2 都是小角，所以按图 5-51 可写出下列关系式

$$s\frac{\alpha_1}{\rho} = x_1$$

$$s\frac{\beta_1}{\rho} = l_1 - x_1$$

由以上两式可得

$$x_1 = \frac{l_1\alpha_1}{\alpha_1 + \beta_1} \tag{5-33}$$

同理，可得

$$x_2 = \frac{l_2\alpha_2}{\alpha_2 + \beta_2} \tag{5-34}$$

由图 5-51 又知

$$\left.\begin{array}{l} A_1 = a_1 + x_1 \\ A_2 = a_2 + x_2 \end{array}\right\} \tag{5-35}$$

则取其平均数即为仪器水平视线在对岸水准标尺上的读数 A，即

$$A = \frac{1}{2}(A_1 + A_2) \tag{5-36}$$

A 值求出后，即可按一般方法计算两岸立尺点间的高差。设在本岸水准标尺（近尺）上读数为 b，则高差为

$$h = b - A \tag{5-37}$$

（5-33）式和（5-34）式中的 l_1、l_2，可在测前用一级线纹米尺精确测定；（5-35）式中的 a_1 和 a_2 是由觇板指标线在水准标尺上的读数减去觇板标志线 1、2 的中线至觇板指标线的间距求得。

一测回的观测工作和观测程序如下：

（1）观测近尺。

直接照准水准标尺分划，用光学测微器读数。进行两次照准并读数。

（2）观测远尺。

先转动光学测微器，使平行玻璃板置于垂直位置，并在观测过程中保持不动。旋转倾斜螺旋，由觇板最低的标志线开始，从下至上用楔形丝依次精确照准标志线 1、2、3、4，并分别读取倾斜螺旋分划鼓读数（对于 Ni 004 水准仪，读取水准气泡两端的读数），称为往测；然后，从上至下依相反次序用楔形丝照准标志线 4、3、2、1，同样分别读取倾斜螺旋分划鼓读数，称为返测。必须指出，在往、返测照准 4 条标志线中间（往测时，照准标志线 1、2 之后；返测时，照准标志线 4、3 之后），还要旋转倾斜螺旋，使符合水准气泡精确符合两次（往、返测各两次）并进行倾斜螺旋读数，此读数就是当视线水平时倾斜螺旋分划鼓的读数。

由往、返测合为一组观测，观测的组数随跨河视线长度和水准测量的等级不同而异。各组的观测方法相同。

由（1）、（2）的观测组成上半测回。

（3）上半测回结束后，立即搬迁水准标尺和水准仪至对岸进行下半测回观测。此时，观测本岸与对岸水准标尺的次序与上半测回相反，观测方法与上半测回相同。由上、下半测回组成一个测回。

从前面所述的观测方法知道，近尺的读数是用光学测微器测定，而照准远尺的觇板标志线时，只是在倾斜螺旋分划鼓上进行读数，最后通过计算得到相当于视线水平时在水准标尺上的读数，并没有使用光学测微器。因此，必须在远尺读数中预先加上平行玻璃板在垂直位置时的光学测微器读数 C（对于 N3 为 = 5mm），然后与近尺读数相减得到近、远尺立尺点的高差，即

$$h = b - (A + C)$$

在 I_1 岸时，由（$b-A$）所得的是立尺点 b_2 对于立尺点 b_1 的高差 h_1；在 I_2 岸时由（$b-A$）所得的是立尺点 b_1 对于立尺点 b_2 的高差 h_2。它们的正负号相反，所以一测回的高差中数为

$$h = \frac{1}{2}(h_1 - h_2)$$

用两台仪器在两岸同时观测的两个结果，称为一个"双测回"的观测成果，双测回的高差观测值 H 是取两台仪器所得高差的中数，即

$$H = \frac{1}{2}(h' + h'')$$

取全部双测回的高差中数，就是最后的高差观测值 H_0。

一个双测回的高差观测的中误差 m_H 和所有双测回高差平均值的中误差 m_{H_0} 可按下列公式计算

$$m_H = \pm \sqrt{\frac{[vv]}{N - 1}} \qquad (5\text{-}38)$$

$$m_{H_0} = \pm \frac{m_H}{\sqrt{N}} \qquad (5\text{-}39)$$

式中，N 为双测回数；$v_i = H_0 - H_i (i = 1, 2, \cdots, N)$。

按水准规范规定，各双测回高差之间的差数应不大于按下式计算的限值

$$dH_{\text{限}} \le 4m_\Delta \sqrt{Ns} \, (\text{mm}) \qquad (5\text{-}40)$$

式中，m_Δ 是相应等级水准测量所规定的每公里高差中数的偶然中误差的限值(如二等水准测量 $m_\Delta \le \pm 1.0$mm)；s 为跨河视线的长度，按图 5-50 可写出计算 s 的公式为

$$s = \frac{l_1}{\alpha_1 + \beta_1} \rho''$$

或

$$s = \frac{l_2}{\alpha_2 + \beta_2} \rho''$$

3. 经纬仪倾角法

当跨越障碍物的距离在 500m 以上时，按水准规范规定，也可用经纬仪倾角法。此法最长的适应距离可达 3 000m。经纬仪倾角法的基本原理是：用经纬仪观测垂直角，间接求出视线水平时中丝在远、近水准标尺上的读数，二者之差就是远、近立尺点间的高差。

观测近尺时，直接照准水准标尺上的分划线。观测远尺时，则照准安置在水准标尺上的觇板，用于此法的觇板只需两条标志线。

对近尺观测时，如图 5-52 所示，使望远镜中丝照准与水平视线最邻近的水准标尺基本分划的分划线 a，此时的垂直角为 α。则相当于水平视线在水准标尺上的读数为

$$b = a - x = a - \frac{\alpha}{\rho} \cdot d$$

式中，a 为望远镜中丝照准水准标尺上基本分划的分划线注记读数；d 为仪器至水准标尺的距离；α 为倾斜视线的垂直角，用经纬仪的垂直度盘测定。

对远尺观测时，如图 5-53 所示，使觇板的两标志线对称于经纬仪望远镜的水平视线，并将觇板固定在水准标尺上。若将望远镜中丝分别照准觇板上的两标志线，则相当于水平视线在远尺上的读数为

$$A = a + x = a + \frac{\alpha}{\alpha + \beta} \cdot l$$

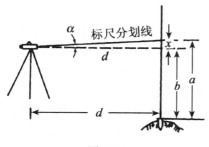

图 5-52

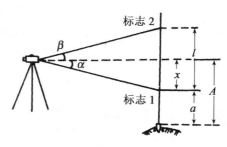

图 5-53

式中，a 为觇板的下标志线在水准标尺上的读数，可按觇板指标线求得；α，β 为照准觇板标志时倾斜视线的垂直角，用经纬仪的垂直度盘测定；l 为觇板两标志线之间的距离，可用一级线纹米尺预先精确测定。

用此法观测时，应选用指标差较为稳定而无突变的经纬仪，并且在观测前，应对仪器进行下列两项检验与校正：

(1) 用垂直度盘测定光学测微器行差；

(2) 测定垂直度盘的读数指标差。

有关此方法的观测程序、限差要求等，在水准规范中均有规定。

跨越水面的高程传递，在某种特定的条件下，还可以采用其他方法。例如在北方的严寒季节，可以在冰上进行水准测量。在跨越水流平缓的河流、静水湖泊等，当精度要求不高时，可利用静水水面传递高程。

近几年来，激光技术在测量上的应用日益广泛，可以预料，用激光水准仪进行跨越障碍物的水准测量将逐渐显示其优越性，从而在技术装备、观测方法以及成果整理等方面将有一个较大的革新。

5.9 正常水准面不平行性及其改正数计算

如果假定不同高程的水准面是相互平行的，那么水准测量所测定的高差，就是水准面间的垂直距离。这种假定在较短距离内与实际相差不大，而在较长距离时，这种假定是不正确的。

5.9.1 水准面不平行性

在空间重力场中的任何物质都受到重力的作用而使其具有位能。对于水准面上的单位质点而言，它的位能大小与质点所处高度及该点重力加速度有关。我们把这种随着位置和重力加速度大小而变化的位能称为重力位能，并以 W 表示，则有

$$W = gh \tag{5-41}$$

式中，g 为重力加速度；h 为单位质点所处的高度。

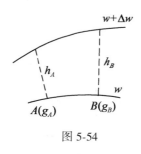

图 5-54

我们知道，在同一水准面上各点的重力位能相等，因此，水准面称为重力等位面，或称重力位水准面。如果将单位质点从一个水准面提高到相距 Δh 的另一个水准面，其所做功就等于两水准面的位能差，即 $\Delta W = g\Delta h$。在图 5-54 中，设 Δh_A、Δh_B 分别表示两个非常接近的水准面在 A，B 两点的垂直距离，g_A、g_B 为 A、B 两点的重力加速度。由于水准面具有重力位能相等的性质，因此 A、B 两点所在水准面的位能差 ΔW 应有下列关系

$$\Delta W = g_A \Delta h_A = g_B \Delta h_B \tag{5-42}$$

我们知道，在同一水准面上的不同点重力加速度 g 值是不同的，因此由式(5-42)可知，Δh_A 与 Δh_B 必定不相等，也就是说，任何两邻近的水准面之间的距离在不同的点上是不相等的，并且与作用在这些点上的重力成反比。以上的分析说明水准面不是相互平行的，这是水准面的一个重要特性，称为水准面不平行性。

重力加速度 g 值是随纬度的不同而变化的，在纬度较低的赤道处有较小的 g 值，而在

两极处 g 值较大，因此，水准面是相互不平行的、且为向两极收敛的、接近椭圆形的曲面。

水准面的不平行性，对水准测量将产生什么影响呢？

我们知道，水准测量所测定的高程是由水准路线上各测站所得高差求和而得到的。在图 5-54 中，地面点 B 的高程可以按水准路线 OAB 各测站测得高差 Δh_1，Δh_2，…之和求得，即

$$H_{测}^B = \sum_{OAB} \Delta h$$

如果沿另一条水准路线 ONB 施测，则 B 点的高程应为水准路线 ONB 各测站测得高差 $\Delta h_1'$，$\Delta h_2'$，…之和，即

$$H_{测}'^B = \sum_{ONB} \Delta h'$$

由水准面的不平行性可知，$\sum\limits_{OAB} \Delta h \neq \sum\limits_{ONB} \Delta h'$，因此 $H_{测}'^B$ 也必定不等，也就是说，用水准测量测得两点间高差的结果随测量所循水准路线的不同而有差异。

如果将水准路线构成闭合环形 $OABNO$，既然 $H_{测}^B \neq H_{测}'^B$，可见，即使水准测量完全没有误差，这个水准环形路线的闭合差也不为零。在闭合环形水准路线中，由于水准面不平行所产生的闭合差称为理论闭合差。

由于水准面的不平行性，使得两固定点间的高差沿不同的测量路线所测得的结果不一致而产生多值性，为了使点的高程有惟一确定的数值，有必要合理地定义高程系，在大地测量中定义下面三种高程系：正高、正常高及力高高程系。

5.9.2 正高高程系

正高高程系是以大地水准面为高程基准面，地面上任一点的正高高程（简称正高），即该点沿垂线方向至大地水准面的距离。如图 5-55 中，B 点的正高，设以 $H_{正}^B$ 表示，则有

$$H_{正}^B = \sum_{BC} \Delta H = \int_{BC} \mathrm{d}H \tag{5-43}$$

设沿垂线 BC 的重力加速度用 g_B 表示，在垂线 BC 的不同点上，g_B 也有不同的数值。由式（5-42）的关系可以写出

$$g_B \mathrm{d}H = g \mathrm{d}h$$

或

$$\mathrm{d}H = \frac{g}{g_B} \mathrm{d}h \tag{5-44}$$

将（5-44）式代入（5-43）式中，得

$$H_{正}^B = \int_{BC} \mathrm{d}H = \int_{OAB} \frac{g}{g_B} \mathrm{d}h \tag{5-45}$$

如果取垂线 BC 上重力加速度的平均值为 g_m^B，上式又可写为

$$H_{正}^B = \frac{1}{g_m^B} \int_{OAB} g \mathrm{d}h \tag{5-46}$$

从（5-46）式可以看出，某点 B 的正高不随水准测量路线的不同而有差异，这是因为式中 g_m^B 为常数，$\int g \mathrm{d}h$ 为过 B 点的水准面与大地水准面之间的位能差，也不随路线而异，因此，正高高程是惟一确定的数值，可以用来表示地面的高程。

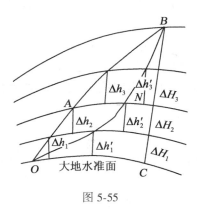

图 5-55

如果沿着水准路线每隔若干距离测定重力加速度，则 (5-46) 式中的 g 值是可以得到的。但是由于沿垂线 BC 的重力加速度 g_B 不但随深入地下深度不同而变化，而且还与地球内部物质密度的分布有关，所以重力加速度的平均值 g_m^B 并不能精确测定，也不能由公式推导出来，所以严格说来，地面一点的正高高程不能精确求得。

5.9.3　正常高高程系

将正高系统中不能精确测定的 g_m^B 用正常重力 γ_m^B 代替，便得到另一种系统的高程，称其为正常高，用公式表达为

$$H_{\text{常}}^B = \frac{1}{\gamma_m^B} \int g\,\mathrm{d}h \qquad (5\text{-}47)$$

式中，g 由沿水准测量路线的重力测量得到；$\mathrm{d}h$ 是水准测量的高差，γ_m^B 是按正常重力公式算得的正常重力平均值，所以正常高可以精确求得，其数值也不随水准路线而异，是惟一确定的。因此，我国规定采用正常高高程系统作为我国高程的统一系统。

下面推导正常高高差的实际计算公式。

首先推导高出水准椭球面 H_m 的正常重力的计算公式。在这里，我们把水准椭球看成是半径为 R 的均质圆球，则地心对地面高 H 的点的引力为

$$g = f\frac{M}{(R+H)^2}$$

对大地水准面上点的引力为

$$g_0 = f\frac{M}{R^2}$$

两式相减，得重力改正数

$$\Delta_1 g = g_0 - g = fM\left(\frac{1}{R^2} - \frac{1}{(R+H)^2}\right)$$

$$= \frac{fM}{R^2}\left[1 - \frac{1}{\left(1+\dfrac{H}{R}\right)^2}\right]$$

上式右端括号外 $\dfrac{fM}{R^2}$ 项，可认为是地球平均正常重力 γ_0；由于 $H \ll R$，可把 $\left(1+\dfrac{H}{R}\right)^{-2}$ 展开级

数，并取至二次项，经整理得

$$\Delta_1 g = \gamma_0 \left[1 - \left(1 - \frac{2H}{R} + \frac{3H^2}{R^2} \right) \right]$$

$$= 2\gamma_0 \frac{H}{R} - 3 \frac{\gamma_0 H^2}{R^2}$$

将地球平均重力 γ_0 及地球平均半径 R 代入上式，最后得

$$\Delta_1 g = 0.308\,6H - 0.72 \times 10^{-7} H^2$$

这就是对高出地面 H 点的重力改正公式，式中 H 以 m 为单位，$\Delta_1 g$ 以 mGal 为单位。显然式中第一项是主项，大约每升高 3m，重力值减少 1mGal。第二项是小项，只在特高山区才顾及它，在一般情况下可不必考虑，这样通常可把上式写成

$$\Delta_1 g = 0.3086H$$

于是得出地面高度 H 处的点的正常重力计算公式

$$\gamma = \gamma_0 - 0.3086H \tag{5-48}$$

式中 γ_0 为水准椭球面上的正常重力值，在大地控制测量中，采用 1901—1909 年赫尔默特正常重力公式：

$$\gamma_0 = 978.030(1 + 0.005\,302\sin^2\varphi - 0.000\,007\sin^2 2\varphi) \tag{5-49}$$

将重力 g 写成下面的形式

$$g = g + \gamma_m^B - \gamma_m^B + \gamma - \gamma \tag{5-50}$$

式中 γ 用 (5-48) 式计算。在有限路线上，可以认为正常重力是线性变化，因此可认为 γ_m^B 是 $\frac{1}{2}H_B$ 处的 γ 值，即 $\gamma_m^B = \left(\gamma_0^B - 0.308\,6 \cdot \dfrac{H_B}{2} \right)$，进而

$$g = g + \gamma_m^B - \left(\gamma_0^B - 0.308\,6 \cdot \frac{H_B}{2} \right) + (\gamma_0 - 0.308\,6H) - \gamma$$

$$= \gamma_m^B + (\gamma_0 - \gamma_0^B) + (g - \gamma) + 0.308\,6 \left(\frac{H_B}{2} - H \right) \tag{5-51}$$

分项积分得到

$$\int_{OAB} \left(\frac{H_B}{2} - H \right) \mathrm{d}h = \frac{H_B}{2} \int_{OAB} \mathrm{d}h - \int_{OAB} H \mathrm{d}h$$

可近似地写成：

$$\int_{OAB} \left(\frac{H_B}{2} - H \right) \mathrm{d}h = \left(\frac{H_B^2}{2} - \frac{H_B^2}{2} \right) = 0$$

因此，有正常高计算公式：

$$H_{常}^B = \int_{OAB} \mathrm{d}h + \frac{1}{\gamma_m^B} \int (\gamma_0 - \gamma_0^B) \mathrm{d}h + \frac{1}{\gamma_m^B} \int_{OAB} (g - \gamma) \mathrm{d}h \tag{5-52}$$

上式右端第一项是水准测量测得的高差，这是主项；第二项中的 γ_0 是沿 O—A—B 水准路线上各点的正常重力值，随纬度而变化，亦即 $\gamma_0 \neq \gamma_0^B$，所以第二项称为正常位水准面不平行改正数。第一、二项之和称为概略高程。第三项是由正常位水位面与重力等位面不一致引起的，称之为重力异常改正项。

当计算两点高差时，有式

271

$$H_常^B - H_常^A = \int\limits_{AB} \mathrm{d}h + \left[\frac{1}{\gamma_\mathrm{m}^B} \int\limits_{OB} (\gamma_0 - \gamma_0^B) \mathrm{d}h - \frac{1}{\gamma_\mathrm{m}^A} \int\limits_{OA} (\gamma_0 - \gamma_0^A) \mathrm{d}h \right] +$$

$$\left[\frac{1}{\gamma_\mathrm{m}^B} \int\limits_{OB} (g - \gamma) \mathrm{d}h - \frac{1}{\gamma_\mathrm{m}^A} \int\limits_{OA} (g - \gamma) \mathrm{d}h \right] \tag{5-53}$$

将上式右端第二、三大项分别用 ε 和 λ 表示，则

$$H_常^B - H_常^A = \int\limits_{AB} \mathrm{d}h + \varepsilon + \lambda \tag{5-54}$$

上式中 ε 称为正常位水准面不平行引起的高差改正，λ 称为由重力异常引起的高差改正，经过 ε 和 λ 改正后的高差称为正常高高差。

下面推导 ε 和 λ 的计算公式。首先推导 ε 的计算公式。

由于
$$\varepsilon = \frac{1}{\gamma_\mathrm{m}^B} \int\limits_{OB} (\gamma_0 - \gamma_0^B) \mathrm{d}h - \frac{1}{\gamma_\mathrm{m}^A} \int\limits_{OA} (\gamma_0 - \gamma_0^A) \mathrm{d}h$$

$$= \frac{1}{\gamma_\mathrm{m}^B} \int\limits_{OB} (\gamma_0 - \gamma_0^B) \mathrm{d}h - \frac{1}{\gamma_\mathrm{m}^B} \int\limits_{OA} (\gamma_0 - \gamma_0^B) \mathrm{d}h + \frac{1}{\gamma_\mathrm{m}^B} \int\limits_{OA} (\gamma_0 - \gamma_0^A + \gamma_0^A - \gamma_0^B) \mathrm{d}h -$$

$$\frac{1}{\gamma_\mathrm{m}^A} \int\limits_{OA} (\gamma_0 - \gamma_0^A) \mathrm{d}h$$

$$= \frac{1}{\gamma_\mathrm{m}^B} \int\limits_{AB} (\gamma_0 - \gamma_0^B) \mathrm{d}h + \frac{1}{\gamma_\mathrm{m}^B} \int\limits_{OA} (\gamma_0^A - \gamma_0^B) \mathrm{d}h + \left[\frac{1}{\gamma_\mathrm{m}^B} \int\limits_{OA} (\gamma_0 - \gamma_0^A) \mathrm{d}h - \right.$$

$$\left. \frac{1}{\gamma_\mathrm{m}^A} \int\limits_{OA} (\gamma_0 - \gamma_0^A) \mathrm{d}h \right]$$

于是

$$\varepsilon = \frac{1}{\gamma_\mathrm{m}^B} \int\limits_{AB} (\gamma_0 - \gamma_0^B) \mathrm{d}h + \frac{\gamma_0^A - \gamma_0^B}{\gamma_\mathrm{m}^B} H_A + \frac{\gamma_\mathrm{m}^A - \gamma_\mathrm{m}^B}{\gamma_\mathrm{m}^A \cdot \gamma_\mathrm{m}^B} \int\limits_{OA} (\gamma_0 - \gamma_0^A) \mathrm{d}h \tag{5-55}$$

上式中最后一项数值很小，可略去；第一项在 A、B 间距不大的情况下，可认为 γ_0 呈线性变化，γ_0 可用平均值代替，亦即 $\gamma_0 = \frac{1}{2}(\gamma_0^A + \gamma_0^B)$，则

$$\frac{1}{\gamma_\mathrm{m}^B} \int\limits_{AB} (\gamma_0 - \gamma_0^B) \mathrm{d}h = \frac{1}{\gamma_\mathrm{m}^B} \left(\frac{\gamma_0^A + \gamma_0^B}{2} - \gamma_0^B \right) \int\limits_{AB} \mathrm{d}h = -\frac{(\gamma_0^B - \gamma_0^A)}{\gamma_\mathrm{m}^B} \cdot \frac{\Delta h}{2} \tag{5-56}$$

这样
$$\varepsilon = -\frac{\gamma_0^B - \gamma_0^A}{\gamma_\mathrm{m}^B} \left(\frac{\Delta h}{2} + H_A \right)$$

$$= -\frac{\gamma_0^B - \gamma_0^A}{\gamma_\mathrm{m}^B} \cdot H_\mathrm{m} \tag{5-57}$$

式中，H_m 为 A、B 两点平均高度（可用近似值代替），$\gamma_0^B - \gamma_0^A = \Delta\gamma$。又由 (5-49) 式可知，若忽略右端第三项（即含 $\sin^2 2\varphi$ 项），并令 $\sin^2\varphi = \frac{1}{2} - \frac{1}{2}\cos 2\varphi$，则把它改写成

$$\gamma_0 = \gamma_e \left[1 + \beta \left(\frac{1}{2} - \frac{1}{2}\cos 2\varphi \right) \right]$$

$$= \gamma_e \left[1 + \frac{1}{2}\beta - \frac{1}{2}\beta\cos 2\varphi \right] \tag{5-58}$$

272

当 $\varphi = 45°$ 时，得 $\gamma_{45°} = \gamma_e\left(1 + \dfrac{1}{2}\beta\right)$。因此上式可写成

$$\gamma_0 = \gamma_{45°}\left(1 - \frac{\beta}{2} \cdot \frac{\gamma_e}{\gamma_{45°}}\cos2\varphi\right)$$

将有关数值代入，于是

$$\gamma_0 = 980\ 616(1 - 0.002\ 644\cos2\varphi) \tag{5-59}$$

因此对上式取微分得

$$\mathrm{d}\gamma_0 = 980\ 616 \times 0.002\ 644 \times 2\sin2\varphi\frac{\mathrm{d}\varphi'}{\rho'}$$

亦即
$$\Delta\gamma = 1.508\ 344\sin2\varphi \times \Delta\varphi' \tag{5-60}$$

当 (5-57) 式中的 γ_m^B 以我国平均纬度 $\varphi = 35°$ 代入算得

$\gamma_m^B = 980\ 616 \times (1 - 0.002\ 644\cos70°) = 979\ 773$。将以上关系式及数据代入 (5-57) 式，得 ε 的最后计算公式：

$$\varepsilon = -0.000\ 001\ 539\ 5\sin2\varphi_m \cdot \Delta\varphi' H_m \tag{5-61}$$

或
$$\varepsilon = -A\Delta\varphi' \cdot H_m \tag{5-62}$$

式中，φ_m 是 A、B 两点平均纬度，系数 A 可按 φ_m 在水准测量规范中查取，$\Delta\varphi' = \varphi_B - \varphi_A$ 是 A、B 两点的纬度差，以分为单位。规范中的 A 值与 (5-61) 式略有差异，这主要是由于所采用常数不同而至，对计算结果无影响。

再来推导计算 λ 的公式。

由于
$$\lambda = \frac{1}{\gamma_m^B}\int_{OB}(g - \gamma)\mathrm{d}h - \frac{1}{\gamma_m^A}\int_{OA}(g - \gamma)\mathrm{d}h$$

$$= \frac{1}{\gamma_m^B}\int_{OB}(g - \gamma)\mathrm{d}h - \frac{1}{\gamma_m^B}\int_{OA}(g - \gamma)\mathrm{d}h +$$

$$\frac{1}{\gamma_m^B}\int_{OA}(g - \gamma)\mathrm{d}h - \frac{1}{\gamma_m^A}\int_{OA}(g - \gamma)\mathrm{d}h$$

$$= \frac{1}{\gamma_m^B}\int_{AB}(g - \gamma)\mathrm{d}h + \frac{\gamma_m^A - \gamma_m^B}{\gamma_m^A \cdot \gamma_m^B}\int_{OA}(g - \gamma)\mathrm{d}h \tag{5-63}$$

上式中第二项数值很小，可忽略。第一项当 A、B 间距不大时，可视 $(g-\gamma)$ 同 $\mathrm{d}h$ 呈线性变化，故可取平均值 $(g-\gamma)_m$ 代替。AB 路线上的正常重力 γ_0^m 也可近似等于 B 点的 γ_m^B，因此上式变为

$$\lambda = \frac{1}{\gamma_0^m}\int_{AB}(g - \gamma)_m\mathrm{d}h \tag{5-64}$$

求积分，得

$$\lambda = \frac{(g - \gamma)_m}{\gamma_0^m}\Delta H \tag{5-65}$$

上式即为重力异常改正项的计算公式。为便于计算，还可作进一步改化，若令
$$\gamma_0^m = 10^6 - \Delta\gamma = 10^6(1 - \Delta\gamma \cdot 10^{-6})(\mathrm{mGal})$$

并把此式代入上式，则得

$$\lambda = \frac{(g - \gamma)_m}{\gamma_0^m}\Delta H = (g - \gamma)_m \cdot \Delta H \cdot 10^{-6}(1 + \Delta\gamma \cdot 10^{-6}) \tag{5-66}$$

令
$$C = (g - \gamma)_{\mathrm{m}} \cdot \Delta H \cdot 10^{-6} \tag{5-67}$$
$$D = C \cdot \Delta \gamma \cdot 10^{-6} \tag{5-68}$$
则得
$$\lambda = C + D \tag{5-69}$$
此式为计算重力异常项改正的最后公式。计算时$(g - \gamma)_{\mathrm{m}}$以毫伽（mGal）为单位，取至 0.1mGal。$\Delta H$是$A$、$B$两点间的高差，取整米，$C$的单位与$\Delta H$相同。

从上可见，正常高与正高不同，它不是地面点到大地水准面的距离，而是地面点到一个与大地水准面极为接近的基准面的距离，这个基准面称为似大地水准面。因此，似大地水准面是由地面沿垂线向下量取正常高所得的点形成的连续曲面，它不是水准面，只是用以计算的辅助面。因此，我们可以把正常高定义为以似大地水准面为基准面的高程。

下面我们来分析一下正高$H_{\mathrm{正}}$和正常高$H_{\mathrm{常}}$二者的差异。由（5-46）式、（5-47）式可知：

$$\int_{OB} g \mathrm{d}h = H_{\mathrm{正}} \cdot g_{\mathrm{m}}^{B} = H_{\mathrm{常}} \cdot \gamma_{\mathrm{m}}^{B}$$

因此
$$H_{\mathrm{正}} = \frac{\gamma_{\mathrm{m}}^{B}}{g_{\mathrm{m}}^{B}} H_{\mathrm{常}} = \frac{\gamma_{\mathrm{m}}^{B} + g_{\mathrm{m}}^{B} - g_{\mathrm{m}}^{B}}{g_{\mathrm{m}}^{B}} H_{\mathrm{常}}$$

$$= H_{\mathrm{常}} - \frac{g_{\mathrm{m}}^{B} - \gamma_{\mathrm{m}}^{B}}{g_{\mathrm{m}}^{B}} H_{\mathrm{常}} \tag{5-70}$$

因此，对任意一点正常高和正高之差，亦即任意一点似大地水准面与大地水准面之差的差值是：

$$H_{\mathrm{常}} - H_{\mathrm{正}} = \frac{g_{\mathrm{m}} - \gamma_{\mathrm{m}}}{g_{\mathrm{m}}} H_{\mathrm{常}} \tag{5-71}$$

假设山区$g_{\mathrm{m}} - \gamma_{\mathrm{m}} = 500$mGal，$H_{\mathrm{常}} = 8$km，则得

$$H_{\mathrm{常}} - H_{\mathrm{正}} = \frac{g_{\mathrm{m}} - \gamma_{\mathrm{m}}}{g_{\mathrm{m}}} \cdot H_{\mathrm{常}} = 4\mathrm{m}$$

在平原地区$g_{\mathrm{m}} - \gamma_{\mathrm{m}} = 50$mGal，$H_{\mathrm{常}} = 500$m，则得

$$H_{\mathrm{常}} - H_{\mathrm{正}} = \frac{g_{\mathrm{m}} - \gamma_{\mathrm{m}}}{g_{\mathrm{m}}} \cdot H_{\mathrm{常}} = 2.5\mathrm{cm}$$

在海水面上$W_{O} - W_{B} = \int_{O}^{B} g \mathrm{d}h = 0$，故$H_{\mathrm{正}} = H_{\mathrm{常}}$，即正常高和正高相等。这就是说在海洋面上，大地水准面和似大地水准面重合。所以大地水准面的高程原点对似大地水准面也是适用的。

5.9.4 力高和地区力高高程系

若将正高或正常高定义公式用于同一重力位水准面上的A、B两点，由于此两点的$\int_{O}^{A} g \mathrm{d}h$和$\int_{O}^{B} g \mathrm{d}h$相等，而$g_{\mathrm{m}}^{A}$与$g_{\mathrm{m}}^{B}$或$\gamma_{\mathrm{m}}^{A}$与$\gamma_{\mathrm{m}}^{B}$不等，所以在同一个重力位水准面上两点的正高或正常高是不相等的，比如对南北狭长450km的贝加尔湖，湖面上南北两点的高程差可达0.16m，远远超过了测量误差。这种情况往往给某些大型工程建设的测量工作带来不便。假如建设一个大型水库，它的静止水面是一个重力等位面，在设计、施工、放样等工作中，通常要求这个水面是一个等高面。这时若继续采用正常高或正高显然是不合适

的。为了解决这个矛盾，可以采用所谓力高系统，它按下式定义

$$H_力^A = \frac{1}{\gamma_{45°}} \int_O^A g\mathrm{d}h \tag{5-72}$$

也就是说，将正常高公式中的 γ_m^A 用纬度 45°处的正常重力 $\gamma_{45°}$ 代替，一点的力高就是水准面在纬度 45°处的正常高。

但由于工程测量一般范围都不大，为使力高更接近于该测区的正常高数值，可采用所谓地区力高系统，亦即在(5-72)式的 $\gamma_{45°}$ 用测区某一平均纬度 φ 处的 γ_φ 来代替，有

$$H_力^A = \frac{1}{\gamma_\varphi} \int_O^A g\mathrm{d}h \tag{5-73}$$

在(5-72)式及(5-73)式中，由于 $\gamma_{45°}$、γ_φ 及 $\int g\mathrm{d}h$ 都是一个常数，所以就保证了在同一水准面上的各点高程都相同。

由(5-73)式和(5-47)式可求得力高和正常高的差异，用公式可表达为

$$H_力 - H_常 = \frac{\gamma_m - \gamma_\varphi}{\gamma_\varphi} \cdot H_常 \tag{5-74}$$

例如，设 $\gamma_m - \gamma_\varphi = 0.5\mathrm{cm/s}^2$，$H_常 = 2\mathrm{km}$，并采用 $\gamma_\varphi = 980\mathrm{cm/s}^2$，得

$$H_力 - H_常 = 1\mathrm{m}$$

力高是区域性的，主要用于大型水库等工程建设中。它不能作为国家统一高程系统。在工程测量中，应根据测量范围大小，测量任务的性质和目的等因素，合理地选择正常高，力高或区域力高作为工程的高程系统。

5.10 水准测量的概算

水准测量概算是水准测量平差前所必须进行的准备工作。在水准测量概算前必须对水准测量的外业观测资料进行严格的检查，在确认正确无误、各项限差都符合要求后，方可进行概算工作。概算的主要内容有：观测高差的各项改正数的计算和水准点概略高程表的编算等。全部概算结果均列于表 5-9 中。

5.10.1 水准标尺每米长度误差的改正数计算

水准标尺每米长度误差对高差的影响是系统性质的。根据规定，当一对水准标尺每米长度的平均误差 f 大于 $\pm0.02\mathrm{mm}$ 时，就要对观测高差进行改正，对于一个测段的改正 $\sum\delta_f$ 可按(5-27)式计算，即

$$\sum\delta_f = f\sum h$$

由于往返测观测高差的符号相反，所以往返测观测高差的改正数也将有不同的正负号。

设有一对水准标尺经检定得，一米间隔的平均真长为 999.96mm，则 $f = (999.96 - 1000) = -0.04$mm。在表 5-11 中第一测段，即从 Ⅰ柳宝 35 基到 Ⅱ宜柳 1 水准点的往返测高差 $h = \pm20.345$m,则该测段往返测高差的改正数 $\sum\delta_f$ 为

$$\sum\delta_f = -0.04 \times (\pm20.345) = \mp0.81(\mathrm{mm})$$

见表 5-9 第 17，18 栏。

5.10.2 正常水准面不平行的改正数计算

按水准规范规定，各等级水准测量结果，均需计算正常水准面不平行的改正。正常水准面不平行改正数 ε 可按(5-62)式计算，即

$$\varepsilon_i = - AH_i(\Delta\varphi)'$$

式中，ε_i 为水准测量路线中第 i 测段的正常水准面不平行改正数，A 为常系数，当水准测量路线的纬度差不大时，常系数 A 可按水准测量路线纬度的中数 φ_m 为引数在现成的系数表中查取，如表 5-10；H_i 为第 i 测段始末点的近似高程，以 m 为单位；$\Delta\varphi_i' = \varphi_2 - \varphi_1$，以分为单位，$\varphi_1$ 和 φ_2 为第 i 测段始末点的纬度，其值可由水准点点之记或水准测量路线图中查取。

在表 5-11 中，按水准路线平均纬度 $\varphi_m = 24°18'$ 在表 5-8 中查得常系数 $A = 1\ 153 \times 10^{-9}$。第一测段，即 I 柳宝 35 基到 II 宜柳 1 水准测量路线始末点近似高程平均值 H 为 $(425 + 445)/2 = 435$m，纬度差 $\Delta\varphi = -3'$，则第一测段的正常水准面不平行改正数 ε_1 为

$$\varepsilon_1 = - 1\ 153 \times 10^{-9} \times 435 \times (-3) = + 1.5(\text{mm})$$

见表 5-9 第 21 栏。

5.10.3 水准路线闭合差计算

水准测量路线闭合差 W 的计算公式为

$$W = (H_0 - H_n) + \sum h' + \sum \varepsilon \tag{5-75}$$

式中，H_0 和 H_n 为水准测量路线两端点的已知高程；$\sum h'$ 为水准测量路线中各测段观测高差加入尺长改正数 δ_f 后的往返测高差中数之和；$\sum \varepsilon$ 为水准测量路线中各测段的正常水准面不平行改正数之和。根据表 5-11 和表 5-9 中的数据按(5-75)式计算水准路线的闭合差：

$$W = (424.876 - 573.128)\text{m} + 148.256\ 5\text{m} + 5.0\text{mm} = 9.5\text{mm}$$

见表 5-11 中的计算。

5.10.4 高差改正数的计算

水准测量路线中每个测段的高差改正数可按下式计算，即

$$v = - \frac{R}{\sum R}W \tag{5-76}$$

即按水准测量路线闭合差 W 按测段长度 R 成正比的比例配赋予各测段的高差中。在表 5-11 中，水准测量路线的全长 $\sum R = 80.9$km，第一测段的长度 $R = 5.8$km，则第一测段的高差改正数为

$$v = - \frac{5.8}{80.9} \times 9.5 = - 0.7(\text{mm})$$

见表 5-9 中第 21 栏。

最后根据已知点高程及改正后的高差计算水准点的概略高程，即

$$H = H_0 + \sum h' + \sum \varepsilon + \sum v \tag{5-77}$$

闭路路线中的正常水准面不平行改正数为 + 5.0mm，故路线的最后闭合差为 $W = (H_0 - H_n) + \sum \varepsilon = - 148.252\text{m} + 148.256\ 5\text{m} + 5.0\text{mm} = 9.5\text{mm}$

表 5-10　　　　　　　　　　　　$A = 0.000\ 001\ 537\ 1 \cdot \sin 2\varphi$

φ	0′	10′	20′	30′	40′	50′	φ	0′	10′	20′	30′	40′	50′
°	10^{-9}	10^{-9}	10^{-9}	10^{-9}	10^{-9}	10^{-9}	°	10^{-9}	10^{-9}	10^{-9}	10^{-9}	10^{-9}	10^{-9}
0	000	009	018	027	036	045	30	1 331	1 336	1 340	1 344	1 349	1 353
1	054	063	072	080	089	098	31	1 357	1 361	1 365	1 370	1 374	1 378
2	107	116	125	134	143	152	32	1 382	1 385	1 389	1 393	1 397	1 401
3	161	170	178	187	196	205	33	1 404	1 408	1 411	1 415	1 418	1 422
4	214	223	232	240	249	258	34	1 425	1 429	1 432	1 435	1 438	1 441
5	267	276	285	293	302	311	35	1 444	1 447	1 450	1 453	1 456	1 459
6	320	328	337	340	354	363	36	1 462	1 465	1 467	1 470	1 473	1 475
7	372	381	389	398	406	415	37	1 478	1 480	1 482	1 485	1 487	1 489
8	424	432	441	449	458	466	38	1 491	1 494	1 496	1 498	1 500	1 502
9	475	483	492	500	509	517	39	1 504	1 505	1 507	1 509	1 511	1 512
10	526	534	542	551	559	567	40	1 514	1 515	1 517	1 518	1 520	1 521
11	576	584	592	601	609	617	41	1 522	1 523	1 525	1 526	1 527	1 528
12	625	633	641	650	658	666	42	1 529	1 530	1 530	1 531	1 532	1 533
13	674	682	690	698	706	714	43	1 533	1 534	1 534	1 535	1 535	1 536
14	722	729	737	745	753	761	44	1 536	1 536	1 537	1 537	1 537	1 537
15	769	776	784	792	799	807	45	1 537	1 537	1 537	1 537	1 537	1 536
16	815	822	830	837	845	852	46	1 536	1 536	1 535	1 535	1 534	1 534
17	860	867	874	882	889	896	47	1 533	1 533	1 532	1 531	1 530	1 530
18	903	911	918	925	932	939	48	1 529	1 528	1 527	1 526	1 525	1 523
19	946	953	960	967	974	981	49	1 522	1 521	1 520	1 518	1 517	1 515
20	988	995	1 002	1 008	1 015	1 022	50	1 514	1 512	1 511	1 509	1 507	1 505
21	1 029	1 035	1 042	1 048	1 055	1 061	51	1 504	1 502	1 500	1 498	1 496	1 494
22	1 068	1 074	1 081	1 087	1 093	1 099	52	1 491	1 489	1 487	1 485	1 482	1 480
23	1 106	1 112	1 118	1 124	1 130	1 136	53	1 478	1 475	1 473	1 470	1 467	1 456
24	1 142	1 148	1 154	1 160	1 166	1 172	54	1 462	1 459	1 456	1 453	1 450	1 447
25	1 177	1 183	1 189	1 195	1 200	1 206							
26	1 211	1 217	1 222	1 228	1 233	1 238							
27	1 244	1 249	1 254	1 259	1 264	1 269							
28	1 274	1 279	1 284	1 289	1 294	1 299							
29	1 304	1 308	1 313	1 318	1 322	1 327							

正常水准面不平行改正与路线闭合差的计算

表 5-11　　　　二等水准路线：自宜河至柳城　　　计算者：马兆良

水准点编号	纬度 φ	观测高差 h'	近似高程	平均高程 H	纬差 $\Delta\varphi$	$H\cdot\Delta\varphi$	正常水准面不平行改正 $\varepsilon=-AH\Delta\varphi$	附　记
	° ′	m	m	m	′		mm	已知：
I 柳宝 35 基	24 28	+20.345	425			−1 305		I 柳宝 35 基
				435	−3		+1.5	高程为：
II 宜柳 1	25	+77.304	445			−1 452		424.876m
				484	−3		+1.7	I 柳南 1 基
II 宜柳 2	22	+55.577	523			−1 650		高程为：
				550	−3		+1.9	573.128m
II 宜柳 3	19	+73.451	578			−1 845		本例的 A 按平均
				615	−3		+2.1	纬度 24°18″
II 宜柳 4	16	+17.094	652			−1 320		查表为
				660	−2		+1.5	$1\,153\times10^{-9}$
II 宜柳 5	14	+32.772	669			−2 058		
				686	−3		+2.4	
II 宜柳 6	11	+80.548	702			−1 484		
				742	−2		+1.7	
II 宜柳 7	9	+11.745	782			−788		
				788	−1		+0.9	
II 宜柳 8	8	−18.073	794			785		
				785	+1		−0.9	
II 宜柳 9	9	−10.146	776			771		
				771	+1		−0.9	
II 宜柳 10	10	−101.098	766			716		
				716	+1		−0.8	
II 宜柳 11	11	−61.960	665			1 268		
				634	+2		−1.5	
II 宜柳 12	13	−54.996	603			1 152		
				576	+2		−1.3	
II 宜柳 13	15	+10.051	548			1 106		
				553	+2		−1.3	
II 宜柳 14	17	+15.649	558			1 698		
				566	+3		−2.0	
I 宜柳 1 基	20		573					
							+5.0	

5.11　三角高程测量

　　三角高程测量的基本思想是根据由测站向照准点所观测的垂直角（或天顶距）和它们之间的水平距离，计算测站点与照准点之间的高差。这种方法简便灵活，受地形条件的限制较少，故适用于测定三角点的高程。三角点的高程主要是作为各种比例尺测图的高程控制的一部分。一般都是在一定密度的水准网控制下，用三角高程测量的方法测定三角点的高程。

5.11.1　三角高程测量的基本公式

1. 基本公式

　　关于三角高程测量的基本原理和计算高差的基本公式，在测量学中已有过讨论，但公式的推导是以水平面作为依据的。在控制测量中，由于距离较长，所以必须以椭球面为依据来推导三角高程测量的基本公式。

　　如图 5-56 所示。设 s_0 为 A，B 两点间的实测水平距离。仪器置于 A 点，仪器高度为 i_1。B 为照准点，觇标高度为 v_2，R 为参考椭球面上 $\widehat{A'B'}$ 的曲率半径。$\widehat{PE}$，$\widehat{AF}$ 分别为过 P 点和 A 点的水准面。$\widehat{PC}$ 是 $\widehat{PE}$ 在 P 点的切线，$\widehat{PN}$ 为光程曲线。当位于 P 点的望远镜指向与

$\overset{\frown}{PN}$相切的 PM 方向时，由于大气折光的影响，由 N 点出射的光线正好落在望远镜的横丝上。这就是说，仪器置于 A 点测得 P，N 间的垂直角为 α_{12}。

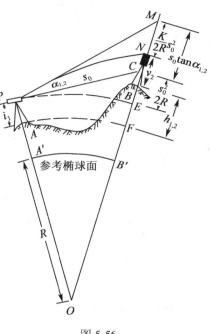

由图 5-56 可明显地看出，A、B 两地面点间的高差为

$$h_{1,2} = BF = MC + CE + EF - MN - NB$$

$$(5-78)$$

式中，EF 为仪器高 i_1；NB 为照准点的觇标高度 v_2；而 CE 和 MN 分别为地球曲率和折光影响。由

$$CE = \frac{1}{2F}s_0^2 \qquad MN = \frac{1}{2R'}s_0^2$$

式中 R' 为光程曲线 $\overset{\frown}{PN}$ 在 N 点的曲率半径。设 $\dfrac{R}{R'}=K$，则

$$MN = \frac{1}{2R'} \cdot \frac{R}{R}s_0^2 = \frac{K}{2R}s_0^2$$

图 5-56

K 称为大气垂直折光系数。

由于 A、B 两点之间的水平距离 s_0 与曲率半径 R 之比值很小（当 $s_0 = 10\text{km}$ 时，s_0 所对的圆心角仅 $5'$ 多一点），故可认为 PC 近似垂直于 OM，即认为 $\angle PCM \approx 90°$，这样 $\triangle PCM$ 可视为直角三角形。则 (5-78) 式中的 MC 为

$$MC = s_0 \tan\alpha_{12}$$

将各项代入 (5-78) 式，则 A、B 两地面点的高差为

$$h_{1,2} = s_0 \tan\alpha_{1,2} + \frac{1}{2R}s_0^2 + i_1 - \frac{K}{2R}s_0^2 - v_2$$

$$= s_0 \tan\alpha_{1,2} + \frac{1-K}{2R}s_0^2 + i_1 - v_2$$

令式中 $\dfrac{1-K}{2R}=C$，C 一般称为球气差系数，则上式可写成

$$h_{1,2} = s_0 \tan\alpha_{1,2} + Cs_0^2 + i_1 - v_2 \tag{5-79}$$

(5-79) 式就是单向观测计算高差的基本公式。式中垂直角 α，仪器高 i 和觇标高 v，均可由外业观测得到。s_0 为实测的水平距离，一般要化为高斯平面上的长度 d。

2. 距离的归算

在图 5-57 中，H_A、H_B 分别为 A、B 两点的高程（此处已忽略了参考椭球面与大地水准面之间的差距），其平均高程为 $H_m = \dfrac{1}{2}(H_A + H_B)$，$mM$ 为平均高程水准面。由于实测距离 s_0 一般不大（工程测量中一般在 10km 以内），所以可以将 s_0 视为在平均高程水准面上的距离。

由图 5-57 有下列关系

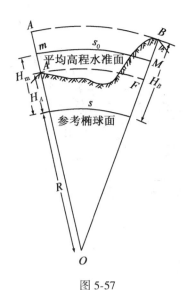

图 5-57

$$\frac{s_0}{s} = \frac{R + H_m}{R} = 1 + \frac{H_m}{R}$$

则

$$s_0 = s\left(1 + \frac{H_m}{R}\right) \qquad (5-80)$$

这就是表达实测距离 s_0 与参考椭球面上的距离 s 之间的关系式。

参考椭球面上的距离 s 和投影在高斯投影平面上的距离 d 之间有下列关系

$$s = d\left(1 - \frac{y_m}{2R^2}\right) \qquad (5-81)$$

式中, y_m 为 A、B 两点在高斯投影平面上投影点的横坐标的平均值。

将(5-81)式代入(5-80)式中, 并略去微小项后得

$$s_0 = d\left(1 + \frac{H_m}{R} - \frac{y_m^2}{2R^2}\right) \qquad (5-82)$$

3. 用椭球面上的边长计算单向观测高差的公式

将(5-80)式代入(5-79)式, 得

$$h_{12} = s\tan\alpha_{1,2}\left(1 + \frac{H_m}{R}\right) + Cs^2 + i_1 - v_2 \qquad (5-83)$$

式中 Cs^2 项的数值很小, 故未顾及 s_0 与 s 之间的差异。

4. 用高斯平面上的边长计算单向观测高差的公式

将(5-81)式代入(5-83)式, 舍去微小项后得

$$h_{1,2} = d\tan\alpha_{1,2} + Cd^2 + i_1 - v_2 + d\tan\alpha_{1,2}\left(\frac{H_m}{R} - \frac{y_m^2}{2R^2}\right)$$

$$= d\tan\alpha_{1,2} + Cd^2 + i_1 - v_2 + h'\left(\frac{H_m}{R} - \frac{y_m^2}{2R^2}\right) \qquad (5-84)$$

式中 $h' = d\tan\alpha_{1,2}$。

令

$$\Delta h_{1,2} = h'\left(\frac{H_m}{R} - \frac{y_m^2}{2R^2}\right) \qquad (5-85)$$

则(5-84)式为

$$h_{1,2} = d\tan\alpha_{1,2} + Cd^2 + i_1 - v_2 + \Delta h_{1,2} \qquad (5-86)$$

(5-85)式中的 H_m 与 R 相比较是一个微小的数值, 只有在高山地区当 H_m 甚大而高差也较大时, 才有必要顾及 $\frac{H_m}{R}$ 这一项。例如当 $H_m = 1\,000$m, $h' = 100$m 时, $\frac{H_m}{R}$ 这一项对高差的影响还不到 0.02m, 一般情况下, 这一项可以略去。此外, 当 $y_m = 300$km, $h' = 100$m 时, $\frac{y_m^2}{2R^2}$ 这一项对高差的影响约为 0.11m。如果要求高差计算正确到 0.1m, 则只有 $\frac{y_m^2}{2R^2}h'$ 项小于 0.04m 时才可略去不计, 因此, (5-86)式中最后一项 $\Delta h_{1,2}$ 只有当 H_m, h' 或 y_m 较大时才有必要顾及。

5. 对向观测计算高差的公式

一般要求三角高程测量进行对向观测，也就是在测站 A 上向 B 点观测垂直角 $\alpha_{1,2}$，而在测站 B 上也向 A 点观测垂直角 $\alpha_{2,1}$，按（5-86）式有下列两个计算高差的式子。

由测站 A 观测 B 点

$$h_{1,2} = d\tan\alpha_{1,2} + i_1 - v_2 + C_{1,2}d^2 + \Delta h_{1,2}$$

则测站 B 观测 A 点

$$h_{2,1} = d\tan\alpha_{2,1} + i_2 - v_1 + C_{2,1}d^2 + \Delta h_{2,1}$$

式中，i_1、v_1 和 i_2、v_2 分别为 A、B 点的仪器和觇标高度；$C_{1,2}$ 和 $C_{2,1}$ 为由 A 观测 B 和 B 观测 A 时的球气差系数。如果观测是在同样情况下进行的，特别是在同一时间作对向观测，则可以近似地假定折光系数 K 值对于对向观测是相同的，因此 $C_{1,2} = C_{2,1}$。在上面两个式子中，$\Delta h_{1,2}$ 与 $\Delta h_{2,1}$ 的大小相等而正负号相反。

从以上两个式子可得对向观测计算高差的基本公式

$$h_{1,2(\text{对向})} = d\tan\frac{1}{2}(\alpha_{1,2} - \alpha_{2,1}) + \frac{1}{2}(i + v_1) - \frac{1}{2}(i_2 - v_2) + \Delta h_{1,2} \qquad (5\text{-}87)$$

式中

$$\Delta h_{1,2} = \left(\frac{H_m}{R} - \frac{y_m}{2R^2}\right)h'$$

$$h' = d\tan\frac{1}{2}(\alpha_{1,2} - \alpha_{2,1})$$

6. 电磁波测距三角高程测量的高差计算公式

由于电磁波测距仪的发展异常迅速，不但其测距精度高，而且使用十分方便，可以同时测定边长和垂直角，提高了作业效率，因此，当前利用电磁波测距仪作三角高程测量已相当普遍。根据实测试验表明，当垂直角观测精度 $m_\alpha \leqslant \pm 2.0''$、边长在 2km 范围内，电磁波测距三角高程测量完全可以替代四等水准测量，如果缩短边长或提高垂直角的测定精度，还可以进一步提高测定高差的精度。如 $m_\alpha \leqslant \pm 1.5''$，边长在 3.5km 范围内可达到四等水准测量的精度；边长在 1.2km 范围内可达到三等水准测量的精度。

电磁波测距三角高程测量可按斜距由下列公式计算高差

$$h = D\sin\alpha + (1 - K)\frac{D^2}{2R}\cos^2\alpha + i - Z \qquad (5\text{-}88)$$

式中，h 为测站与镜站之间的高差；α 为垂直角；D 为经气象改正后的斜距；K 为大气折光系数；i 为经纬仪水平轴到地面点的高度；Z 为反光镜瞄准中心到地面点的高度。

5.11.2 垂直角的观测方法

垂直角的观测方法有中丝法和三丝法两种。

1. 中丝法

中丝法也称单丝法，就是以望远镜十字丝的水平中丝照准目标，构成一个测回的观测程序为：

在盘左位置，用水平中丝照准目标一次，如图 5-58（a）所示，使指标水准器气泡精密符合，读取垂直度读数，得盘左读数 L。

在盘右位置，按盘左时的方法进行照准和读数，得盘右读数 R。照准目标如图 5-58（b）所示。

2. 三丝法

三丝法就是以上、中、下 3 条水平横丝依次照准目标。构成一个测回的观测程序为：

在盘左位置，按上、中、下 3 条水平横丝依次照准同一目标各一次，如图 5-59(a) 所示，使指标水准器气泡精密符合，分别进行垂直度盘读数，得盘左读数 L。

在盘右位置，再按上、中、下 3 条水平横丝依次照准同一目标各一次，如图 5-59(b) 所示，使指标水准器气泡精密符合，分别进行垂直度盘读数，得盘右读数 R。

在一个测站上观测时，一般将观测方向分成若干组，每组包括 $2 \sim 4$ 个方向，分别进行观测，如通视条件不好，也可以分别对每个方向进行连续照准观测。

根据具体情况，在实际作业时可灵活采用上述两种方法，如 T3 光学经纬仪仅有一条水平横丝，在观测时只能采用中丝法。

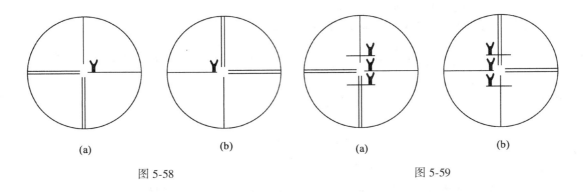

| (a) | (b) | (a) | (b) |

图 5-58   图 5-59

按垂直度盘读数计算垂直角和指标差的公式列于表 5-12。

表 5-12

仪器类型	计算公式		各测回互差限值	
	垂 直 角	指 标 差	垂直角	指标差
J1(T3)	$\alpha = L - R$	$i = (L+R) - 180°$	$10''$	$15''$
J2(T2, 010)	$\alpha = \dfrac{1}{2}[(R-L) - 180°]$	$i = \dfrac{1}{2}[(L+R) - 360°]$	$10''$	$15''$

5.11.3 球气差系数 C 值和大气折光系数 K 值的确定

大气垂直折光系数 K，是随地区、气候、季节、地面覆盖物和视线超出地面高度等条件不同而变化的，要精确测定它的数值，目前尚不可能。通过实验发现，K 值在一天内的变化，大致在中午前后数值最小，也较稳定；日出、日落时数值最大，变化也快。因而垂直角的观测时间最好在地方时 10 时至 16 时之间，此时 K 值为 $0.08 \sim 0.14$，如图5-60所示。不少单位对 K 值进行过大量的计算和统计工作，例如某单位根据 16 个测区的资料统计，得出 $K = 0.107$。

在实际作业中，往往不是直接测定 K 值，而是设法确定 C 值，因为 $C = \dfrac{1-K}{2R}$。而平均

曲率半径 R 对一个不测区来说是一个常数，所以确定了 C 值，K 值也就知道了。由于 K 值是小于 1 的数值，故 C 值永为正。

下面介绍确定 C 值的两种方法。

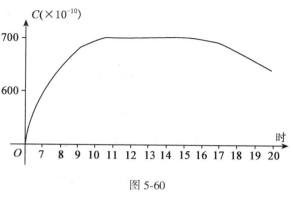

图 5-60

1. 根据水准测量的观测成果确定 C 值

在已经由水准测量测得高差的两点之间观测垂直角，设由水准测量测得的高差为 h，那么，根据垂直角的观测值按(5-79)式计算两点之间的高差，如果所取的 C 值正确的话，也应该得到相同的高差值，也就是

$$h = s_0\tan\alpha_{1,2} + Cs_0^2 + i_1 - v_2$$

在实际计算时，一般先假定一个近似值 C_0，代入上式可求得高差的近似值 h_0，即

$$h_0 = s_0\tan\alpha_{1,2} + C_0 s_0^2 + i_1 - v_2$$

即

$$h - h_0 = (C - C_0)s_0^2$$

或

$$C - C_0 = \frac{h - h_0}{s_0^2} \tag{5-89}$$

令式中 $C - C_0 = \Delta C$，则按(5-89)式求得的 ΔC 值加在近似值 C_0 上，就可以得到正确的 C 值。

2. 根据同时对向观测的垂直角计算 C 值

设两点间的正确高差为 h，由同时对向观测的成果算出的高差分别为 $h_{1,2}$ 和 $h_{2,1}$，由于是同时对向观测，所以可以认为 $C_{1,2} = C_{2,1} = C_0$，则

$$h = h_{1,2} + \Delta C s_0^2$$
$$- h = h_{2,1} + \Delta C s_0^2$$

由以上两式可得

$$\Delta C = \frac{h_{1,2} + h_{2,1}}{2s_0} \tag{5-90}$$

从而可以按下式求出 C 值

$$C = C_0 + \Delta C$$

无论用哪一种方法，都不能根据一两次测定的结果确定一个地区的平均折光系数，而必须从大量的三角高程测量数据中推算出来，然后再取平均值才较为可靠。

5.11.4　三角高程测量的精度

1. 观测高差中误差

三角高程测量的精度受垂直角观测误差、仪器高和觇标高的量测误差、大气折光误差和垂线偏差变化等诸多因素的影响，而大气折光和垂线偏差的影响可能随地区不同而有较大的变化，尤其大气折光的影响与观测条件密切相关，如视线超出地面的高度等。因此不可能从理论上推导出一个普遍适用的计算公式，而只能根据大量实测资料，进行统计分

析，才有可能求出一个大体上足以代表三角高程测量平均精度的经验公式。

根据各种不同地理条件的约 20 个测区的实测资料，对不同边长的三角高程测量的精度统计，得出下列经验公式

$$M_h = P \cdot s \tag{5-91}$$

式中，M_h 为对向观测高差中数的中误差；s 为边长，以 km 为单位；P 为每公里的高差中误差，以 m/km 为单位。

根据资料的统计结果表明，P 的数值在 $0.013 \sim 0.022$ 之间变化，平均值为 0.018，一般取 $P = 0.02$，因此 (5-91) 式为

$$M_h = \pm 0.02s \tag{5-92}$$

(5-92) 式可以作为三角高程测量平均精度与边长的关系式。

考虑到三角高程测量的精度，在不同类型的地区和不同的观测条件下，可能有较大的差异，现在从最不利的观测条件来考虑，取 $P = 0.025$ 作为最不利条件下的系数，即

$$M_h = \pm 0.025s \tag{5-93}$$

公式 (5-93) 说明高差中误差与边长成正比例的关系，对短边三角高程测量精度较高，边长愈长精度愈低，对于平均边长为 8km 时，高差中误差为 $\pm 0.20m$；平均边长为 4.5km 时，高差中误差约为 0.11m。可见三角高程测量用短边传递高程较为有利。为了控制地形测图，要求高程控制点高程中误差不超过测图等高的 1/10，对等高距为 1m 的测图，则要求 $M_h \leqslant \pm 0.1m$。

(5-93) 式是作为规定限差的基本公式。

2. 对向观测高差闭合差的限差

同一条观测边上对向观测高差的绝对值应相等，或者说对向观测高差之和应等于零，但实际上由于各种误差的影响不等于零，而产生所谓对向观测高差闭合差。对向观测也称往返测，所以对向观测高差闭合差也称为往返测高差闭合差，以 W 表示

$$W = h_{1,2} + h_{2,1} \tag{5-94}$$

以 m_W 表示闭合差 W 的中误差，以 m_{h_0} 表示单向观测高差 h 的中误差，则由 (5-94) 式得

$$m_W^2 = 2m_{h_0}^2$$

取两倍中误差作为限差，则往返测观测高差闭合差 $W_限$ 为

$$W_限 = 2m_W = \pm 2\sqrt{2} m_{h_0} \tag{5-95}$$

若以 M_h 表示对向观测高差中误差，则单向观测高差中误差可以写为

$$m_{h_0} = \sqrt{2} Ms_h$$

顾及 (5-93) 式，则上式为

$$m_{h_0} = 0.025\sqrt{2} s$$

再将上式代入 (5-95) 式得

$$W_限 = \pm 2\sqrt{2} \times 0.025\sqrt{2} s = \pm 0.1s \tag{5-96}$$

(5-96) 式就是计算对向观测高差闭合差限差的公式。

3. 环线闭合差的限差

如果若干条对向观测边构成一个闭合环线，其观测高差的总和应该等于零，当这一条件不能满足时，就产生环线闭合差。最简单的闭合环是三角形，这时的环线闭合差就是三

角形高差闭合差。

$$W = h_1 + h_2 + h_3$$

以 m_W 表示环线闭合差中误差；m_{h_i} 表示各边对向观测高差中数的中误差，则

$$m_W^2 = m_{h_1}^2 + m_{h_2}^2 + m_{h_3}^2$$

对向观测高差中误差 m_{h_i} 可用(5-93)式代入，再取两倍中误差作为限差，则环线闭合差 $W_{限}$ 为

$$W_{限} = 2m_W = \pm 0.05\sqrt{\sum s_i^2} \tag{5-97}$$

5.11.5　垂线偏差对三角高程测量的影响

在 5.11.1 小节中推导三角高程测量的基本公式时，是假定测站点的垂线和法线方向一致的，并未顾及垂线偏差对于观测垂直角的影响。

我们知道，参考椭球经过定位，就确定了它和大地体之间的关系。但是，即使参考椭球元素和定位都很恰当，大地水准面对于椭球面在高度上还是有一定的差异，这种差异一般称为大地水准面差距。此外，大地水准面和椭球面在切向上还有倾斜，也就是大地水准面上某点的垂线(重力方向)与对于椭球面的法线并不重合，而两者之间有一夹角，一般称此夹角为垂线偏差。

下面将讨论垂线偏差对观测垂直角和高差的影响。

在图 5-61 中，u_1 为测站 A 的垂线偏差在视线 AB 垂直面内的分量。在测站 A 观测 B 点所得的垂直角为 $\alpha_{1,2}$，而经过垂线偏差改正后的椭球面垂直角为 $(\alpha_{1,2})$。由图 5-61 可见

$$(\alpha_{1,2}) = \alpha_{1,2} + u_1 \tag{5-98}$$

前面推导的公式，是直接用观测的垂直角来计算高差的，现在如果用椭球面垂直角来计算，则将对最后高差产生影响。(5-83)式中的 $\tan\alpha_{1,2}$ 此时变为

$$\tan(\alpha_{1,2}) = \tan(\alpha_{1,2} + u_1)$$
$$= \tan\alpha_{1,2} + u_1 \frac{1}{\cos^2\alpha_{1,2}}$$

而由于垂直角 $\alpha_{1,2}$ 极接近于 $0°$，故上式中可以认为 $\cos^2\alpha_{1,2} = 1$，于是得

$$\tan(\alpha_{1,2}) = \tan\alpha_{1,2} + u_1$$

如果用 $(H_B)-(H_A)$ 表示经过垂偏差改正后所得的 A、B 两点的椭球面高差，则由(5-83)式可得

$$(H_B) - (H_A) = h_{1,2} + u_1 s \tag{5-99}$$

改正数 $u_1 s$ 就是说明测站点 A 与 AB 垂直面内的垂线偏差对于椭球面高差的影响。

现在再来看如何由椭球面高差归算为正高高差。由图 5-61 可见，A 点的椭球面高程为

$$(H_A) = H_{正}^A + e_1$$

同理可得 B 点的椭球面高程

$$(H_B) = H_{正}^B + e_2$$

式中 e_1、e_2 分别表示在 A 点和 B 点的大地水准面差距。

由以上两式可得 A、B 点的正高高差

$$H_{正}^B - H_{正}^A = (H_B) - (H_A) - (e_2 - e_1) \tag{5-100}$$

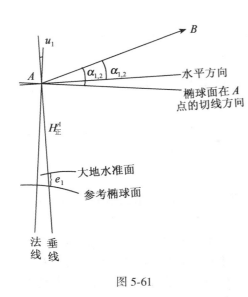

图 5-61

式中 (e_2-e_1) 为大地水准面超出椭球面的高差之差，它主要是由于在 AB 垂直面内的垂线偏差所形成的。由重力测量和地球形状学可知

$$e_2 - e_1 = \int_{AB} u\mathrm{d}s \qquad (5-101)$$

如果引用平均垂线偏差 u_m 这个符号，它代表

$$u_m = \frac{\int_{AB} u\mathrm{d}s}{s}$$

于是(5-101)式可写为

$$e_2 - e_1 = u_m s \qquad (5-102)$$

将上式代入(5-100)式得

$$H_{正}^B - H_{正}^A = (H_B) - (H_A) - u_m s \qquad (5-103)$$

式中，$-u_m s$ 表示由椭球面高差归算为正高高差的改正数。

联合(5-99)式和(5-103)式得

$$H_{正}^B - H_{正}^A = h_{1,2} + u_1 s - u_m s = h_{1,2} + (u_1 - u_m)s$$
$$(5-104)$$

式中，$h_{1,2}$ 是不顾及垂线偏差对观测垂直角的影响，直接按(5-83)式计算所得的高差。为了将它归算为正高高差，必须加一个改正项 $(u_1-u_m)s$，其中 u_1 是测站 A 在观测方向的垂线偏差，而 u_m 是沿着观测方向各点的平均垂线偏差。

在对向观测按(5-87)式计算高差时，为了顾及垂线偏差的影响和归算为正高高差，显然应加入的改正项为

$$\left(\frac{u_1 + u_2}{2} - u_m\right)s \qquad (5-105)$$

根据(5-104)式，单向观测时，当 $u_1 - u_m \approx 0$，改正数将为零。对向观测时，当改正项 $\frac{u_1+u_2}{2} - u_m \approx 0$ 时，改正数将为零。由此得出结论：

单向观测时，如果沿着视线方向的垂线偏差变化很小，u_1 将与 u_m 相差很小，这时按(5-83)式所算得的高差可以认为不受垂线偏差的影响，而且得出的就是正高高差。

对向观测时，只要沿着视线方向的垂线偏差随距离而均匀地变化，$(u_1+u_2)/2$ 将与 u_m 相差很小，这时按(5-87)式所算得的高差可以认为不受垂线偏差的影响，而且得出的就是正高高差。在起伏不很大的地区，当视线不很长时，一般可以假定垂线偏差是差不多均匀地变化着，这时按(5-87)式所算得的高差实际上与正高高差相差不多，可以与几何水准测量所得的结果直接比较。当然在大山区这一改正项 $(u_1+u_2/2)-u_m$ 还是相当大的。

5.11.6 电磁波测距三角高程测量的应用前景

以三角高程测量传递高程有其简便灵活，受地形条件限制较少等优点，但由于有诸多因素的影响，使三角高程测量的精度很难有显著的提高，也就限制了三角高程测量的应用范围。在诸多因素中尤以边长误差、垂直角误差以及折光影响更甚。人们根据这些误差的

性质及其对三角高程测量的影响规律作了不少探讨与分析，旨在提高三角高程测量的精度，以便在实际工作中能较为广泛的应用，在一定条件下替代相应等级的几何水准测量。

当今由于先进的精密的测距仪器相继问世，使测距精度有较为显著的提高，特别短边测距精度可在毫米以内；对折光误差影响的研究也有了长足的进展；照准目标的标志的改进和采取必要的观测措施，使垂直角的观测精度得到进一步提高。有实践证实，应用电磁波测距三角高程测量方法，在过河传递高程中已有可能达到一等的精度；在短边的工程变形观测中传递高程的误差可小于 1mm；原武汉测绘科技大学在湖北省崇阳地区用 DI-20+T2 进行跳站式高程导线试验，平均视线长度为 290m，其结果达到三等几何水准测量的精度；长江流域规划办公室在 9km 过江传递高程时，照准目标采用了专门设计的发光标志，使其光亮能调节得恰到好处，以利于照准和提高观测精度，并经实践证实，在阴雾天气也可进行观测，从而减弱了照准误差和折光的影响。

在三角高程测量中折光影响与距离平方成正比，因此，根据分析论证，对于短边三角高程测量在 400m 以内的短距离传递高程，大气折光的影响不是主要的。只要遵循在最佳时刻进行测距和在 11～14h 观测垂直角，采用合适的照准标志，精确地量取仪器高和目标高，达到毫米级的精度是有其可能的。

根据当前大量试验结果证实，在范围不大，路线不长或跨越山谷、河流、连测岛屿等进行水准测量不便的地区，应用电磁波测距三角高程测量较为有利，如果采用相应精度的测距仪和经纬仪并采取必要的观测措施，可以达到三等水准测量的精度。

随着实践经验的不断丰富，认识的不断提高，先进仪器设备的不断发展，电磁波测距三角高程测量在工程测量领域中的应用有其光辉的前景。

第6章　GPS 卫星定位技术基础

全球定位系统 GPS 是美国国防部研制的全球性、全天候、连续的卫星无线电导航系统，它可提供实时的三维位置、三维速度和高精度的时间信息。GPS 系统的建立为测绘工作提供了一个崭新的定位测量手段。由于 GPS 定位技术具有精度高、速度快、成本低的显著优点，因而在城市与工程控制网的建立、更新与改造中得到了日益广泛的应用。本章主要讨论 GPS 定位的基本原理及其在测量控制网布设中的应用。

6.1　人造卫星轨道理论简介

从理论力学可知，人造卫星主要是在地球引力作用下运动。如果我们把地球看做是一个密度均匀或由密度均匀的同心球层构成的圆球，周围没有空气，则地球对外部一点的引力就等于一个位于球心且质量为地球总质量的质点对该点的引力。如果暂且不考虑作用在卫星上的其他作用力(如日、月对卫星的引力、大气阻力等)，并把卫星也看成一个质点，那么人造卫星的运动将遵循开普勒行星运动的 3 条定律，在这种情况下求得的卫星轨道称为人卫正常轨道。

根据开普勒第一定律，卫星的轨道是一个椭圆，地球质心是椭圆的一个焦点(图6-1)。

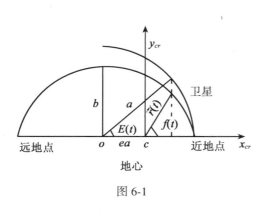

图 6-1

为了便于推求卫星在空间的位置，现引进一个轨道坐标系，它以地心 C 为坐标原点，x_{cr} 轴指向近地点，y_{cr} 轴位于轨道平面上，指向 x_{cr} 轴沿逆时针方向转动 $90°$ 的方向，z_{cr} 轴垂直于轨道平面，并构成右手坐标系。设 a 为椭圆的长半轴，b 为短半轴，e 为第一偏心率($e = \sqrt{a^2 - b^2}/a$)，则卫星在 t 时刻的位置可表示为

$$\vec{r}_{cr}(t) = \begin{pmatrix} x_{cr}(t) \\ y_{cr}(t) \\ z_{cr}(t) \end{pmatrix} = \begin{pmatrix} a[\cos E(t) - e] \\ b\sin E(t) \\ 0 \end{pmatrix}$$

(6-1)

式中，$E(t)$ 是时刻 t 卫星的偏近点角。

图 6-1 中 $f(t)$ 是卫星的真近点角。$E(t)$ 与 $f(t)$ 有如下关系

$$\tan f(t) = \frac{\sqrt{1 - e^2}\sin E(t)}{\cos E(t) - e}$$

(6-2)

根据开普勒第二定律，卫星运动的速度是不均匀的，在相等的时间间隔内，卫星和地心的连线扫过相同的面积，这就意味着卫星在近地点速度最快，在远地点最慢。为了计算

方便，引入平均角速度 $\overline{n}$，定义为

$$\overline{n} = \frac{2\pi}{T} \qquad (6\text{-}3)$$

式中，T 为卫星运转的周期。

由开普勒第三定律可知，卫星运转周期的平方与轨道长半轴立方成正比。牛顿扩展了这个定律，得出卫星运转周期的计算公式为

$$T^2 = \frac{4\pi^2 a^3}{G(M+m)} \qquad (6\text{-}4)$$

式中，G 为万有引力常数；M 是地球质量；m 是卫星质量。

忽略 m，将 $(6\text{-}4)$ 代入 $(6\text{-}3)$ 式可得

$$\overline{n} = \sqrt{\frac{GM}{a^3}} \qquad (6\text{-}5)$$

现引入卫星的平近点角

$$\overline{M}(t) = \overline{n}(t - t_p) \qquad (6\text{-}6)$$

式中，t_p 为卫星通过近地点的时刻。

根据椭圆轨道的开普勒方程

$$\overline{M}(t) = E(t) - e\sin E(t) \qquad (6\text{-}7)$$

用逐次迭代法就能由 $\overline{M}(t)$ 计算出卫星的偏近点角 $E(t)$，即作如下计算

$$\left.\begin{array}{l} E_1(t) = \overline{M}(t) \\ E_i(t) = \overline{M}(t) + e\sin E_{i-1}(t) \qquad i = 2, 3, \cdots, n \end{array}\right\} \qquad (6\text{-}8)$$

直到 $E_n(t)$ 与 $E_{n-1}(t)$ 之差小于给定的迭代限差为止。

卫星轨道平面和地心坐标系 $C\text{-}X_TY_TZ_T$ 的关系如图 6-2 所示。倾角 i 和升交点的赤经 Ω 确定了轨道平面和赤道平面的关系，而近地点幅角 ω 确定了椭圆在轨道平面上的方位，长半轴 a 与第一偏心率 e 确定了椭圆的形状与大小，卫星通过近地点的时刻 t_p 提供了卫星在轨道上运动的参考时刻。由此可见，根据上述 6 个开普勒元素，即 a，e，Ω，i，ω 和 t_p，就可表示卫星在空间的位置及其运动规律。这 6 个元素也称为 6 个轨道根数。

$(6\text{-}1)$ 式给出了卫星在轨道坐标系中的坐标。通过坐标转换即可求得卫星在地心坐标系中的坐标，其换算公式为

$$\vec{r}_T(t) = \boldsymbol{R}_3(-\beta) \cdot \boldsymbol{R}_1(-i) \cdot$$
$$\boldsymbol{R}_3(-\omega) \cdot \vec{r}_{cr}(t) \qquad (6\text{-}9)$$

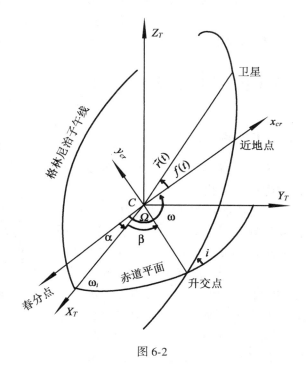

图 6-2

289

式中，$\beta=\Omega-a_G$ 为升交点的经度，a_G 为零经度线的赤经，$\boldsymbol{R}_1$、$\boldsymbol{R}_3$ 分别为绕 X 轴和 Z 轴的旋转矩阵。

将式(6-9)展开得

$$\begin{pmatrix} x_T \\ y_T \\ z_T \end{pmatrix} = \begin{pmatrix} \cos\beta\cos\omega - \sin\beta\sin\omega\cos i & -\cos\beta\sin\omega - \sin\beta\cos\omega\cos i & \sin\beta\sin i \\ \sin\beta\cos\omega + \sin\beta\sin\omega\cos i & -\sin\beta\sin\omega + \cos\beta\cos\omega\cos i & -\cos\beta\sin i) \\ \sin\omega\sin i & \cos\omega\sin i & \cos i \end{pmatrix} \begin{pmatrix} x_{cr} \\ y_{cr} \\ z_{cr} \end{pmatrix}$$

(6-10)

由图 6-1 可知

$$\begin{pmatrix} x_{cr} \\ y_{cr} \\ z_{cr} \end{pmatrix} = r \begin{pmatrix} \cos f \\ \sin f \\ 0 \end{pmatrix}$$

(6-11)

式中，f 即为图 6-1 中的 $f(t)$。

将式(6-11)代入式(6-10)可得

$$\begin{pmatrix} x_T \\ y_T \\ z_T \end{pmatrix} = \begin{pmatrix} \cos\beta\cos(\omega+f) - \sin\beta\cos i\sin(\omega+f) \\ \sin\beta\cos(\omega+f) + \cos\beta\cos i\sin(\omega+f) \\ \sin i\sin(\omega+f) \end{pmatrix}$$

(6-12)

式中，$(\omega+f)$ 表示卫星离开升交点的角距。

最后需要指出，由于地球不是一个质量对称的球体，而是一个赤道上鼓起的椭球，同时卫星除受到地球的万有引力外还要受到其他一些外力(如日、月引力，大气阻力等)的作用，因而卫星的实际轨道当然不会和正常轨道完全一致。一般是将正常轨道作为实际轨道的一次近似，设法求出在各种因素影响下卫星偏离正常轨道的改正量，从而求得卫星的实际轨道。实际上 6 个轨道参数都是时间的函数，全球定位系统卫星将不断播发这些参数及其他轨道改正参数。

6.2 GPS 系统的构成与 GPS 信号

6.2.1 GPS 系统的构成

GPS 系统包括空间(卫星)、地面控制站和用户(接收机)3 个部分。

空间部分由 24 颗卫星(21 颗工作卫星和 3 颗在轨备用卫星)组成星座(图 6-3)，均匀分布在 6 个倾角为 55°的近似圆形轨道上，每个轨道有 4 颗卫星，轨道距地面高度约 20 200 km。卫星绕地球一周需要 12 个小时(恒星时)。这样，地球上任何地方、任何时刻都能收到至少 4 颗卫星发射的信号。GPS 卫星可连续地向空间和地面发射调制有多种信息的无线电信号，供用

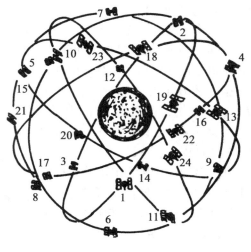

图 6-3

户定位、导航和收时用。

GPS 卫星可划分成 3 组,分别称为 Block Ⅰ、Block Ⅱ 和 Block Ⅱ R 卫星。

在 1978—1985 年期间,美国共研制和发射了 11 颗 Block Ⅰ 卫星,用于 GPS 系统的工程试验,称为试验卫星,到 1993 年 1 月只有其中 4 颗仍能正常工作。Block Ⅱ(包括 Block Ⅱ A)卫星共计划发射 28 颗,称为工作卫星。截至 2008 年 1 月,该系统已有 30 颗 GPS 卫星在轨道上运行。表6-1给出了部分已发射的卫星运行状况。表中 PRN 编号是 GPS 卫星所采用的伪随机噪声码(Pseudo Random Noise Code,简称为 PRN Code)编号。第三组卫星 Block Ⅱ R(又称替代卫星 Replenishment Salellites)正处于研制之中,有的已经投入运行。

表 6-1 部分 GPS 卫星运行概况

序　　号	9PRN 编号	发射日期	进入工作日期	停止工作日期
第一组(Block Ⅰ)				
1	4	78-03-22	78-03-29	85-07-17
2	7	78-05-13	78-07-14	81-07-16
3	6	78-10-06	78-11-13	92-05-18
4	8	78-12-10	79-01-08	89-10-14
5	5	80-02-09	80-02-27	83-11-28
6	9	80-04-26	80-05-16	91-03-06
7		81-12-18	发射失败	
8	11	83-07-14	83-08-10	
9	13	84-06-13	84-07-19	
10	12	84-09-08	84-10-03	
11	3	85-10-01	85-10-30	
第二组(Block Ⅱ)				
12	14	89-02-14	89-04-15	
13	2	89-06-10	89-08-10	
14	16	89-08-18	89-10-14	
15	19	89-10-21	89-11-23	
16	17	89-12-11	90-01-06	
17	18	90-01-24	90-02-14	
18	20	90-03-26	90-04-18	
19	21	90-08-02	90-08-22	
20	15	90-10-01	90-10-15	
第二组(Block Ⅱ A)				
21	23	90-11-26	90-12-10	
22	24	91-07-04	91-08-30	
23	25	92-02-23	92-03-24	
24	28	92-04-10	92-04-25	
25	26	92-07-07	92-07-23	
26	27	92-09-09	92-09-30	
27	32	92-11-22	92-12-11	
28	29	92-12-18	93-01-10	

GPS 地面控制站目前有 5 个，位于美国的科罗拉多·斯平士（Colorado Springs）与夏威夷（Hawaii），大西洋的阿森松（Ascension），印度洋的狄哥·伽西亚（Diego Garcia）以及太平洋的卡瓦加兰（Kwajalein）。这 5 个监控站的精确坐标是已知的，它们通过连续接收卫星信号对卫星的轨道、时钟及其工作状况进行监视，并将监测数据传输到位于科罗拉多·斯平士的主控站，经过数据处理求得卫星轨道参数与时钟改正，这些数据连同导航数据再由 3 个注入站（阿森松，狄哥·伽西亚和卡瓦加兰）注入卫星。当卫星位置偏离设计位置较远时，主控站还负责校正卫星的轨道，当某个卫星发生故障时，主控站可以指挥备用卫星取代该卫星的位置。

用户部分的主要任务是利用卫星接收机接收来自卫星的无线电信号并进行加工处理，以获得导航电文和距离观测量，再经过数据计算求得接收机的空间位置。

6.2.2 GPS 信号结构

GPS 卫星连续地发射 L 波段的两个无线电载波信号 L_1 和 L_2，其频率分别为

$$f_1 = 1\ 575.42\text{MHz}, \quad f_2 = 1\ 227.60\text{MHz}$$

载波上调制了伪随机噪声码（PRN Code）和导航电文。

所谓伪随机噪声码，就是指一种可以预先确定并可以重复地产生和复制，又具有随机统计特性的二进制码序列。GPS 卫星使用两种伪随机噪声码：精密测距码（Precise Code），简称 P-码或精码，和粗捕获码（Coarse Aquisition Code），简称 C/A-码或粗码。

两种 PRN 码与两种载波的特征及其可能达到的测距精度列于表 6-2。

表 6-2

	码序列长度	频　　率	波　　长	分解率（波长的 1%）
C/A-码	$1\text{ms} \approx 300\text{km}$	1.023MHz	293.26m	3m
P-码	$267\text{d} \approx 6.9 \times 10^{15}\text{km}$	10.23MHz	29.33m	0.3m
L_2	—	1 277.60MHz	24.43cm	2.4mm
L_1	—	1 575.42MHz	19.05cm	1.9m

如图 6-4 所示，卫星发出的信号均由一个基本频率 $F_0 = 10.23\text{MHz}$ 的振荡器产生。两个载波频率分别为 $154F_0(L_1)$ 和 $120F_0(L_2)$，两个伪随机噪声码频率分别为 F_0（P-码）和 $0.1F_0$（C/A-码）。载波上有 3 种相位调制，两个载波的余弦波均被 P-码所调制。伪随机噪声码（P-码）相位调制可表达为

$$y = P(t)\cos(2\pi f_i t + \varphi_P^i) \tag{6-13}$$

式中，f_i 为载波频率；φ_P^i 为初相，$i = 1$ 或 2 表示载波 L_1 或 L_2，振幅函数 $P(t)$ 是 +1 和 −1 的时间序列，+1 不改变载波相位，−1 使载波相位变化 180°。载波 L_1 的正弦波被 C/A-码调制，其表达式为

$$y = c(t)\sin(2\pi f_1 t + \varphi_c) \tag{6-14}$$

此外，正弦波和余弦波上都调制了 1 500bit 的数据串 $D(t)$（也称为导航电文），数据串包括卫星轨道参数（也称为广播星历参数）、卫星时钟改正参数、卫星工作状态以及其他卫星的情况等，导航电文传送率为 50BPS（bit/s）。

载波的正弦波和余弦波有不同的振幅 A_c 和 A_p，正弦波比余弦波强 3～6dB，因此接收

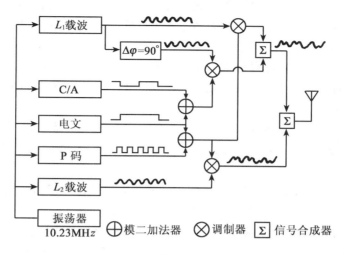

図 6-4

C/A-码比接收 P-码容易。GPS 卫星所发出的信号可以写成

$$A_P D(t)P(t)\cos(2\pi f_1 + \varphi_P') + A_P D(t)P(t)\cos(2\pi f_2 t + \varphi_P^2) +$$
$$A_C D(t)C(t)\sin(2\pi f_1 t + \varphi_C) \tag{6-15}$$

必须指出，由于美国采取选择可用性政策和反电子欺骗(Anti-Spoofing，简称 A-S)政策，单点绝对定位精度下降至 100m 左右，P-码将改变为 Y 码，并对民用保密。

6.2.3 GPS 接收机

1. 一般概念

我们知道，GPS 系统由空间卫星星座、地面监控站和用户接收设备三大部分组成。在用户接收设备中，接收机是关键设备。接收机是指用户用来接收 GPS 卫星信号并对其进行处理而取得定位和导航信息的仪器。为此，它应包括接收天线(带前置放大器)，信号处理器(用于信号识别和处理)，微处理机(用于接收机的控制、数据采集和定位及导航计算)，用户信息显示、储存、传输及操作等终端设备，精密振荡器(用以产生标准频率)以及电源等。可见，这属于高科技产品。

如果按其组成构件的性质和功能，可将它们分为硬件部分和软件部分。

硬件部分系指上述接收机、天线及电源等硬件设备。软件部分系指支持接收硬件实现其功能并完成各种导航与测量任务的必备条件。一般说来，GPS 接收机软件包括内置软件和外用软件。内置软件是指控制接收机信号通道、按时序对每颗卫星信号进行量测以及内存或固化在中央处理器中的自动操作程序等。这类软件已和接收机融为一体。而外用软件系指处理观测数据的软件，比如，基线处理软件、网平差软件等，这种软件一般以磁盘或磁卡方式提供，通常所说的接收机软件系指这类软件系统。软件部分已构成现代 GPS 接收机测量系统的重要组成部分。一个品质优良、功能齐全的软件不但能方便用户使用，改善定位精度，提高作业效率，而且对开发新的应用领域都有重要意义，因此软件的质量与功能已是反映现代 GPS 测量系统先进水平的重要标志。

GPS 接收机可有多种不同的分类方法。

按接收机的工作原理，可分为码相关型接收机、平方型接收机、混合型接收机。

按接收机信号通道的类型，可分为多通道接收机、序贯通道接收机、多路复用通道接收机。

按接收的卫星信号频率，可分为单频接收机(L_1)、双频接收机(L_1，L_2)。

按接收机的用途，可分为导航型接收机、测量型接收机、授时型接收机。

2. GPS 接收机简介

目前，世界上已有多家测量仪器公司生产各种型号的 GPS 接收机，比如瑞士 Leica 公司、美国 Trimble 公司及日本 Topcon 公司等。现以 LeicaGPS 测量系统接收机为例介绍其主要特点。

徕卡公司于 1992 年推出 Wild200 双频 GPS 测量系统，1995 年又推出 Wild300 双频 GPS 测量系统。

Wild200/300 测量硬件是由双频 GPS 传感器（SR299/SR399）及手持式控制器（CR244/CR344）以及电源组成。硬件的主要特点是将天线前置放大器和主机部分合为一体，称为传感器（SR299/SR399），而将控制部分和记录部分合并为控制器（CR244/CR344），以便于外业测量工作。在 SKI 和 RT-SKI 软件系统支持下，进行观测数据的实时处理和事后处理。该测量系统水平定位的标称精度是（$5mm+1ppm \times D$）。在这里要特别指出的是，新型传感器 SR399，改善了跟踪技术，不仅可以在恶劣的作业条件下工作，而且还缩短了观测时间，提高了作业效率。

徕卡公司于 20 世纪末推出了跨世纪产品 Leica GPS500 系列测量系统，其传感器有三种型号，分别为 SR510、SR520、SR530，硬件和软件都进行了重新设计，其质量和性能实现了更新换代，有独特之处。

SR500 系列传感器 SR510 是单频接收机，12 个通道同步接收技术，测量方式：静态、快速静态、动态、L_1 伪距与相位观测值，C/A 码窄相伪距及精码伪距，能满足常规测量需要。

SR500 系列传感器 SR520 是双频接收机，$12L_1$ 和 $12L_2$ 信号通道，能满足精密大地测量需要。

SR500 系列传感器 SR530 是该系列最高档次双频接收机，$12L_1$ 和 $12L_2$ 信号通道，接收机内置 RTK 功能。

SR500 系列传感器的共同特点是：从开机到相位输出不超过 30 秒，所有伪距及相位观测值均为独立输出，点位更新率从 0.1 秒（10Hz）至 60 秒自由选择，点位输出时间延迟不超过 30 毫秒。数据存储介质：徕卡 ATA 内存 PCMCIA 卡（4MB，10MB，85MB）及徕卡 SRAMPCMCIA 卡。PCMCIA 卡是 PC 卡，是一种标准格式，卡的大小及插头都是标准制式，使用它，不同机型仪器之间的数据可以互换和共享）。内存芯片 4MB 或 10MB。存储的数据量（L_1 与 L_2 同步跟踪 5 颗卫星）：每小时记录 390KB（每秒一次记录速率）及每小时记录 26KB（每 15 秒一次记录速率）。

SR510 和 SR520 各有三个 RS232 接口，而 SR530 有四个 RS232 接口。都使用 SKI-Pro 后处理基线软件。但在 SR530 中还有 RTK 实时测量基线处理软件。在 RTK 下，初始化时间一般不大于 30 秒，OTF 动态初始化可靠率大于 99.9%，每个 RTK 解始终处于监控与检核之中。不加锁的功能有：计划的编制，数据及项目管理，数据传输，ASCII 的输入及输出，调阅与编辑，报告编制等。加锁的功能有：L_1 或 $L_1 + L_2$ 的数据处理，坐标变换及地图投影，控制网设计及平差计算，GIS/CAD 输出，RINEX 格式输出等。

Leica GPS500 系列测量系统所使用的接收天线：AT501/502 是单/双频精密微带接收天线，AT503/504 是双频扼流圈环状天线。

Leica GPS500 系列测量系统支持 GSM 移动电话进行数据实时通信，亦即它是唯一可使用 GSM 移动电话进行实时数据通信的 GPS 测量系统。

徕卡公司于 21 世纪初推出了全新产品 Leica GPS1200 系列测量系统，这是一类新型、高端的双频 GPS/GNSS 接收机测量系统。该系统由 GX1200 系列和 GRX1200 系列接收机、RX1200 用户界面操作系统、相应的天线、徕卡测量办公软件（LGO）以及参考站软件等组成。下面分别作简单介绍。

Leica GPS1200 系列接收机，其型号及主要特征：

GX1230：12L_1 和 12L_2 信号通道，码伪距及载波相位，接收机内置 RTK 功能。

GX1220：12L_1 和 12L_2 信号通道，码伪距及载波相位。

GX1210：12L_1 信号通道，码伪距及载波相位。

GX1200：12L_1 和 12L_2 信号通道，码伪距及载波相位，接收机内置 RTK 功能，带有功能选择插口。

GRX1200：12L_1 和 12L_2 信号通道，码伪距及载波相位，接收机内置 RTK 功能，供参考站用。

GX1200Pro：12L_1 和 12L_2 信号通道，码伪距及载波相位，接收机内置 RTK 功能，带有功能选择插口及振荡器和网络插口，供参考站用。

LeicaGPS1200 系列接收天线，其型号及主要特征：

AX1201：高 6.2cm，直径 17.0cm。L_1 灵敏性跟踪天线。嵌入在防护基板上。用于 GX1210 接收机。

AX1202：高 6.2cm，直径 17.0cm。L_1/L_2 灵敏性跟踪天线。嵌入在防护基板上。用于 GX1220 或 GX1230 接收机。

AT504：高 14.0cm，直径 38cm。L_1/L_2 灵敏性跟踪天线。嵌入在防护基板上。是镀金的、经过极化处理后的扼流圈并设有环形防护设施的天线。用于 GX1220 或 GX1230 或 GRX1200 或 GRX1200Pro 接收机。用于高精度测量中，比如，长基线高精度静态测量，电离层监测以及 RTK 参考站。

徕卡测量办公软件（Leica Geo Office，简称 LGO）主要含有系统的标准软件和常用的应用程序。其主要功能是：数据后处理，建立和编辑编码目录，编辑坐标，建立和编辑格式文件，在接收机和 PC 之间进行数据传输，装填或删除系统软件和应用程序等。

徕卡参考站用软件（Leica GPS Spider）主要是为 GRX1200 及 GRX1200Pro 的需要而建立的。其主要功能是：从 PC 对 GPS1200 直接或遥控连接，自动地将数据转为 RINEX 格式，操纵 GPS 接收机作业，自动管理档案数据文件，监测接收机工作状态，自动分配 FTP 地址以及自动下载原始数据等。

为了测评该型接收机的质量，荷兰德尔芙特大学分别于 2003 年 12 月底和 2004 年 1 月初进行了接收机性能测试。作为参考和比较，Leica SR530 和 Trimble 5700 两种高端 GPS 接收机系统也同时参与测试。所有接收机都是双频、12 通道 GPS 接收机，均可提供 L_1 和 L_2 上的码（伪距）和（载波）相位观测值，AS（Anti-Spoofing）下也同样提供以上观测值。L_2 上的观测值则通过无码技术获得。

对 Leica GPS1200 接收机的测试主要从零基线和 10m 基线的测量两方面进行，通过 Leica GPS1200，Leica SR530 和 Trimble 5700 的相互比较，给出观测值质量（精度、可靠度）的评价，通过长时间不间断的"观测值数量"方面的检测，衡量接收机的"信号跟踪能力"和"多路径敏感度"，进而评价接收机跟踪卫星的能力和质量。下面是检测报告的有关结论：

"对于 Leica GPS1200 接收机，相位观测值精度可以达到毫米级，而码观测值精度可达到厘米级；距离观测中没有出现严重偏差。通过单历元精密定位，对于零基线和短基线而言，Leica GPS1200 基线分量的标准差比 Leica SR530 和 Trimble 5700 接收机要好一些。尽管所有接收机或多或少都受到多路径效应的影响，但 Leica GPS1200 接收机 L_1 和 L_2 的相位残差噪声比 Leica SR530 和 Trimble 5700 接收机的要小。很大程度上，Leica GPS1200 接收机 C_1 和 P_2 的码观测值精度比 Trimble 5700 接收机要好。尽管如此，Leica GPS1200 的 C_1 和 P_2 码残差具有时间相关性，而 Trimble 5700 是或多或少呈现出白噪声特征，即没有时间相关性。对于所有的接收机，L_1 和 L_2 的载波相位观测值是相关的，Trimble 5700 的这种相关性比 Leica 接收机要大。"

"关于评价卫星跟踪能力和多路径影响。在观测中，接收机对 10 度高度角以上的卫星跟踪性能良好。结果显示，就完整历元数而言，Leica GPS1200 和 Trimble 5700 接收机表现得多少有些相似。但是 Leica GPS1200 接收机的观测历元数（包括完整的和不完整的）比 Trimble 5700 接收机的要多。所有多路径组合的标准差估计，Leica GPS1200 接收机 C_1 码和 P_2 码分别为 0.17m，0.21m，Trimble 5700 接收机 C_1 码和 P_2 码分别为 0.32m，0.33m。"

"综上所述，Leica GPS1200 接收机信号跟踪性能是比较好的。在 24 小时的观测中，相位观测值中周跳很少，码观测值中的异常值很少。在用于高精度定位的高端 GPS/GNSS 接收机市场上，Leica GPS1200 接收机确实代表了当今的发展水平。"

6.2.4　TPS 和 GPS 的集成——徕卡系统 1200-超站仪（System 1200-SmartStation）

电子经纬仪与电磁波测距仪的集成产生了电子全站仪。这种电子全站仪在大地测量及工程测量中发挥着重要作用，但也有一定的局限性。比如，必须在有控制点的情况下才能进行施工放样及测图等，另外作业影响范围很有限。GPS 的优点是大家共知的，但由于其必须保持对卫星通视条件下才能作业，因此在楼厦林立的城区，其作业将受到干扰或者不能作业。为了发挥两种技术的优点和弥补各自的缺陷，于是将它们集成，全功能的全站仪就应运而生了，这就是徕卡系统 1200-超站仪（System 1200-SmartStation）。

如图 6-5 是由 Leica GPS1200（a）+Leica TPS1200（b）集合而成徕卡测量系统 1200-超站仪（c）。这是世界上第一台 TPS 和 GPS 的集成系统。在地形测量、城区测量、地籍测量、建筑施工测量以及界线测量等许多实际工程测量领域有广泛的应用。下面简要介绍一下它的主要特点。

将 TPS 和 GPS 实现完美的结合，实际上是将 GPS 完全整合到 TPS 之中。因为所有 TPS1200 系列全站仪都可以同 GPS 组成 SmartStation，所有 GPS 的操作都应用 TPS 上的同一键盘，并且共用同一个储存器，数据用徕卡测量办公软件 LGO 统一处理并输出，包括数据输出、文件输出及图形输出等。

GPS 在 SmartStation 中的主要功能是：在没有控制点情况下，用 GPS 取得控制点坐

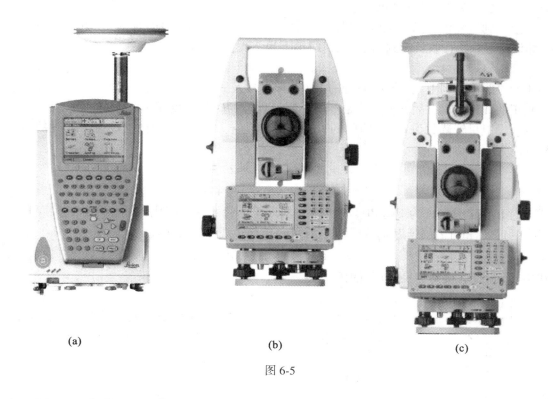

(a)   (b)   (c)

图 6-5

标，用 GPS 定位原理建立简单的工程网，当没有灵敏性跟踪天线时，GPS 利用 Smartstation 也可以作业。此外，还可取得卫星的状态信息及状况分布图等。建立 RTK 公共参考站，供多台仪器同时作业。用 GPS 定位，步骤十分简单。首先选择模式，"From GPS"，TPS 键盘上按下"GPS mode"，完成定位后，TPS 键再进入"TPS mode"即可。因此，只须操作几个键即可实现 GPS 定位功能。定位精度，在 50km 范围内，水平精度（10mm+1ppm），高程精度（20mm+1ppm）。可靠性达 99.99%。

另外，在徕卡测量系统 1200-超站仪下的徕卡测量办公软件 LGO 的功能更加全面和强大。

从上可见，徕卡系统 1200-超站仪具有杰出的卫星跟踪能力，即使在恶劣条件下也不减弱；具有完善的自检能力，确保 RTK 定位的可靠性；具有操作简单、容易、快速、坚固、耐用等优点。正因为如此，该系统开辟了一种新的测量领域和方法，在实际工程测量领域有广泛应用前景。

6.3 伪距法定位

6.3.1 伪距观测

无线电测距的基本原理是测定无线电波在待测距离上的传播时间（或称信号传播延迟）$d\tau$，按下式来求得距离

$$\rho = cd\tau \tag{6-16}$$

式中，c 为无线电波传播速度。

卫星到接收机之间的距离观测值 $\tilde{\rho}$，是根据卫星发射码信号的时刻（在卫星时钟上为 t）和该信号到达接收机时刻（在接收机时钟上为 T）之差求出：

$$\tilde{\rho} = c(T - t) \tag{6-17}$$

由于所测距离受到卫星钟与接收钟的误差影响，以及大气传播延迟误差的影响，因此它不是真正的几何距离，故称 $\tilde{\rho}$ 为伪距。GPS 测量理想的时间尺度是 GPS 标准时，现用 τ 来表示。设卫星钟读数为 t 这一瞬间的 GPS 标准时为 τ_a，接收机时钟读数为 T 时刻的 GPS 标准时为 τ_b，则有

$$\mathrm{d}T = T - \tau_b, \qquad \mathrm{d}t = t - \tau_a$$

或

$$T = \tau_b + \mathrm{d}T, \qquad t = \tau_a + \mathrm{d}t \tag{6-18}$$

式中，$\mathrm{d}t$，$\mathrm{d}T$ 分别称为卫星和接收机时钟的误差。将式（6-17）代入式（6-16），并顾及电离层延迟 d_I 和对流层延迟 d_T 的影响，则可写出伪距观测值表达式

$$\tilde{\rho} = \rho + c(\mathrm{d}T - \mathrm{d}t) + d_I + d_T \tag{6-19}$$

式中，ρ 为接收机到卫星的几何距离，且

$$\rho = c(\tau_b - \tau_a) \tag{6-20}$$

设 $\mathbf{r} = (x, y, z)$ 为卫星在地心坐标系中的位置矢量，可由卫星的轨道参数计算求得，$\mathbf{R} = (X, Y, Z)$ 为接收机在地心坐标系中的位置矢量，是待求的未知量，那么式（6-18）可进一步写成

$$\tilde{\rho} = |\mathbf{r} - \mathbf{R}| + c(\mathrm{d}T - \mathrm{d}t) + d_I + d_T \tag{6-21}$$

式中

$$|r - R| = \sqrt{(x - X)^2 + (y - Y)^2 + (z - Z)^2} \tag{6-22}$$

6.3.2 卫星坐标的计算

由卫星播放的导航电文，解码后得到 16 个描述卫星运动的参数，这 16 个参数每小时更新一次，其意义见表 6-3 和图 6-6。

表 6-3 　　　　　　　　　　　　　**GPS 卫星播送的轨道参数**

符 号	意 义	符 号	意 义
M_0	参考时刻平近地点角	ω	近地点幅角
Δn	卫星运动平均角速度改正	Ω	升交点赤经变化率
e	卫星轨道偏心率	i	倾角变化率
$\sqrt{a}$	椭圆轨道长半轴平方根	C_{uc}，C_{us}	纬度角距改正系数
Ω_0	参考时刻升交点赤经	C_{rc}，C_{rs}	轨道半径改正系数
i_0	参考时刻轨道倾角	C_{ic}，C_{is}	轨道倾角改正系数
t_{0e}	参考时刻		

计算步骤：

（1）已知常数。

WGS-84 坐标系中，引力常数和地球质量乘积 $\mu = 3.986\,005 \times 10^{14}\,\mathrm{m}^3/\mathrm{s}^2$，地球自转角

速度 $\omega_e = 7.292\ 115 \times 10^{-5} \text{rad/s}$。

（2）计算 t 时刻卫星的真近地点角 f_k。

计算 $t_k = t - t_{0e}$ 及平近地点角 $M_k = M_0 + (\sqrt{\mu}/\sqrt{a^3} + \Delta n) t_k$，再用迭代法解开普勒方程

$$M_k = E_k - e\sin E_k$$

求偏近地点角 E_k，进而算出

$$f_k = \arctan\left[\sqrt{1 - e^2} \cdot \sin E_k / (\cos E_k - e)\right]$$

（3）计算纬度角距 u_k、半径 r_k 和轨道倾角 i_k。

$$u_k = \omega + f_k + c_{uc}\cos2(\omega + f_k) + c_{us}\sin2(\omega + f_k)$$

$$r_k = a(1 - e\cos E_k) + c_{rc}\cos2(\omega + f_k) + c_{rs}\sin2(\omega + f_k)$$

$$i_k = i_0 + \dot{i}t_k + c_{ic}\cos2(\omega + f_k) + c_{is}\sin2(\omega + f_k)$$

（4）计算升交点经度。

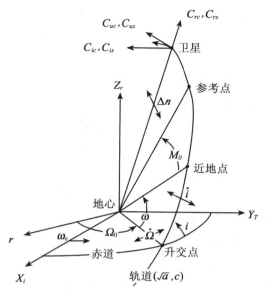

图 6-6

$$\lambda_k = \Omega_0 + (\dot{\Omega} - \omega_e)t_k - \omega_e t_{oe}$$

（5）计算卫星在地心坐标系 WGS-84 中的坐标。

$$\begin{pmatrix} X_k \\ Y_k \\ Z_k \end{pmatrix} = \begin{pmatrix} \cos\lambda_k\cos u_k - \sin\lambda_k\sin u_k\cos i_k \\ \sin\lambda_k\cos u_k + \cos\lambda_k\sin u_k\cos i_k \\ \sin u_k\sin i_k \end{pmatrix} \cdot r_k$$

6.3.3　伪距定位的解算

由式（6-20）可写出在 t 时刻接收机 α 观测卫星 $i(i = 1,\ 2,\ \cdots,\ s)$ 的伪距方程

$$\tilde{\rho}_\alpha^i = \sqrt{(x^i - X_\alpha)^2 + (y^i - Y_\alpha)^2 + (z^i - Z_\alpha)^2} + c(dT_\alpha - dt^i) + d_I^i + d_T^i,\ \forall i \quad (6\text{-}23)$$

设测站的近似坐标为 $(X_\alpha^0,\ Y_\alpha^0,\ Z_\alpha^0)$，对上式线性化可得误差方程式

$$l^i + v^i = a^{i1}\delta X_\alpha + a^{i2}\delta Y_\alpha + a^{i3}\delta Z_\alpha + cdT_\alpha \quad (6\text{-}24)$$

式中，v^i 为改正数，δX_α，δY_α，δZ_α 为近似坐标改正数，并有

$$\left. \begin{array}{l} a^{i1} = -(x^i - X_\alpha^0)/\rho_0^i \\ a^{i2} = -(y^i - Y_\alpha^0)/\rho_0^i \\ a^{i3} = -(z^i - Z_\alpha^0)/\rho_0^i \\ l^i = \tilde{\rho}_\alpha^i - \rho_0^i + cdt^i - d_I^i - d_T^i \\ \rho_0^i = \sqrt{(x^i - X_\alpha^0)^2 + (y^i - Y_\alpha^0)^2 + (z^i - Z_\alpha^0)^2} \end{array} \right\} \quad (6\text{-}25)$$

式中，d_I^i 与 d_T^i 可用有关的改正数模型预先算出，dt^i 可利用导航电文中的时钟改正系数求得。

对于所有观测的卫星 $(i = 1,\ 2,\ \cdots,\ s)$，可写出误差方程的矩阵形式

$$l + v = Ax \tag{6-26}$$

式中，l 为观测值向量；v 为改正数向量；x 为未知数向量

$$x = (\delta X_\alpha, \ \delta Y_\alpha, \ \delta Z_\alpha, \ \mathrm{d} T_\alpha)^\mathrm{T} \tag{6-27}$$

A 为系数矩阵。

显然，只要同时观测了 4 个以上的伪距（即观测 4 颗卫星），即可按最小二乘原理解算上述 4 个未知数。

通常假定所有伪距观测值精度相同，方差均为 σ_0^2，则可解得

$$\hat{x} = (A^\mathrm{T}A)^{-1}A^\mathrm{T}l \tag{6-28}$$

其协方差阵为

$$D_{xx} = \hat{\sigma}_0^2 (A^\mathrm{T}A)^{-1} = \hat{\sigma}_0^2 Q_{xx} \tag{6-29}$$

式中，$\hat{\sigma}_0^2$ 为方差估值。

上述未知数解通常也称为导航解。

众所周知，$Q_{xx} = (A^\mathrm{T}A)^{-1}$ 的对角线元素 q_{xx}，q_{yy}，q_{zz} 以及 q_{tt} 表示未知数估值的协因数，它反映出用卫星作地面站空间后方交会的几何图形强度。因此通常定义 Q_{xx} 对角线元素的函数为精度衰减因子（Dilution of Precision factor，简称 DOP-factor），也称为图形强度因子。例如定义几何图形强度因子 GDOP（Geometric Dilution of Precision）为

$$\mathrm{GDOP} = \sqrt{q_{xx} + q_{yy} + q_{zz} + q_{tt}} \tag{6-30}$$

位置图形强度因子 PDOP（Position Dilution of Precision）为

$$\mathrm{PDOP} = \sqrt{q_{xx} + q_{yy} + q_{zz}} \tag{6-31}$$

GDOP 与 PDOP 一般作为 GPS 网观测方案设计的一个精度指标，通常要求 GDOP 不大于 8，PDOP 不大于 6。

上述 DOP 值是属于地心地固坐标系的，即 WGS-84 坐标系。通过旋转矩阵 R 可进行地心坐标系与局部坐标系之间的坐标换算，局部坐标系一般是取该点的法线为第三轴（记为 h），在与 h 轴垂直的平面上，第一轴指向北（记为 n），第二轴指向东（记为 e）。设局部坐标系中的坐标向量为 $x' = (n, e, h)^\mathrm{T}$，则应用协因素传播律即可求得 x' 的协因素阵为

$$Q_{x'x'} = RQR^\mathrm{T} = \begin{pmatrix} q_{nn} & q_{ne} & q_{nh} \\ q_{en} & q_{ee} & q_{eh} \\ q_{hn} & q_{he} & q_{hh} \end{pmatrix} \tag{6-32}$$

式中

$$Q = \begin{pmatrix} q_{xx} & q_{xy} & q_{xz} \\ q_{yx} & q_{yy} & q_{yz} \\ q_{zx} & q_{zy} & q_{zz} \end{pmatrix}$$

由此可得水平位置图形强度因子为

$$\mathrm{HDOP} = \sqrt{q_{nn} + q_{ee}} \tag{6-33}$$

以及高程精度因子为

$$\mathrm{VDOP} = \sqrt{q_{hh}} \tag{6-34}$$

6.4 载波相位法相对定位

6.4.1 重建载波

由于接收机接收到的卫星信号是经过测距码和导航电文调制的，当调制信号从"0"变"1"或从"1"变"0"时载波相位均要变化180°，这使载波相位不连续，无法进行载波相位测量。因此，在载波相位测量之前，必须设法将调制在载波上的调制信号去掉，即进行所谓的解调工作，以重新获得载波，这一过程称为重建载波。

由于接收机类型及结构不同，重建载波的方法也不同。目前，一般采取两种方法来实现，其一是"码相关法"，其二是"平方法"。下面以平方法加以说明其原理。假设平方前的载波信号写为

$$Y(t) = A\cos(\omega t + \varphi) \tag{6-35}$$

经二进制调相后的信号则为

$$Y'(t) = \pm A\cos(\omega t + \varphi) \tag{6-36}$$

上式中振幅 A 前面的±号：当调制码为"1"部分时，载波相位变化180°，是为"–"号；当调制码为"0"部分时，载波相位不变，是为"+"号。要去掉调制信号（即去掉负号），最简单有效的方法是信号平方（或称自称），于是平方后得到

$$[Y'(t)]^2 = \frac{1}{2}A^2(1 + \cos(2\omega t + 2\varphi))$$

$$= \frac{1}{2}A^2 + \frac{1}{2}A^2\cos(2\omega t + 2\varphi) \tag{6-37}$$

由此可见，平方法重建的载波实际上不是原载波信号，而是它的二次谐波，即频率增加一倍，波长也为原来的一半。

6.4.2 载波相位观测值

由接收机测量的相位差是卫星钟面时 t 时刻的载波相位 $\varphi^s(t)$ 和由接收机钟面时 T 时刻所产生的载波相位 $\varphi_r(T)$ 之差，即有式

$$\varphi = \varphi_r(T) - \varphi^s(t) \tag{6-38}$$

若引入正确的标准时刻 τ_a、τ_b 及钟面改正数 V_t 及 V_T，则易知有式

$$\left.\begin{array}{c} T = \tau_b - V_T \\ t = \tau_a - V_t \end{array}\right\} \tag{6-39}$$

则式（6-37）可写成

$$\varphi = \varphi_r(\tau_b - V_T) - \varphi^s(\tau_a - V_t) \tag{6-40}$$

对于一个稳定的振荡器发射的频率，当时间有微小增量 Δt 时，该振荡器产生的信号的相位应有式

$$\varphi(t + \Delta t) = \varphi(t) + f \cdot \Delta t \tag{6-41}$$

又由于卫星相对接收机位置在相对变化，在接收机内将产生多普勒频移，故式（6-39）变为

$$\varphi = \varphi_r(\tau_b) - f_r V_T - (\varphi^s(\tau_a) - f^s V_t)$$

$$= \varphi_r(\tau_b) - f_r V_T - \varphi^t(\tau_a) + f^s V_t \tag{6-42}$$

式中，$\varphi_r(\tau_b) - \varphi^s(\tau_a)$ 是几何距离 R 所对应的相位；f^s 为卫星发射频率；f_r 为接收机收到的频率。

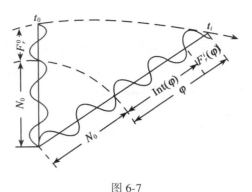

图 6-7

由于相位测量装置首次跟踪只能测出不足一周的小数部分，而整周数 N_0 无法测量；但当接收机从 t_0 时刻起连续跟踪卫星时，接收机不仅能记录出相位不足一周的小数部分 $F_r(\varphi)$，而且还能记数出从 t_0 到 t_i 时段内相位整周变化量 $\mathrm{Int}(\varphi)$，因此，t_i 时刻的相位值由 3 部分构成（详见图 6-7）

$$\varphi = F_r(\varphi) + \mathrm{Int}(\varphi) + N_0 \tag{6-43}$$

式中右端前两项是载波相位观测值，其中 $F_r(\varphi)$ 是不足一周的小数部分，$\mathrm{Int}(\varphi)$ 是跟踪后的整周变化部分，首次观测值 $\mathrm{Int}(\varphi)$ 为零，其他观测值中，$\mathrm{Int}(\varphi)$ 可为正整数，也可为负整数。上式右端第三项 N_0 是首次观测值所对应的整周数，只要保持接收机对卫星连续跟踪而不失锁，那么在每个载波相位观测值中都含有相同的整周数 N_0，显然它是一个未知数。如果由于某种原因使计数器无法连续计数，那么即使信号重新被跟踪，在整周计数 $\mathrm{Int}(\varphi)$ 中也会失去某些计数，这就产生所谓整周跳变（又称失周）。不足一周的小数部分 $F_r(\varphi)$，由于是瞬时观测值，因而不受整周跳变的影响，仍是正确的。从上可见，在载波相位测量中，如何探测并恢复周跳以及正确地确定整周未知数 N_0，是两个非常重要而又必须解决的问题。

当顾及电离层折射改正 d_I 及对流层折射改正 d_T 时，式（6-42）可写成

$$F_r(\varphi) + \mathrm{Int}(\varphi) + N_0 = f^s \cdot \frac{\rho + d_I + d_T}{c} - f_r V_T + f^s V_t \tag{6-44}$$

设载波相位观测值

$$\tilde{\varphi} = F_r(\varphi) + \mathrm{Int}(\varphi) \tag{6-45}$$

则有基本观测方程

$$\tilde{\varphi} = \frac{f}{c}(\rho + d_I + d_T) - f_r V_T + f^s V_t - N_0 \tag{6-46}$$

当卫星相对测站位置变化不大时，可认为 $f_r = f^s = f$，将上式两边均乘以 $\lambda = \dfrac{c}{f}$，则有式

$$\tilde{\rho} = \rho + d_I + d_T - cV_T + cV_t - \lambda \cdot N_0 \tag{6-47}$$

式中 $\tilde{\rho}$ 为接收机至卫星的伪距，ρ 为接收机至卫星的几何距离。

将此式同式（6-18）比较，并顾及式（6-16）及式（6-38），可知，载波相位测量观测方程与伪距测量观测方程，除在这里增加一个整周未知数 N_0 外，其他基本上没有什么不同。

6.4.3 周跳的探测与修复

如前所述，载波相位观测值中的整周数 $\mathrm{Int}(\varphi)$，是从 t_0 时刻开始至 t_i 时刻结束时由计数器累计下来的差频信号的整周数。如果由于某种原因（比如障碍物遮挡卫星信号等），卫星信号暂时被中断，使计数器在 $(t_0 - t_i)$ 期间的某些累计工作也中断，那么当恢复计数

后，在以后计数器的计数中都将含有同一偏差，该偏差即为中断期间所丢失的整周数，这就是所谓的整周跳变现象。如果我们要探测何时发生了整周跳变并能求出丢失的整周数，以对中断后的整周计数进行改正，使其恢复成正确的整周计数，这项工作称为整周跳变的探测与修复。由于在观测期间，难免不产生整周跳变，而且往往不止一处，因而发现并修复整周跳变是处理载波相位观测资料时必然会碰到的问题，处理这一问题的方法有很多，这里介绍几种常用的方法。

1. 用高次差或多项式拟合方法来探测和修复大的周跳

在载波相位观测的整个期间，卫星至接收机间的距离在发生连续不断的变化。由于各时刻的载波相位观测值中都包括相同的整周未知数 N_0，故载波相位观测值（$\mathrm{Int}(\varphi)+F_r$ (φ)）应是随时间变化的连续数据。显然这种变化应是有规律的和平滑的。如果有周跳发生，必然破坏这种规律性，据此我们便可发现和修复一些大的（指几十周到上百周）周跳。

经对不含周跳的一组实测数据分析可知，假如在相邻两观测值之间求一次差，由于这些一次差是采样间隔（t_i-t_{i-1}）间卫星至接收机的距离差（$\rho_i-\rho_{i-1}$），它等于卫星径向速度平均值与采样间隔的乘积，而径向速度平均值的变化要平缓得多，故这些一次差的变化将要比直接观测值的变化小得多。同样可以在一次差间求二次差，这些差值是卫星径向速度平均值与采样间隔平方之乘积，其变化将更加平缓；如果再继续求差至四次差或五次差，便呈现偶然和放大特性。这可以从表 6-4 中很清楚地看出来。表中 $y(t_i)$（$i=1$，2，…，7）是某一时序信号，在历元 t_4 时刻有周跳 ε、y^1、y^2、y^3 及 y^4 分别表示 1 阶、2 阶、3 阶及 4 阶差分。

如果接收机的石英振荡器的稳定度为 10^{-10}，观测间隔 15s，那么由振荡器随机误差给 L_1（$f=1.57542\times10^9\mathrm{Hz}$）载波相位的影响为 2.4 周，因此，在 4 次差或 5 次差中一旦出现了数十周以上的数值，就表明与此次差有关的观测值中出现了周跳，并可判断出周跳的大小加以修复。

还可以借助（$n+1$）个观测值建立 n 阶多项式方法来预估下一个观测值，并将它与实际值相比较，从而发现周跳和修复整周计数。比如用 5 个观测值建立 5 个 4 阶方程

$$a_0 + a_1t_i + a_2t_i^2 + a_3t_i^3 + a_4t_i^4 = \varphi_i \qquad (6\text{-}48)$$

表 6-4

t_i	$y(t)$	y^1	y^2	y^3	y^4
t_1	0				
		0			
t_2	0		0		
		0		ε	
t_3	0		ε		-3ε
		ε		-2ε	
t_4	ε		$-\varepsilon$		3ε
		0		ε	
t_5	ε		0		$-\varepsilon$
		0		0	
t_6	ε		0		
		0			
t_7	ε				

（$i=1$，2，3，4，5），求出 5 个系数 a_j（$j=0$，1，2，3，4），再利用这 5 个系数所确定的多项式（6-47），估算 t_6 时刻的相位观测值 φ_6，将此值与实际观测值相比较，如果二者之差小于 3（2.4≈3）周，便可认为没有大的整周跳变，如果超过此值，可用估算值代替实际观测值作为修复后的观测值。之后，再按 t_2-t_6 观测值重新模拟以上相似的计算，并用新系数 a_j 构成多项式，再预估 t_7 时刻的相位观测值 φ_7，并与实际观测值比较，依此类推。

从以上分析可知，用这种方法只能探测和修复大的周跳，对由接收机振荡器随机误差等因素引起的几周的小周跳是无法判断的。

2. 在卫星间求差及在卫星和接收机间求差的方法来探测和修复小周跳

上面是利用一颗卫星观测值发现和修复周跳的方法。由于接收机同时观测几颗卫星，那么同瞬间的由接收机振荡器随机误差而影响的小周跳对各卫星观测值影响将是相同的。因此，在同一颗卫星观测值 4 次差的基础上，再在卫星之间求差分，则在这些差值中将消除接收机误差影响，残余的数值将会很小（一般小于 1），借此就可发现与卫星有关的周跳，例如某一颗卫星信号暂时中断，而其他卫星仍被连续跟踪观测。

为发现和修复与接收机有关的周跳，可利用双差相位观测值（在卫星和接收机间求差）的高阶差分进行分析比较的方法来实现。发现周跳后，即可利用前面正确观测值和各阶差分进行外推从而求得正确的整周数。

经过上述处理后，便可得到一组无周跳的"完整"的载波相位观测值。这些都是数据预处理过程中的事情。虽然很繁琐，但必须做好。这些工作均可利用接收机附含的程序来实现。但最根本的还是要我们通过合理地选点，认真地组织观测以及选择质量好的接收机等措施，排除干扰，防止周跳的产生，以便获得一组质量好的外业观测值。只有在此基础上，再采用上述措施才能达到预期目的。

6.4.4 整周未知数 N_0 的确定

前文已述，整周未知数 N_0 是连续跟踪卫星载波相位观测值中一个很大的数值。正确的确定 N_0 是保证观测值可靠性，获得高精度定位结果的必要条件。只有把正确的 N_0，精确的相位观测值 $F_r(\varphi)$ 及经修复后的正确的整周计数 $\text{Int}(\varphi)$ 组合在一起，才是我们所需要的外业观测值。确定整周未知数的方法很多，在这里只介绍几种简单常用方法。

1. 伪距法

在载波相位测量的同时，也进行码相位的伪距测量，将测量的伪距 $\tilde{\rho}$ 减去载波相位观测值 $\tilde{\varphi}=F_r(\varphi)+\text{Int}(\varphi)$，即得到 $\lambda \cdot N_0$，又由于载波波长已知，故可求得整周未知数 N_0。为保证求解的精度，必须要求这个差值的误差小于载波波长的一半，即约 10cm。但从目前的情况来看，大多数接收机在无精码（P 码）条件下，这是难以实现的，特别是在美国的 GPS 政策下，C/A 码测距精度是不能达到这样要求的，因此说，这种方法，在目前无实质性意义。

2. 将整周未知数 N_0 当做未知参数参加平差

在载波相位（或其线性组合）观测方程中，把整周未知数 N_0 也当做未知参数，在解算基线向量平差计算中一并把基线向量和整周未知数 N_0 解算出来。由于各种误差的影响，解算出的 N_0 应是整数，但实际上并不是整数而是实数，这时可根据基线的长短分两种情况来处理。

对于短基线应采用整数解。其做法是，首先用卫星的已知位置及修复后整周跳变的"完整"的载波相位(或其差分，比如二次差分)观测值进行平差，求出基线向量及整周未知数 N_0，N_0 的值不一定为整数；然后，采用一定分析方法(比如凑整法，统计检验法等)把 N_0 固定为整数，并把它作为已知数再进行平差求出基线向量及其方差，取其方差为最小的那一组 N_0 作为整周未知数 N_0 之最后值。此称为固定(双差)实整数解。

对长基线应采用实数解。由于基线长，误差的相关性降低，即使采用差分观测值，许多误差消除得也不完善，故对基线向量及整周未知数都无法估计得很准，这时再将整周未知数 N_0 固定为整数往往无实际意义，在这种情况下通常将实数解作为整周未知数最后解，此称为实数解。

利用这种方法求解整周未知数，为保证解算精度，往往需要做较长时间(比如 1 个小时以上)的观测工作，这在静态定位中得到应用。

除上述确定整周未知数 N_0 的方法外，近年来又提出了一种所谓快速确定 N_0 的方法以及在动态定位中确定 N_0 的方法；为了确定 N_0，还可以采取直接观测基线长(用精密电磁波测距仪直接测量基线长)以及在两已知点设站等方法快速求解整周未知数；在变形监测网中，重复观测的基线值可采用前期观测基线值作为近似值从而来求解整周未知数 N_0。总之，确定整周未知数的方法很多，除动态定位中确定 N_0 的方法将在 6.6 节中介绍外，其他在这里不再介绍了。

6.4.5 载波相位观测值的线性组合

与伪距定位法相似，当已知卫星在 τ_a 时刻坐标及测站近似坐标时，便可将式(6-46)线性化，得到线性化的载波相位测量的基本观测方程。在这个方程式中，未知数有测站点坐标、接收机钟面时改正数以及整周未知数。如果利用载波相位观测的伪距进行单点定位，尽管载波相位测量精度可以达到很高(对 L_1、L_2，约为 2~3mm)，但由于星历误差、大气延迟改正残余误差等影响，致使定位精度仍然很低，故单点定位将失去载波相位测量的意义，因此很少被应用。在大地及工程测量中，采用最多的则是载波相位相对定位。这是因为在相对定位时，有许多误差是共同的或者是相关的，采用差分技术可以使其大大削弱或基本被消除。因此相对定位精度很高。

1. 载波相位观测值线性组合——求差相位测量的一般概念

如图 6-8，2 台接收机 i, j；2 颗卫星 p，q；在历元 t_1 时刻，卫星 p，q 的位置 1；在历元 t_2 时刻，卫星 p，q 的位置 2，这时共有 8 个形同式(6-45)的载波相位观测值：

$$\varphi_i^p(t_1), \ \varphi_i^p(t_2), \ \varphi_i^q(t_1), \ \varphi_i^q(t_2)$$

$$\varphi_j^p(t_1), \ \varphi_j^p(t_2), \ \varphi_j^q(t_1), \ \varphi_j^q(t_2)$$

对于这些原始观测值，我们可有目的地线性组合(即求差分)。比如，可在同卫星 p(或 q)同历元 t_1(或 t_2)，而不同接收机(i, j)之间求差；可在同接收机 i(或 j)同历元 t_1(或 t_2)而不同卫星(p，q)之间求差；还可在同接收机 i(或 j)同卫星 p(或 q)而不同历元(t_1, t_2)之间求差，从而得到下面的一次差分值：

接收机(i, j)之间求差

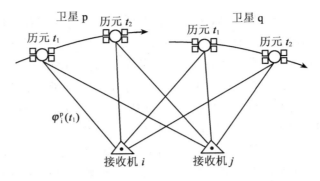

图 6-8

$$\varphi_i^p(t_1) - \varphi_j^p(t_1), \quad \varphi_i^q(t_1) - \varphi_j^q(t_1)$$

$$\varphi_i^p(t_2) - \varphi_j^p(t_2), \quad \varphi_i^q(t_2) - \varphi_j^q(t_2)$$

卫星(p, q)之间求差

$$\varphi_i^p(t_1) - \varphi_i^q(t_1), \quad \varphi_i^p(t_2) - \varphi_i^q(t_2)$$

$$\varphi_j^p(t_1) - \varphi_j^q(t_1), \quad \varphi_j^p(t_2) - \varphi_j^q(t_2)$$

历元(t_1, t_2)之间求差

$$\varphi_i^p(t_1) - \varphi_i^p(t_2), \quad \varphi_i^q(t_1) - \varphi_i^q(t_2)$$

$$\varphi_j^p(t_1) - \varphi_j^p(t_2), \quad \varphi_j^q(t_1) - \varphi_j^q(t_2)$$

将这些由直接观测值相减得到的一次差值作为虚拟观测值,称为载波相位观测值的一次差或单差(SD)。在接收机之间、卫星之间以及历元之间求一次差值是常见的 3 种求一次差的方法。

在一次差分的基础上继续求差,得到所谓二次差值。仍可把它们作为虚拟观测值,称它们为载波相位观测值的二次差或双差(DD)。在接收机和卫星之间,在接收机和历元之间以及在卫星与历元之间求二次差是常见的 3 种求二次差的方法。

在二次差的基础上仍可继续求差称之为三次差,所获得的结果称为载波相位观测值的三次差或三差(TD)。求三差的方法只有一种,即在接收机、卫星及历元之间求三次差。

考虑到 GPS 载波相位观测的特点,在实际工作中广为采用的求差法只有 3 种:即在接收机之间求一次差;在接收机与卫星之间求二次差以及在接收机、卫星及历元之间求三次差。下面我们就以简单模型为例说明上述求差法的具体应用及效果。

2. 在接收机之间求一次差

2 台接收机(i, j),同时观测卫星 p,分别得到载波相位观测值 $\varphi_i^p(t)$ 和 $\varphi_j^p(t)$,则据式(6-45),使两式相减,并顾及到 $f_r = f = f$,便得到一次差的载波相位观测方程

$$\Delta\varphi_{ij}^p = \frac{f}{c}(\Delta\rho)_{ij}^p - \frac{f}{c}(d_I)_{ij}^p - \frac{f}{c}(d_T)_{ij}^p + \Delta\tilde{\varphi}_{ij} - (N_0)_{ij}^p \qquad (6\text{-}49)$$

式中

$$(\Delta\rho)_{ij}^p = \rho_j^p - \rho_i^p$$

$$(d_I)_{ij}^p = (d_I)_j^p - (d_I)_i^p$$

$$(d_T)_{ij}^p = (d_T)_j^p - (d_T)_i^p$$

$$\Delta \tilde{\varphi}_{ij} = f(V_{Tj} - V_{Ti})$$

$$(N_0)_{ij}^{p} = (N_0)_{j}^{p} - (N_0)_{i}^{p}$$

为下面公式推导方便，现给出式(6-48)右端第一项之线性表达式

$$\frac{f}{c}(\Delta \rho)_{ij}^{p} = \frac{f}{c} \rho_j^{p} - \frac{f}{c} \rho_i^{p}$$

$$= \frac{f}{c}(\rho_0)_j^{p} - \frac{f}{c}(\rho_0)_i^{p} + \frac{f}{c}(l_j^{p} \delta X_j - l_i^{p} \delta X_i) +$$

$$\frac{f}{c}(m_j^{p} \delta Y_j - m_i^{p} \delta Y_i) + \frac{f}{c}(n_j^{p} \delta Z_j - n_i^{p} \delta Z_i) \qquad (6\text{-}50)$$

式中 l、m、n 分别相应于式(6-24)中 a^1、a^2、a^3。

由此可见，通过接收机间求一次差，在一次差分观测值中消除了卫星钟差的影响，从而大大削弱卫星星历误差的影响并大大削弱电离层和对流层折射的影响，因此在短距离内即使使用单频接收机不加电离层折射改正，并仍可获得理想的成果。

3. 在接收机与卫星之间求二次差

由于接收机(i, j)同瞬间还对卫星 q 进行观测，因此对卫星 q 也可建立与式(6-48)相似的方程，从而得到一次差。将此时的一次差值减去式(6-48)，则得到接收机对卫星的二次差分观测方程

$$\Delta \varphi_{ij}^{pq} = \frac{f}{c}(\Delta \rho)_{ij}^{pq} - \frac{f}{c}(d_I)_{ij}^{pq} - \frac{f}{c}(d_T)_{ij}^{pq} - (N_0)_{ij}^{pq} \qquad (6\text{-}51)$$

式中

$$\left.\begin{array}{l} \Delta \varphi_{ij}^{pq} = \Delta \varphi_{ij}^{q} - \Delta \varphi_{ij}^{p} \\[4pt] (\Delta \rho)_{ij}^{pq} = (\Delta \rho)_j^{pq} - (\Delta \rho)_i^{pq} \\[4pt] (\Delta \rho)_j^{pq} = \rho_j^{q} - \rho_j^{p}, \quad (\Delta \rho)_{ij}^{pq} = R_i^{q} - R_i^{p} \\[4pt] (d_I)_{ij}^{pq} = (d_I)_{ij}^{q} - (d_I)_{ij}^{p} \\[4pt] (d_T)_{ij}^{pq} = (d_T)_{ij}^{q} - (d_T)_{ij}^{p} \\[4pt] (N_0)_{ij}^{pq} = (N_0)_{ij}^{q} - (N_0)_{ij}^{p} \end{array}\right\} \qquad (6\text{-}52)$$

由此可见，在二次差观测值中消去了接收机钟差改正数 $\Delta \tilde{\varphi}_{ij}$。如果观测 2h，每 15s 作为一个采样间隔，则共有 480 个钟差未知数，通过二次差消去这么多的未知数，这对解算测站坐标无疑将是大有好处的。因此，许多接收机厂家提出的处理软件都采用了二次差模型。

4. 在接收机、卫星与历元之间求三次差

t_k 和 t_{k+1} 时刻的二次差方程都与式(6-50)相仿，将两式相减便得到三次差观测方程：

$$\Delta \varphi_{ij}^{pq}(t_k, t_{k+1}) = \frac{f}{c}[(\Delta \rho)_{ij}^{pq}(t_k, t_{k+1})] - (d_I)_{ij}^{pq}(t_k, t_{k+1}) - (d_T)_{ij}^{pq}(t_k, t_{k+1}) \quad (6\text{-}53)$$

式中

$$\left.\begin{array}{l} \Delta \varphi_{ij}^{pq}(t_k, t_{k+1}) = \Delta \varphi_{ij}^{pq}(t_{k+1}) - \Delta \varphi_{ij}^{pq}(t_k) \\[4pt] (\Delta \rho)_{ij}^{pq}(t_k, t_{k+1}) = (\Delta \rho)_{ij}^{pq}(t_{k+1}) - (\Delta \rho)_{ij}^{pq}(t_k) \\[4pt] (d_I)_{ij}^{pq}(t_k, t_{k+1}) = (d_I)_{ij}^{pq}(t_{k+1}) - (d_I)_{ij}^{pq}(t_k) \\[4pt] (d_T)_{ij}^{pq}(t_k, t_{k+1}) = (d_T)_{ij}^{pq}(t_{k+1}) - (d_T)_{ij}^{pq}(t_k) \end{array}\right\} \qquad (6\text{-}54)$$

由此可见，由于 $(N_0)_{ij}^{pq}$ 与时间无关，因此在式(6-52)中已不存在，这表明在三次差观测方程中已消去了整周未知数了。

除上述 3 种求差方法外，对双频接收机观测的两个载波频率相位值也可求差，这可消去或大大削弱电离层折射的影响。

5. 载波相位线性组合后随机特性的概析

现只概略地研究由差分技术引起的数学相关性。假设被接收机测量的卫星 GPS 信号相位误差是服从标准正态分布(期望为 0，方差为 σ^2)的独立的随机误差，则对任何相位向量 $\boldsymbol{\Phi}$ 的方差-协方差必有

$$\mathrm{cov}(\boldsymbol{\Phi}) = \sigma^2 I \tag{6-55}$$

式中，$\boldsymbol{I}$ 是单位矩阵。

对 A、B 两测站于两颗卫星 j、k 在历元(t)同步跟踪中组成的两个单差 $\Phi_{AB}^j(t)$ 及 $\Phi_{AB}^k(t)$，若设

$$\mathrm{SD} = (\Phi_{AB}^j(t), \ \Phi_{AB}^k(t))^{\mathrm{T}},$$

$$\boldsymbol{C} = \begin{pmatrix} -1 & 1 & 0 & 0 \\ 0 & 0 & -1 & 1 \end{pmatrix}$$

$$\boldsymbol{\Phi} = (\varphi_A^j(t), \ \varphi_A^k(t), \ \varphi_B^j(t), \ \varphi_B^k(t))^{\mathrm{T}}$$

则有单差向量的矩阵表达式

$$\mathrm{SD} = \boldsymbol{C}\boldsymbol{\Phi}$$

于是根据直接观测值的方差-协方差传播律，并顾及式(6-54)，得

$$\mathrm{cov}(SD) = \mathrm{cov}(\boldsymbol{C}\boldsymbol{\Phi}) = \boldsymbol{C} \cdot \mathrm{cov}\boldsymbol{\Phi} \cdot \boldsymbol{C}^{\mathrm{T}} = 2I\sigma^2 \tag{6-56}$$

这说明，两个单差观测值是不相关的。

对 A、B 两测站于三颗卫星 j、k、l 在历元(t)同步跟踪中组成的两个双差 $\Phi_{AB}^{jk}(t)$ 及 $\Phi_{AB}^{jl}(t)$，若设

$$\mathrm{DD} = (\Phi_{AB}^{jk}(t), \ \Phi_{AB}^{jl}(t))^{\mathrm{T}}, \ C = \begin{pmatrix} -1 & 1 & 0 \\ -1 & 0 & 1 \end{pmatrix}$$

$$\mathrm{SD} = (\Phi_{AB}^j(t), \ \Phi_{AB}^k(t), \ \Phi_{AB}^l(t))^{\mathrm{T}}$$

则双差观测值向量可用矩阵表达为：

$$\mathrm{DD} = \boldsymbol{C}\mathrm{SD}$$

据相关观测值方差-协方差传播律，并顾及式(6-55)，得

$$\mathrm{cov}(\mathrm{DD}) = \mathrm{cov}(\boldsymbol{C}\,\mathrm{SD}) = \boldsymbol{C} \cdot \mathrm{cov}\mathrm{SD} \cdot \boldsymbol{C}^{\mathrm{T}}$$

$$= 2\sigma^2 \begin{pmatrix} 2 & 1 \\ 1 & 2 \end{pmatrix} \tag{6-57}$$

这表明，两个双差观测值是相关的，相关系数是 1/2。

对于双差观测值的权阵，有

$$\boldsymbol{P}(t) = (\mathrm{cov}(\mathrm{DD}))^{-1}$$

$$= \frac{1}{2\sigma^2} \cdot \frac{1}{3}\begin{pmatrix} 2 & 1 \\ 1 & 2 \end{pmatrix}$$

若在历元(t)下组成 n_D 个双差，则权阵为

$$\boldsymbol{P}(t) = \frac{1}{2\sigma^2} \cdot \frac{1}{n_D + 1} \begin{pmatrix} n_D & -1 & -1 & \cdots & -1 \\ -1 & n_D & -1 & \cdots & -1 \\ \vdots & \vdots & \vdots & & \vdots \\ -1 & -1 & -1 & \cdots & n_D \end{pmatrix} \tag{6-58}$$

对于(t_1)，(t_2)，$\cdots$，(t_m)个历元，则由式(6-57)可组成在这种情况下观测值的权阵

$$\boldsymbol{P} = \begin{pmatrix} P(t_1) & & & \\ & P(t_2) & & \\ & & \ddots & \\ & & & P(t_m) \end{pmatrix} \tag{6-59}$$

由以上三式可知，双差观测值间的相关性与 n_D 有关，当 n_D 越大时，相关性越小，故所有双差观测值的权阵是相关性较弱的似对角阵。

对 A、B 两测站同时跟踪三颗卫星 j、k、l，在历元(t_1)及(t_2)下可组成 2 个三差观测值 $\varPhi_{AB}^{jk}(t_1, t_2)$ 及 $\varPhi_{AB}^{jl}(t_1, t_2)$，若设

$$\text{TD} = (\varPhi_{AB}^{jk}(t_1, t_2), \varPhi_{AB}^{jl}(t_1, t_2))^{\text{T}}$$

$$\boldsymbol{C} = \begin{pmatrix} 1 & -1 & 0 & -1 & 1 & 0 \\ 1 & 0 & -1 & -1 & 0 & 1 \end{pmatrix}$$

$$\text{SD} = (\varPhi_{AB}^{j}(t_1), \varPhi_{AB}^{k}(t_1), \varPhi_{AB}^{l}(t_1), \varPhi_{AB}^{j}(t_2), \varPhi_{AB}^{k}(t_2), \varPhi_{AB}^{l}(t_2))^{\text{T}}$$

则有三差观测值向量的矩阵表达式

$$\text{TD} = \boldsymbol{C}\,\text{SD}$$

此时，三差观测值向量的方差-协方差阵

$$\text{cov}(\text{TD}) = 2\sigma^2 \begin{pmatrix} 4 & 2 \\ 2 & 4 \end{pmatrix} \tag{6-60}$$

则它们的权阵

$$\boldsymbol{P}(t_1, t_2) = [\,\text{cov}(\text{TD})\,]^{-1} = \frac{1}{2\sigma^2} \cdot \frac{1}{6} \begin{pmatrix} 2 & -1 \\ -1 & 2 \end{pmatrix} \tag{6-61}$$

由此可推得，对多个历元(t_1, t_2)，(t_1, t_3)，$\cdots$，(t_1, t_m)，(t_2, t_3)，$\cdots$，(t_{m-1}, t_m)下组成的三差观测值权阵，也必为相关性较弱的似对角阵

$$\boldsymbol{P} = \begin{pmatrix} P(t, t_2) & & & \\ & P(t_1, t_3) & & \\ & & \ddots & \\ & & & P(t_{m-1}, t_m) \end{pmatrix} \tag{6-62}$$

综上所述，单差观测值是不相关的；双差及三差观测值是相关的，双差的相关性与同历元下组成的双差个数有关；它们的权阵有的是对角阵，有的则是相关性较弱的似对角阵。

上面讨论了载波观测值之间求差以形成单差观测值、双差观测值以及三差观测值，其

目的是为消除卫星钟误差、接收机钟误差以及整周未知数等,这无疑有许多优点。但也应该看到这种求差法也有一定缺点。比如数据利用率降低;求差后出现观测值间的相关性,增加了计算工作量;接收机间求差后引进了不是原来位置向量的未知数,这一新概念给数据处理带来了新困难等。因此,也有人认为采用非差观测值也许更有利一些。

6.4.6 载波相位观测相对定位的求解

GPS 载波相位观测相对定位的数学解法有许多种,但在理论上和数学模型上认为比较成熟的还是双差值的处理方法,所以在这里我们只对双差的最小二乘解法加以简介。

设测站点 (i, j) 的近似坐标分别为 $(X^0, Y^0, Z^0)_i$ 及 $(X^0, Y^0, Z^0)_j$;其改正数向量分别为 $\delta X_i = (\delta X, \delta Y, \delta Z)_i^T$ 及 $\delta X_j = (\delta X, \delta Y, \delta Z)_j^T$;卫星 p,q 的 t 时刻坐标分别为 $(X, Y, Z)^p$ 及 $(X, Y, Z)^q$;又设向量 $e_i^p = (l^p, m^p, n^p)_i^T$ 及 $e_j^q = (l^q, m^q, n^q)_j^T$,对式(6-50)线性化后,得线性的二次差观测值的观测方程

$$L_{ij}^{pq} + V_{ij}^{pq} = \frac{f}{c}(e_j^q - e_j^p)\delta X_j - \frac{f}{c}(e_i^q - e_i^p)\delta X_i + (N_0)_{ij}^{pq} \tag{6-63}$$

式中,L_{ij}^{pq} 为加上电离层和对流层折射改正后的双差值与按测站近似坐标计算的相位双差值之差;V_{ij}^{pq} 为相应观测值改正数。由上式可知,此式中共有 7 个未知数,即两个测站点坐标(6 个)及整周未知数 $(N_0)_{ij}^{pq}$。若有 R 台接收机,S 颗卫星,共观测 T 个历元,那么完全的观测系列共有 RST 个相位观测值,用这些观测值可组成 $n = (R-1) \cdot (S-1) \cdot T$ 个独立的相位双差值,这就是说在双差解算中共组成 n 个观测方程。在相对定位中,要求一个测站点是已知点,因此在这些方程中共有 $3(k-1)$ 个坐标未知数,$(R-1)(S-1)$ 个整周未知数,因此共有 $u = RS + 2R - 2$ 个未知数。

应该说双差观测值是相关观测值,但据有关资料证明,把双差观测值视为独立观测值仍可得到很高的定位精度。

用最小二乘法解算式(6-62),那是一般性的问题,在此不需赘述。

各个接收机厂家都研制并使用着适用于本商品接收机的软件处理系统。这些系统归纳起来有两类:一类是以基线解为基础,输出结果是测站点间的基线向量及其方差-协方差矩阵,比如 TI4100 的 GEOMARK 和 Trimble 的 TRIMVEC;另一类是以多点解为基础,即以一次计划中全部观测数据为对象,输出结果是全部观测点的基线向量及其方差-协方差矩阵,如 WM101(102)的 POPS 和 Ashtech 的 GPPS 等。各软件的工作原理及结构基本相同。一个好的软件系统一般由 3 部分组成:

(1)预处理程序。用于数据的获取和预加工,其中包括数据的解码,粗差探测,估计相位测量精度,整周跳变的探测和修复,计算卫星坐标以及组成相位观测值的双差值等。

(2)主程序。用于各种改正数计算,参数的估计——平差计算以及必要时某些参数的消除等。

(3)后处理程序。主要用于数据输出,有时也用于网的组合及坐标系统的转换等。

下面给出 GPS 观测数据处理中的一个简要的程序结构框图 6-9。

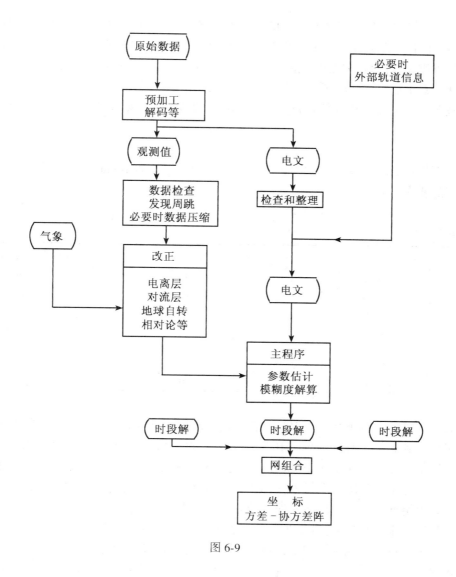

图 6-9

6.5 GPS定位误差分析

GPS卫星定位误差按其性质可分为系统误差和偶然误差。偶然误差是不可避免的,因此我们主要研究系统误差。从误差来源来讲,这部分误差可分为3种:一是与卫星有关的误差,主要包括卫星星历误差、卫星钟误差及相对论效应的影响等;二是与信号传播有关的误差,主要包括电离层折射、对流层折射以及多路径误差等;三是与接收机有关的误差,主要包括接收机钟误差、天线相位中心变化等。在这里,我们主要研究这些误差的性质、对定位的影响以及为削弱或消除应采取的措施。

6.5.1 卫星轨道误差及卫星钟误差

上文已谈到,卫星轨道(位置)是根据广播星历中提供的开普勒6参数(a,e,Ω,i,

ω，$M(t_p)$）、摄动变量 9 参数（Δn、$\dot{\Omega}$、$\dot{i}$、C_{us}、C_{uc}、C_{is}、C_{ic}、C_{rs}、C_{rc}）及参考时刻平近点角 M_0 按卡尔曼滤波的方法计算得到。由于这些参数及计算模型含有误差，致使卫星实际轨道不可避免地同设计轨道发生偏差。对单点定位而言，其径向分量直接影响测距精度，因此，对单点定位影响很大。对相对定位来说，由于采用差分技术，这种误差会得到一定的减弱。据论证，轨道径向分量 r 误差 dr 对所测基线向量 b 的影响 db 有如下关系式

$$\frac{\mathrm{d}b}{b} = \frac{\mathrm{d}r}{r}$$

若设卫星至用户最大距离为 25 000km，基线测量允许误差为 10mm，则不同基线长对轨道容许误差的要求见表 6-5。

表 6-5

基线/km	基线相对精度/ppm	容许轨道误差/m
0.1	100	2 500.0
1.0	10	250.0
5.0	5	125.0
10.0	1	25.0
50.0	0.5	12.5
100.0	0.1	2.5
1 000.0	0.01	0.25

由表 6.5 可知，对短基线（<10km）相对定位而言，对轨道精度要求并不是很高，一般情况下可以得到满足；对长基线（>100km）则要求轨道精度达分米级。某些精密工程测量，对基线精度要求往往要高于 1/1 000 000，这对轨道精度要求将会更高。另外，随着美国 GPS 政策，全球定位系统完全投入使用后，广播星历的精度从现在大约 80m 还会大大降低。综合以上情况，对于卫星轨道误差的影响，应采取以下措施有效地加以解决：

（1）建立我国自己的卫星跟踪网以便精密定轨。这对保证定位的可靠性和精度都是至关重要的措施。目前，我国已着手这项工作，一旦这项工程完工，国家便可向用户提供有价值的预报星历（广播星历）和事后星历（精密星历），从而保证对轨道精度的要求，以满足精密定位的需要。

（2）采用轨道松弛法。这就是说在平差模型中引入表达卫星位置的附加参数，通过平差求得测站位置和轨道改正数，从而改善轨道精度。但这种方法计算过程比较复杂。

（3）采用相对定位差分技术。这是因为星历误差对相对不太远的两个测站的影响基本相同，采用接收机间的一次差分观测值，可消除卫星星历误差的影响，这种方法被广泛应用着。

GPS 标准时间由主控站监测和控制，并以卫星钟发射的信号作为时间基准和频率基准。尽管卫星装有稳定性很好的铷钟或铯钟，但它们还会偏离 GPS 标准时间，偏离的改正数可用卫星星历中第一子帧的时间参数，用多项式拟合法予以改正。但经过改正后的时钟误差还会有大约 30ns，这使距离含有大约 10m 的误差。在相对定位时，采取接收机间求一次差的办法可以较好地消除卫星钟误差的影响。

由于卫星钟和主控站钟所处地点不同、运动速度不同，并且它们分别处在不同的引力

场中，这样由相对论效应也会引起卫星钟的频移。为了改正这种误差，应在卫星钟基准频率（10.23MHz）上加以相对论效应改正。办法是将卫星钟频率事先降低一个经精密计算得到的常数（4.449×10^{-10}）以顾及主项，用对卫星钟读数加改正数以顾及小的常数项及周期误差影响部分。因此，相对论效应可得到很好的控制。

6.5.2 大气折射影响

在卫星至接收机天线的信号传播路径上，信号受有电离层折射、对流层折射及多路径效应的影响。

1. 电离层折射效应

电离层一般指在地球 50~1 000km 范围内的大气层。在电离层中，气体受太阳辐射作用而被电离，卫星信号传播速度发生变化，从而引起时延。电离层对 L 波段的无线电波信号具有色散作用，从而使我们有可能采用双频测量办法予以有效地消除。对载波相位测量来说，电离层引起的时延与沿信号传播路径上的电子含量 N_e（又称电子密度）及使用的频率 f 有关。电子密度 N_e 有周日变化、周年变化的特征，一般白天比夜间高 4~5 倍，并以 11 年为周期变化。还与太阳黑子活动及地磁场变化有关。总之，电离层折射与频率、时间及地点等因素密切相关。对 GPS 卫星频率而言，对测距的影响一般在 50~100m 内变化。电离层时延改正对双频接收机和单频接收机采用不同办法来解决。

1）对双频接收机码相位测量，码传播的群折射率

$$n_g = 1 + 40.3 \frac{n_e}{f^2} \qquad (6\text{-}64)$$

电离层折射对码相位伪距测量 $\tilde{\rho}$ 的影响，可由信号沿整个传播路径 s 的积分得出

$$d_I = \int_s (n_g - 1)\,\mathrm{d}s \approx \frac{40.3}{f^2} \int_s n_e \mathrm{d}s \qquad (6\text{-}65)$$

由于载波 L_1（频率 f_1）、L_2（频率 f_2）同时经同一路径传播，因此上积分式中的分子部分相同，即有式

$$d_{I \cdot f_1} = \frac{40.3}{f_1^2} \int_s n_e \mathrm{d}s \qquad (6\text{-}66)$$

$$d_{I \cdot f_2} = \frac{40.3}{f_2^2} \int_s n_e \mathrm{d}s \qquad (6\text{-}67)$$

于是经电离层折射改正后的几何距离 ρ：

$$\left. \begin{array}{l} \rho = \tilde{\rho}_1 - d_{I \cdot f_1} \\ \rho = \tilde{\rho}_2 - d_{I \cdot f_2} \end{array} \right\} \qquad (6\text{-}68)$$

由以上公式，便可得到不受电离层折射影响的几何距离

$$\rho = \frac{f_1^2}{f_1^2 - f_2^2}\tilde{\rho}_1 - \frac{f_2^2}{f_1^2 - f_2^2}\tilde{\rho}_2 \qquad (6\text{-}69)$$

将 $f_1 = 154F_0$，$f_2 = 120F_0$ （$F_0 = 10.23\text{MHz}$）代入上式，最后得

$$\rho = 2.546\tilde{\rho}_1 - 1.546\tilde{\rho}_2 \qquad (6\text{-}70)$$

另外，还可求出电子密度

$$N_e = \frac{f_1^2 \cdot f_2^2}{f_2^2 - f_1^2} \cdot \frac{\bar{\rho}_1 - \bar{\rho}_2}{40.3} \qquad (6-71)$$

对双频接收机载波相位测量，由于载波传播的相折射率

$$n_i = 1 - 40.3 \frac{n_e}{f_i^2} \qquad (6-72)$$

类似地，可得载波相位测量

$$\varphi_i = \frac{f_i}{c} \int_s n_i \, \mathrm{d}s = \varphi_{0i} - \frac{40.3}{cf_i} N_e \qquad (6-73)$$

式中 $\varphi_{0i} = \frac{f_i \cdot \rho_i}{c}$ 为真空相位，c 为真空光速，第二项即为电离层折射影响

$$\Delta \varphi_{I \cdot f_i} = \frac{40.3}{cf_i} N_e \qquad (6-74)$$

如果用 φ_1 和 φ_2 分别表示 L_1 和 L_2 频率的相位测量，φ_{01} 和 φ_{02} 分别为相应的真空相位，又由于 L_1 和 L_2 两频率相干，故有式

$$\varphi_{02} = \varphi_{01} \cdot \frac{f_2}{f_1} \qquad (6-75)$$

则由式（6-72）（$i = 1, 2$）及上式，不难得到

$$\left. \begin{aligned} \varphi_{01} &= \varphi_1 - \frac{f_1 \cdot f_2}{f_1^2 - f_2^2} \left(\varphi_2 - \frac{f_2}{f_1} \varphi_1 \right) \\ \varphi_{02} &= \varphi_2 - \frac{f_1 \cdot f_2}{f_2^2 - f_1^2} \left(\varphi_1 - \frac{f_1}{f_2} \varphi_2 \right) \end{aligned} \right\} \qquad (6-76)$$

将 $f_1 = 154 F_0$，$f_2 = 120 F_0$ 代入上式，经整理后得到：

$$\left. \begin{aligned} \varphi_{01} &= 2.546 \varphi_1 - 1.984 \varphi_2 \\ \varphi_{02} &= 1.984 \varphi_1 - 1.546 \varphi_2 \end{aligned} \right\} \qquad (6-77)$$

如果再顾及整周数 N_1 和 N_2，则上式可写为

$$\left. \begin{aligned} \varphi_{01} &= 2.546 \varphi_1 + 2.546 N_1 - 1.984 \varphi_2 - 1.984 N_2 \\ \varphi_{02} &= 1.984 \varphi_1 + 1.984 N_1 - 1.546 \varphi_2 - 1.546 N_2 \end{aligned} \right\} \qquad (6-78)$$

这就是消去电离层折射一阶影响的载波相位观测量。

从上可见，对双频接收机码相位测量或载波相位测量，由于电离层对 L_1 和 L_2 两个频率有色散作用，故可利用两个频率的相位观测值求出免受电离层折射影响的相位观测值。

2）对单频接收机，常常采用模拟电离层折射改正模型用计算改正数的办法来补偿它的影响。其中电离层改正的"单层模型"得到应用。基本思想是把整个电离层压缩到高度为 H 的一个单层 l 上（见图 6-10），将电离层的自由电子都集中到这个层上，用该层代表整个电离层。最简单的单层改正模型的计算公式

$$d_I = -\frac{41}{f^2} \cdot \frac{1}{\cos z} \cdot N_e \qquad (6-79)$$

式中

$$N_e = \begin{cases} N_0 + N_1 \cos\left(\frac{t-14}{12}\pi\right), & 8\text{h} \leqslant t \leqslant 20\text{h} \\ N_0 & \text{其他} \end{cases}$$

而 N_0 和 N_1 分别取 10^{17} 和 3×10^{17}。

此外，对距离较短的两测站，当两接收机同时跟踪同一颗卫星时，可采用接收机间求一次差的办法来很好地削弱电离层的影响。

由于电子密度与高度、地方时、太阳活动程度、季节变化以及测站位置等多种因素有关，而且目前尚未搞清楚这些因素是通过怎样一种方式影响电子密度，所以严格说来目前还不能用一个理想的数学模型来描述电子密度的大小及其变化规律，故上述改正模型还仅仅是一个经验估算公式，与实际情况之间将存在差异。对于这一问题人们正在探讨之中。

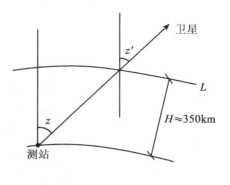

图 6-10

2. 对流层折射效应

靠近地面 50km 范围内的对流层折射影响比电离层折射影响更为严重。这是因为对 L 波段的无线电波信号不存在色散现象，因此也不能试图用双频的办法来解决它的影响。另外，如果两测站间距离较远，由于 GPS 信号传播路径上的对流层折射彼此不相关，故企图用求差办法来减弱它们影响的效果也不显著。目前，对对流层折射影响的较好的办法就是建立近地的大气模型，通过测量信号传播路径上的气温、气压及水汽分压等气象数据，用计算的办法加以改正。因此，模拟模型及测量气象元素的误差限制了对流层折射改正的精度，从而也限制了 GPS 定位的精度。

最常用的对流层折射改正模型有 Hopfield 模型和 Saastamoinen 模型。

Hopfield 模型公式是

$$d_T = \frac{k_d}{\sin(E^2 + 6.24)^{\frac{1}{2}}} + \frac{k_w}{\sin(E^2 + 2.25)^{\frac{1}{2}}} \tag{6-80}$$

式中 E 为卫星高度角，以度为单位；而干分量

$$k_d = 155.2 \times 10^{-7} \left(\frac{P_0}{T_0}\right)(h_d - h_0)_m \tag{6-81}$$

湿分量

$$k_w = 155.2 \times 10^{-7} \cdot \frac{4\,810}{T^2} \cdot e(11\,000 - h_0)_m \tag{6-82}$$

而

$$h_d = 40.136_m + 148.72(T - 273.16) \tag{6-83}$$

式中 $T^{\circ}_0(K^{\circ})$，$P_0(\text{mbar})$，$e(\text{mbar})$ 和 $h_0(\text{m})$ 分别为测站点气象元素和高程。

Saastamoinen 模型公式是

$$d_T = \frac{0.002\,277}{\sin E}\left[P_0 + \left(\frac{1\,255}{T_0} + 0.05\right)e - \frac{B}{\tan^2 E}\right] + \delta_{R(m)} \tag{6-84}$$

式中符号同前，B 是 h_0 的表列函数，δ_R 是 E 和 h_0 的表列函数，它们可由专用表查取。该公式运用范围为 $10° \leqslant E \leqslant 90°$。

此外，还有 Black 模型，计算公式是

$$d_T = k_d\left\{\left[1 - \left(\frac{\cos E}{1 + L_c\left(\frac{h_d}{r}\right)}\right)^2\right]^{-\frac{1}{2}} - b(E)\right\} + k_w\left\{\left[1 - \left(\frac{\cos E}{1 + L_c\left(\frac{h_w}{r}\right)}\right)^2\right]^{-\frac{1}{2}} - b(E)\right\} \tag{6-85}$$

式中

$$L_c = 0.167 - (0.076 + 0.00015(T - 273))e^{-0.3E}$$

r 为测站点至地心距离

$$b(E) = \frac{1.92}{(E^2 + 0.6)}$$

$$h_d = 148.98(T_0 - 3.96)\text{m}$$

$$h_w = 13\,000\text{m}$$

$$k_d = 0.002\,312P_0(T_0 - 3.96)/T(\text{m})$$

$$k_w = 0.02\text{m}(\text{对中纬度，春季})$$

$$(6\text{-}86)$$

无论哪种对流层改正模型，其中干分量与测站气温、气压有关，可模拟到±3~4cm；但对湿分量模型是很难搞准的，因为它同大气水分含量（即湿度）密切相关，不过它只占整个改正量的10%左右，其数值大小范围约2.3m（天顶方向）~20m（地平方向）。

目前较有效的办法是应用水汽辐射计来实测卫星信号传播路径上水汽对信号的直接影响，并用公式计算湿分量数值。不过该仪器十分昂贵，也笨重，外业不便应用。

当两测站距离较近（<10km）时，对流层残余影响可通过接收机间一次差分的办法大部分予以消除。当测站点间距离较长时，地方大气状态不再相关，一次差分效果不大。当高精度定位时，对流层折射效应是限制 GPS 定位精度的主要原因。

3. 多路径效应

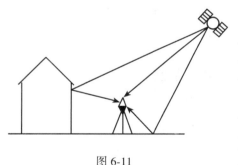

图 6-11

多路径效应是指除卫星的直接信号外，还有反射的绕道信号到达接收机。水平面、垂直面或斜面都有可能造成多路径效应，如图 6-11。多路径信号和直接信号可以互相混合，从而产生相位误差，这种影响具有周期性，量值可达几厘米。

为减弱或消除多路径效应的影响，应使用屏蔽天线；选择好测站周围的环境，避免可能发生多路径效应的反射面；在天线底面及周围采用吸收电波的材料以抑制多路径反射信号等。

6.5.3 接收系统的误差

接收系统可能产生下列误差：接收机钟误差，接收机噪声，接收机多通道内记录信号的时间差异，被记录时段内的信号相位时延变化，振荡器不稳定性以及天线相位中心变化等。

现在接收机都安有比较稳定的石英钟，但它远没有卫星钟的可靠性好和精度高。在单点定位时，钟差可作为未知数求出；在相对定位中，通过载波相位观测值的二次差分可以大部分地消除。

接收机噪声取决于 GPS 信号的信噪比。从电路设计角度来说，可把它减少到对测距仅有 1~3mm 噪声影响。

在多通道接收机中，由于卫星信号通过不同的通道，故各个硬件通道所显示的相位延迟不尽相同。仪器厂家试图将这个行程时间差予以校正和补偿，一般情况下，残留的相位差异可达5°，即相应的距离偏差约为 2.5mm。在多路单通道和序贯式单通道接收机中，不会出现这种误差。

在测量中，天线相位中心以视电子相位中心为准，它随输入信号的强度和方向而变化。在精心设计的电路中，此项变化可为很小。当使用同类天线时，在相距不远的两点观测相同卫星图形时，可通过差分组合予以消除，为此需要按规定方式整置天线方向，相位中心若有变化应采用新值。此外，应用交换接收机进行所谓"对向观测"的相对定位方法也可以削弱相位中心的系统偏差。在外业工作中，务必量准天线高，注意天线的置平和对中。

6.5.4 观测误差

在这里观测误差主要指量测相位值的分辨率，现代相位测量技术可达波长的 1% 的分辨率。因此，对 C/A 码、P 码以及载波相位测量，量测相位的分辨率分别为 3m、30cm 及 2mm。

另外，为提高定位精度，应使几何强度因子 GDOP 值尽可能地小，这就是说，应选择由用户位置和卫星位置构成的四面体的体积为最大的一组星进行观测。这种最佳星座是随时间变化的，因此对要求有较长观测时段的情况来说，应使 GDOP 值为最小值所对应的时刻安排在观测时段的中央。每种接收机的软件中，都有相应程序输出和打印出 GDOP 值及图形供选择。如果接收机有同时观测多余 4 颗星的能力，那么应把尽可能多的卫星都进行跟踪和观测，以提供多种选择和比较的机会。

除上述介绍的误差外，在高精度定位中，还应顾及地球潮汐的影响。因为在日、月引力作用下，固体地球要产生周期性弹性形变——即固体潮；同时作用在地球上的负荷也发生周期性变化，从而产生负荷潮。固体潮和负荷潮可引起测站位移达 80cm，从而不同时间的观测结果互不一致，因此在精密定位中有必要考虑地球潮汐改正。

综上所述，卫星星历误差、卫星信号传播中的大气延迟误差——电离层折射和对流层折射的影响，已成为限制 GPS 定位精度的主要因素。随着我国 GPS 卫星跟踪网的建成，定轨精度的提高，卫星星历误差将得到解决。在这种条件下，没有足够精确的大气延迟误差改正模型的问题将变得更加突出，因此，我们的主要工作应放在对电离层、对流层延迟的更准确的改正模型的建立和有关参数的精确测定等方面。

6.6 工程 GPS 测量技术概述

与常规测量方法相似，工程 GPS 测量过程也可大致分为 3 个阶段：技术设计、外业观测及成果处理。但由于 GPS 测量与常规测量有许多不同之处，比如，GPS 测量采用相对定位方法，不要求接收机间(或测站间)通视，但却要求若干台接收机能同时对卫星进行同步观测；GPS 测量是全天候，即白天、夜间或风雨天气都能进行作业；观测时间短、数据量大，数据处理速度快，成果精度高等。这些区别必将给上述 3 个阶段的工作，在布网方案，外业组织与实施方法，多余观测的选取以及平差计算等方面带来许多特点，本节介绍工程 GPS 测量在各阶段工作中的技术要点。

6.6.1 GPS 网的技术设计

与常规控制测量一样，GPS 测量控制网的测设一般可分为技术设计、外业施测、内业数据处理三个阶段，前面我们较为详细地介绍了布设国家平面控制网的技术设计方法，同理，GPS 网的技术设计也是很重要的，因为施测前的技术设计，是布设 GPS 网的技术准则，是取得高精度 GPS 成果的关键。

GPS 网的技术设计是 GPS 测量外业观测前的基础性的工作，它主要是依据国家制定的有关规范(规程)、GPS 网的用途和用户的要求来进行的，其内容主要包括：项目来源、测区概况、工程概况、技术依据、施测方案、作业要求、观测质量控制、数据处理方案等。

6.6.2　GPS 网的布网形式

在介绍布网方式前，应了解 GPS 测量中的几个概念：

① 观测时段：测站上接收机开始观测到结束的时间段，简称时段。

② 同步观测：两台及两台以上的接收机对同一组卫星进行的观测。

③ 同步观测环：三台或三台以上的接收机同步观测获得的基线构成的闭合环，简称同步环。

④ 异步观测环：在构成多边形环路的基线向量中，只要有非同步观测基线，则该多边形环路叫异步观测环，简称异步环。

⑤ 独立基线：N 台接收机观测构成的同步环，有 $\frac{1}{2}N(N-1)$ 条同步观测基线，但只有 $N-1$ 条是独立基线。

⑥ 非独立基线：除独立基线外的其他基线叫非独立基线。

GPS 网的布设灵活，根据工程的精度要求和交通状况等采用不同的布网方式，一般的 GPS 网的布设方式有以下几种：

1. 跟踪站式

用若干台 GPS 接收机长期固定在测站上，进行常年不间断的观测，这种布网方式称为跟踪站式。用这种形式布设的网有很高的精度和框架基准特性，而对普通的 GPS 网一般不采用这种观测时间长、成本高的布网方式。

2. 会战式

一次组织多台 GPS 接收机，集中在不太长的时间内共同作业。在观测时，所有接收机在同一时间里分别在一批测站上观测多天或较长时段，在完成一批点后所有接收机再迁至下一批测站，我们把这种方法称为会战式布网。这种网的各基线都进行了较长时间和多时段的观测，具有较高的尺度精度，一般在布设 A、B 级 GPS 网时采用此法。

3. 多基准站式

把几台接收机在一段时间里固定在某几个测站上进行长时间的观测，而另几台接收机流动作业进行同步观测，我们把固定不动的测站称为基准站，见图 6-12。这种 GPS 网由于各基准站之间的观测时间较长，有较高的定位精度，可起到控制整个 GPS 网的作

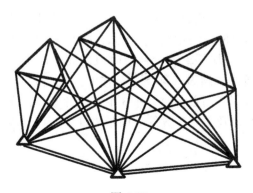

图 6-12

用，加上其他流动站之间不但有自身的基线相连，还和基准站也存在同步基线，故这种网有较好的图形强度。

4. 同步图形扩展式

这是在布设 GPS 网时最常用的方式，就是把多台接收机在不同的测站上进行同步观测，完成一个时段的观测后再把其中的几台接收机搬至下几个测站，在作业时，不同的同步图形之间有一些公共点相连，直至布满全网。这种布网方式作业方法简单，图形强度较高，扩展速度快，便于作业组织，在实际中得到广泛应用。根据相邻两个同步图形之间公共点的多少，又分为：

① 点连式：相邻两个同步图形之间有一个公共点相连。

② 边连式：相邻两个同步图形之间有一条边相连。

③ 网连式：相邻两个同步图形之间有 3 个及以上的公共点相连。

④ 混连式：一般来说，单独采用以上哪一种方式都是不可取的，在实际工作时，是根据情况灵活采用这几种方式作业，这就是所谓的混连式。

5. 星形布网方式

这是用一台接收机作为基准站，在某个测站上进行连续观测，而其他接收机在基准站周围流动观测，每到一站即开机，结束后即迁站，也即不强求流动的接收机之间必须同步观测。这样测得的同步基线就构成了一个以基准站为中心的星形，故称星形布网方式，见图 6-13。这种方式布网效率高，但图形强度弱，可靠性较差。

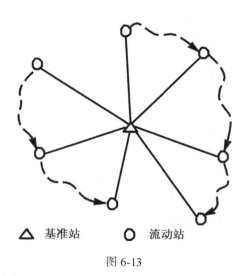

△ 基准站   ◯ 流动站

图 6-13

6.6.3 GPS 网的设计准则

在讲控制网的优化设计时，我们讲到衡量控制网的质量标准有精度标准、可靠性标准和费用标准等，同样这也适用于 GPS 网的设计，我们总的出发点是在保证精度和可靠性的前提下，尽可能地提高效率，努力降低成本。脱离生产和工程实际，盲目地追求不必要的高精度和高可靠性，或为追求高效率和低成本而放弃对质量的要求都是不可取的。为此，应注意以下的设计准则：

1. GPS 选点

GPS 选点主要应便于 GPS 信号的接收和不受干扰且利于保存。

2. 提高 GPS 网可靠性的方法

在 GPS 测量中，网的可靠性是一个重要的指标，应采用以下方法增强其可靠性：

(1)增加观测的期数，也即增加独立基线数以加强网的结构。

(2)保证一定的重复设站次数。

(3)保证每个测站至少与三条以上的独立基线相连，这样可使该测站具有较高的可靠性。

(4)在布网时应使网中的最小异步环的边数不大于 6 条。

3. 提高 GPS 网精度的方法

(1)为保证 GPS 网中各相邻点具有较高的相对精度，对网中距离较近的点一定要进行同步观测，以获得它们间的直接观测基线，否则可能在以后的应用中(如控制网加密)出现问题。

(2)如布设高精度的 GPS 网，为提高整个 GPS 网的精度，可在全面网之上布设框架网，以框架网作为整个全面网的控制骨架。

(3)在布网时应使网中的最小异步环的边数不大于 6 条。

4. GPS 网的基准设计

GPS 测量得到的 GPS 基线向量，它属于 WGS-84 坐标系的三维坐标差，而我们在工程实际中所需要的是国家大地坐标系或地方坐标系的坐标。因此，我们必须明确 GPS 网采用的坐标系统和起算数据，这就是所谓的基准问题，可称为 GPS 网的基准设计。

GPS 基准包括位置基准、尺度基准和方位基准。

尺度基准一般由高精度电磁波测距边长确定，数量可视测区大小和网的精度要求而定，可设置在网中任何位置，也可由两个以上的起算点之间的距离确定，同时也可由 GPS 基线向量确定。

方位基准一般以给定的起算方位角确定，起算方位不宜太多，可布置在网中任何位置，也可由 GPS 向量的方位而定。

位置基准一般都是由给定的已知点坐标确定。若要求所布设的 GPS 网的成果完全与旧成果吻合最好，则起算点越多越好，若不要求所布设的 GPS 网的成果与旧成果吻合，则一般可选 3~5 个起算点(至少 2 个点)，这样既可以保证新老坐标成果的一致性，又可以保持 GPS 网的原有精度。在确定 GPS 的位置基准时，应注意已知点之间的兼容性。

为保证整网的点位精度均匀，起算点一般应均匀地分布在 GPS 网的周围。

5. GPS 高程问题

GPS 网平差后，可得到 GPS 点在地面参照坐标系中的大地高，为求出 GPS 点的正常高，可联测一些高程点，联测的点应均匀分布于网中，且用不低于四等水准或与其相当精度的方法施测，通过一定的方法就可计算出其他 GPS 点的正常高。一般地，平原地区不应少于 5 个联测点，而在丘陵或山地，应按地形特征，适当增加高程联测点，其点数不少于 10 个点为宜，当然，还要顾及测区面积的大小。

6.6.4 GPS 网的外业观测

GPS 网的技术设计完成后，准备好 GPS 接收机和各种必要的设备并进行必要的检查，根据测区的地理地形条件和交通情况安排好每天的工作计划表和调度命令，就可进行外业观测，观测时应按仪器要求的不同输入如点名、时段号、数据文件名、天线高等信息，并记录在观测手簿上。在外业观测时，特别要注意仪器的对中整平和天线高不能量错和记错。

每天的外业结束后，随即用基线解算软件解出各条基线，外业验算除根据解算基线时软件提供的基线质量指标标准衡量外，主要从同步环、异步环和重复基线闭合差三个 GPS 外业质量控制指标来掌握，具体见有关规范。

GPS 网内业数据处理的理论和方法的有关内容本书不予讨论。GPS 网平差计算，都有相应的随机商用平差软件或专用的 GPS 网平差软件，且只要在外业中同步环、异步环和重复基线闭合差符合有关限差要求，则一般地，GPS 网平差计算都容易进行且满足要求。

6.6.5 关于 GPS 测量的归心改正

在 GPS 测量时，有时由于特殊原因或某种条件的限制，也需要进行偏心观测，则同样存在归心元素测定与归心改正计算的问题。由于 GPS 测量的观测量是 WGS-84 坐标系中的坐标。故和以上三角测量中的归心改正计算是不一样的。GPS 测量的归心元素测定有 GPS 方法、天文测量方法和三角联测方法三种。根据测得的归心元素就可按有关公式直接计算出 GPS 仪器架设点和标石之间的坐标差，从而进行改正。详见《全球定位系统（GPS）测量规范》附录 G。

6.6.6 外业观测技术注意事项

在技术设计书指导下进行外业观测工作。定位精度的高低主要取决于外业观测技术，亦即采集数据的质量。在外业观测中除应注意前面所阐述的那些措施外，还应注意下列事项。

1. 固定测站点坐标的获取

由伪距单点定位法取得的坐标精度一般只有 50m 左右，随着美国 GPS 政策，今后可能还会降低。通过分析认为，固定点水平坐标误差主要影响点的高程精度，这项附加误差的大小与基线长度成正比，且与基线方位有关；固定点高程误差主要影响基线的水平分量精度；当将 GPS 点坐标转换为其他坐标系时，固定点坐标误差不仅要影响基线长度，而且还会影响点的相对位置。因此，选取和测准 GPS 网中固定点的坐标是使用 GPS 测量技术中亟待解决的问题。目前，一般可采取以下措施加以解决：

（1）将国家 A（或 B）级 GPS 网点包括在工程 GPS 网内或同其联测，直接获取测区固定点坐标。这只要国家 A（或 B）级 GPS 网建立起来，并开始对社会服务便可实现。这是最好的一种方法。

（2）将具有足够精度，且通过坐标换算已有 WGS-84 大地坐标系坐标的国家大地控制点包括在工程 GPS 网中或与其联测，从而获得固定点坐标。但要注意，这时固定点坐标精度除受原国家大地点坐标精度影响外，还将受到坐标转换精度（包括转换模型误差，转换参数本身误差）的影响。

（3）在固定点上设站进行长时间连续跟踪观测，用精密星历精确测算固定点坐标，但这有待于我国 GPS 跟踪网建成或从其他途径获取精密星历。

（4）将网中全部点都作单点定位，并依据相对定位方法获取固定点坐标，然后取它们的平均值作为固定点最或然坐标。

(5)在固定点进行长时间跟踪测量，用多次伪距法进行单点定位，最后取平均值作为固定点或然坐标。但这种方法对提高固定点坐标精度是有限的。

2. 注意有效地减弱电离层延迟的影响

据分析，对单频接收机机内预置的单层改正模型的有效性只有 50%，由此给基线向量带来的影响，在最好条件下，也有几个 ppm。因此，提倡在精密定位中尽量不采用单频接收机。如在短基线下采用单频接收机，也要采取措施尽量削弱电离层延迟的影响。这些措施包括：

(1)在测区内用一台双频接收机进行连续的双频观测，借助双频观测值组成频率之差的相位观测方程，解出电子含量 N_e，再将它用于单层改正模型中，从而可比较准确地改正单频观测值中的电离层延迟。

(2)建立适宜本测区的更有效电离层改正模型，并比较客观地测定其有关参数，其中准确测算垂直延迟或电子含量是至关重要的。

削弱电离层折射影响的最好办法是利用电离层对 L 波段无线电波有色散作用的道理而制成的双频接收机进行观测。其有效性可达 95%，然而消除电离层折射影响的所有双频改正模型，都只顾及到一阶影响，而没顾及高阶影响。当电子密度大或高度角较低时，还会带有几厘米的残余模型误差。这对某些特种精密定位来说也是一个不可忽略的误差。因此，即使对双频接收机而言，也需要研究更准确的改进模型。一般说来，这种改进模型应顾及到折射率级数展开的高次项、地磁场以及 GPS 频率 L_1 和 L_2 射线路径弯曲等综合影响。

3. 注意有效地削弱对流层折射的影响

由式(6-75)可得天顶方向上对流层改正数：

$$d'_T = 2.28\{P_0 + (1\ 255/(273 + T) + 0.05) \times e\} \tag{6-87}$$

式中 d'_T 以 mm 为单位，P_0、T、e 分别为大气压(mbar)，温度(℃)及水汽分压(mbar)。依上式可算出在 0℃，$P_0 = 1\ 000$mbar 及相对湿度 50%条件下，当气温有 1℃，气压有 1mbar，相对湿度有 1%变化时，将引起 d'_T 的误差分别是 3mm，2mm 及 0.6mm。当温度升高时，其影响还会增大，比如 $T = 30$℃，温度有 1℃的误差将使 d'_T 有误差 14mm；湿度 1%误差使 d'_T 有误差 14mm。由于这些误差引起高程分量误差还要比它们大得多，因此，我们必须十分重视气象误差对相对定位精度的影响。目前，一般采取以下措施减消其影响。

(1)努力克服气象代表性误差。在选点时应注意使测站附近的小气候环境与整个测区大气候环境相符；应在与大环境气象一致条件下量取气象数据再加以相应改正数得到测站处气象元素；在气象平和条件下进行观测和量取气象数据；取同步观测中气象平均值进行对流层改正等。

(2)确保气象元素测定的准确性。气象仪表应定时送法定检定单位进行检定；像精密测距那样精心量取气象数据；必要时用水汽辐射计直接测定卫星信号传播路径上水汽对信号传播的影响以准确改正湿分量等。

(3)不宜在炎热、潮湿气候条件下进行精密 GPS 测量工作。

(4)根据微气象学原理，构造适宜本地区范围内局部标准大气改正模型，这也是可取的研究方向。

4. 用精密电磁波测距仪直接测定 GPS 网中同步环和异步环中几条基线长

这是检核 GPS 测量外符合精度有效方法。目前,我国已引进高精度测距仪 ME 5000 等,用它测量的基线长还可作为 GPS 测量的长度基准,这是精密工程定位中最有效的措施。

5. 精心编制外业实施计划,做好外业的组织调度工作,确保外业工作顺利进行

6.6.7 GPS 定位数据处理技术要点

GPS 定位时,数据处理较常规测量数据处理有许多明显的特点。比如,待处理的数据量大,数据种类多,过程复杂,方式多样,伴有的随机软件功能全,自动化程度高,所得结果是三维坐标差及其方差-协方差阵等。下面只就取得基线向量及其随机特性时的主要技术问题作一扼要介绍。

1. 短基线的基线向量解

在工程测量中,基线一般都比较短。基线解算一般采用商用软件中的单(多)基线固定双差解(SB(MB)-DDFX)或浮动解(SB(MB)-DDFL)来解算基线向量,整周模糊度(即整周未知数)也作为未知数参加计算。在短基线时,一般比较容易求准整周模糊度数值,固定双差解位往往有效。但是,当观测时间不长,观测期间星座变化频繁,整周跳变未被完全修复以及不能正确地将整周模糊度确定为整数等原因,有时也会使得固定双差解不是最佳结果。这时可在一定条件下采用精化技术,比如根据外业星座变化的实际情况,用人工干预,客观地舍去某段观测值(劣值),以保证固定解和浮动解二者之差不相差过大(<5cm),以环线闭合差检查通过为准。此外,还可兼用三差解使双差解得到精化。经过基线解后的基线向量如有超限的,应分析原因并立即组织重测。

2. 基线向量处理结果的质量检核

GPS 测量检核项目有很多项,但归纳起来不外是内符精度和外符精度的检核。现按工作顺序加以介绍。

(1)用于作业的 GPS 接收机应在 GPS 检定场上进行检定。为此需建立 GPS 检定网。检定时,基线向量长度应有长有短,最好能覆盖 GPS 作业网的整个长度(即最好在与本次作业相近的长度上进行检定),并在不同气候条件下进行。对接收机、作业方法及商用软件等都要进行全面检核。

(2)重复基线测量的检核。这项检核类似于电磁波测距时不同光段测量的检核,但它的重要意义还在于可根据重复基线观测来发现卫星状态变化,信号通过电离层及对流层传播时延的变化及接收机作业方法等方面的问题。重复观测基线数应满足技术设计之要求。

(3)同步环坐标差分量闭合差的检核。比如,对 3 站同步观测,其坐标差的 3 个分量和: $\sum \Delta X$, $\sum \Delta Y$, $\sum \Delta Z$ 均应等于 0;对于 4 站同步观测,将有 7 个这样三角形闭合环进行坐标差分量闭合的检核,这项检核目的在于检查同步观测及基线解的正确性。

(4)异步环坐标差分量闭合差的检核。设异步环中有 3 个坐标分量闭合差

$$W_X = \sum \Delta X, \qquad W_Y = \sum \Delta Y, \qquad W_Z = \sum \Delta Z$$

则基线向量闭合差

$$W = \sqrt{W_X^2 + W_Y^2 + W_Z^2} \tag{6-88}$$

其容许值

$$W_{容} = K \cdot \sqrt{n} \cdot \sqrt{e^2 + (qs)^2} \tag{6-89}$$

式中，n 为异步环中基线向量数；e、q 分别为 GPS 接收机两个标称精度系数，e 以 mm 计，q 以 ppm 计，s 以 km 计，K 为 2 或 3。

通过这项检核可最后确定独立基线及 GPS 网形。

（5）与精密电磁波测距仪测距结果直接进行基线长的比较，它们的差应符合偶然误差的传播规律。这些边应均匀分布在网的各个部位，既有同步环中的边，也应有异步环中的边。

（6）与已有的大地测量成果或高等级 GPS 网点的已知坐标进行比较。这项检核通常用 χ^2 检验方法进行

$$\Delta X^{\mathrm{T}} C_{\Delta X}^{-1} \Delta X \leqslant \chi^2_{n,\,1-\alpha} \tag{6-90}$$

式中，ΔX 是 GPS 点实测坐标同已知点间的坐标差向量；$C_{\Delta X}$ 是 GPS 基线解中的坐标协方差阵同已知点坐标协方差阵之和矩阵；χ^2 是自由度为 n、置信水平为 $1-\alpha$ 的 χ^2 分布的分位值。据 ΔX 和 $C_{\Delta X}$ 的取值不同，可进行多种情况的统计分析。比如，ΔX 只取 X 坐标差，或只取 Y 坐标差，或只取 Z 坐标差，或只取坐标方向之差等。

经检验如发现超限，应查明原因妥善处理。

（7）若 GPS 网中有 VLBI 或 SLR 点的成果可供比较则更好。因为它们是属于不同类空间大地测量值的比较，这种比较更能客观的对 GPS 测量质量进行评价。

3. 基线解的统计模型

GPS 网基线向量的随机特性，即统计模型对 GPS 网的平差，GPS 网同现有网的连接以及 GPS 网与常规地面网的联合平差都有重要意义。所以准确地确定 GPS 测量的随机特性一直是人们十分关心、但目前仍未很好解决的问题。

由大多数商用处理软件输出的基线向量方差-协方差阵，由于这些软件对由像轨道误差、大气折射影响等因素而导致的非模型误差并不灵敏，致使由它给出的方差-协方差阵实际上常常过于乐观，因此，它不可能代表 GPS 观测值的真实的随机统计特性。

由接收机制造厂家给出的相对定位精度标称表达式 $(e+q \cdot s)$ 等，它是厂家根据实测而得出的一个大致相当的平均精度指标，它不可能使两个精度指标系数 e，q 与现实观测情况完全相符。

采用像多普勒定位那样已经采用过的方法，即用事先确定的、综合考虑非模型误差后的比例因子乘以由软件输出的方差-协方差阵，由于这个因子也很难客观准确地确定，因而这种方法并没有得到人们的应用。

有人建议用方差-协方差估计的办法来确定 GPS 测量的统计模型，这种方法虽有一定优越性，但由于实际估计时需要多次迭代以及该方法本身也尚有一些理论与实际问题仍在探讨中，故也没有在 GPS 测量数据处理中得到推广。

从上可见，如何准确地确定 GPS 测量的随机模型，至今仍是在探讨中的问题。为进行 GPS 网及与其有关的网的平差，现在大多数还都是采用由商用软件输出的方差-协方差阵进行平差计算。

取得 GPS 测量的基线向量及其方差-协方差阵后，便可进行 GPS 网或 GPS 网同地面网的联合平差。这部分内容将在本书下册中介绍。

6.7 GPS 动态定位基础

接收机开机后处于运动状态的定位方式叫做动态定位，动态定位可分为动态绝对定位和动态相对定位两种。按照观测数据处理时间的不同也可分为实时动态定位和事后处理动态定位。若按接收机的运动状态划分，则可分为连续动态定位和准动态定位。导航就是实时连续动态定位的一个示例。

6.7.1 动态绝对定位

通过接收机对卫星的连续观测，只要跟踪过程中任何时刻都能观测到至少 4 颗卫星的伪距，即可按 6.3 节的方法实时求出接收机的运动轨迹。

动态绝对定位还可综合利用伪距和载波相位观测来进行。任何时刻 t 所观测的伪距是接收机(α)位置和时钟误差的函数

$$\tilde{\rho}_\alpha^i(t) = f_1 \{ \vec{R}_\alpha(t) , \ \mathrm{d}T_\alpha(t) \} \tag{6-91}$$

式中，f_1 表示函数关系；$\vec{R}_\alpha(t)$ 为位置矢量；$\mathrm{d}T_\alpha(t)$ 为钟差。

相应的载波相位观测量则是接收机位置、接收机时钟误差和相位跟踪初始时刻 t_0 整周模糊度的函数

$$\Phi_\alpha^i(t) = f \{ \vec{R}_\alpha(t) , \ \mathrm{d}T_\alpha(t) , \ N_\alpha^i(t_0) \} \tag{6-92}$$

设两相邻时刻 t_1 与 t_2 接收机位置矢量分别为 $\vec{R}_\alpha(t_1)$ 与 $\vec{R}_\alpha(t_2)$，则这两时刻的相位差是相应的接收机位置与时钟误差的函数

$$\begin{aligned} \delta\Phi_{12} &= \Phi(t_2) - \Phi(t_1) \\ &= f_2 \{ \vec{R}_\alpha(t_1) , \ \vec{R}_\alpha(t_2) , \ \mathrm{d}T_\alpha(t_1) , \ \mathrm{d}T_\alpha(t_2) \} \end{aligned} \tag{6-93}$$

由上可得动态绝对定位的综合伪距和相位观测的数字模型

$$\left. \begin{aligned} \tilde{\rho}_\alpha^i(t_1) &= f_1 \{ \vec{R}_\alpha(t_1) , \ \mathrm{d}T_\alpha(t_2) \} \\ \tilde{\rho}_\alpha^i(t_2) &= f_1 \{ \vec{R}_\alpha(t_2) , \ \mathrm{d}T_\alpha(t_2) \} \\ \delta\Phi_{12} &= f_2 \{ \vec{R}_\alpha(t_1) , \ \vec{R}_\alpha(t_2) , \ \mathrm{d}T_\alpha(t_1) , \ \mathrm{d}T_\alpha(t_2) \} \end{aligned} \right\} \tag{6-94}$$

其中钟差可以是每一个观测历元设一个未知数，也可用一个多项式来模拟，即

$$\mathrm{d}T_\alpha(t) = a_0 + a_1(t - t_r) + a_2(t - t_r)^2 \tag{6-95}$$

式中，t_r 为参考时刻，a_0、a_1 和 a_2 为待定系数。用多项式来模拟钟差可以减少未知数的个数，提高定位精度。

6.7.2 动态相对定位

为提高动态定位精度，需采用相对定位方式，即一台接收机设在一个已知坐标的固定点上，称为参考站或基准站，而另一台接收机处于运动状态，称为流动站。由于许多误差影响通过两站观测值的差分可互相抵消或减弱，从而提高了相对定位的精度。所谓连续动态定位就是指确定随运载器(如汽车、火车、飞机等)作连续运动的接收机的空间位置，通常就称为动态定位。

用伪距作动态相对定位，可由式(6-90)求一次差得

$$\Delta\tilde{\rho}_{\alpha\beta}^i(t) = g_1(\Delta\vec{R}_{\alpha\beta}(t) , \ \Delta\mathrm{d}T_{\alpha\beta}(t)) \tag{6-96}$$

式中，g_1 表示函数关系，$\Delta\vec{R}$ 为流动站相对于固定站的位置矢量，$\Delta\mathrm{d}T$ 为两接收机时钟不同步的误差。

同时观测至少 4 颗卫星的伪距便可解算出 $\Delta\vec{R}$。

对于载波相位观测，可据式（6-91）把相位二次差分写为

$$\Delta\Phi_{\alpha\beta}^{ij}(t) = g_2(\Delta\vec{R}_{\alpha\beta}(t)，\Delta N_{\alpha\beta}^{ij}(t_0)) \tag{6-97}$$

式中，$\Delta N_{\alpha\beta}^{ij}$ 为两台接收机作相位跟踪初始时刻整周模糊度的二次差分。

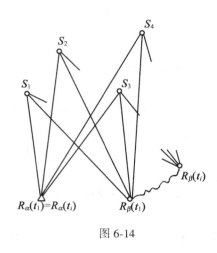

图 6-14

如图 6-14 所示，由于流动站 R_β 的空间位置是随时间而变的，可以证明，仅仅依靠载波相位观测量，利用式（6-96）是无法解算出随时间而变化的基线向量 $\Delta\vec{R}_{\alpha\beta}(t)$ 的。为了实现精密动态相对定位，可以采用以下两种方法：

（1）在流动观测之前通过初始化的方法（见 6.7.3）预先测定初始时刻的整周模糊度。这样一来，只要在流动观测期间保持至少 4 颗卫星连续跟踪且不出现失锁的情况，则式（6-96）中的 $\Delta N_{\alpha\beta}^{ij}$ 就可作为已知数来处理，此时式（6-96）可改写为

$$\Delta\Phi_{\alpha\beta}^{ij}(t) = g_2(\Delta\vec{R}_{\alpha\beta}(t)) \tag{6-98}$$

由此即可解得各个时刻的 $\Delta\vec{R}_{\alpha\beta}(t)$。

（2）联合伪距与载波相位观测差分法。由式（6-95）和式（6-96）可得如下数学模型

$$\left.\begin{array}{l} \Delta\tilde{\rho}_{\alpha\beta}^{i}(t) = g_{1i}(\Delta\vec{R}_{\alpha\beta}(t)，\Delta\mathrm{d}T_{\alpha\beta}(t)) \\ \Delta\tilde{\rho}_{\alpha\beta}^{j}(t) = g_{1j}(\Delta\vec{R}_{\alpha\beta}(t)，\Delta\mathrm{d}T_{\alpha\beta}(t)) \\ \Delta\Phi_{\alpha\beta}^{ij}(t) = g_2(\Delta\vec{R}_{\alpha\beta}(t)，\Delta N_{\alpha\beta}^{(ij)}(t_0)) \end{array}\right\} \tag{6-99}$$

式中，$\Delta\mathrm{d}T_{\alpha\beta}(t)$ 也可用多项式模拟。

需要指出，对于实时动态相对定位则需建立参考站与流动站之间的数据通信联系，以便汇总两站观测数据及时解出流动站的瞬间位置。实时动态相对定位主要用于精度导航。在测绘应用中，一般是采用事后处理的方式进行解算。

6.7.3 准动态相对定位

准动态相对定位的特点是将一台接收机驻留在参考站上作连续跟踪观测，另一台接收机作为流动站，在不关机并保持跟踪卫星的条件下依序流动到各待测点上作短时间（1～2min）静态观测。由于作为流动站的接收机交替处于运动与静止的状态，因此这一测量模式也称为停停走走（Stop and Go）模式。该法作业的第一步就是初始化确定整周模糊度，第二步在已知模糊度条件下（即保持连续跟踪卫星而不失锁）利用 1～2min 的静态相位观测值确定流动站的空间位置。下面介绍目前常用的 3 种初始化方法。

（1）已知坐标增量法。

由 6.4.6 可知，载波相位双差观测值的观测方程为

$$L_{ij}^{pq} + V_{ij}^{pq} = \frac{f}{c}(e_j^q - e_j^p)\delta X_j - \frac{f}{c}(e_i^q - e_i^p)\delta X_i + (N_0)_{ij}^{pq} \tag{6-100}$$

多个历元观测多颗卫星后可组成双差误差方程组

$$V = (A \ B) \begin{pmatrix} X \\ N \end{pmatrix} + L, \qquad P_u = D_u^{-1} \tag{6-101}$$

式中，$(A \ B)$ 为设计矩阵，X 为未知坐标向量，N 为整周模糊度，P_u 和 D_u 为双差观测值的权阵与方差阵。

在基线向量解算时，一般需取其中一个点为参考点，即其坐标是已知的，或利用伪距定位法求得。现在假定基线两端点之间在 WGS-84 坐标系中的三维坐标增量是已知的，故可将 X 项归并到误差方程式的常数项中，即

$$V = BN + (L + AX), \qquad P_u = D_u^{-1} \tag{6-102}$$

若在该已知基线上作 2~8 个历元的观测，即可由上式按最小二乘法解算出模糊度参数 N。这种方法求解出的模糊度的精度主要取决于观测数据的质量和两点间坐标增量的精度。

（2）静态观测法。

这里所说的静态观测法是指在动态测量开始前，先在一未知基线上观测 45min 以上，然后接收机保持开机状态立即开始作流动观测。根据未知基线上的静态观测数据按（6-99）式即可解算出该未知基线的坐标增量和模糊度参数。

（3）交换天线方法。

交换天线方法是初始化方法中运用最广、速度最快的一种方法。该法是在距动态作业基准点 5~10m 处选一个交换天线站，在基准站和交换站上分别架设接收机天线，观测 2~8 个历元后，互相交换天线，再观测 2~8 个历元。在交换天线过程中接收机必须一直保持跟踪状态。图 6-15 为交换天线观测方法示意图。

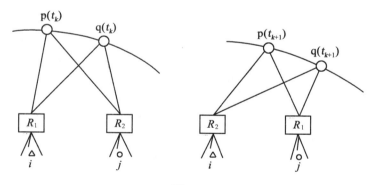

图 6-15

如图 6-15 所示，天线交换前（t_k 历元），接收机 R_1 的天线位于基线站 i，R_2 位于交换站 j，则由式（6-50）可写出如下双差观测方程

$$\left(\frac{c}{f} \cdot \Delta \varphi_{ij}^{pq} \right)_{t_k} = (\Delta \rho_{ij}^{pq})_{t_k} - \frac{c}{f} \left[(N_0)_{R_2}^q - (N_0)_{R_1}^q \right] + \frac{c}{f} \left[(N_0)_{R_2}^p - (N_0)_{R_1}^p \right] \tag{6-103}$$

式中，$\Delta \varphi$ 为经过电离层与对流层延迟改正后的载波相位双差观测值，$(N_0)_{R_1}^p$ 与 $(N_0)_{R_1}^q$ 分别为接收机 R_1 观测卫星 p 与 q 的初始模糊度，$(N_0)_{R_2}^p$ 与 $(N_0)_{R_2}^q$ 分别为接收机 R_2 观测卫星 p 与 q 的初始模糊度。

天线交换后（t_{k+1} 历元），相应地可得到如下双差观测方程

$$\left(\frac{c}{f}\Delta\varphi_{ij}^{pq}\right)_{t_{k+1}} = (\Delta\rho_{ij}^{pq})_{t_{k+1}} - \frac{c}{f}\left[(N_0)_{R_1}^q - (N_0)_{R_2}^q\right] + \frac{c}{f}\left[(N_0)_{R_1}^p - (N_0)_{R_2}^p\right] \quad (6\text{-}104)$$

将式(6-102)与式(6-103)相加就可消去模糊度参数,得到

$$\frac{c}{f}\left[(\Delta\varphi_{ij}^{pq})_{t_k} - (\Delta\varphi_{ij}^{pq})_{t_{k+1}}\right] = (\Delta\varphi_{ij}^{pq})_{t_k} + (\Delta\rho_{ij}^{pq})_{t_{k+1}} \quad (6\text{-}105)$$

上式与三差观测方程虽很相似,但有着本质上的差别。上式右端两项是相加,而在三差观测方程里是相减,因此由式(6-104)线性化后组成的法方程组具有良好的性态,仅需用若干历元的观测数据就可求出较高精度坐标。然后根据求出的坐标增量解算模糊度。

这种方法求解模糊度精度与相对定位精度因子有关。

由于初始化后在保证卫星信号不失锁的前提下,模糊度是已知的,因此可将式(6-100)中的模糊度 N 项并入到误差方程组的常数项中,即

$$V = AX + (L + BN), \qquad P_u = D_u^{-1} \quad (6\text{-}106)$$

由流动站上若干历元观测值按上式即可解求流动站坐标。

参 考 文 献

[1] 孔祥元,郭际明.控制测量学(上册).第三版.武汉:武汉大学出版社,2006

[2] 孔祥元,郭际明.控制测量学(下册).第三版.武汉:武汉大学出版社,2006

[3] 孔祥元,郭际明,刘宗泉.大地测量学基础.第二版.武汉:武汉大学出版社,2011

[4] 宁津生,陈俊勇,李德仁,刘经南,张祖勋等.测绘学概论.武汉:武汉大学出版社,2004

[5] 施一民.现代大地控制测量.北京:测绘出版社,2003

[6] 徐正阳,刘振华,吴国良.大地控制测量学.北京:解放军出版社,1992

[7] 管泽霖,宁津生.地球形状与外部重力场(上、下册).北京:测绘出版社,1981

[8] 管泽霖,宁津生.地球重力场在工程测量中的应用.北京:测绘出版社,1990

[9] 熊介.椭球大地测量学.北京:解放军出版社,1988

[10] 陈健,簿志鹏.应用大地测量学.北京:测绘出版社,1989

[11] 陈健,晁定波.椭球大地测量学.北京:测绘出版社,1989

[12] 朱华统.常用大地测量坐标系及其换算.北京:解放军出版社,1990

[13] 周忠谟,易杰军,周琪.GPS 卫星测量原理与应用(修订版).北京:测绘出版社,1997

[14] 胡明城.现代大地测量学的理论及其应用.北京:测绘出版社,2003

[15] 梁振英,董鸿闻,姬恒炼.精密水准测量的理论和实践.北京:测绘出版社,2004

[16] 李征航.空间大地测量理论基础.武汉:武汉测绘科技大学出版社,1998

[17] B.H.巴兰诺夫著,温学龄,张先觉译.宇宙大地测量学.北京:解放军出版社,1989

[18] 杨启和.地图投影变换原理与方法.北京:解放军出版社,1989

[19] 崔希璋,於宗俦,陶本藻,刘大杰等.广义测量平差.武汉:武汉测绘科技大学出版社,2001

[20] 武汉大学测绘学院测量平差学科组.误差理论与测量平差基础.武汉:武汉大学出版社,2003

[21] 黄维彬.近代平差理论及其应用.北京:解放军出版社,1992

[22] 郑慧娆,陈绍林,莫忠息,黄象鼎.数值计算方法.武汉:武汉大学出版社,2002

[23] 张正禄等.工程测量学.武汉:武汉大学出版社,2005

[24] 吴翼麟,孔祥元.特种精密工程测量.北京:测绘出版社,1992

[25] 何平安,翁兴涛,贺赛先.测绘仪器研究文集.武汉:武汉大学出版社,2001

[26] 鲍利沙柯夫著,孔祥元译.精密工程测量的仪器与方法.北京:测绘出版社,1983

[27] P. Vanice k,E.Krakiwsky.Geodesy——The Concepts.Second Edition Elsevier,1986

[28] Wolfgang Torge Geodesy.Second Edition Berlin.New York,1991

[29] V. D. Bolsakov, F. Deumlich. Elektronische Streckenmessung. VEB Verlag fur Bauwesen Berlin,1985

[30] J.M.Rueger.Electronic Distance Measurement an Introduction.Springer-Verlag,1990

[31] A.Leick.GPS SATELLITE SURVEYING.JOHN WILEY & SONS,1990

[32] GUO Jiming.Foundation of Geodesy.Wuhan University,2005

[33] В.П.МОЗОВ. КУРС СФЕРОИЧЕСКОЙ ГЕОДЕЗИИ.МОСКВА НЕДРА,1979

[34] З.С.ХАЙМОВ. ОСНОВЫ ВЫСШЕЙ ГЕОДЕЗИИ.МОСКВА НЕДР А,1984

[35] М.М.М АШИМОВ УРАВНИВАНИЕ ГЕОДЕЗИ ЧЕ СКИХ СЕТЕЙ.МОСКВА НЕДРА,
1979